헤어 컷 디자인 맨즈

Hair Cut Design Men's

공차숙

· 계명문화대학교 헤어디자인과 교수
· 미용장, 이용장
· 영국국가미용사자격증(NVQ)
· (前) 한국인체미용예술학회 회장
· 한국인체미용예술학회 고문

문소희

· 호남대학교 뷰티미용학과 교수
· 미용분야 통계학 특강 다수
· 미용통계학 강의 교원 등

헤어 컷 디자인 맨즈

Hair Cut Design Men's

초판 인쇄 2019년 9월 1일
초판 발행 2019년 9월 10일
개정 1판 발행 2023년 3월 10일

지은이 공차숙 · 문소희
발행인 조규백

발행처 도서출판 구민사
주소 (07293) 서울특별시 영등포구 문래북로 116, 604호(문래동3가 46, 트리플렉스)
전화 (02)701-7421(~2)
팩스 (02)3273-9642
홈페이지 www.kuhminsa.co.kr

신고번호 제 2012-000055호(1980년 2월 4일)
ISBN 979-11-6875-219-1 (93590)

정가 28,000원

HAIR CUT DESIGN MEN'S

Hair Cut Design Men's

헤어 컷 디자인 맨즈

공차숙 · 문소희 지음

구민사

머리말

헤어 컷 디자인 맨즈(Hair Cut Design Men's)는 변화하는 남성의 헤어스타일을 고객의 니즈에 맞게 디자인하기 위하여 기초 남성 헤어 컷 디자인을 바탕으로 실용적인 헤어디자인과 함께 창의적인 헤어디자인으로 구성하였다.

특히 이 책은 남성 헤어 디자인을 위한 기초 이론을 익히고, 숙련된 실기 능력을 갖추는데 필요한 테크닉과 디자인을 하기 위한 실무 내용에 중점을 두었으며, 현장에서 고객에게 적용할 수 있는 실무 과정을 살롱스타일로 풀어내어 현장실무형 교재로 완성하였다.

챕터 1~5는 남성 헤어 컷 디자인의 이론편으로 챕터 1에서는 헤어 컷의 요소와 두부의 포인트, 기본라인 등의 기초 이론을 다루었고, 챕터 2에서는 남성 헤어 컷 디자인의 형태별 특징, 챕터 3에서는 남성 헤어컷 도구 및 조작법, 챕터 4에서는 남성 헤어 컷을 디자인하는 데 필요한 테크닉을 종류별로 정리하였다. 챕터 5에서는 남성 헤어 컷 디자인을 위한 질감 처리의 목적과 질감 커트에 사용되는 기법을 서술하였다.

챕터 6~10은 실기편으로 커트 디자인의 구조와 섹션을 그래픽을 통해 제시하였고, 디자인 실습을 위한 테크닉과 시술 과정을 단계별로 사진과 설명을 덧붙여 서술하였다. 완성된 헤어 커트는 완성본과 커트 디자인을 활용한 3가지의 다른 헤어스타일링을 제시하여 활용도를 높였다. 챕터 6에서는 남성 헤어 컷 디자인의 기본인 맨즈 디자인 스타일, 챕터 7에서는 클리퍼 처리의 높이에 따른 상고머리 스타일, 챕터 8에서는 브로스 스타일, 챕터 9에서는 유니폼 레이어 형태를 활용한 스타일, 마지막으로 챕터 10에서는 창의적 감성이 돋보이는 디스커넥션 스타일을 제시하였다.

앞으로도 유용하고 좋은 책을 집필하기 위해 노력할 것이며, 본 교재를 집필하는 데 도움을 준 학생들과 응원과 격려를 아끼지 않은 가족들에게 감사드리며, 책의 출판을 위해 애써주신 구민사 임직원 여러분께 진심으로 감사드린다.

2023년 3월

저자 일동

목차

Chapter 1 헤어 커트의 요소

Chapter 2 남성 헤어 컷 디자인의 형태

Chapter 3 남성 헤어 컷 도구 및 조작법

Chapter 4 남성 헤어 컷 테크닉

Chapter 5 남성 헤어 컷의 질감 처리

Chapter 6 맨즈 디자인 스타일

Chapter 7 상고머리 스타일

Chapter 8 브로스 스타일

Chapter 9 유니폼 레이어 스타일

Chapter 10 디스커넥션 스타일

Appendix 부록

이용사 국가기술자격 실기 커트

Chapter

헤어 커트의 요소

1. 블로킹(Blocking)
2. 두부의 포인트와 기본 라인
3. 분배(Distribution)
4. 시술각(Projection)
5. 손가락/가위 위치(Finger/Shear Position)
6. 디자인 라인(Design line)
7. 베이스(Base)의 종류

1.
블로킹(Blocking)

블로킹(Blocking)은 모발을 커트하기 위해 나누는 가장 큰 범위로, 두상의 면적을 세분화하는 작업이다. 커트하고자 하는 디자인의 구성에 따라 블로킹의 크기와 단위를 결정하며 블로킹에 따라 두상의 구획이 정해지고 두상의 각 부분에 따라 특별한 명칭으로 지칭한다.

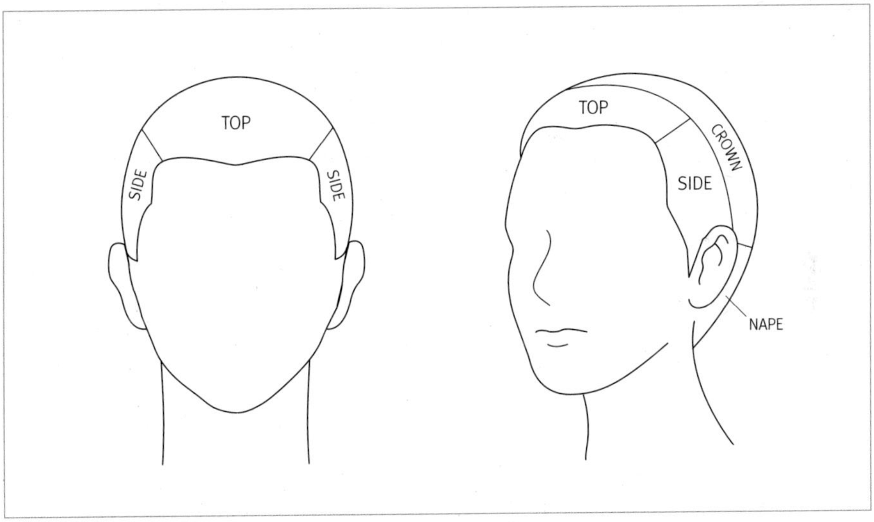

블로킹(Blocking)

블로킹의 종류

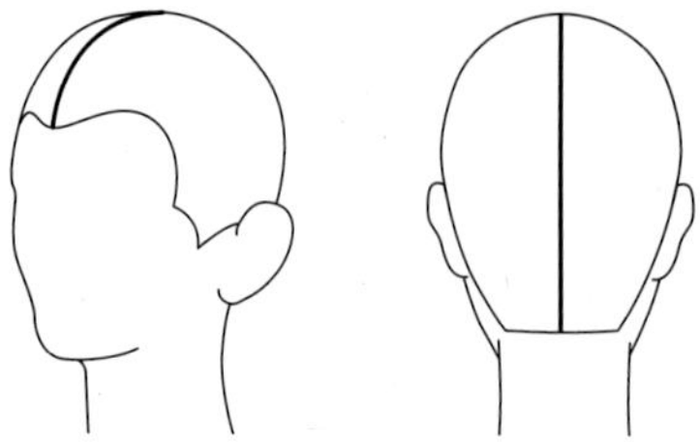

센터 파트(Center part) 2등분

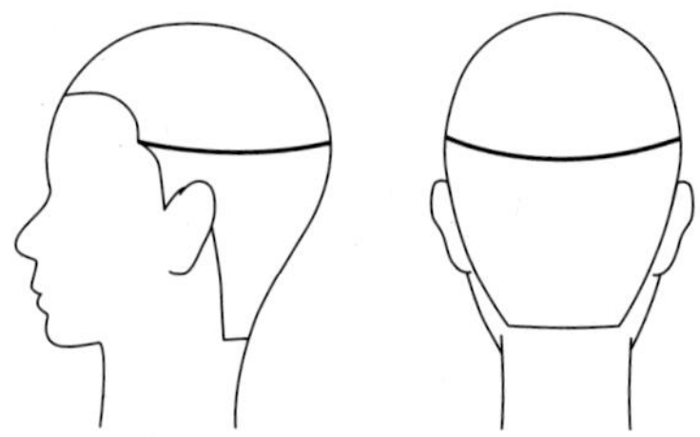

크레스트 라인(Crest line) 2등분

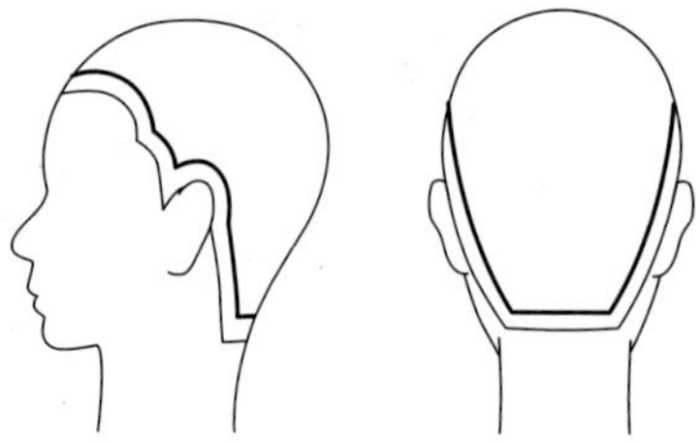

헤어 라인 파트(Hair line part)

지그재그 파트(Zigzag part) 2등분

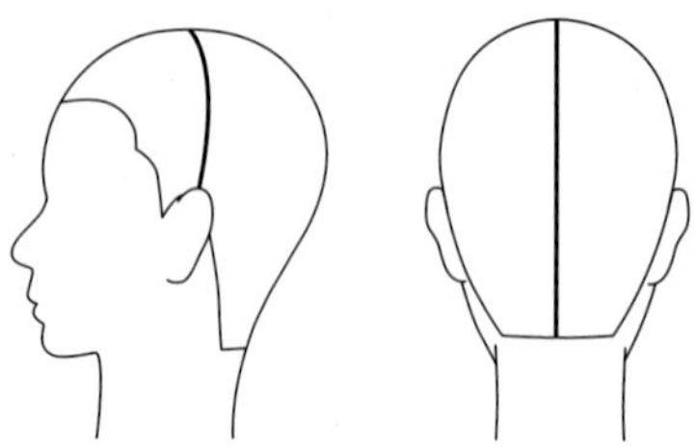

4등분

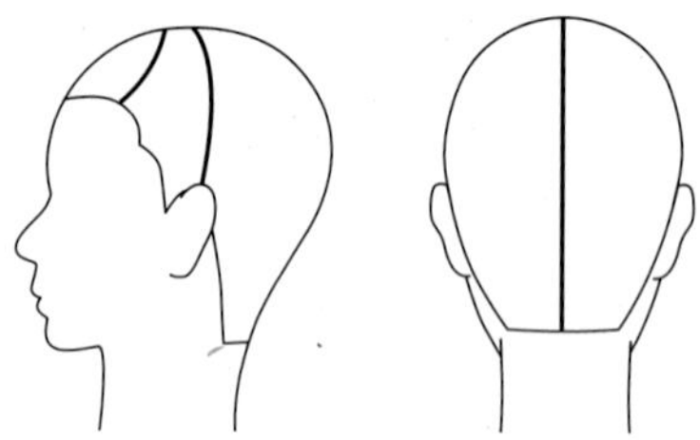

5등분

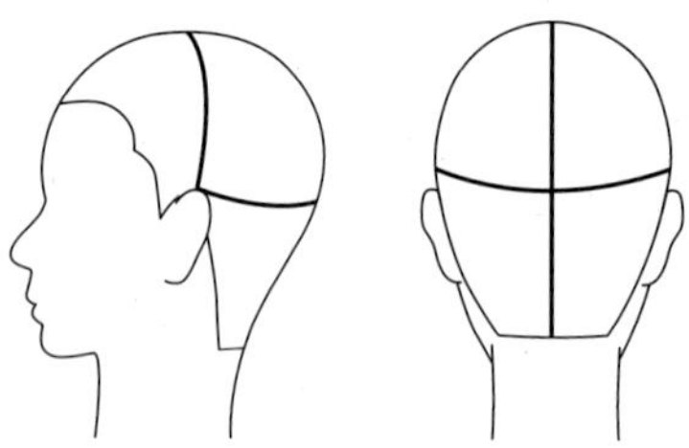

6등분

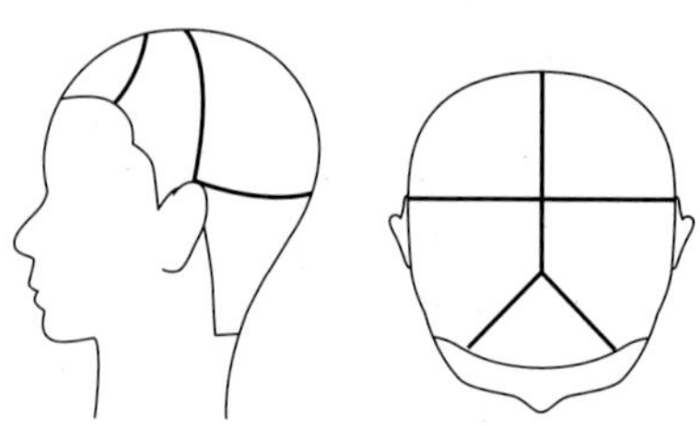

7등분

두부의 3등분 명칭

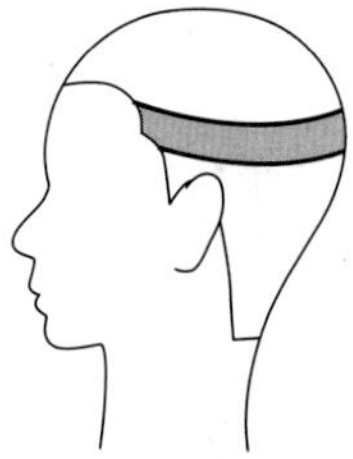

크레스트 라인(Crest line)

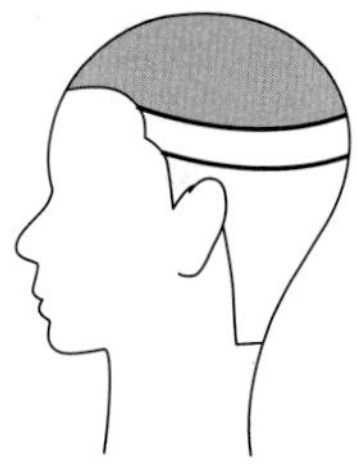

인테리어(Interior)

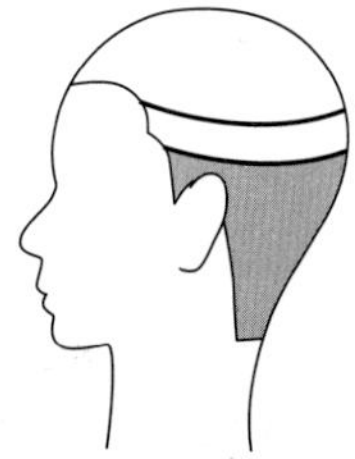

엑스테리어(Exterior)

두부의 5등분 명칭

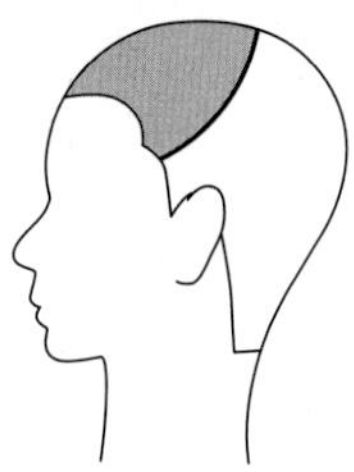

프런트(Front, 전두부)

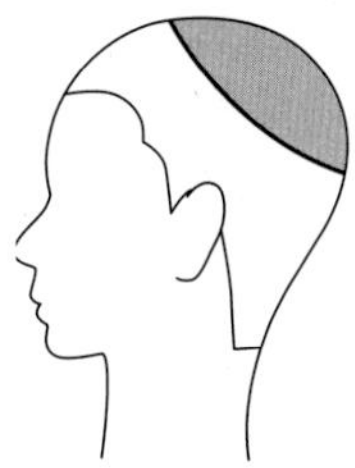

크라운(Crown, 두정부)

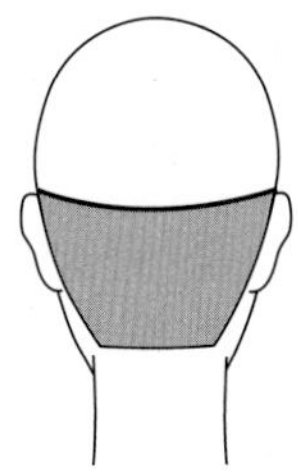

네이프(Nape, 후두부)

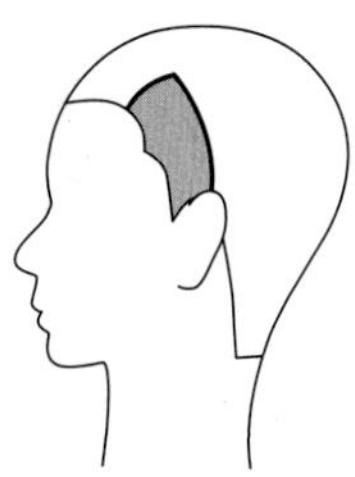

사이드(Side, 측두부)

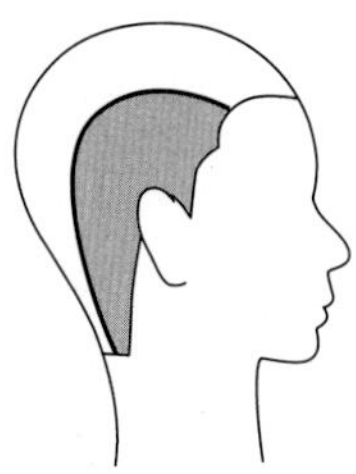

커브 섹션(Curve section)

2. 두부의 포인트와 기본 라인

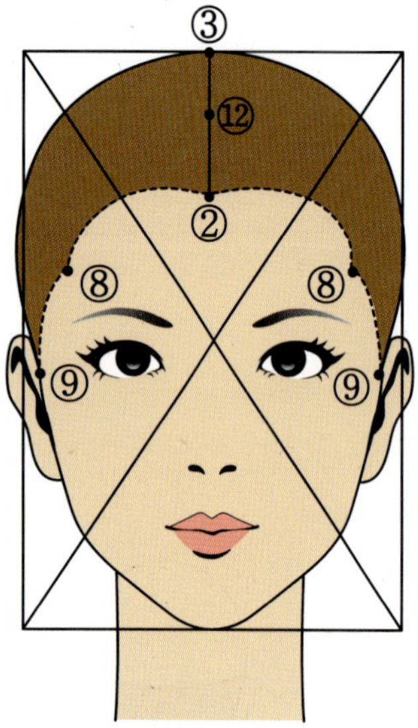

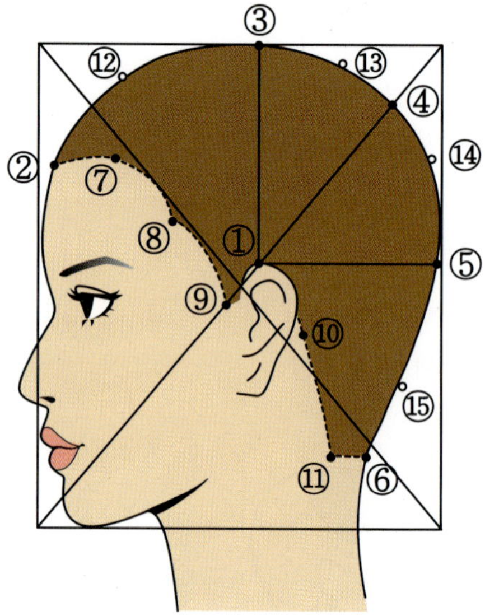

1) 두부의 기본 15 포인트

❶ E.P(Ear Point) : 귀에서 제일 높은 곳

❷ C.P(Center Point) : 이마의 페이스 라인(Face line) 정중앙

❸ T.P(Top Point) : 두정부(Top area)의 중앙으로 두상에서 제일 높이 솟은 곳

❹ G.P(Golden Point) : 탑 포인트(Top point)에서 백 포인트(Back point)로 이어지는 두상에서 움푹 들어간 곳

❺ B.P(Back Point) : 후두부(Back area)의 중앙으로 백(Back)에서 제일 튀어나온 곳

❻ N.P(Nape Point) : 목덜미의 중앙

❼ F.S.P(Front side Point) : 이마 양쪽의 관자놀이 위에 움푹 들어간 곳

❽ S.P(Side Point) : 측두부(Side area) 페이스 라인의 정중앙

❾ S.C.P(Side Corner Point) : 귓바퀴가 시작되는 곳으로 측두부(Side area) 헤어 라인의 끝

❿ E.B.P(Ear Back Point) : 귓바퀴 뒷면의 정중앙

⓫ N.S.P(Nape Side Point) : 목 뒷선의 양 끝

⓬ C.T.M.P(Center Top Medium Point) : 센터 포인트(Center point)와 탑 포인트(Top point)의 중앙

⓭ T.G.M.P(Top Golden Medium Point) : 탑 포인트(Top point)와 골든 포인트(Golden point)의 중앙

⓮ G.B.M.P(Golden Back Medium Point) : 골든 포인트(Golden point)와 백 포인트(Back point)의 중앙

⓯ B.N.M.P(Back Nape Medium Point) : 백 포인트(Back point)와 네이프 포인트(Nape point)의 중앙

2) 두부의 기본 라인

❶ 정중선(Center line) : 코를 중심으로 하여 C.P와 코 중앙, 턱 중앙을 수직으로 잇는 선

❷ 측중선(Side center line) : 두상 측면을 중앙으로 잇는 선으로 T.P와 E.P에서 수직으로 내린 선

❸ 수평선(Horizon) : 이어 포인트(E.P)의 높이를 수평으로 두른 선

❹ 측두선 : 프런트 사이드 포인트(F.S.P)에서 두상의 곡면을 따라서 측중선과 만나는 곡선

❺ 홀슈 섹션(Horseshoe section) : 두상의 둘레 중 가장 넓은 부분을 연결한 선으로, 프런트 사이트 포인트에서 골든 포인트 2cm 아래의 지점과 반대편 프런트 사이드 포인트를 연결시킨 선

❻ 페이스 라인(Face line) : 사이드 코너 포인트(S.C.P)에서 센터 포인트(C.P), 반대편 사이드 코너 포인트(S.C.P)를 연결하는 선으로 모발이 난 선

❼ 목옆선(Nape side line) : 이어 포인트(E.P)에서 네이프 사이드 포인트(N.S.P)를 연결한 선

❽ 목뒷선(Nape back line) : 네이프 사이드 포인트(N.S.P)에서 반대편 네이프 사이드 포인트(N.S.P)를 연결하는 선

❾ 옥시피탈 본(Occipital bone) : 후두부 센터 아래에 툭 튀어나온 뼈

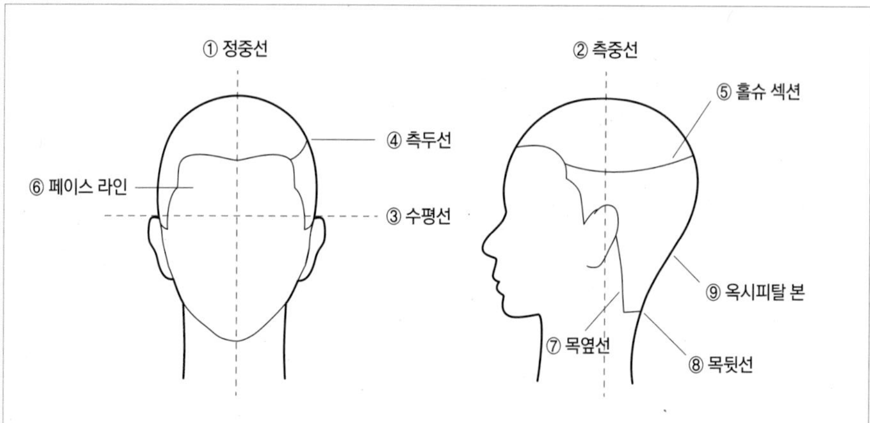

3. 분배(Distribution)

분배는 커트 시 파팅선(Parting line)에서 모발을 빗어내리는 방향, 즉 빗질의 방향을 뜻하며 디자인의 특징에 따라 모발을 빗는 방향을 달리 한다. 커트의 분석요소 중 하나로 선의 진로, 기본 방향은 상·하·좌·우이다.

1) 자연분배 (National distribution)

중력의 방향으로 빗질하는 것을 말하며 주로 원랭스(One length) 형태에 사용한다.

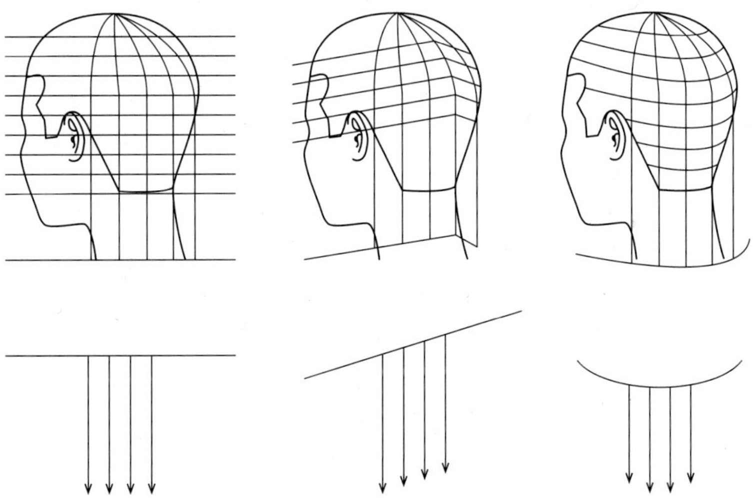

2) 직각분배 (Perpendicular Distribution)

파팅선(Parting line)에서 직각으로 빗질하는 것으로 파팅에서 90˚로 빗질한다.

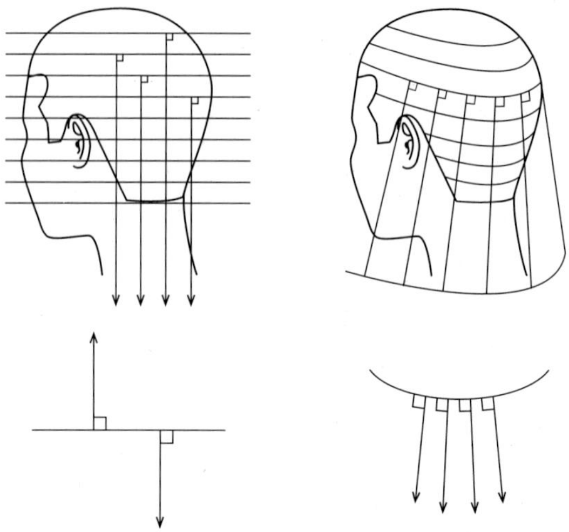

3) 변이분배 (Shifted Distribution)

자연분배와 직각분배를 제외한 분배로 긴 모발과 짧은 모발을 연결할 때 사용하는 빗질이다.

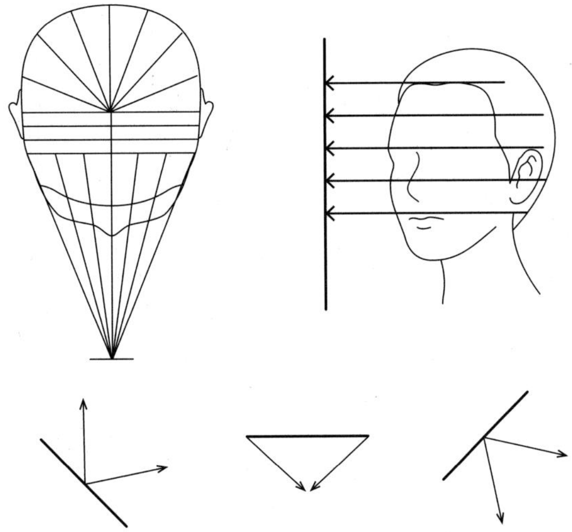

4) 방향분배 (Directional Distribution)

파팅과 상관 없이 디자인의 의도에 맞게 한 방향으로 분배하는 것이다.

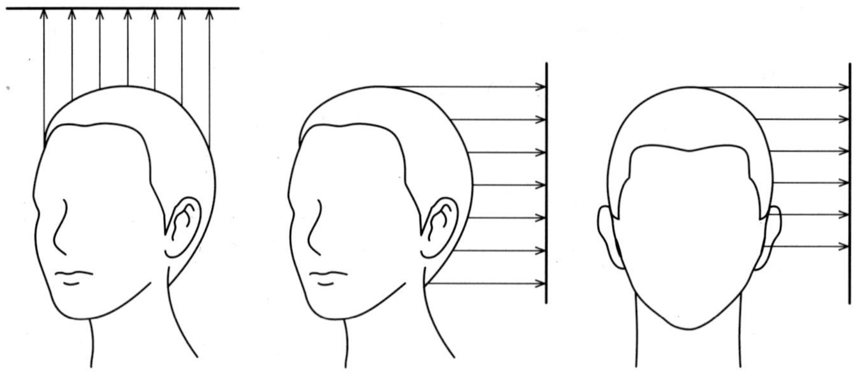

4. 시술각(Projection)

시술각(Projection)은 두상의 곡면으로부터 머리를 들어 올리는 각도를 말하는 것으로 컷 디자인에 따라 다르게 사용되는데, 어느 각도를 사용하느냐에 따라 다양한 디자인 커트를 할 수 있다. 헤어 컷을 시술할 때는 두상과 섹션(Section), 가위의 각도를 고려하여 디자인을 구사한다. 일반적으로 각도는 중력에 의해 떨어지는 각도를 자연시술각(Natural fall)이라 하고, 두상의 곡선에 의해 생기는 두상에 의한 각도(head angle)를 일반시술각(Normal projection)이라고 한다. 그 외 손가락에 의한 각도(Finger angle)를 사용한다.

1) 자연시술각 (Natural fall)

모발이 중력에 의해 자연스럽게 떨어지는 그대로의 방향의 각도로 원랭스와 그래쥬에이션에 주로 사용한다.

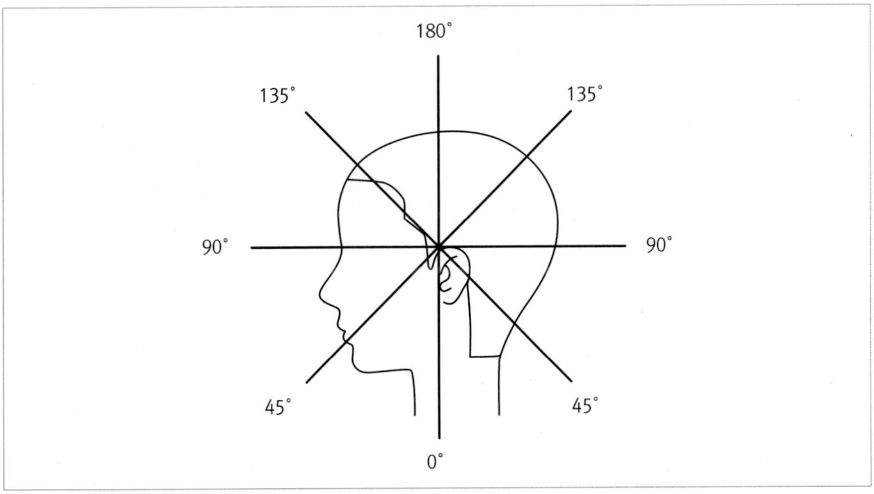

자연시술각도

2) 일반시술각 (Normal projection)

두상의 곡면으로부터 생성된 각도를 사용하며 인크리스 레이어와 유니폼 레이어 커트에 주로 사용한다. 두상의 곡면에 붙은 각을 0°라 한다.

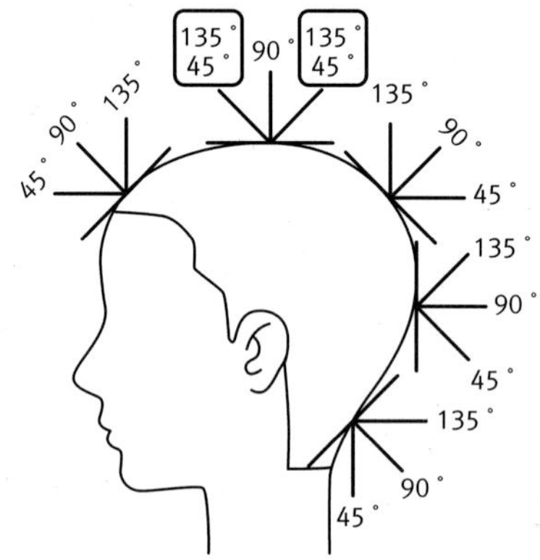

일반시술각도

3) 형태별 시술각

❶ 원랭스(One length) : 0° 자연시술각

❷ 그래쥬에이션(Graduation) : 1~89° 자연시술각
로우 그래쥬에이션(Low graduation, 낮은 시술각) : 1~30°
미디움 그래쥬에이션(Medium graduation, 중간 시술각) : 31~60°
하이 그래쥬에이션(High graduation, 높은 시술각) : 61~89°

❸ 인크리스 레이어(Increase layer) : 0°, 45°, 90° 일반시술각

❹ 유니폼 레이어(Uniform layer) : 90° 일반시술각

5. 손가락/가위 위치(Finger/Shear Position)

베이스 파팅(Base parting)에 대한 손가락의 위치와 선을 말하는 것으로 손가락은 디자인 라인이 보이도록 위치한다.

1) 평행 손가락 자세 (Parallel Finger Position)

기본 파팅, 손가락, 가위 모두가 평행하도록 조작하며 의도된 선을 가장 완벽하게 만들 수 있다.

2) 비평행 손가락 자세 (Nonparallel Finger Position)

베이스 파팅(Parting)에 대해 손가락이 비평행하게 놓인 상태로 파팅선과 다른 과장된 길이 증가와 대조되는 길이 간의 연결, 무게감을 형성하고 조절할 수 있다.

6. 디자인 라인(Design line)

커트할 때 사용되는 머리의 모양 패턴이나 길이의 가이드로 원랭스 커트(One length cut) 형태에서는 디자인 라인(Design line)이 형태선이 될 수도 있다.

1) 고정 디자인 라인 (Stationary) D/L

디자인 라인이 이동하지 않으며, 반대편의 길이 증가를 원할 때 원랭스, 인크리스 레이어 등에 사용한다.

2) 이동 디자인 라인 (Mobile) D/L

이동하는 디자인 라인으로 이전에 커트된 머리의 일부분을 다음 커트할 섹션의 길이 가이드로 사용하는 것으로, 유니폼 레이어와 그래쥬에이션 커트에 사용한다.

3) 다중 디자인 라인 (Multi) D/L

여러 개의 디자인 라인이 존재하는 것으로 역동적인 머리 질감을 원하지만 엑스테리어 부분의 머리 길이가 충분하지 않을 때 사용한다.

7. 베이스(Base)의 종류

베이스(Base)는 헤어 컷 시술 시 모발을 잡아 커트하는 접점이 위치하는 곳에 따라 온 베이스(On base), 프리 베이스(Free base), 사이드 베이스(Side base), 오프 베이스(Off base), 트위스트 베이스(Twist base), 기점별 베이스(Starting point base)로 나눌 수 있으며, 베이스의 종류에 따라 진행 방향으로 모발의 길이가 길어지기도 하고 짧아지기도 한다. 그러므로 디자인에 따라 베이스를 달리 사용해야 하며 디자인 구상 시 디자인의 특성에 맞는 베이스를 설계하여야 한다.

1) 온 베이스 (On Base)

커트 시 접점이 베이스 폭의 중간에 오는 것으로 커트의 진행 방향에 따라 길이의 변화가 없이 동일한 길이를 원할 때와 두상과 같은 라인을 표현할 때 사용한다.

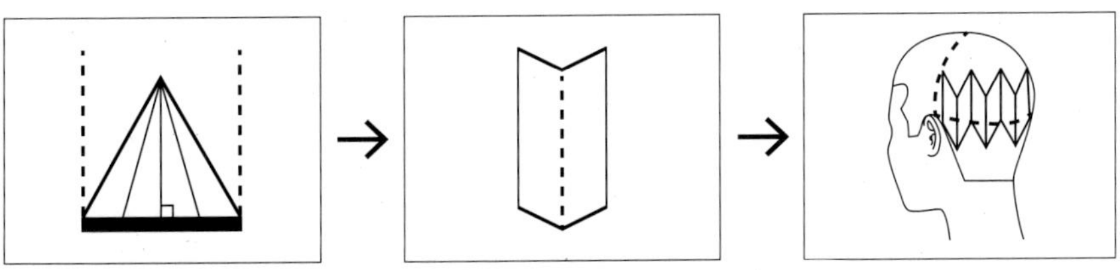

2) 프리 베이스 (Free Base)

커트 시 접점이 온 베이스와 사이드 베이스 사이에 위치하는 것으로 이동하는 방향으로 점점 길어진다. 길어지는 정도는 사이드 베이스보다 작다.

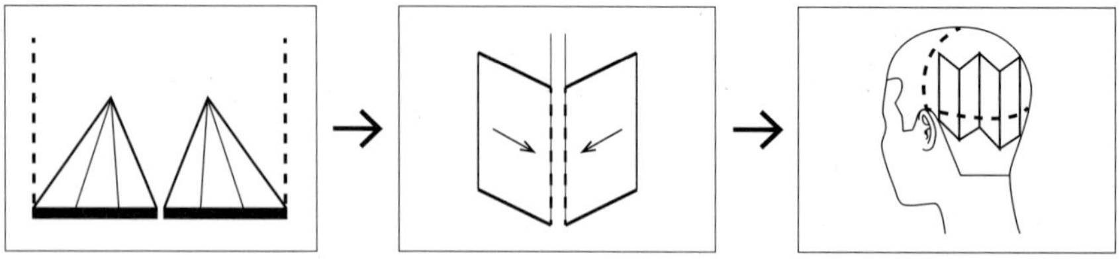

3) 사이드 베이스 (Side Base)

커트 시 접점이 베이스 폭의 한 면에 위치하는 것으로 이동 방향으로 점점 더 길어지고 이동 방향의 반대편은 점점 짧아진다. 모발 길이의 차이가 많으므로 급격한 길이의 변화를 주고자 하는 컷에 사용된다.

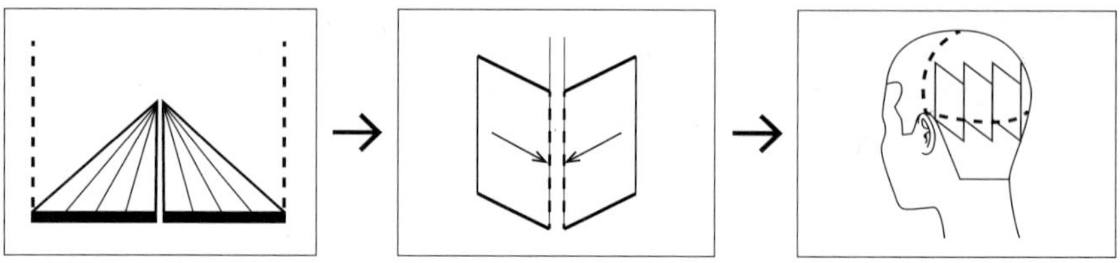

4) 오프 베이스 (Off Base)

커트 시 접점이 베이스 폭을 벗어난 부분에 위치하며 급격하게 길어지거나 짧아지는 것이 특징이다.

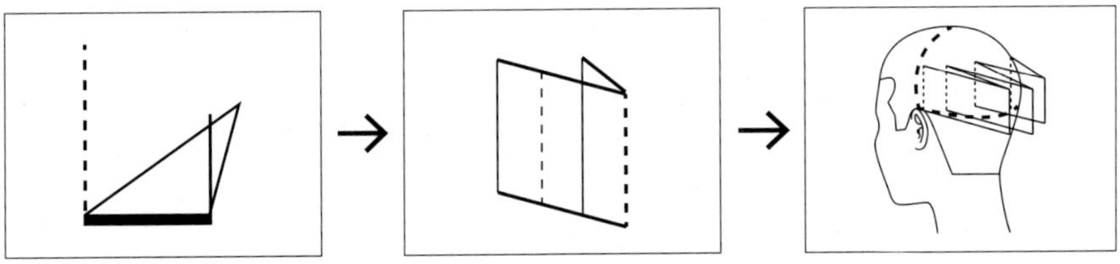

5) 트위스트 베이스 (Twist Base)

서로 다른 단차와 서로 다른 베이스를 연결시킬 때 사용하며 다른 베이스로 인해서 스트랜드를 잡은 손이 트위스트된다.
위의 블록에서 온 베이스와 아래 블록의 오프 베이스를 연결할 때 중간 블록의 베이스는 프리 베이스에서 사이드 베이스, 오프 베이스까지 복합적인 베이스가 나타나 트위스트 베이스의 형태를 띤다.

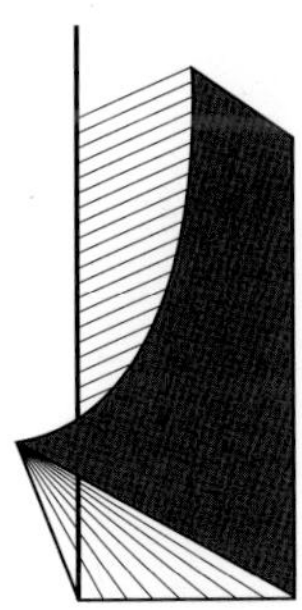

6) 기점별 베이스 (Starting point base)

한 기점을 중심으로 모든 모발을 끌어 당겨 커트하는 것으로 아주 급하게 길어지거나 짧아진다.

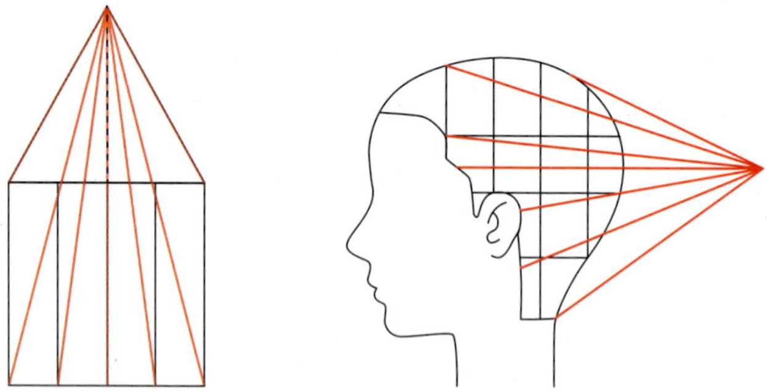

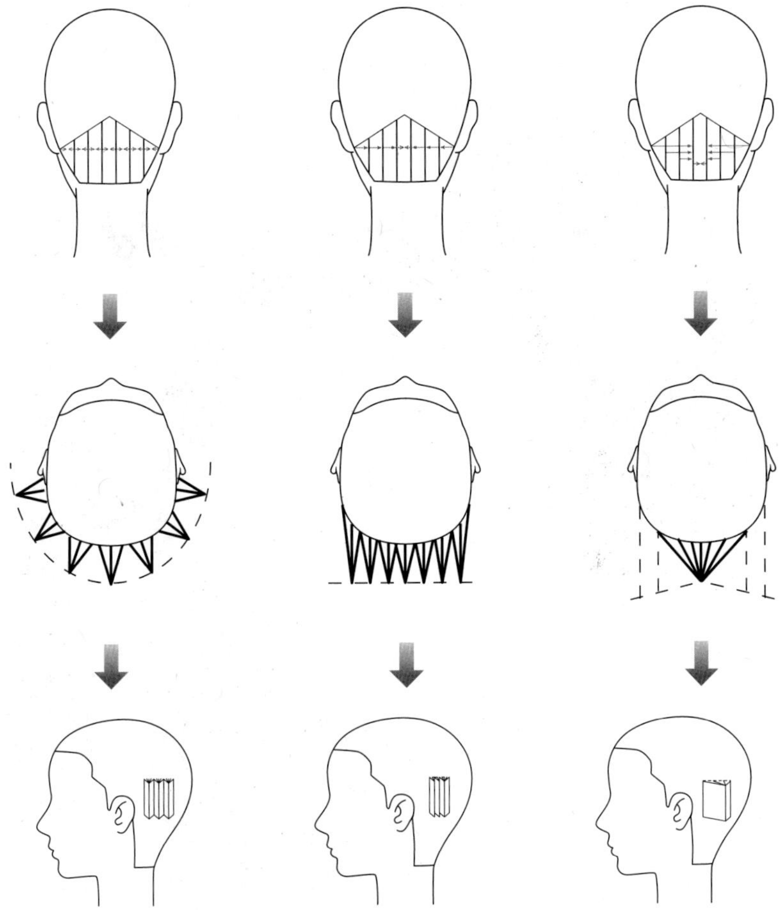

베이스의 진행 방향에 따른 길이 변화

Chapter 2

남성 헤어 컷 디자인의 형태

1. 헤어 컷 디자인의 기본 형태
2. 남성 헤어 컷 디자인의 형태

1. 헤어 컷 디자인의 기본 형태

헤어 디자인의 형태는 선(Line), 방향(Direction), 시술각(Angle), 길이의 배열(Length arrangement)을 통해 만들어진 구조가 외측으로 나타나는 모양을 말한다. 외각의 형태는 모발 전체를 펼친 구조그래픽(Structure graphic)으로 표현할 수 있으며, 중력 방향으로 떨어진 디자인의 아웃 라인(Out line)이 형태를 결정짓는다.

1) 원랭스 (One Length Form)

원랭스(One length) 컷은 0°로 커트하여 단차가 없이 하나의 고정된 라인에 모든 모발이 위치하는 컷 형태를 말한다. 원랭스 컷은 하나의 선에 모든 모발이 모여 무게감이 형성되어 그래쥬에이션이나 레이어 컷과 달리 층의 단차가 없기 때문에 단정한 느낌을 주며 세련된 이미지를 형성한다.

형태는 구조적으로 탑의 모발이 네이프의 모발보다 길어 두상의 윗부분의 모발이 아랫부분의 모발을 덮기 때문에 표면의 질감이 매끄러워 보이며, 아웃 라인이 무거운 느낌을 가지므로 솔리드(solid)라고 부르기도 한다.

원랭스 형태에서 많이 사용되는 디자인 라인은 수평(Horizontal)과 사선(Diagonal), 직선(Straight)과 곡선(Curve)의 혼합형 등 다양한 라인과 길이로 커트할 수 있고, 선의 방향에 따라 다이아고날 포워드(Diagonal forward) 형태의 전대각 또는 다이아고날 백워드(Diagonal backward) 형태의 후대각을 사용하여 디자인한다.

(1) 패럴렐 라인(Parallel line=square line)

호리존탈 섹션(Horizontal section)을 이용하여 커트하며 커트의 선이 수평으로 완성된 스타일이다.

(2) 에이 라인(A-line=concave line)

다이아고날 포워드 섹션(Diagonal forward section)을 이용하여 커트하며 커트의 선이 앞쪽으로 기울어져 네이프에서 사이드로 갈수록 길이가 길어지는 스파니엘(Spaniel) 형태를 만들 수 있다.

(3) 브이 라인(V-line=convex line)

다이아고날 백워드 섹션(Diagonal backward section)을 이용하여 커트하며 커트의 선이 뒤쪽으로 길어져 네이프에서 사이드로 갈수록 올라가 길이가 짧아지는 이사도라(Isadora) 스타일을 만들 수 있다.

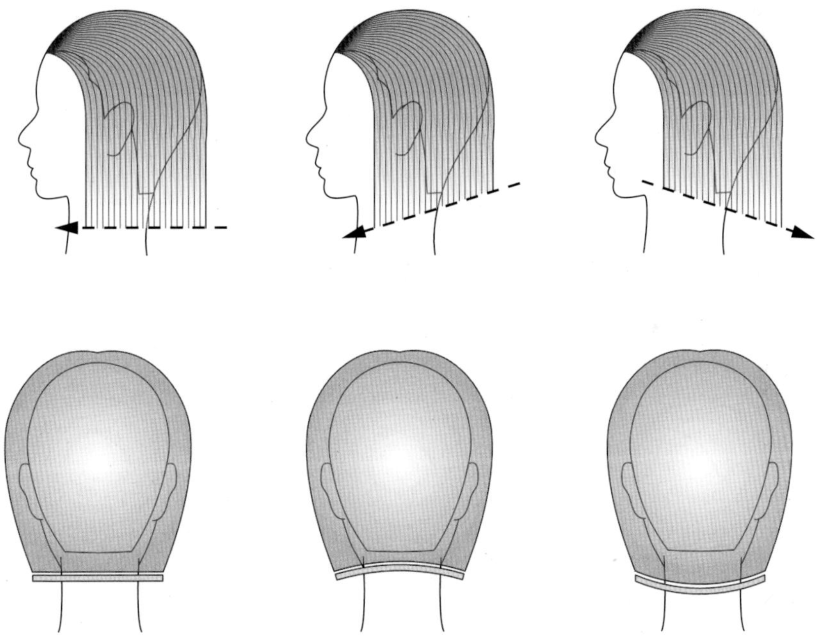

수평 square line　　전대각 concave line　　후대각 convex line

2) 그래쥬에이션 (Graduation Form)

그래쥬에이션 컷은 층의 단차를 이용하여 컷 디자인을 하는 것으로 볼륨을 형성(Built up of volume)해 나가는 컷을 말하는데, 두상의 둥근 모양을 따라 미묘한 단차가 생겨 입체적인 스타일의 컷을 만들 수 있다.

구조 그래픽을 살펴보면 네이프의 길이는 짧고 탑으로 올라갈수록 길이가 길어지는 형태로 길이의 단차로 인해 원랭스보다는 가볍고 레이어보다는 무거운 중간 정도의 무게감을 형성한다.

그래쥬에이션 컷은 각도에 따라 층의 범위가 결정되는데 두상이나 지표를 중심으로 한 자연시술각 45°는 표준시술각으로 볼륨을 가장 이상적으로 만들 수 있다. 그래쥬에이션 형태를 만들 수 있는 각도는 1~89°로 1~30°를 이용한 컷은 로우 그래쥬에이션(Low graduation), 31~60°를 이용한 컷은 미디움 그래쥬에이션(Midium graduatio), 61~89°를 이용한 컷은 하이 그래쥬에이션(High graduation)이라고 하며 각도가 높아질수록 층의 범위가 넓어져 층이 많이 생기게 된다.

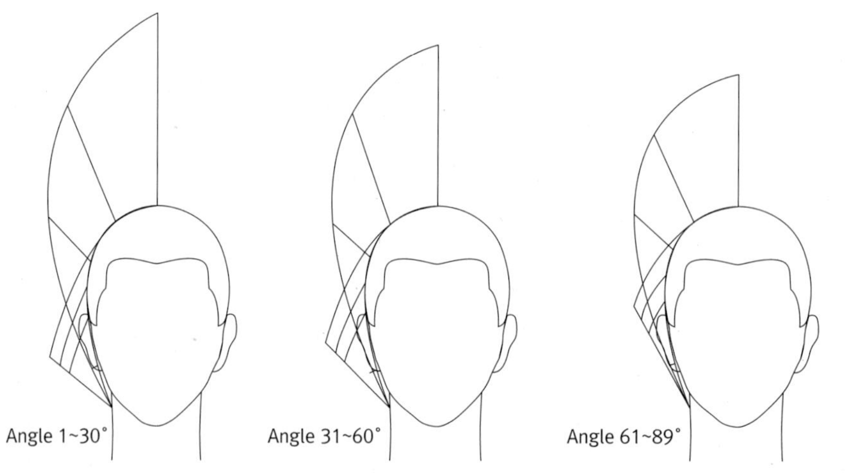

로우(Low) 미디움(Medium) 하이(High)

3) 레이어 (Layer Form)

레이어 컷(Layer cut)은 모발의 층이 겹겹이 쌓이는 형태로 무게감이 가장 작게 느껴지는 가볍고 활동성이 많은 컷이다. 두상의 위쪽으로 올라갈수록 모발의 길이가 짧아지고 아래로 내려올수록 길이가 길어진다. 무게감을 줄이는 특징이 있어 모량이 많은 사람의 부피를 줄일 수 있고, 모발의 움직임과 질감 표현에 유리하며 헤어스타일의 응용 범위가 넓고 신속한 작업이 가능한 장점을 가지고 있다.

레이어 컷은 각도에 따라 다른 느낌의 컷을 만들 수 있는데 공통적으로 여성스러우며 부드럽고 율동적인 느낌을 연출할 수 있다. 또한 시술각이 높아질수록 층의 범위가 넓어지며 가벼운 느낌을 연출하고 생동감을 돋보이게 할 수 있다.

레이어 컷의 종류는 크게 유니폼 레이어와 인크리스 레이어로 나눌 수 있다. 유니폼 레이어는 전체 모발의 길이와 시술각이 같아 붙여진 이름으로 베이직 레이어(Basic layer), 라운드 레이어(Round layer)라고도 하며, 모든 컷의 각도가 90°에서 이루어져 전체 모발의 길이가 일정하며 한 곳에 볼륨이 생기는 무게선이 나타나지 않는다. 인크리스 레이어는 층이 점점 쌓여서 증가하는 컷으로 시술각을 자연각도 90° 이상을 사용하여 아래로 내려갈수록 모발의 길이가 길어지며 모든 컷 형태 중에서 가장 많은 층을 갖는다.

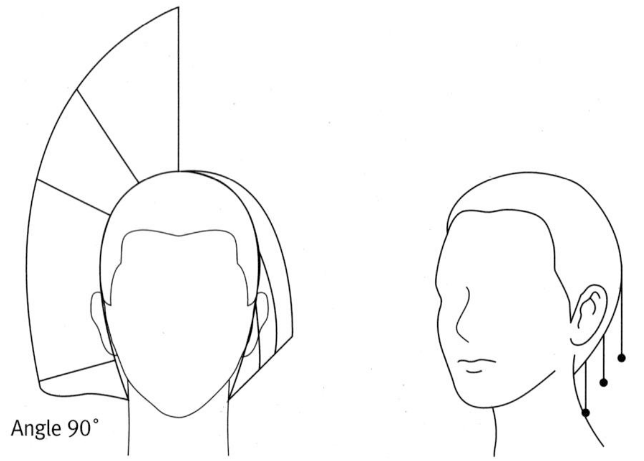

유니폼 레이어(Uniform Layer)

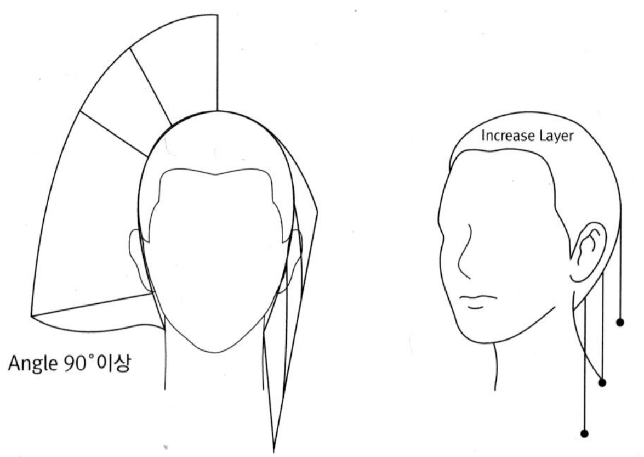

인크리스 레이어(Increase Layer)

4) 다중디자인 (Multiple Stationary Design Form)

다중디자인은 창의적인 헤어 컷 디자인을 위하여 하나의 디자인 안에 원랭스, 그래쥬에이션, 레이어 형태를 두 종류 이상 혼합하여 디자인한 커트 스타일이다.

헤어 디자인은 두상의 형태(Shape of head), 목과 어깨의 형태(Shape of neck, shoulder)에 영향을 받게 되므로 질감과 비율을 고려하여 원랭스, 그래쥬에이션, 레이어 형태를 조합하여 다양한 형태의 다중디자인을 완성할 수 있다.

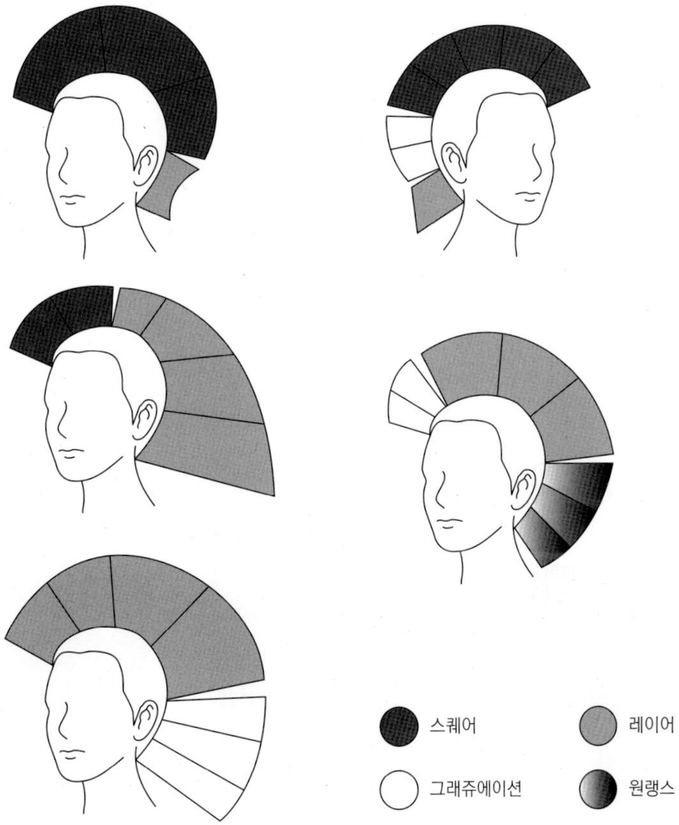

2. 남성 헤어 컷 디자인의 형태

1) 상고 스타일 (Graduation Style)

남성 헤어 컷의 대표적인 스타일로 그래쥬에이션 형태를 띠고 있으며 싱글링(Shingling)과 클리퍼(Clipper)를 이용하여 네이프와 목둘레를 짧게 자른 스타일이다. 주로 U 라인과 백 포인트까지는 긴 모발 길이를 가지며 모발의 길이에 따라 다양한 느낌으로 커트할 수 있다. 상고스타일은 길이와 클리퍼를 올리는 높이에 따라 높은 상고(상조발), 중간 상고(중조발), 낮은 상고(하조발) 스타일로 나눌 수 있다.

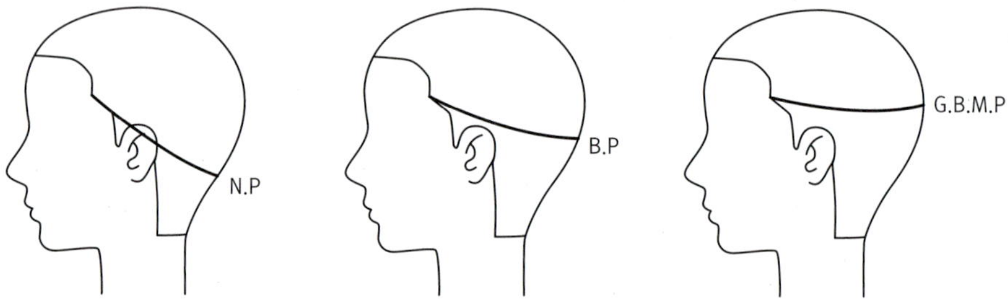

클리퍼의 처리 위치에 따른 상고머리의 종류

낮은 상고(상고머리 하조발) | 중간 상고(상고머리 중조발) | 높은 상고(상고머리 상조발)

2) 브로스 스타일 (Brosse Style)

남성 헤어 컷 중에서 가장 짧은 스타일로 클리퍼와 싱글링 기법을 이용하여 네이프와 사이드를 아주 짧게 쳐 올리는 스타일이다. 남성미와 청량감을 줄 수 있고 손질이 간편하다. 네이프와 백에서는 클리퍼 오버 콤(Clipper over comb)으로 처리하여 깔끔하게 올려 깎는다. 사이드와 탑의 모양에 따라 스퀘어 브로스(Square brosse), 라운드 브로스(Round brosse) 등의 스타일을 만들 수 있다.

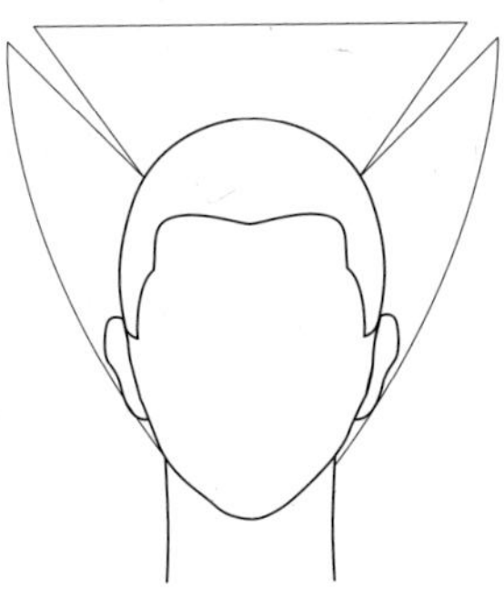

스퀘어 브로스

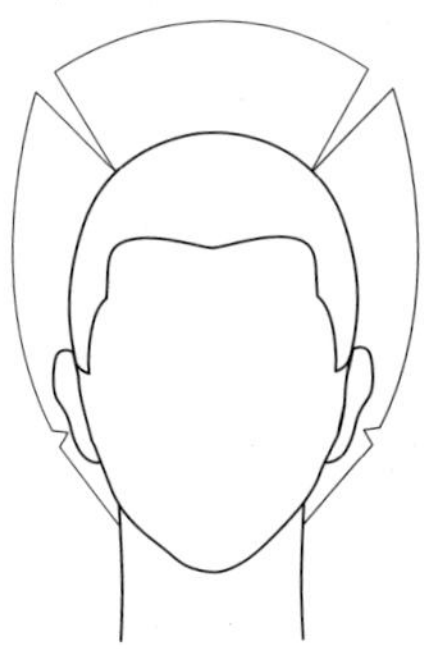

라운드 브로스

3) 유니폼 레이어 스타일 (Uniform Layer Style)

남성 컷 중 긴 모발 길이를 이용한 스타일이다. 시술각 90°의 유니폼 레이어를 응용하여 주로 U 라인과 백의 길이를 같게 설정하고 네이프를 그래쥬에이션 라인 또는 레이어 라인으로 연결시켜 형태를 완성한다. 전체 모발의 길이가 같으므로 형태선의 무게감이 없고 가벼운 컷 스타일을 만들 수 있다. 유니폼 레이어 스타일은 네이프의 길이와 형태에 따라 응용할 수 있는 범위가 넓고 다양한 형태를 만들 수 있어 다양한 헤어 컷 디자인 구성에 쓰인다.

유니폼 레이어 응용 스타일

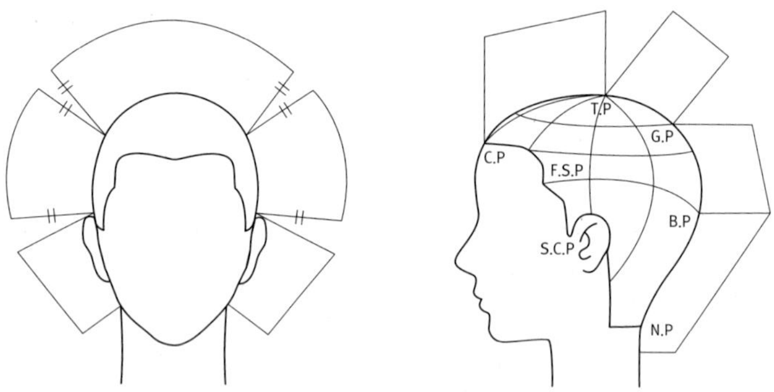

4) 디스커넥션 스타일 (Disconnection Style)

원랭스, 그래쥬에이션, 레이어 형태를 혼합하거나 하나의 형태에 따른 길이가 존과 섹션에서 이어지지 않고 다른 형태와 길이가 혼합되어 있는 형태이다. 남성 헤어 컷에서는 지간자르기한 모발과 클리퍼를 이용하여 짧게 자른 형태가 혼합되어 응용되는 경우가 많아 창의적이고 혁신적인 이미지를 만들 수 있다.

디스커넥션 응용 스타일

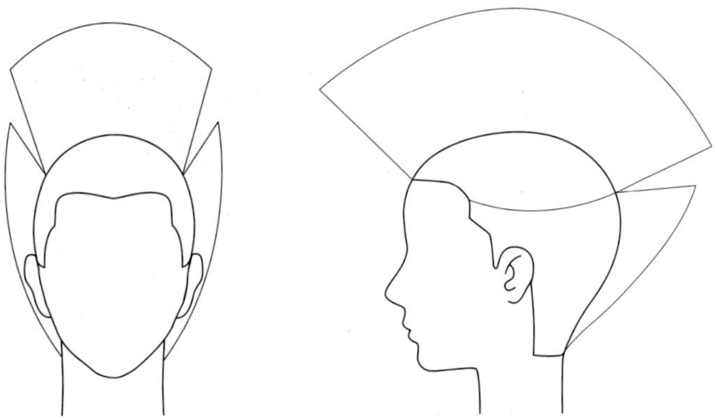

Chapter 3

남성 헤어 컷 도구 및 조작법

1. 가위(Scissors)
2. 틴닝가위(Thinning Scissors)
3. 레이저(Razor)
4. 클리퍼(Clipper)
5. 빗(Comb)
6. 기타 도구

1. 가위(Scissors)

1) 가위의 특징

가위는 피봇(Pivot)을 중심으로 움직이는 날인 동도(Moving blade)와 움직이지 않는 날인 정인(Stop blade)이 교차되면서 모발이 잘린다. 가위라고 하는 용어는 일반적으로 블런트 가위(Blunt scissors)를 일컫는 것으로 커트 후 모발의 단면이 뭉툭하고 무겁게 잘린다. 블런트 가위를 이용하여 가볍게 모발 단면을 잘라내어 질감을 처리하는 기법으로는 슬라이싱(Slicing), 채널링(Channeling), 브릭 컷(Brick cut), 트위스트 컷(Twist cut) 등이 있으며 모발 하나하나의 단면에 변화를 주어 양감과 질감을 조절한다.

2) 가위의 종류

가위의 길이는 4인치에서 7인치까지 있는데, 짧은 가위는 길이와 형태를 만들 때 주로 쓰며 장가위(Long secissors)는 남성커트와 트리밍(Trimming)에 주로 사용된다.

가위의 형태는 직선형과 R형, 용도별로 블런트(Blunt) 컷용, 스트록(Stroke) 컷용, 틴닝(Tinning)용, 텍스처(Texture)용 등이 있으며 재질에 따라 착장가위, 전강가위 등이 있다.

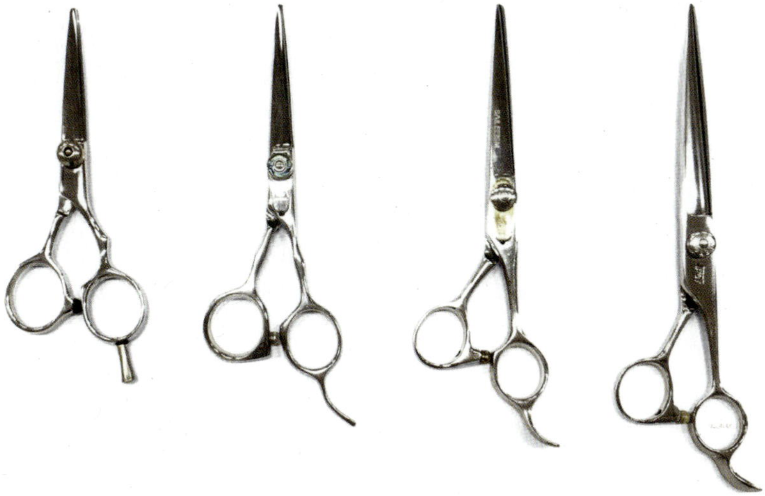

길이에 따른 가위의 종류

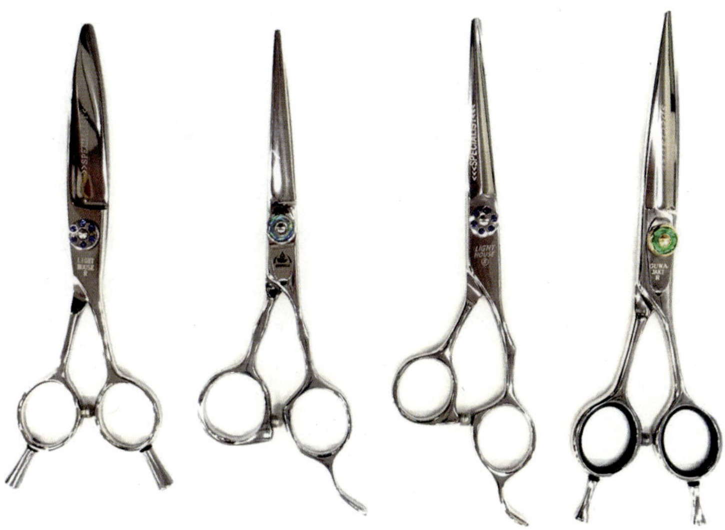

용도에 따른 가위의 종류

3) 헤어 커트의 기본 자세

의도하는 컷을 완성시키기 위해서는 몸의 위치, 다리와 팔의 위치, 머리와 시선 등의 위치가 맞아야 한다. 헤어 디자이너와 고객과의 거리는 팔을 뻗어 시술이 가능한 범위에서 설정하고 가위와 모발의 길이에 따라 조절한다. 다리는 어깨 폭 만큼 벌리고 있는 것이 기본 자세이지만 고객에게 밀접히 작업해야 할 시에는 한쪽 다리를 앞으로 내딛고 다리를 굽혀 높낮이를 조절한다. 커트할 때에는 시술 부위에 디자이너의 시선과 눈높이를 맞추고 팔과 손은 자연스럽게 가슴선까지 올려 커트한다.

4) 기본 가위 잡는 방법과 가위질

❶ 가위의 선회축이 자신을 바라보도록 잡고 동인에 엄지를 넣고 정인에 약지를 넣는다.

❷ 엄지만을 움직여 가위를 개폐하되 엄지를 안쪽으로 많이 넣지 않을수록 가위의 개폐가 넓게 되므로 엄지환 끝에 엄지를 살짝 걸치듯이 위치시킨다.

❸ 약지환에 약지를 넣고 소지걸이에 소지를 얹어 가위가 움직이지 않게 잡은 후 가위의 개폐 시 엄지를 제외한 네 개의 손가락을 가지런히 뻗어 가위가 흔들리지 않게 눌러준다.

❹ 가위가 충분히 벌어지도록 개폐하고 가위를 벌린 상태에서 정도는 평행이 되게 하며 동도는 90° 이상이 되도록 반복 연습한다.

❺ 커트를 하지 않을 때는 가윗날을 닫고 엄지환에서 엄지를 뺀 후 가볍게 쥔다.

기본 가위 잡는 방법

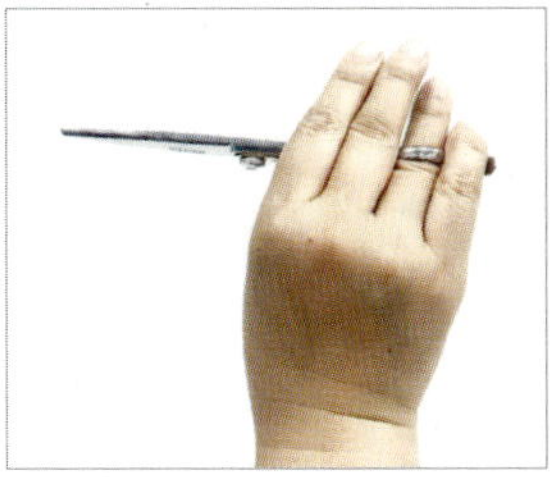

기본 가위질

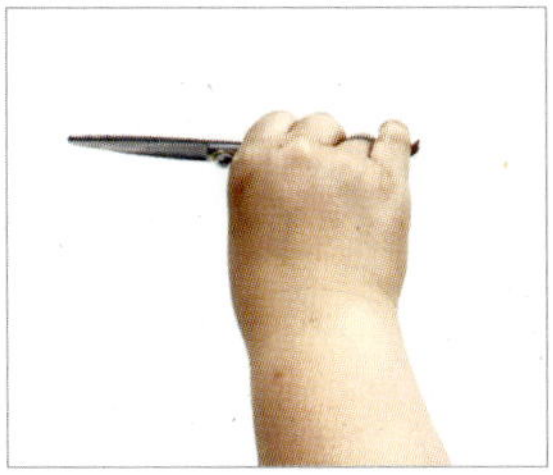

손 안쪽 블런트 가위질

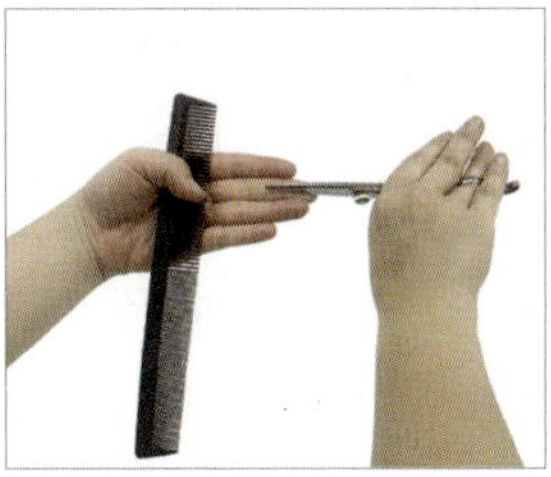

손 안쪽 포인트 가위질

손 바깥쪽 블런트 가위질

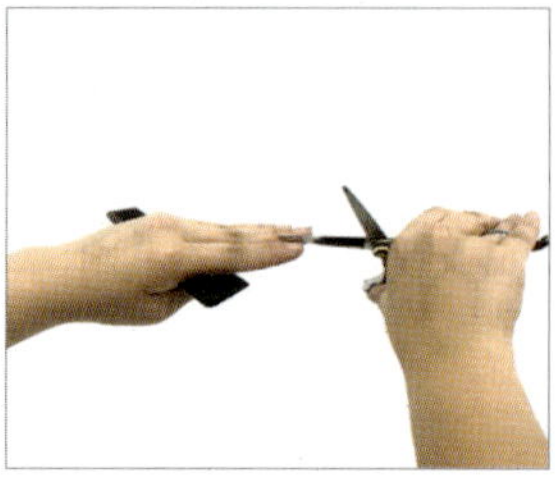

손 바깥쪽 포인트 가위질

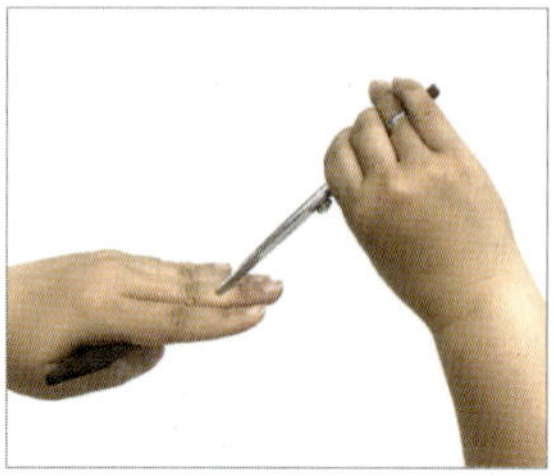

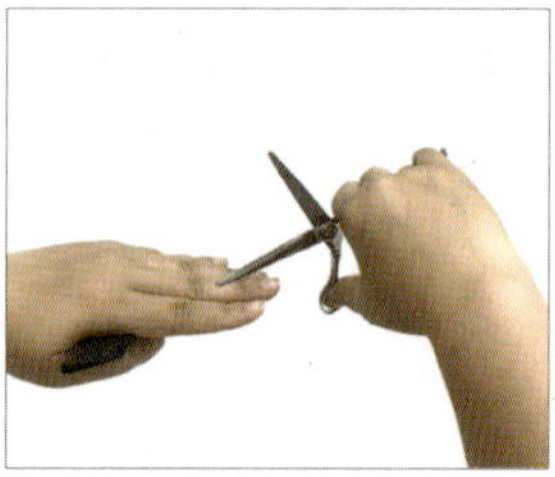

5) 변형 가위 잡는 방법과 가위질의 변형

가위질의 변형은 작업을 보다 용이하게 하기 위하여 가위의 위치와 사용 방법을 달리 하여 커트하는 것이다. 기본적인 가위 자세를 익힌 후 커트할 때 몸 전체를 이동하면서 커트하는 것이 아니라 가위 자세만 바꾸어 가로, 세로, 사선 등의 커트를 하게 되므로 작업 시간이 많아도 신체에 무리를 주지 않는 장점이 있다.

(1) 각도 변환 가위질(변형 1)

엄지환에 엄지를 걸치듯이 넣고 피봇 앞쪽으로 검지를 뻗어 가위를 잡는다. 이 방법은 커트할 때 가위의 각도를 쉽게 변형할 수 있고 팔꿈치의 움직임과 높이에 따라 다양한 각도로 응용될 수 있다. 주로 그래쥬에이션 형태의 커트이며, 모델에게 커트할 위치가 디자이너의 눈높이보다 낮은 경우, 탑(Top)과 같이 위쪽에 위치한 모발을 커트할 때 사용된다.

각도 변환 가위(변형 1)
잡는 방법

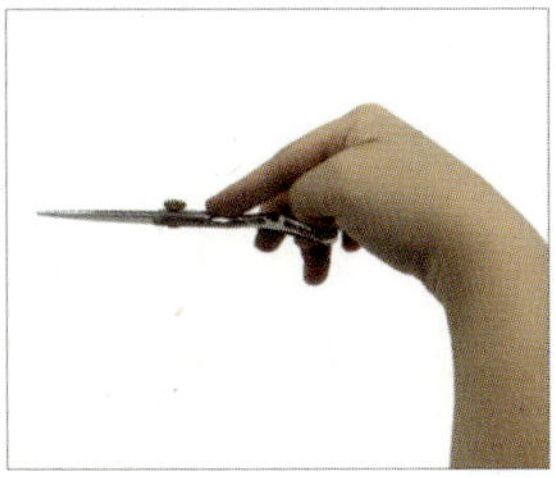

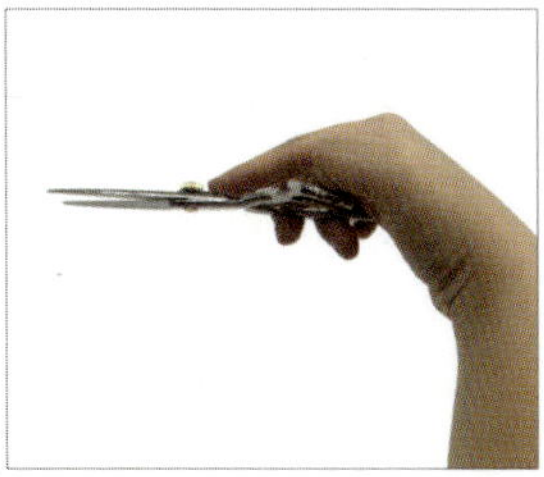

각도 변환 가위질

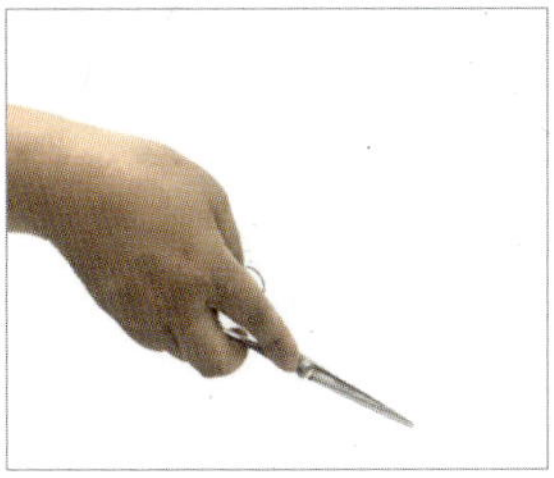

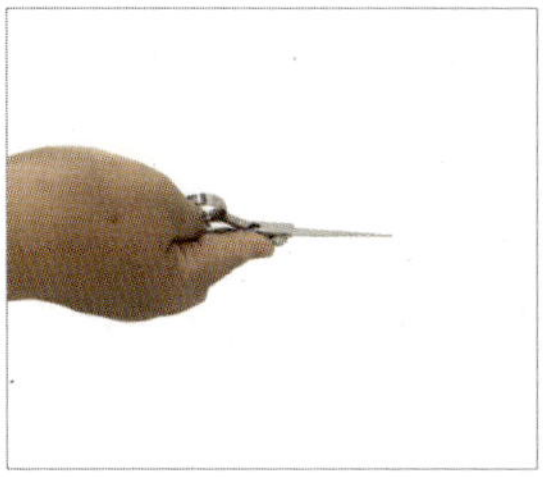

(2) 수직 가위질(변형 2)

수직으로 내려가는 스퀘어 컷을 자르기 쉬운 가위질 방법으로 가윗날의 각도가 90°로 떨어진다. 가위와 모발을 잡은 손가락의 각도가 모두 일직선으로 향하게 자세를 잡는다.
가윗날은 수직으로 아래쪽을 향하게 하고 엄지를 제외한 네 개의 손가락은 가위가 움직이지 않게 잡는다. 엄지환 속으로 손가락을 넣으면 가위가 조금 밖에 벌어지지 않으므로 엄지환 속에 넣지 않고 엄지환 위에 굽혀 올려 놓고 좌·우로 움직이며 가위를 개폐한다.

수직 가위(변형 2) 잡는 방법

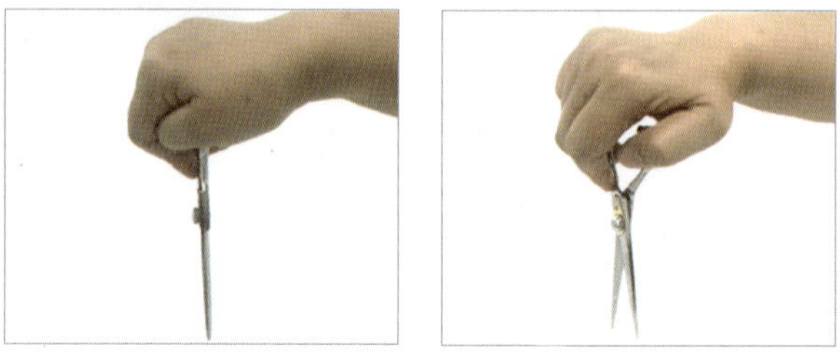

수직 가위질

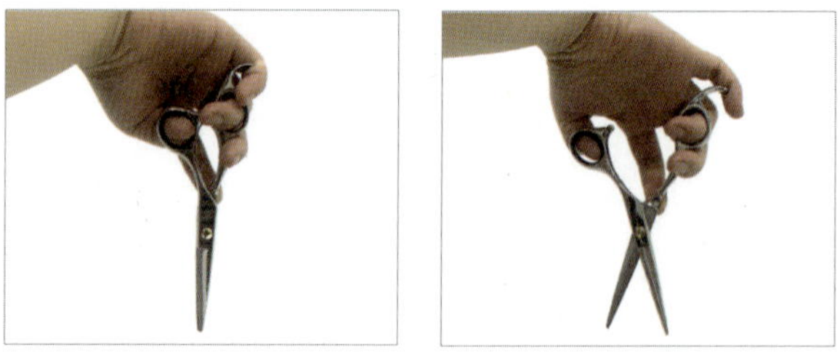

6) 가위의 회전

가위질을 하지 않을 때 가위를 잡고 있어야 하는 손가락과 손바닥에서 가위를 뒤쪽으로 회전시킴으로써 핀을 집거나 스프레이 등이 편하게 하여 작업의 효율을 높일 수 있다.

❶ 기본 가위질로 가윗날이 평행이 되게 잡는다.
❷ 손을 뒤집어 가위가 손바닥 안에 오도록 잡는다.
❸ 엄지를 엄지환에서 뺀다.
❹ 약지환 위에 얹은 약지를 옆으로 빼고 검지로 가위를 밀어 회전시킨다.
❺ 가위를 튕겨 옆으로 나온 약지 위에 가위를 위치시킨다.
❻ 약지로 가위가 튕겨나가지 않게 잡는다.
❼ 손바닥을 밑으로 위치시켜 안정된 자세를 만든다.

가위 회전 방법

2. 틴닝가위(Thinning Scissors)

1) 틴닝가위의 특징

틴닝가위는 모량을 조절할 때 쓰는 가위로 모발의 형태와 길이는 그대로 두고 숱을 쳐내는데 사용되어 양감을 조절한다. 밀집되어 있는 모류를 제거하거나 교정하며 모발의 힘을 분산시키는 역할을 한다.

2) 틴닝가위의 종류

틴닝가위(Thinning scissors)는 탑날의 개수와 탑날이 위치한 면에 따라 종류를 나눌 수 있다. 탑날의 개수는 12개, 24개, 36개 등이 있으며 모량과 목적에 따라 조절하여 사용한다. 탑날은 수와 두께, 간격에 따라 숱을 쳐내는 양이 달라지는데 탑날의 개수가 많아질수록 숱이 많이 쳐지며 탑날의 개수가 적으면 적은 양의 머리숱이 쳐진다.

틴닝가위의 탑날은 직선날, 곡선날, 탑날이 한 면에만 위치하는 것, 양쪽에 위치한 것이 있는데 한 면에만 탑날이 있는 것이 모량을 더 많이 감소시키므로 목적에 맞게 틴닝가위의 종류를 선택한다.

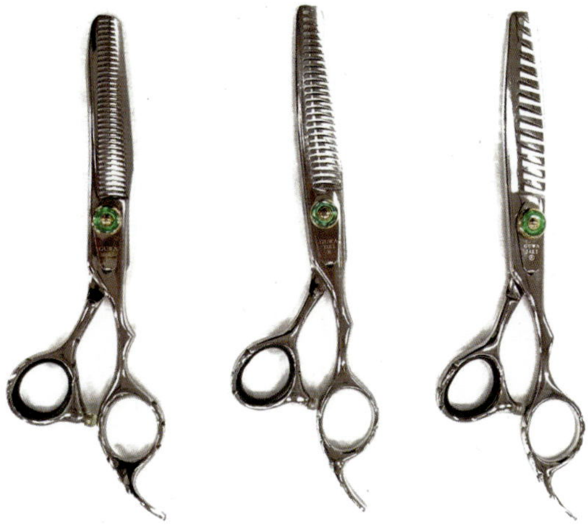

틴닝가위의 발수에 따른 종류

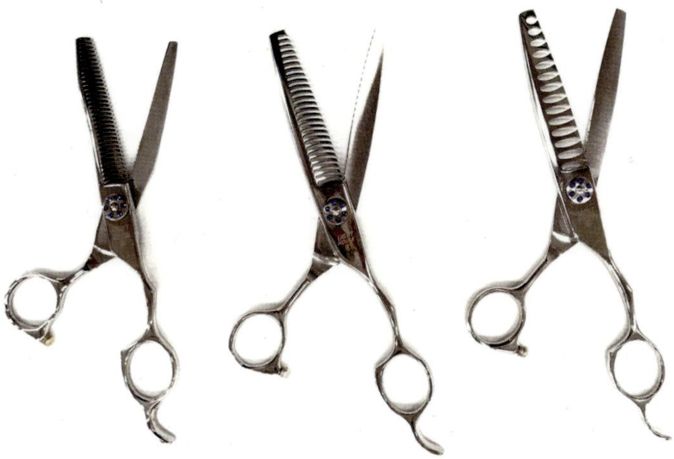

틴닝가위의 탑니 모양에 따른 종류

3) 틴닝가위의 탑날에 따른 종류

(1) 직선날

틴닝가위의 날이 일직선으로 되어 있고 주로 탑날의 숫자가 많은 것을 사용한다.

❶ 길이는 그대로 두고 모량을 감소시키고 싶을 때 사용한다.

❷ 연속깎기와 같이 디자인 라인에 변화를 주지 않고 모량을 감소시키는 기법에 주로 사용한다.

(2) 곡선날

❶ 틴닝가위의 날이 곡선으로 되어 있다.

❷ 커트 라인이 곡선으로 형성되어 있어 디자인의 방향과 움직임을 줄 수 있다.

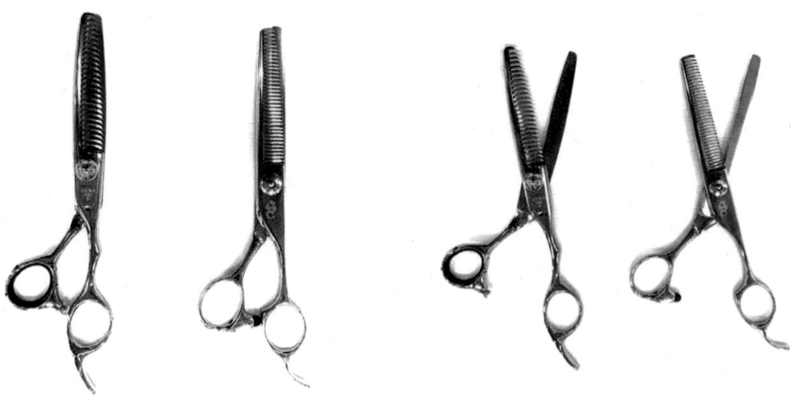

틴닝가위의 탑날에 따른 종류

3. 레이저(Razor)

레이저(Razor)는 커트할 때 사용하는 칼을 말하는 것으로 모발의 단면을 가늘게 만들어 커트 라인을 부드럽게 만드는데 주로 사용된다. 테이퍼링 테크닉(Tapering technic), 에칭(Etching) 기법, 아킹(Arching) 기법과 같이 부드러운 질감을 만드는 데 효과적이며 레이저 길이와 질감 제거를 동시에 진행할 수 있다.

레이저

4. 클리퍼(Clipper)

1) 클리퍼의 특징

클리퍼는 윗날과 밑날, 두 개의 날이 교차하면서 모발을 자르는 전동기기이다. 클리퍼는 윗날, 밑날, 핸들의 3부분으로 구성되어 있다. 빗과 가위로 싱글링 커트(Singling Cut)하는 것과 같이 짧은 머리를 자르거나 빠른 커트 작업, 고르게 층을 내기 위하여 사용한다.

2) 클리퍼의 각부 명칭과 기능

❶ 윗날 : 클리퍼 날의 위쪽에 있는 윗날은 좌·우로 이동하면서 밑날과 만나 홈 안에 들어온 모발을 커팅한다.

❷ 밑날 : 클리퍼 날의 아래쪽에 위치하며 움직이지 않고 고정되어 있으며 좌·우로 이동하는 윗날과 만나 모발을 커팅하며 클리퍼와 빗이 닿는 부위이다.

❸ 홈 : 모발이 윗날과 밑날 사이사이에 들어와 잘리는 곳으로 날과 날 사이에 움푹 들어간 부분이다.

3) 클리퍼의 종류

❶ 살롱용 클리퍼(Pro Clipper) : 클리퍼 날의 면적이 넓고 클리퍼 본체에서 일정 부분의 탑니 길이를 조절할 수 있다.

❷ 바버용 클리퍼(Barber Clipper) : 클리퍼의 날이 1mm로 고정되어 있어 빗으로 길이를 조절하거나 커버를 씌워 사용한다.

❸ 트리밍용 클리퍼(Trimming Clipper) : 연모를 제거하거나 라인을 정리하는 목적으로 사용한다.

❹ 세밀용 클리퍼(Detail Clipper) : 연모의 제거나 넓은 면적의 헤어 조각을 할 때 사용한다.

❺ 조각 클리퍼(Sculpture Clipper) : 날의 면적이 좁아 세밀한 작업이나 헤어 타투와 같이 글씨나 모양을 새기는 작업에 사용한다.

클리퍼의 종류

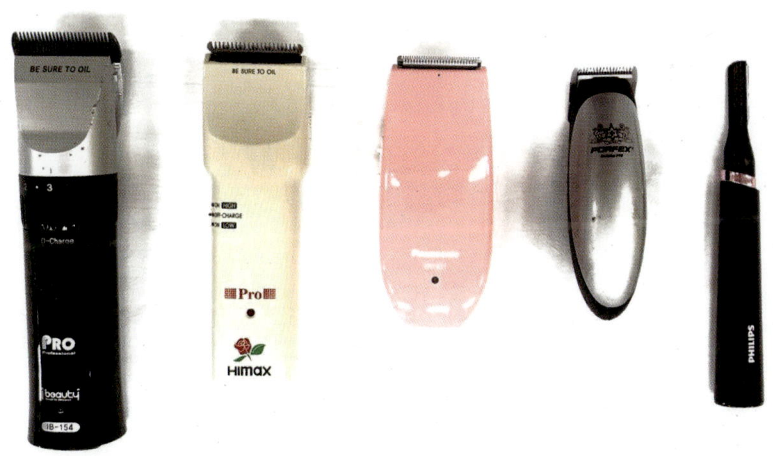

살롱용 바버용 트리밍용 세밀용 조각용

4) 클리퍼의 관리

❶ 시술이 끝난 후 클리퍼 날 주변을 클리퍼 전용 브러시(Brush)를 사용하여 이물질을 털어낸다.

❷ 클리퍼 날을 분리할 때는 바버용 클리퍼일 경우 클리퍼 날의 양쪽을 잡고 앞쪽으로 힘을 주어 빼내고 살롱용 클리퍼는 3mm로 돌린 후 클리퍼 날을 뒤로 밀어 빼낸다.

❸ 클리퍼 솔로 빼낸 클리퍼 날과 홈에 끼여 있는 짧은 모발을 털어낸다.

❹ 청소한 클리퍼 날을 클리퍼에 장착한다.

❺ 클리퍼를 세로로 세운 상태에서 전원을 켜고 오일(Oil)을 날에 한두 방울 뿌려주면 클리퍼 날과 홈에 끼인 미세한 모발이 오일을 타고 빠져나온다.

❻ 클리퍼는 전동기기이므로 습기가 없고 서늘한 장소에 보관한다.

5) 클리퍼 잡는 방법

클리퍼는 날의 방향에 엄지를 대고 나머지 네 손가락으로 클리퍼의 뒷면을 받쳐 잡아 클리퍼가 흔들리지 않게 잡는다. 대표적인 클리퍼 잡는 방법은 평면 잡기, 옆으로 잡기, 올려 잡기 등이 있다. 남성 헤어 컷에서는 올려치기, 돌려깎기 등의 각도와 목옆선, 귓바퀴 위 등의 디자인 라인 등에 클리퍼 작업 시 위로 잡기, 아래로 잡기, 펜슬 잡기 등의 방법으로 클리퍼를 방향과 각도를 변형하여 작업한다.

정면 잡기(올려치기 잡기)

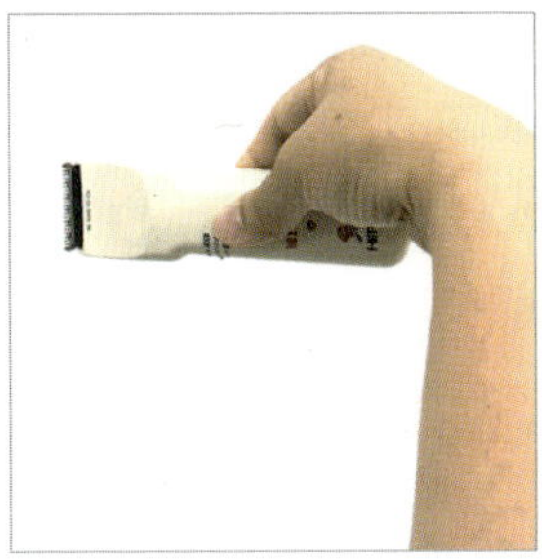

옆으로 잡기

펜슬 잡기

밀어 잡기(밀어 자르기 잡기)

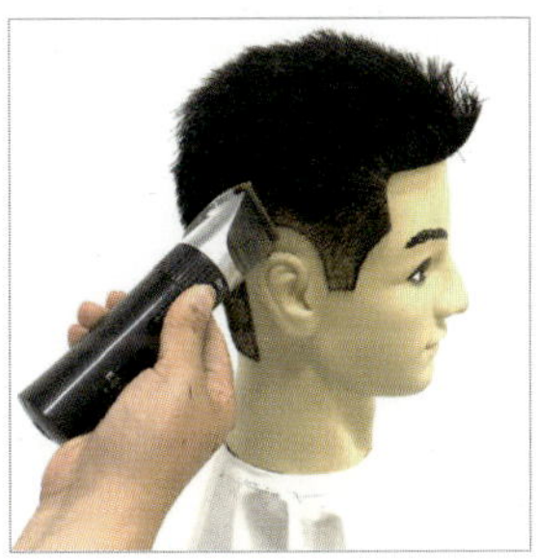

세워 잡기

평면 잡기

5. 빗(Comb)

빗은 커트할 때 모발을 나누거나 판넬의 면을 가지런히 하기 위해서 빗질하는 데 사용된다.

1) 빗의 종류

빗은 재질에 따라 고무나 플라스틱으로 만든 것, 기능에 따라 정전기 방지용(Antistatic) 등이 있다. 목적에 따라 커트용, 이발용, 클리퍼용 등 모양과 길이에 차이가 있으므로 두발의 숱과 길이 등의 용도에 따라 선택하여 사용한다. 빗은 빗살이 고르고 직선이며 빗살 끝이 부드러워 두피를 보호할 수 있는 것을 선택한다.

빗의 재질에 따른 종류

정전기 방지용 빗　　플라스틱 빗　　나무 빗

빗의 용도에 따른 종류

커트용 빗

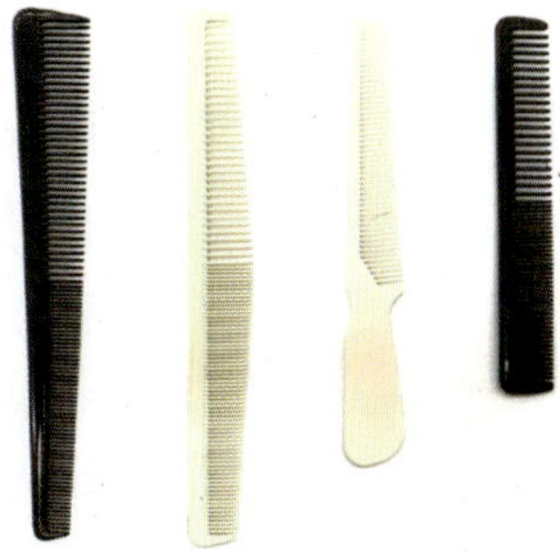

세밀용 빗

2) 빗살의 역할

(1) 얼레살

빗살의 간격이 성글어 블로킹, 섹션을 탈 때와 같이 텐션이 많이 들어가지 않고 구획을 나누는데 사용한다.

(2) 고운살

빗살의 간격이 조밀하여 컷 텐션이 많이 작용하므로 커트하기 전 판넬(Panel)의 면을 곱게 빗을 때 사용한다.

3) 빗의 선택 방법

빗은 사용 목적과 커트 디자인 대상의 모질에 따라 선택하며 두발의 길이가 길고 곱슬이거나 숱이 많은 사람은 빗살의 간격이 넓고 빗살의 길이가 긴 빗을 선택한다.

두발이 짧고 숱이 적어 빗의 조작이 용이한 사람은 빗살의 간격이 좁은 작은 빗을 사용한다. 마르고 건조한 환경에서 커트할 때는 정전기 방지용 빗이나 빗살의 간격이 넓어 마찰이 덜 일어나는 빗을 선택한다.

커트용 빗은 판넬과 섹션에 동시에 쓸 수 있는 얼레살과 고운살이 같이 있는 콤비네이션 빗이 유용하며 연모나 세밀한 작업이 필요한 부분에서는 빗살의 간격이 좁고 작은 빗을 사용한다.

4) 빗 잡는 방법

빗은 디자인의 시술 각도와 가위 테크닉, 클리퍼 테크닉에 따른 각도와 방법으로 잡아 작업의 효율성을 높인다.

빗 잡는 방법과 빗의 각도

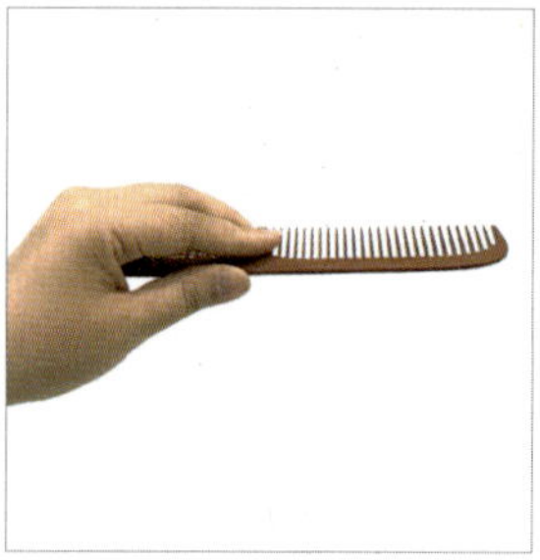

업 45˚

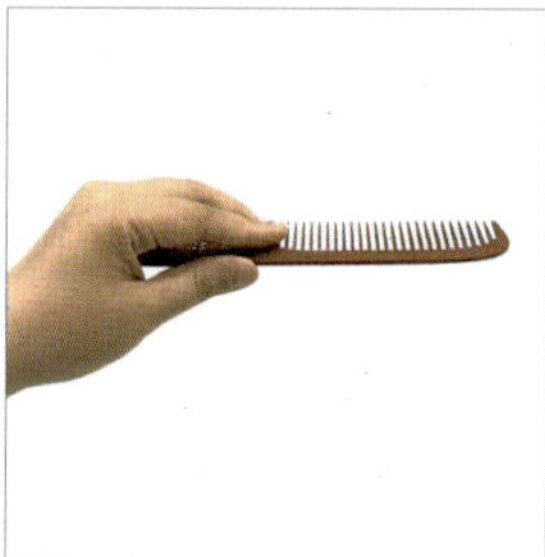

업 15˚

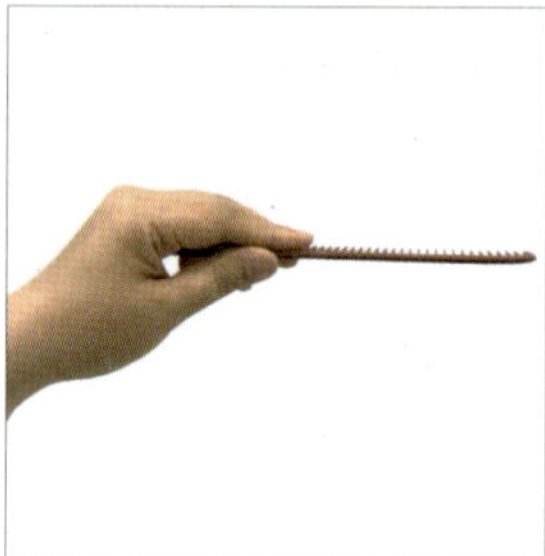

수평

빗의 각도에 따른 클리퍼의 조작

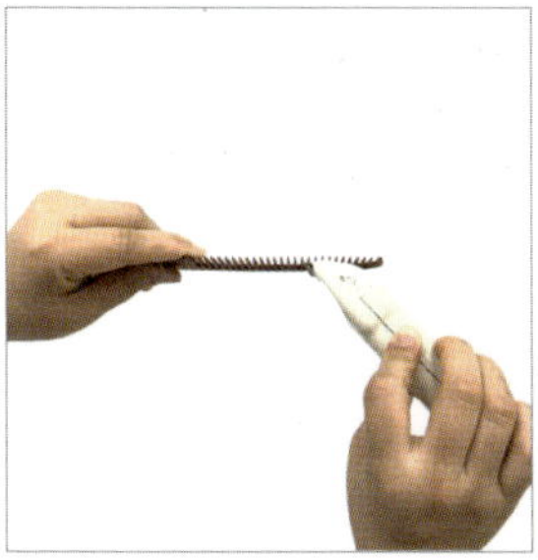
다운 45˚

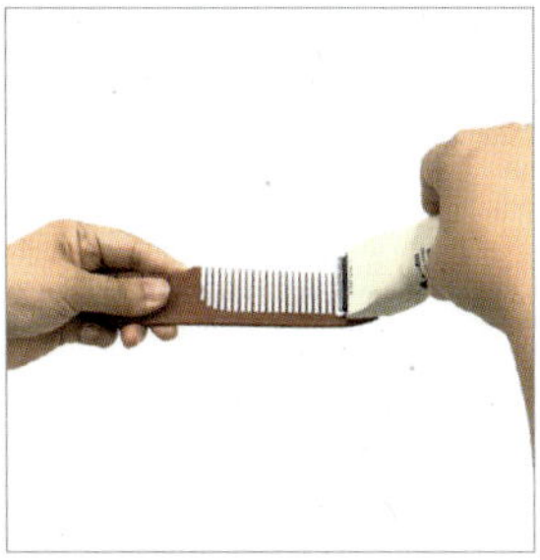
수직

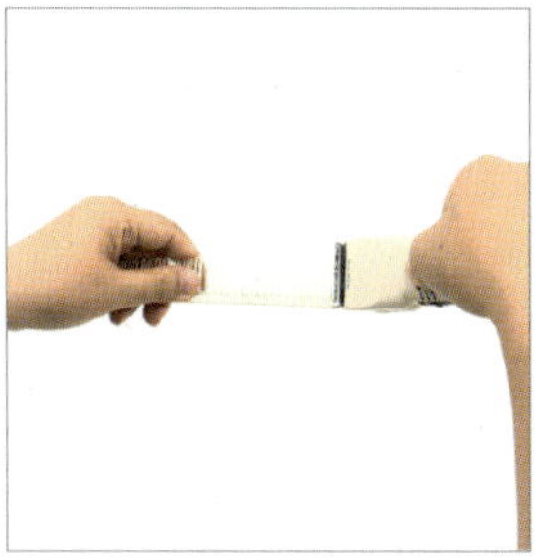
업 45˚

5) 빗질 방법

(1) 수평빗질

❶ 호리존탈 섹션(Horizontal section)의 모양과 같이 빗을 잡고 업 스텝(Up Step) 15°로 빗날의 끝을 올려 잡고 모근까지 들어간다.

❷ 빗을 수평으로 각도를 전환하여 빗어 내린다.

수평빗질

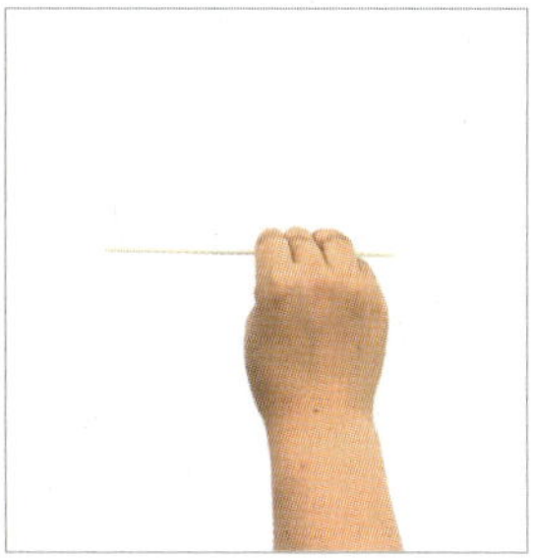

(2) 세로빗질

❶ 빗을 수직으로 잡고 빗날이 두피를 향하도록 하여 앞으로 들어간다.

❷ 버티컬 섹션이 깨끗하게 빗기도록 빗의 각도와 모발의 각도가 90°가 되게 빗어 나온다.

세로빗질

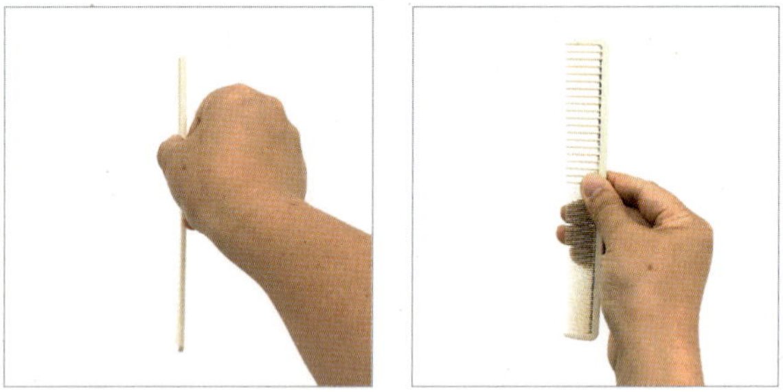

6) 빗 회전

빗은 고운살과 얼레살의 기능이 다르고 디자인의 포인트마다 사용해야 하는 빗의 부분이 다르므로 다른 손으로 옮겨 빗을 사용하지 않고 빗을 잡은 손으로 회전시켜 알맞은 용도로 사용하도록 한다.

❶ 엄지를 빗 앞으로 위치시키고 나머지 네 개의 손가락은 빗 뒤로 하여 빗을 잡는다.

❷ 빗날을 손바닥 반대 방향으로 향하게 하고 엄지와 나머지 네 개의 손가락 사이에 빗을 위치시킨다.

❸ 엄지와 검지로 빗을 잡고 중지, 약지, 소지 3개의 손가락을 빗 앞으로 위치시킨다.

❹ 엄지를 떼고 검지와 중지, 약지, 소지 3개의 손가락을 뒤로 밀면서 빗을 회전시킨다.

❺ 펴진 손가락을 굽혀 빗을 손바닥 안에 오게 잡는다.

빗 회전 방법

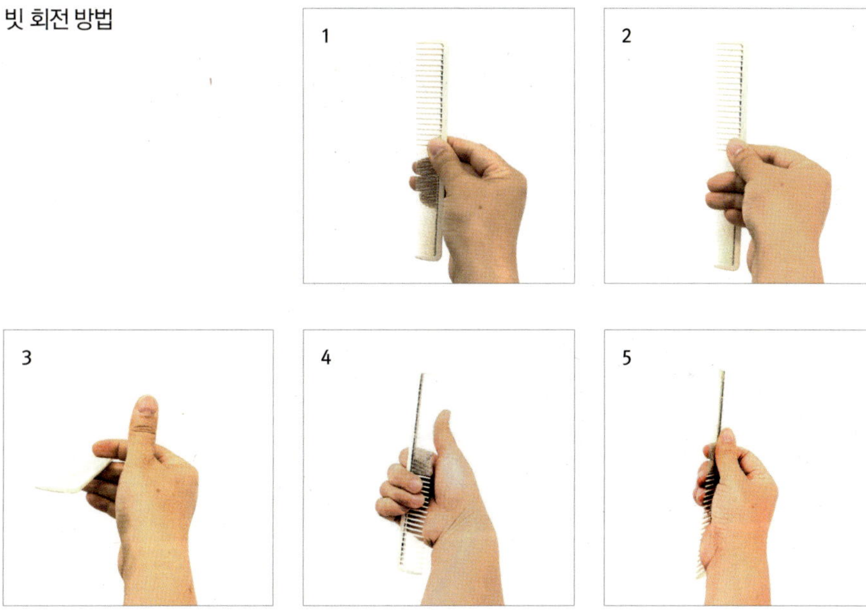

6. 기타 도구

1) 클립(Clip)

커트 시 모발을 구분하고 고정할 때 사용하며 재질에 따라 플라스틱(Plastic), 알루미늄(Aluminum), 혼합형 등이 있다.

플라스틱 클립

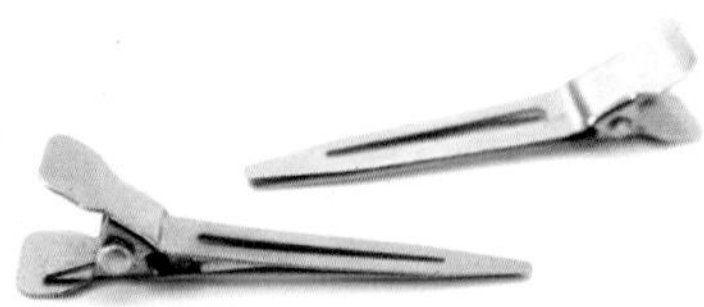

알루미늄 클립

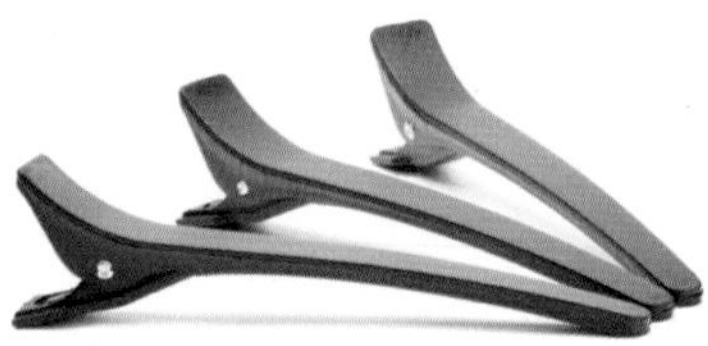

혼합형 클립

2) 분무기(Spray)

모발에 수분을 가할 때 사용하는 도구로 분사구에서 물이 고르게 분사되고 물의 양이 조절되는 것으로 선택한다.

Chapter 4

남성 헤어 컷 테크닉

1. 장가위 테크닉(Long Scissors Technic)
2. 클리퍼 테크닉(Clipper Technic)
3. 레이저 테크닉(Razor Technic)

1. 장가위 테크닉(Long Scissors Technic)

1) 지간깎기

모발을 손가락으로 잡고 가위로 커트하는 기법으로 모발의 길이 제거와 시술각을 이용한 형태 만들기에 사용하며 검지와 중지 사이에 모발을 잡고 손가락으로 설정된 길이와 각도로 커트한다.

2) 연속깎기

시저 오버 콤(Scissors over comb) 기법으로 짧은 모발에 주로 시행하며 빗살 면이 두피의 면을 따라 이동하면서 빗등에 가위의 정도(Stop blade)를 밀착시켜 가위를 개폐하고 아래에서 위로 진행하는 기법이다.

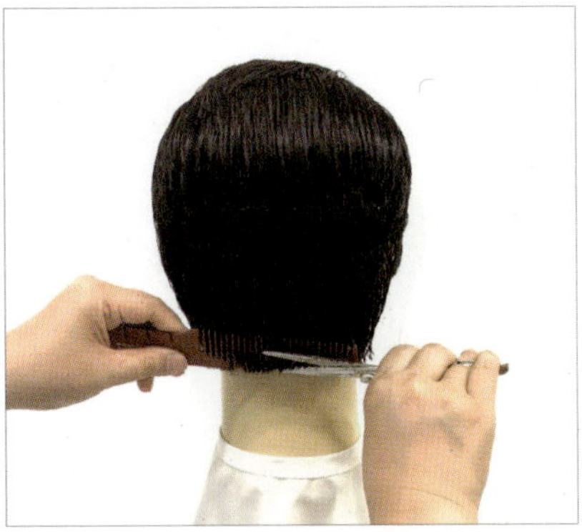

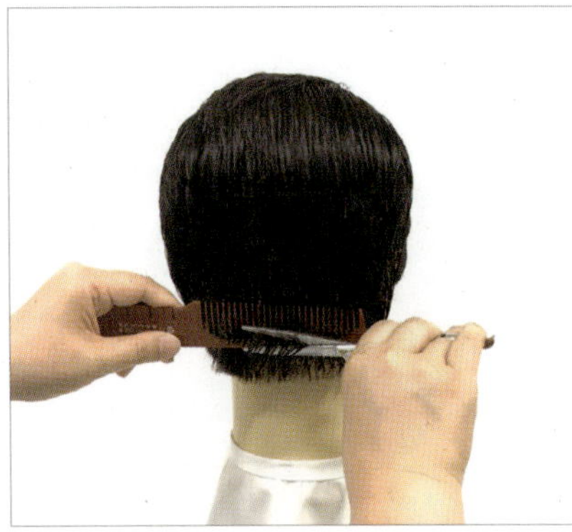

3) 떠내깎기

긴 모발에 시행하는 기법으로 프레 커트(Pre cut)의 개념으로 사용한다. 하단부와 두정부에 많이 시술하며 모발을 모근까지 빗으로 떠올려 가위로 받친 후 다시 빗을 수평으로 만들어 커트하는 기법이다.

4) 밀어깎기

가위를 세로로 세운 상태에서 왼손을 엄지손가락 바닥에 고정한 후 밀면서 커트한다. 가위의 동인(Moving blade) 끝을 고정시켜 엄지손가락으로 잡아 지지대의 역할을 한다. 시술자가 바라보는 앞쪽으로 가위를 개폐하여 자연스럽게 가위 끝의 리듬에 맞추어 밀어 나가면서 커트한다. 짧은 스타일의 측면이나 코너 제거와 면의 정리 등에 사용한다.

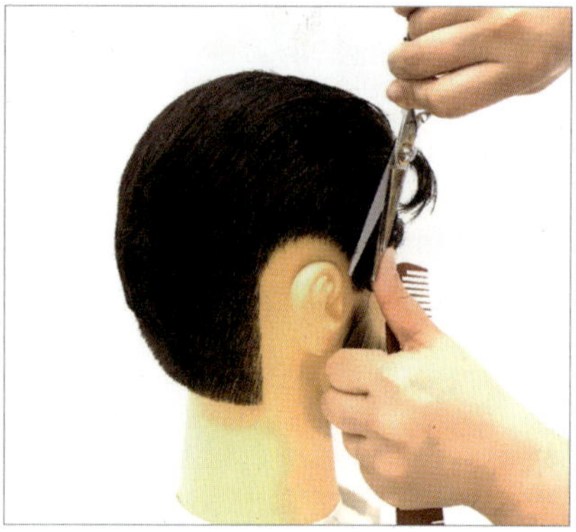

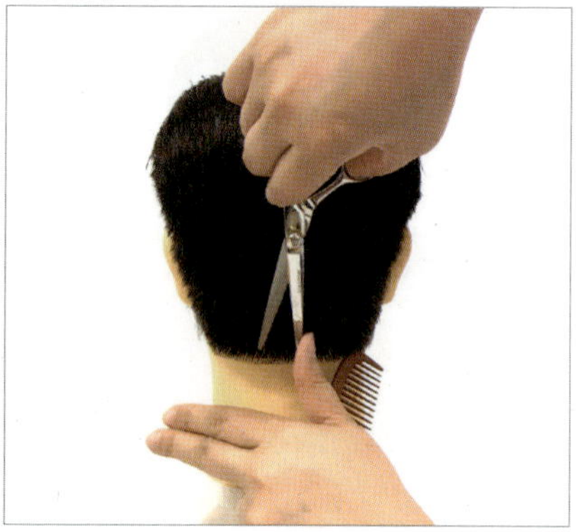

5) 당겨깎기

가위를 세로로 세운 상태에서 왼손의 중지 바닥에 고정한 후 당기면서 커트한다. 가위의 정인 끝을 중지에 고정시켜 지지대 역할을 한다. 시술자가 서 있는 방향으로 가위를 끌어당기면서 개폐하여 자연스럽게 가위 끝의 리듬에 맞추어 커트한다. 아웃 라인의 수정, 사이드의 라인 수정을 위하여 사용한다.

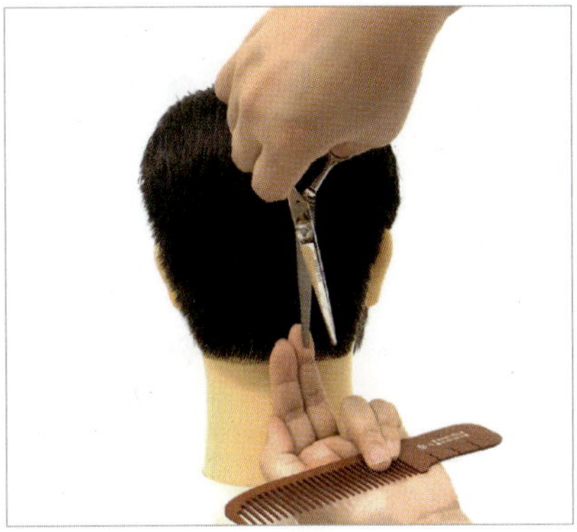

2. 클리퍼 테크닉(Clipper Technic)

1) 클리퍼 잡는 방법

❶ 클리퍼의 날이 위쪽으로 오도록 하고 엄지손가락을 클리퍼 앞면에 위치하도록 한다.

❷ 클리퍼 뒷면에 나머지 네 개의 손가락을 대고 아래에 위치하도록 하여 무게를 지탱할 수 있도록 잡는다.

❸ 클리퍼는 각도의 변환과 방향의 전환을 많이 사용하므로 가볍게 잡고 조작한다. 클리퍼를 두피에 대고 올려깎기할 때는 발제선 아래 두피에서 시작하여 서서히 클리퍼를 들어 목적하는 디자인 라인까지 올라간다.

❹ 올려치기를 할 때에는 손목에 스냅을 주어 위·아래로 조작한다. 긴 날을 올려치기할 때는 멀리 보내는 동작으로 오목선을 크게 그리면서 올려친다.

❺ 클리퍼로 모발을 자를 때 빗의 면적이 클리퍼 날의 면적보다 좁을 때는 클리퍼 날의 아래쪽에 맞추어 클리퍼를 댄다.

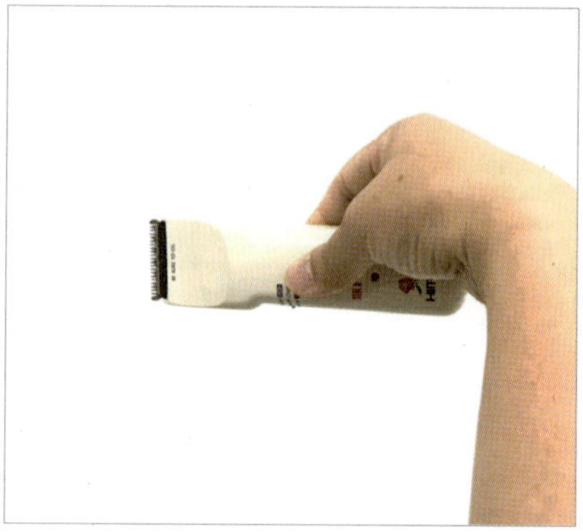

살롱용 클리퍼의 날 길이에 따른 동작

1mm

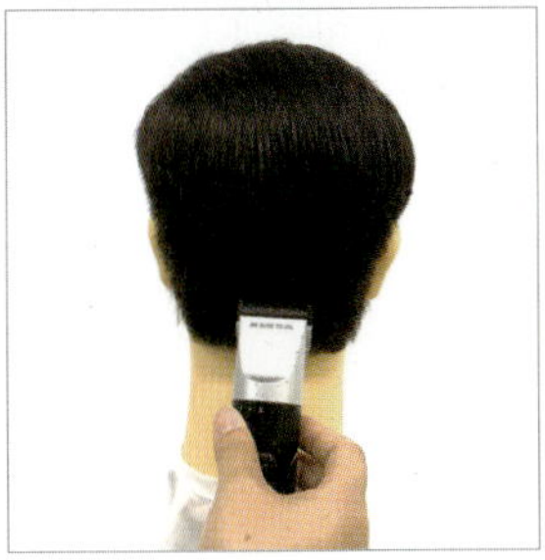

2mm

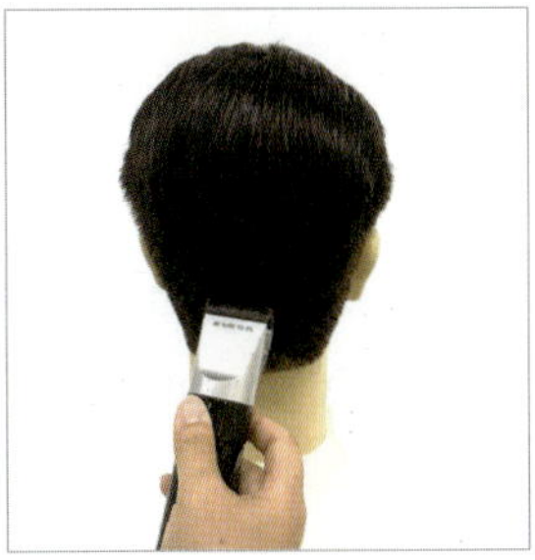

3mm

2) 클리퍼와 빗의 조작법

빗과 클리퍼는 같은 각도를 이용하여 빗의 등에 고정시켜 클리퍼 날의 면을 따라 커트한다.

빗의 각도에 따른 클리퍼의 조작

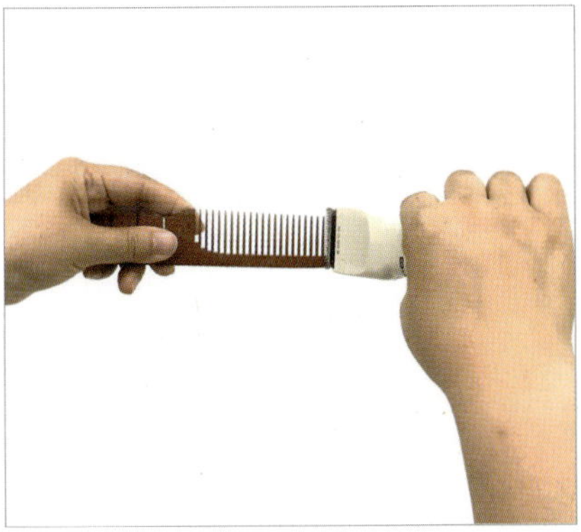

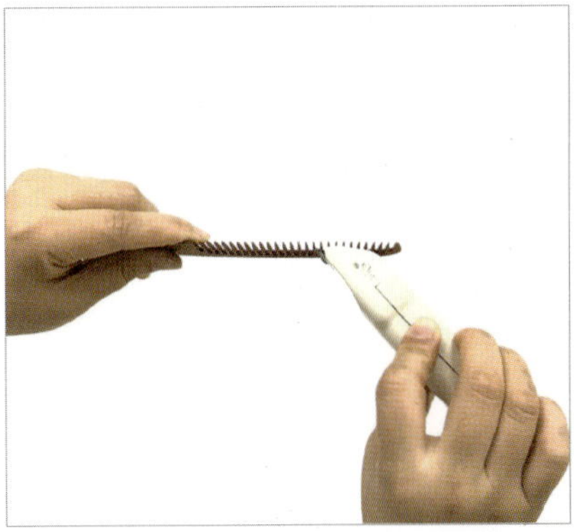

빗의 면적이 클리퍼의 면적보다 좁을 때는 클리퍼 날이 빗의 면적 밖으로 나온 모발을 자를 위험을 줄일 수 있도록 클리퍼 날의 아래 부분을 빗등과 만나게 해서 클리퍼 날이 위로 튀어나오게 하여 잡는다.

빗의 면적이 클리퍼의 면적보다 좁을 때
빗과 클리퍼 잡는 방법

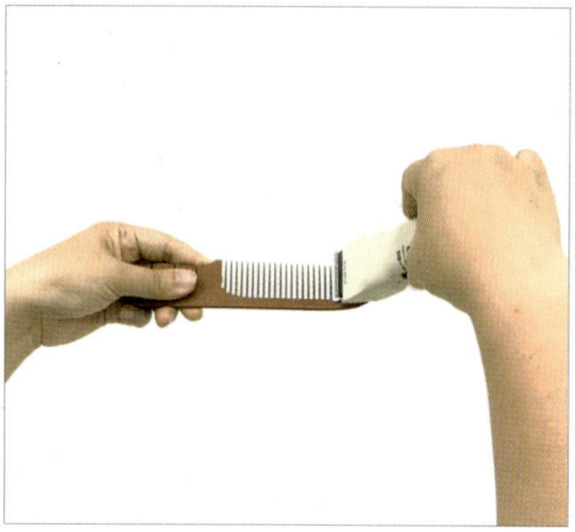

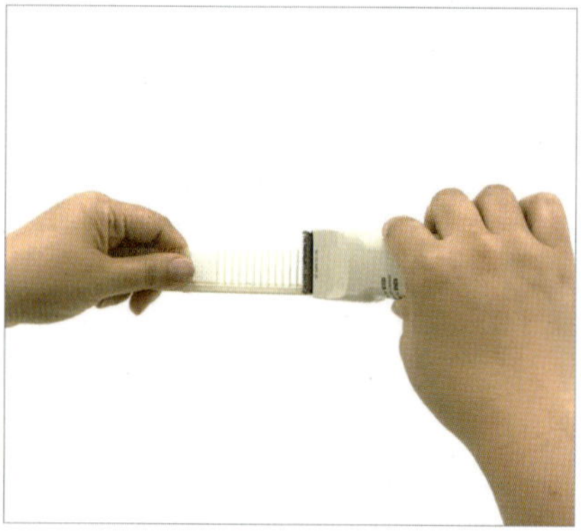

3) 클리퍼를 이용한 테크닉

클리퍼의 날을 이용하여 여러 가지 테크닉을 구사할 수 있다. 사용되는 클리퍼를 뒤집어 눕힌 상태에서 표면에 튀어 나온 모발을 잘라 면을 정리하고 코너의 튀어나온 각을 없앨 수 있다. 또한 클리퍼 날을 대각선으로 세운 상태에서는 귓바퀴 위의 곡선 라인과 목옆선 등을 정리할 수 있다.

아래에서 위로 쳐올리기

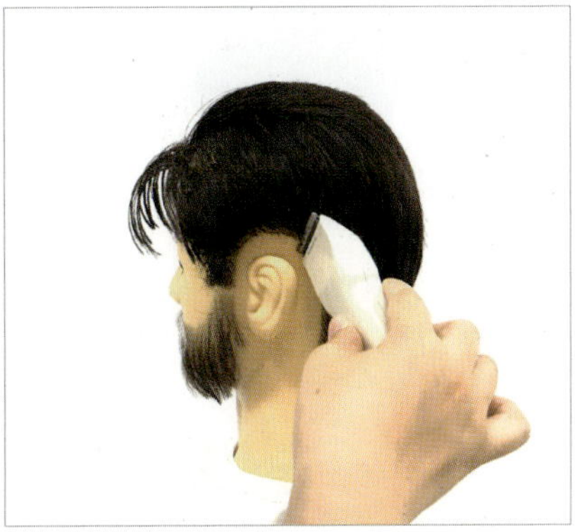

목 옆선 세워서 자르기

클리퍼를 눕혀서 표면 정리

클리퍼로 코너 각 정리

4) 클리퍼 오버 콤 (Clipper Over Comb)

빗을 대고 빗살 위로 튀어나온 모발을 커트하는 기법으로 시저 오버 콤과 같은 원리로 커트한다. 빗의 등에 클리퍼를 대고 아래에서 위로 올라가면서 연속깎기로 올라가면서 커트한다.

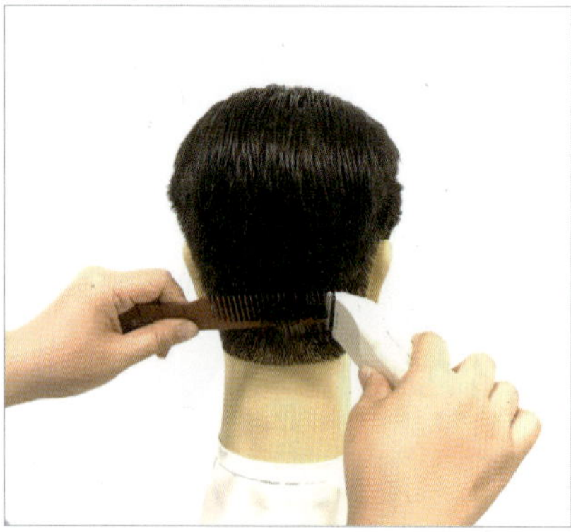

3. 레이저 테크닉(Razor Technic)

1) 레이저 테크닉의 특징

레이저는 커트할 때 쓰는 칼날의 면에 요철을 씌운 기구로 길이 제거와 동시에 질감 처리를 할 수 있다. 레이저는 모발과 닿는 각도에 따라 모발의 단면을 비스듬히 제거하기 때문에 끝이 가늘게 잘려 부드러운 선을 만들 수 있다. 레이저로 커트할 때는 마른 모발에 텐션을 주는 것을 피하고 젖은 모발에 사용해야 모발의 손상을 줄일 수 있다.

2) 레이저와 판넬의 각도에 따른 커트 기법과 효과

레이저는 커트하는 방향과 각도에 따라 다른 효과를 낼 수 있는데, 가로로 자르면 테이퍼링의 효과를 줄 수 있고 세로로 자를 때는 테이퍼링의 효과와 함께 모발의 숱을 감소시켜 질감과 양감 처리, 모발의 길이 제거를 동시에 할 수 있다.

판넬과 레이저의 각도가 15° 정도로 작으면 모발의 단면이 길게 잘려 테이퍼링 효과가 큰 반면 모발의 손상도가 크다. 판넬과 레이저의 각도가 90°로 크면 잘리는 모발의 단면이 수평으로 잘려 테이퍼링의 효과가 작고 모발의 손상도도 적다.

판넬과 레이저의
각도 15° 레이저 커트

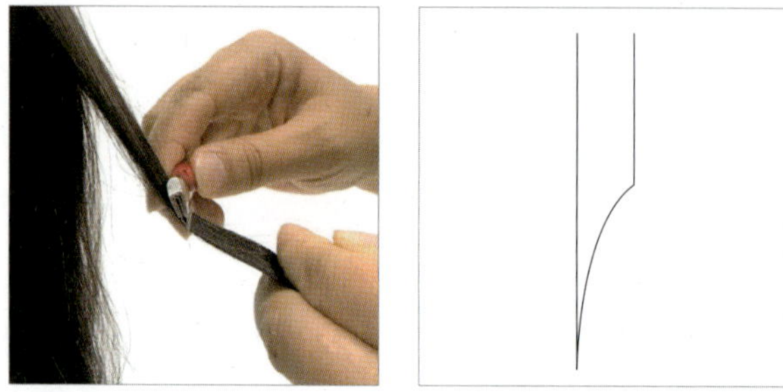

판넬과 레이저의
각도 45° 레이저 커트

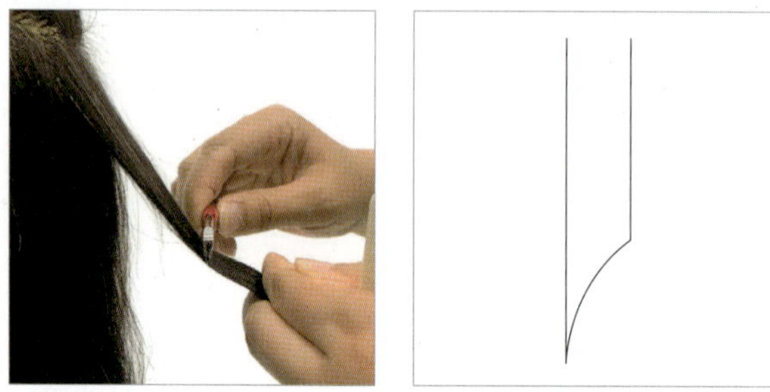

판넬과 레이저의
각도 90° 레이저 커트

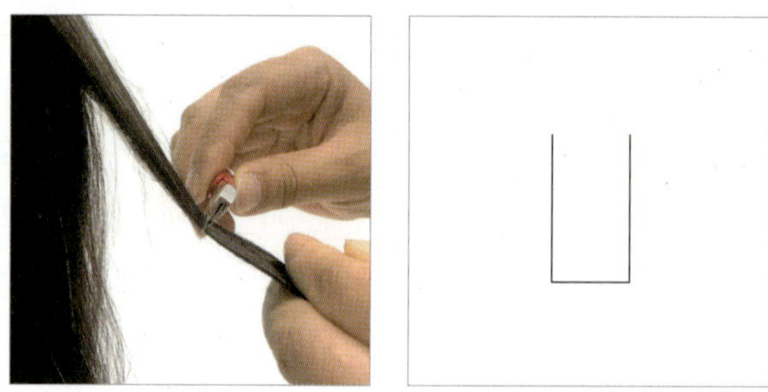

3) 레이저 테크닉의 종류

(1) 레이저 로테이션(Razor Rotation)

면의 정리와 무게 제거를 위해서 모발의 면에 따라 레이저와 빗을 회전하며 커트하는 기법으로 무게가 실린 부분의 무게를 제거하거나 방향을 유도할 때, 모발을 자연스럽게 연결할 때 사용한다.

(2) 끊어자르기

모발의 단면이 짧게 잘리므로 레이저 시술 시 모발 손상을 방지하고 길이를 단번에 제거할 수 있다.

(3) 세로자르기

길이 제거와 양감 처리를 동시에 할 수 있는 기법으로 숱을 감소시키면서 길이를 자를 수 있는 테크닉이다.

(4) 사선자르기

레이저를 한 방향으로 밀면서 사선으로 단면이 나오게 자르는 테크닉으로 레이저의 방향에 따라 모발 끝선에 방향감을 줄 수 있다.

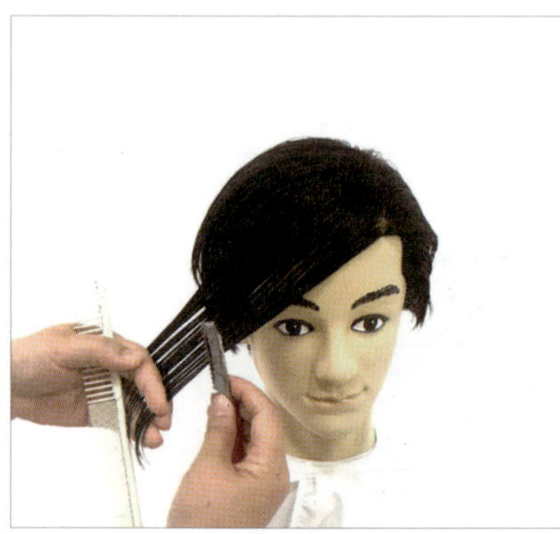

(5) 평행자르기

패널에 레이저를 수평으로 대고 모발의 단면을 각도에 따라 조절하여 길이를 제거하는 테크닉이다.

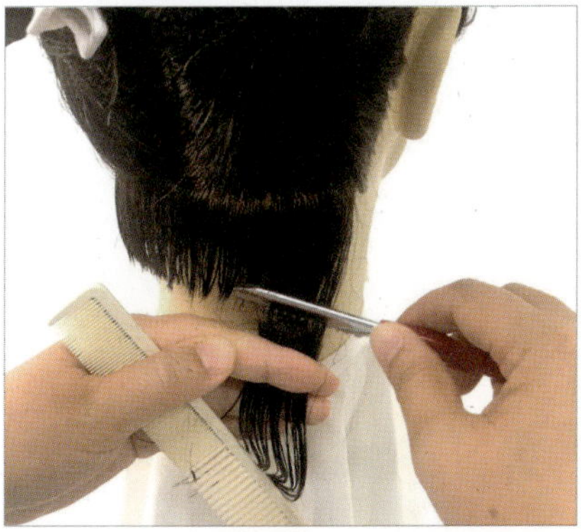

Chapter 5

남성 헤어 컷의
질감 처리

1. 질감(Texture) 표현의 목적
2. 남성 컷에서 모류(Hair Stream) 교정의 필요성
3. 질감 커트에 사용되는 기법

1.
질감(Texture) 표현의 목적

질감 표현은 완성된 디자인의 형태에 활기와 생동감을 주고 모발에 움직임, 방향, 볼륨을 주어 헤어 컷 디자인의 이미지를 만든다. 헤어 커트에서는 모발이 가지고 있는 원류의 모질 느낌을 살릴 수도 있고 모류의 방향과 모질을 다른 느낌으로 변화시킬 수도 있는데, 같은 디자인의 커트에도 다른 기구와 질감 처리 기법을 사용하여 질감 표현을 할 수 있다.

질감 처리에서 고려되어야 하는 사항은 헤어 컷 디자인의 형태와 고객의 얼굴형, 이미지, 고객의 라이프 스타일(Life style) 등으로 고객에게 어울리는 형태, 길이와 함께 고객의 개성을 반영해야 한다. 질감 처리는 헤어 컷 디자인에 표정과 움직임을 주고 양감을 처리하여 다양한 헤어스타일링(Hair styling)을 가능하게 하는 헤어스타일 창작에 중요한 요소로 작용한다.

2. 남성 컷에서 모류(Hair Stream) 교정의 필요성

모발은 성장 방향에 따라 모발의 흐름을 가지는데 이것을 모류라고 한다. 모발은 하나의 모발이 각기 다른 방향으로 성장하며 이런 성장 방향이 모여 모류를 형성하게 된다. 모발은 길이에 따라 방향성을 가지는데 긴 모발은 짧은 모발을 감싸 안아 긴 쪽에서 짧은 쪽으로 가려는 성질이 있으며 짧은 모발은 긴 모발에 기대는 특징이 있다.

남성 헤어스타일은 짧은 모발의 길이를 이용하여 커트하는 디자인이 많아 모류의 영향을 많이 받게 되는데, 짧은 모발은 일정 길이 이하일 때 무게감이 없어 모류의 영향을 더 많이 받게 된다. 자연성장 방향의 모류를 살리는 경우의 디자인도 있지만 모류의 방향성이 디자인에 맞지 않을 경우는 모류를 수정·보완하여 디자인을 완성시킨다.

두꺼운 모발은 질감 처리를 먼저 해서 모류 및 양감을 없앤다. 특히 탑 포인트나 골든 포인트 부분에 많이 있는 가마, 페이스 라인 주변과 네이프 부위의 카우릭 헤어(Cowlick hair) 등이 방향성을 강하게 가지는 모류들로 디자인 시 적절한 모발의 길이 설정과 양감 처리로 모류를 교정한다.

모류의 수정을 위해서는 블런트 가위를 이용한 포인팅 테크닉, 틴닝 가위를 이용해 모발의 길이 사이에 짧고 긴 모발의 길이에 변화를 주고, 왼쪽과 오른쪽의 방향 변화, 상하의 무게감에 따른 부력 변화, 모발의 양감 변화를 통해 교정한다.

3. 질감 커트에 사용되는 기법

1) 블런트 컷 (Blunt Cut)

블런트 컷은 커트된 모발의 끝이 무디게 직선으로 잘리는 테크닉이다. 모발 끝이 일률적으로 반듯하게 잘리며 모든 모발의 길이가 고르게 잘린다. 커트된 모발의 단면적이 작게 드러나 모발 손상이 적고 잘린 부분이 명확하며 모발에 힘이 있다. 일반적으로 가위를 사용하며 디자인된 의도에 따라 윤곽선의 표현을 자유롭게 나타낼 수 있다.

2) 틴닝(Thinning)

틴닝(Thinning)은 모량을 조절할 때 쓰는 가위로 모발의 형태와 길이는 그대로 두고 숱을 쳐내어 양감을 조절한다. 틴닝가위를 사용한 질감 처리 테크닉은 모발 숱을 쳐내는 위치에 따라 루트 틴닝(Roots thinning), 이너 틴닝(Inner thinning), 라인 틴닝(Line thinning)으로 나눌 수 있다.

표 5-1 틴닝의 위치에 따른 종류와 특징

기 법	처리 위치	종류	특징 및 효과
루트 틴닝 (Roots thinning)	모근에서부터 1/3 이내		• 모발 길이 제거 가능 • 모류의 교정과 볼륨 형성 • 모근 쪽에서 시행하며 패널을 작게 잡아서 틴닝
이너 틴닝 (Inner thinning)	패널의 1/2 부근	세임 틴닝 (Same thinning)	• 틴닝되는 모발의 길이가 같음 • 틴닝되는 모발의 중간 지점에서부터 틴닝하여 모량을 조절함 • 모발의 방향감을 주지 않음
		이너 그래쥬에이션 틴닝 (Inner graduation thinning)	• 틴닝되는 모발의 위가 길고 아래 쪽이 짧다. • 모량을 조절하며 볼륨을 형성함 • 안말음 효과를 줌 • 골격 보정
		이너 레이어 틴닝 (Inner layer thinning)	• 틴닝되는 모발의 위가 짧고 아래 쪽이 길다. • 모량과 양감을 줄임 • 바깥말음 효과를 줌 • 골격 보정
라인 틴닝 (Line thinning)	패널의 모발 끝에서 1/3 지점	사이드 틴닝 (Side thinning)	• 모발 끝 지점의 모량을 감소 • 모발의 움직임을 좌 · 우로 만듦
		언더 틴닝 (Under thinning)	• 모발의 끝에서 볼륨감을 주고 안말음 효과를 냄 • 모발 끝선을 부드럽게 만듦
		오버 틴닝 (Over thinning)	• 모발 끝에서 뻗침이나 방향을 설정하며 바깥말음 효과를 냄 • 모발 끝선을 가볍고 거칠게 만듦

3) 테이퍼링 컷 (Tapering Cut)

테이퍼링 컷은 모발의 단면을 잘라 끝으로 갈수록 붓처럼 가늘어지게 만드는 컷이다. 끝을 향해 가늘게 숱을 제거하면서 동시에 길이를 자르는 효과를 낼 수 있다. 숱이 많은 모발에 시술했을 때 지나친 부피와 무게를 제거하고 길이를 줄임으로써 컬과 웨이브의 자연스러운 움직임을 연출할 수 있다. 주로 가위나 레이저를 이용하며, 가위를 사용할 때에는 젖거나 마른 모발에 시술이 가능하지만 레이저를 사용할 경우에는 젖은 모발에 시술해야 시술이 용이하고 모발 손상을 줄일 수 있다.

테이퍼링 컷은 테이퍼링되는 위치에 따라 모발선을 부드럽게 하기 위해 모발 끝에서 1/3 이내만 테이퍼링하는 엔드 테이퍼링(End tapering)과 모발의 양을 적당히 제거하기 위해 스트랜드(Strand)의 1/2 부분에서부터 시술하는 노멀 테이퍼링(Normal tapering), 스트랜드의 2/3에서부터 시술하여 많은 모량을 제거할 수 있는 딥 테이퍼링(Deep tapering)으로 나눌 수 있다.

표 5-2 테이퍼링의 위치에 따른 종류와 특징

기 법	처리 위치	효과
엔드 테이퍼링 (End tapering)	패널의 모발 끝에서 1/3 지점	• 모발선을 가볍고 부드럽게 만듦 • 모발 끝의 방향 설정
노멀 테이퍼링 (Normal tapering)	패널의 1/2 부근	• 적당량의 모량 감소 • 모발의 방향 설정
딥 테이퍼링 (Deep tapering)	모근에서 시작되는 패널의 1/3 이내 지점	• 많은 모량 제거 가능 • 모근 부위의 볼륨 형성

4) 포인트 컷 (Point Cut)

포인팅 커트는 가위를 모발과 같은 각도로 넣어 판넬을 잡은 손가락 쪽으로 가위를 비스듬히 세워서 모량과 길이를 제거하는 기법이다. 나칭 컷(Notching cut)은 가위 각도 45°로 커트 후 모발의 단면에서 삼각형이 연속된 톱니바퀴 모양이 되지만 모발과 가위의 각도를 같이 하여 모발 속으로 가위를 넣어 커트한다. 커트 후 아웃 라인에 불규칙한 움직임과 모량이 제거되어 가벼움을 표현하고 잘린 단면의 길이 차가 나칭 컷보다 크다.

5) 스트록 컷 (Strock Cut)

가위를 사용하여 모발 단면이 잘려나가는 테이퍼링 효과를 줄 수 있는 컷 테크닉이다. 판넬을 잡고 모발 끝에서 모근 쪽으로 커트하거나 왼쪽에서 오른쪽으로 커트하는 등 방향에 따라 다운 스트록, 업 스트록, 사이드 스트록 등이 있다. 가위를 개폐하면서 커트해 나갈 때 모근으로부터 가위를 멀리 끌어당기면서 다시 여는 동작을 반복하여 커트한다. 스트록 컷을 하는 동안에는 가위를 조금씩 닫으면서 커트하며 너무 많이 닫으면 가위가 닫히는 양만큼 모발이 제거되므로 주의한다.

6) 슬라이드 컷 (Slide Cut)

가위의 날이 미끄러져 내려오면서 커트하는 기법으로 가위를 벌린 채 넣고 반드시 짧은 쪽에서 긴 쪽으로 C자 커브를 그리면서 커트한다. 자연스러운 모발의 이어짐을 만들 수 있고 블런트 컷 한 것보다 아웃 라인이 가볍다. 마른 모발에도 시술이 가능하지만 젖은 모발에 시술하는 것이 모발의 손상을 줄이고 작업이 용이하다.

7) 채널링 컷 (Channeling Cut)

질감 표현의 한 방법으로 커트된 모발 속에 깊이 가위를 넣어 극단적인 모량 감소와 디자인의 느낌을 만들어 낼 수 있다. 가위를 벌려 모발 속으로 가위를 닫으면서 아래로 내려온다.

8) 시저 오버 콤 (Scissors Over Comb)

짧은 컷 디자인이나 남성 컷에 많이 쓰이는 기법으로 모발을 빗으로 들어 올려 빗 밖으로 튀어나오는 모발을 자르는 기법이다. 커트한 면을 다듬거나 일률적인 면을 원할 때 사용한다. 시저 오버 콤을 할 때는 아래에서 위로 올라가면서 커트하고 가위의 개폐가 많은 동작인 만큼 가위의 개폐를 리듬에 맞게 조절한다. 가위는 빗의 방향과 일치하게 두고 잘려진 면의 굴곡이 없게 커트한다.

Chapter 6

맨즈 디자인 스타일

1. 맨즈 베이직 레이어(Men's Basic Layer)
2. 맨즈 그래쥬에이션 1(Men's Graduation 1)
3. 맨즈 그래쥬에이션 2(Men's Graduation 2)

1. 맨즈 베이직 레이어(Men's Basic Layer)

남성의 포멀(Formal) 헤어 디자인 중 길이를 가장 길게 설정할 수 있고 아웃 라인에 코너가 형성된다. 전체의 아웃 라인이 직선으로 연결되어 아웃 라인을 연결시켜 보면 사각형이 된 모양을 이룬다. 남성의 부드러운 이미지를 만들 수 있고 웨이브나 볼륨을 주는 스타일을 연출할 수 있다.

1) 구조

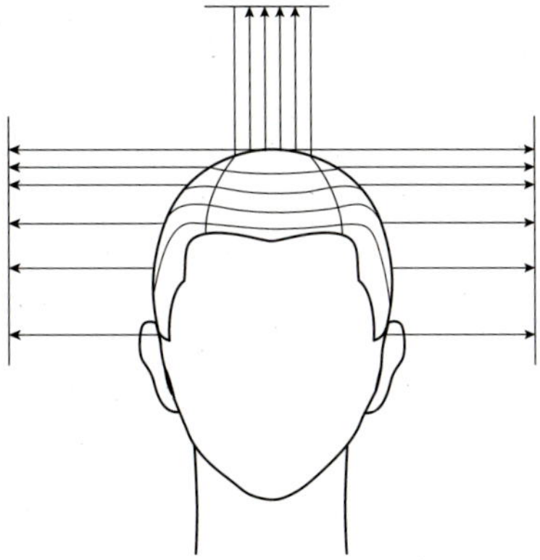

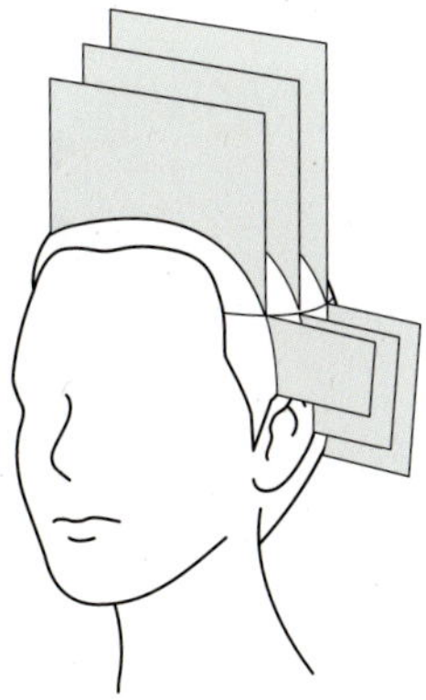

2) 섹션

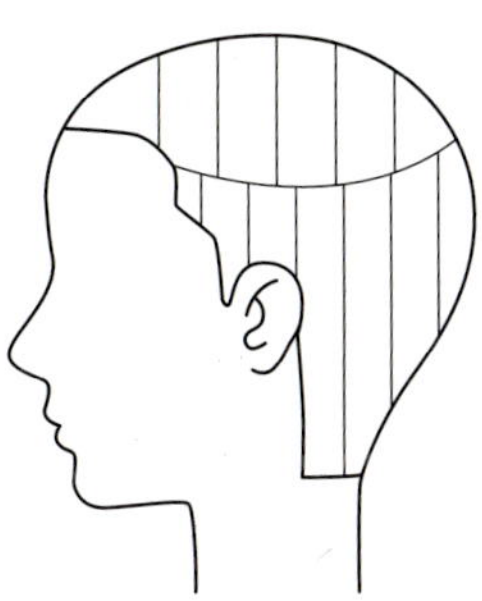

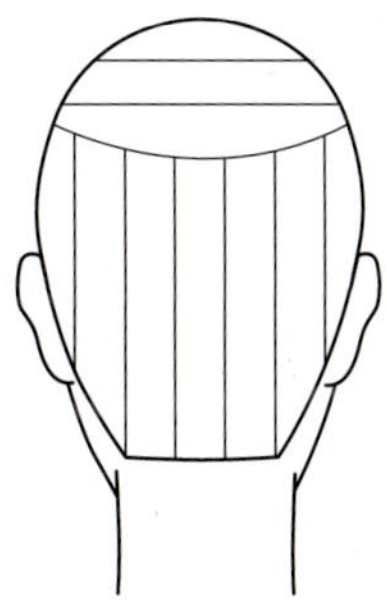

3) 테크닉

(1) 사이드 & 백(Side and back)

❶ 파팅 & 섹션(Partings & sections) : 홀슈(Horseshoe) - 버티컬(Vertical)

❷ 빗질(Distribution) : 90° - 오버다이렉션(Overdirected)

❸ 시술각(Elevation) : 90° - 오버다이렉션(Overdirected)

❹ 커트(Cut) : 수직(Vertical square)

(2) 탑(Top)

❶ 파팅 & 섹션(Partings & sections) : 수평(Horizontal)

❷ 빗질(Distribution) : 90° - 오버다이렉션(Overdirected)

❸ 시술각(Elevation) : 90° - 오버다이렉션(Overdirected)

❹ 커트(Cut) : 수평(Square)

4) 시술 과정

시술 전

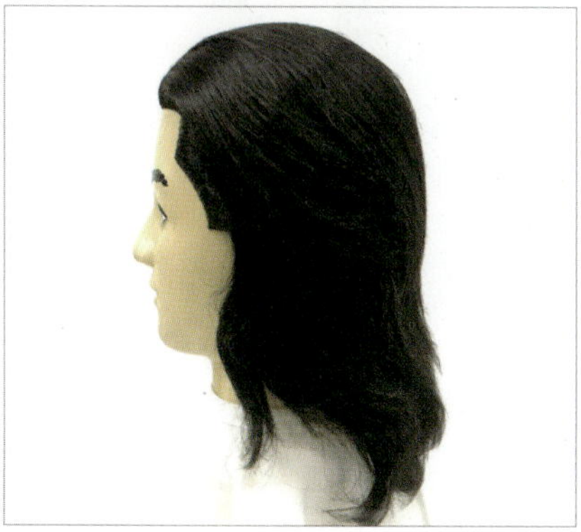
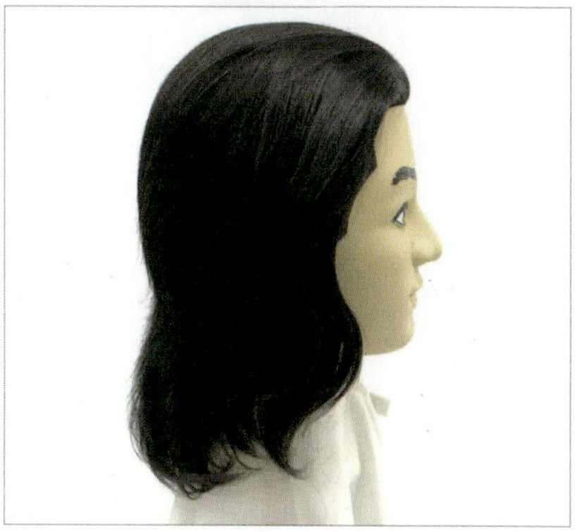

1. 가이드 라인 설정을 위하여 센터에서 골든 쪽으로 1~1.5cm 폭의 버티컬 섹션을 탄다.

2. 모발을 수직으로 들어올려 센터 포인트(C.P)에서 골든 포인트(G.P)까지 일직선이 되도록 가이드 라인을 만든다.

 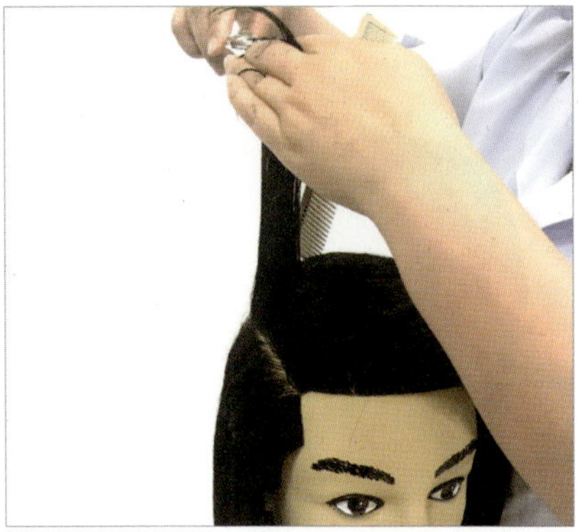

3. 계속해서 버티컬 섹션을 이용하여 옆 섹션의 모발을 센터 쪽으로 프리 베이스와 사이드 베이스를 사용하여 오버다이렉션시키고 두정부의 윗면이 좌 · 우 모두 직사각형이 되도록 커트한다.

4. 두정부 커트 후 호리존탈 섹션을 이용하여 크로스 체크하고 라인을 정리한다.

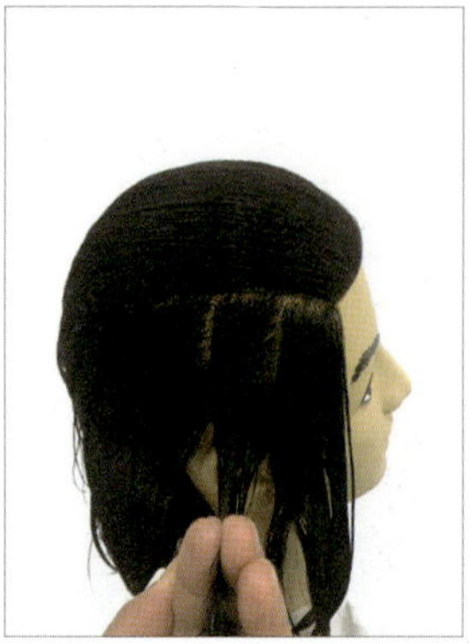

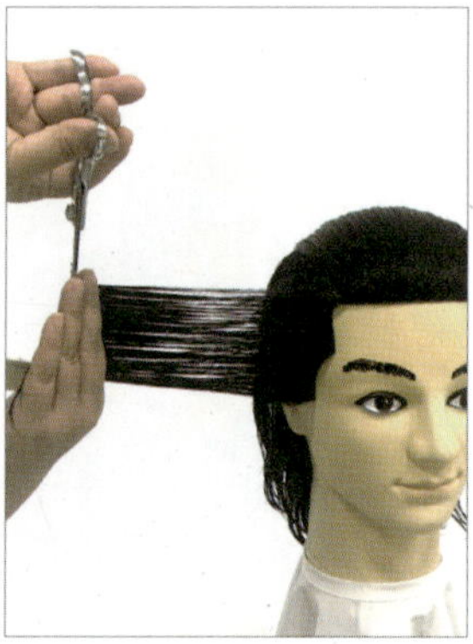

5. 이어 포인트(E.P)를 중심으로 사이드의 가이드 라인을 만든다. 이때 손가락과 가위가 수직이 되게 하여 커트한 모발의 아웃 라인이 수직이 되게 만든다. 사이드의 앞쪽으로 진행하면서 이어 포인트(E.P) 쪽으로 오버다이렉션한다.

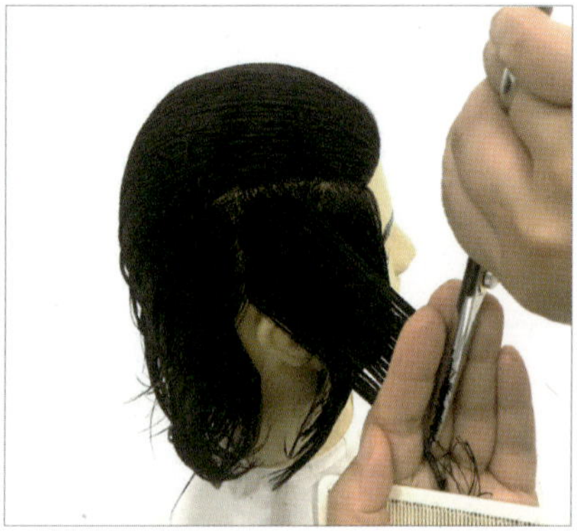

6. 이어 포인트(E.P)의 뒤쪽 섹션도 이어 포인트(E.P)를 향해 오버다이렉션시켜 커트하고 커트한 다음 들었을 때 수평의 라인이 나올 수 있도록 한다.

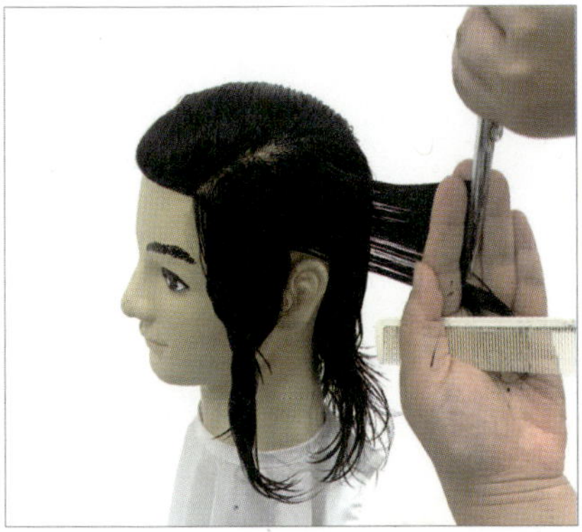

7. 양쪽의 밸런스가 맞도록 길이를 설정하여 반대쪽도 같은 방법으로 시술한다.

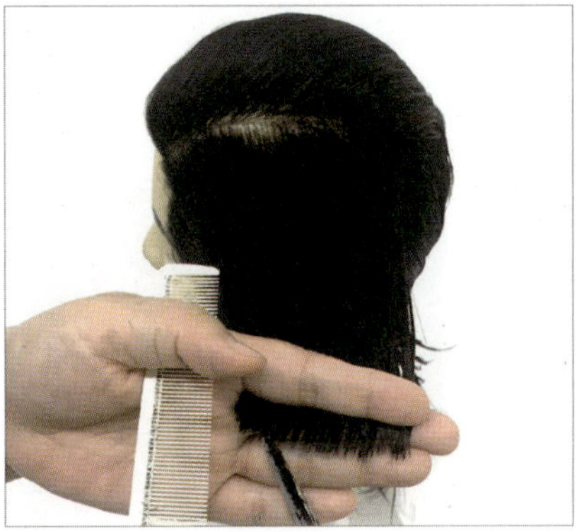

8. 사이드 시술 후 호리존탈 섹션을 이용하여 양쪽 측면의 아웃 라인이 평행한지 크로스 체크한다.

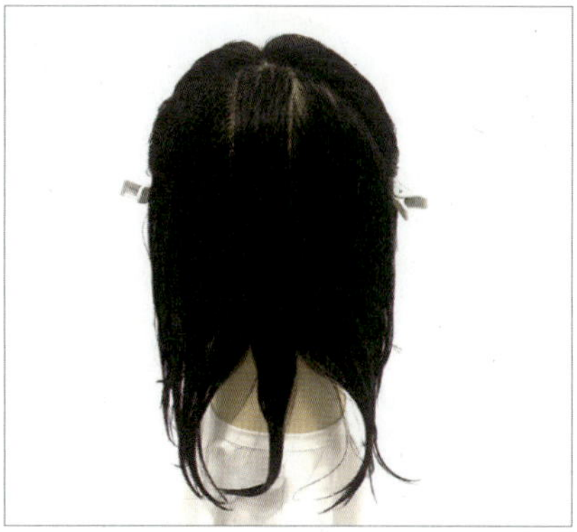

9. 백의 커트를 위하여 백 센터에 가이드 라인을 설정할 버티컬 섹션의 베이스를 타둔다.

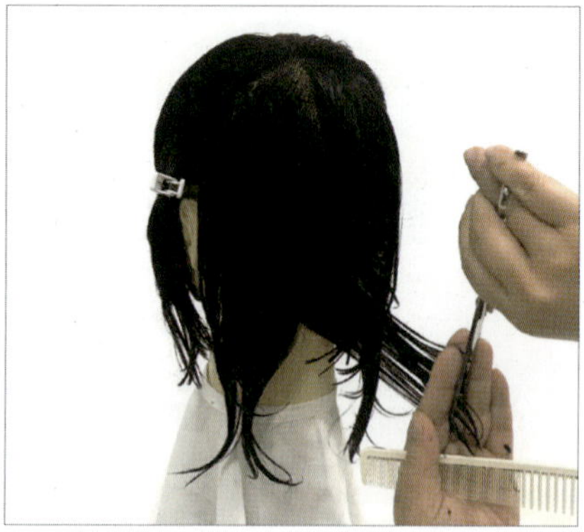

10. 백 센터에서부터 손가락과 가위가 수직이 될 수 있도록 잡고 골든 포인트(G.P)의 길이를 가이드로 수직으로 커트한다. 골든 포인트(G.P)에서 네이프로 내려올 때 패널이 흔들리거나 처지지 않도록 두피에서 모발을 앞으로 빼서 든다.

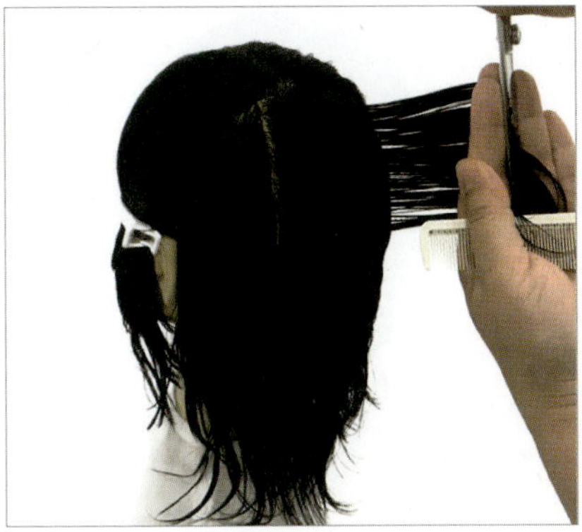

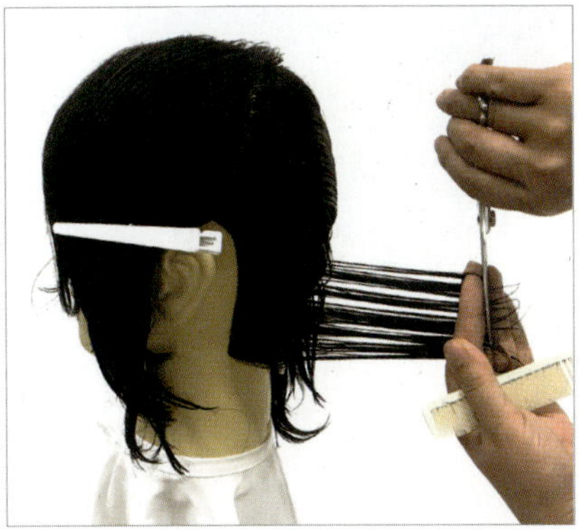

11. 전체 모발의 아웃 라인이 스퀘어가 될 수 있도록 백 센터에서 백 사이드로 이동할 때 백 센터 쪽으로 오버다이렉션 시켜 모발의 길이가 길어지게 커트한다. 특히 네이프 사이드 부분을 커트할 때는 이어 백 포인트(E.B.P) 부분의 모발이 없어 아웃 라인에서 빈 부분이 발생되지 않도록 오버다이렉션에 신경 쓴다.

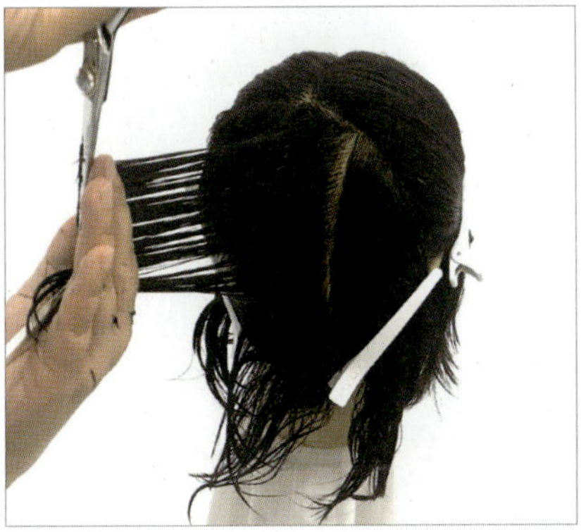

12. 반대쪽을 같은 방법으로 시술하며 센터 쪽으로 오버다이렉션할 때 이미 자른 부분을 고려하여야 하며 오버다이렉션의 정도를 양쪽을 같게 맞추어 밸런스를 맞춘다.

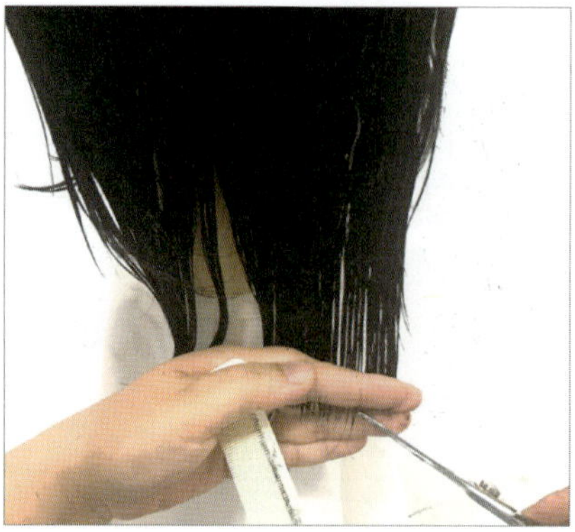

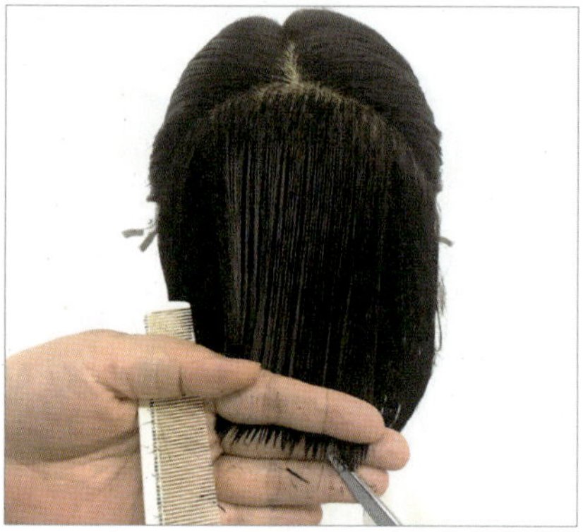

13. 백 시술 후 커트된 아웃 라인을 호리존탈 섹션을 이용하여 평행이 될 수 있도록 나칭 커트로 정리한다.

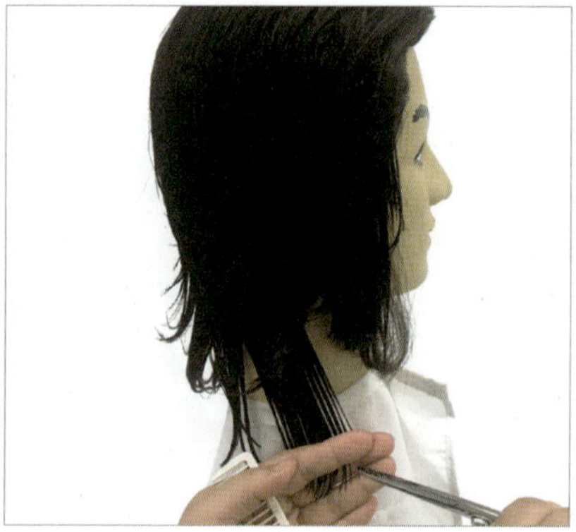

14. 두정부와 사이드, 두정부와 백 등의 경계에 있는 코너를 살려야 전체 아웃 라인이 스퀘어 모양이 되나 아웃 라인이 밖으로 보이는 양쪽 사이드 네이프 사이드 부분을 체크 후 너무 각이 많이 생긴 부분은 자연스럽게 정리하고 질감 처리 후 마무리한다.

완성작

스타일링 1

스타일링 2

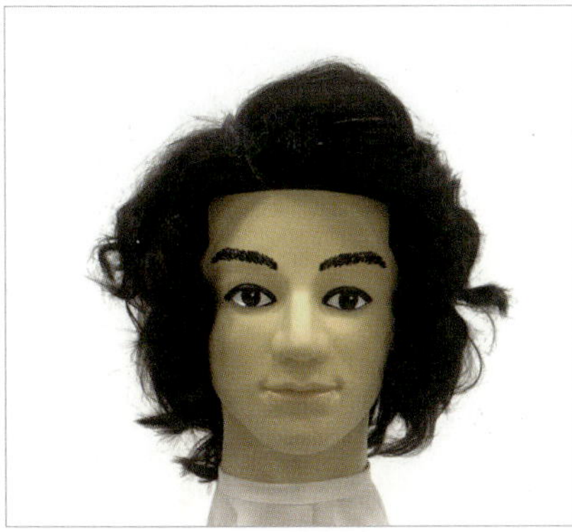

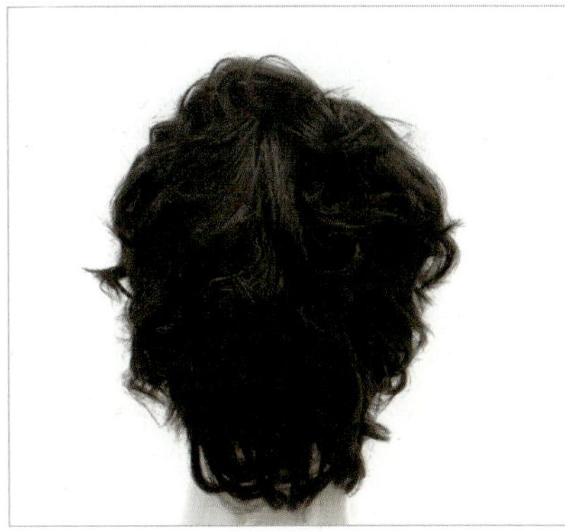

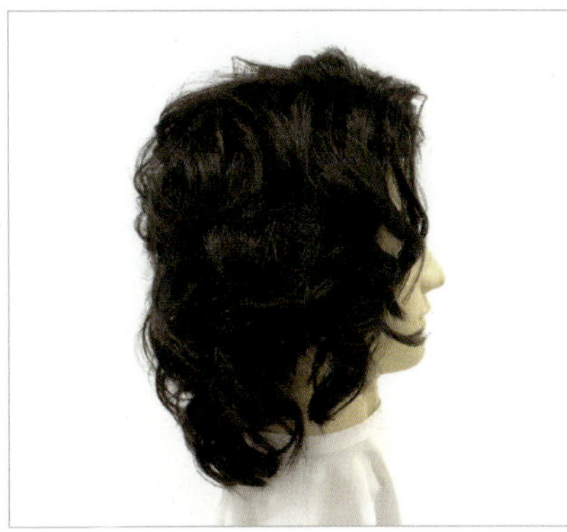

스타일링 3

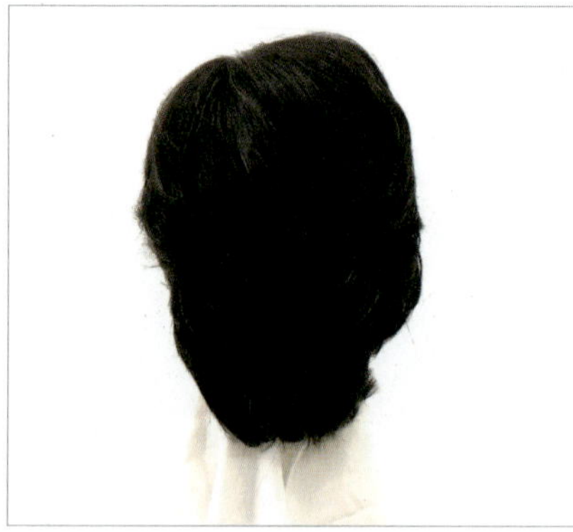

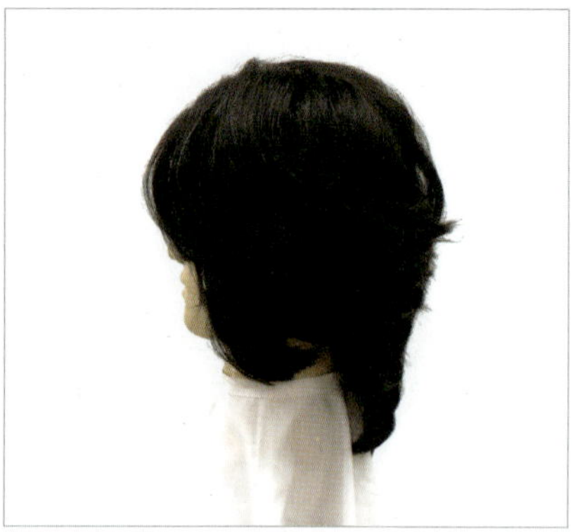

Key point

1. 남성의 포멀 헤어 디자인 중 길이를 가장 길게 설정할 수 있으며 아웃 라인 전체가 박스 형태로 코너가 형성되어 있으므로 과도하게 코너를 제거하지 않는다.

2. 네이프 사이드 부분을 커트할 때는 이어 백 포인트(E.B.P) 부분 아래의 모발이 없어 네이프 라인과 연결되지 않으므로 아웃 라인에서 빈 부분이 발생되지 않도록 오버다이렉션한다.

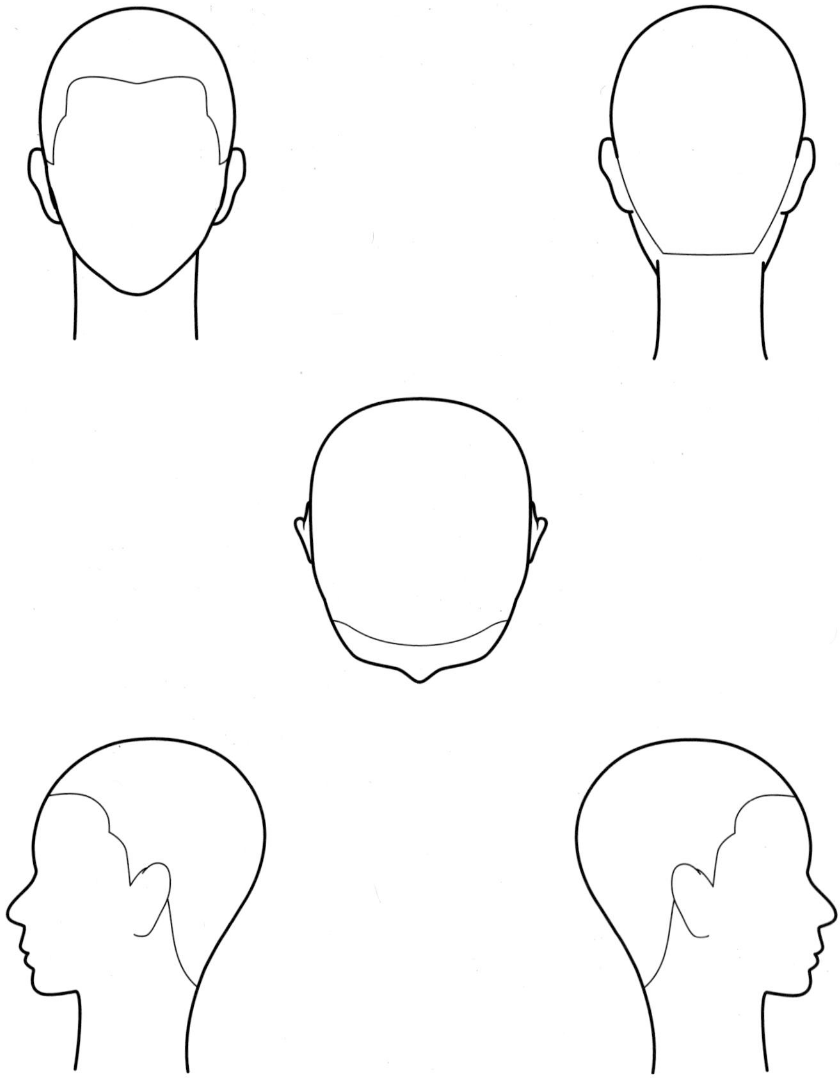

Notes

2. 맨즈 그래쥬에이션 1(Men's Graduation 1)

스타일링이 간편하고 부드러운 이미지를 연출할 수 있는 대표적인 남성 헤어 컷으로 후두부의 볼륨을 살릴 수 있는 디자인이다. 가위로 세심하게 커트할 수 있으며 네이프의 길이에 따라 다른 이미지를 만들 수 있는데, 네이프에 짧은 길이를 시술하여 산뜻함을 표현할 수 있다.

1) 구조

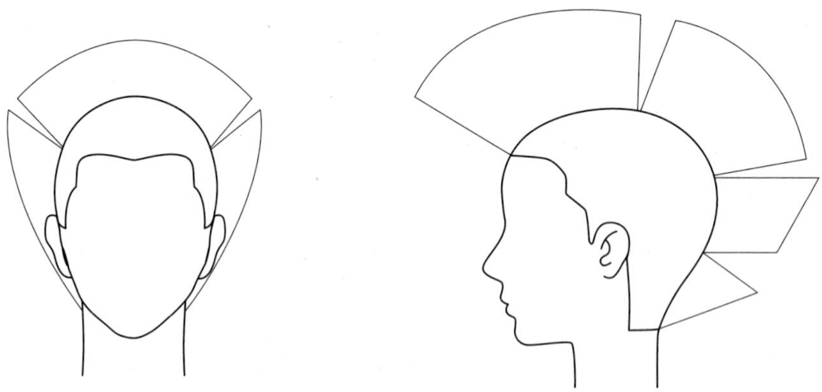

2) 섹션

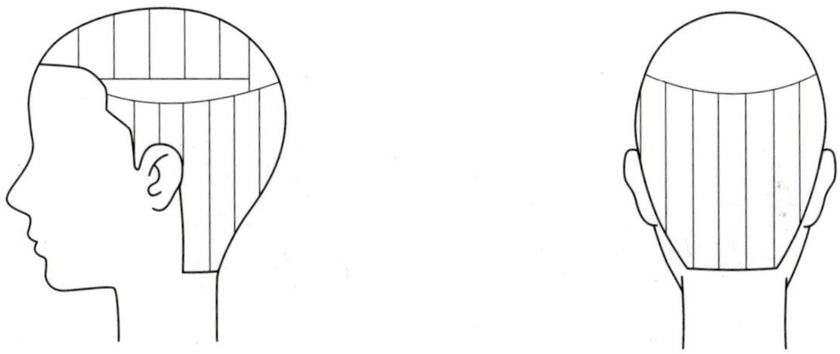

3) 테크닉

(1) 사이드 & 백(Side and back)

❶ 파팅 & 섹션(Partings & sections) : 홀슈(Horseshoe)
- 버티컬(Vertical)

❷ 빗질(Distribution) : 90° - 오버다이렉션(Overdirected)

❸ 시술각(Elevation) : 45°- 오버다이렉션(Overdirected)

❹ 커트(Cut) : 버티컬 그래쥬에이션(Vertical graduation)

(2) 탑(Top)

❶ 파팅 & 섹션(Partings & Sections) : 수평(Horizontal)

❷ 빗질(Distribution) : 90°- 오버다이렉션(Overdirected)

❸ 시술각(Elevation) : 90°- 오버다이렉션(Overdirected)

❹ 커트(Cut) : 수평(Square)

4) 시술 과정

시술 전

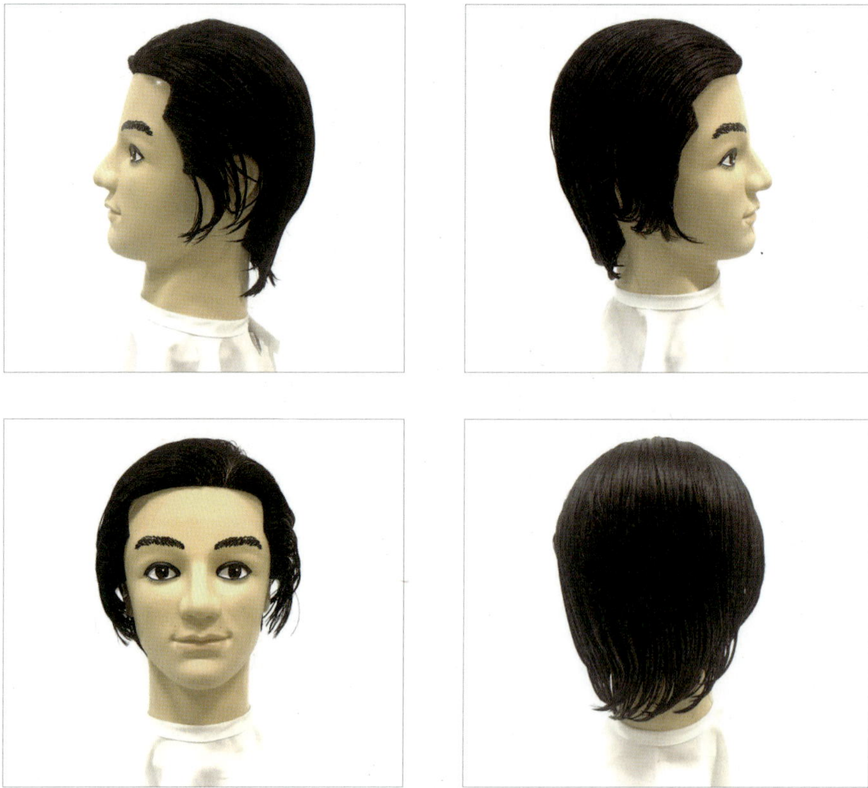

1. 두상의 크레스트 라인이 드러나도록 홀슈 섹션을 탄다.

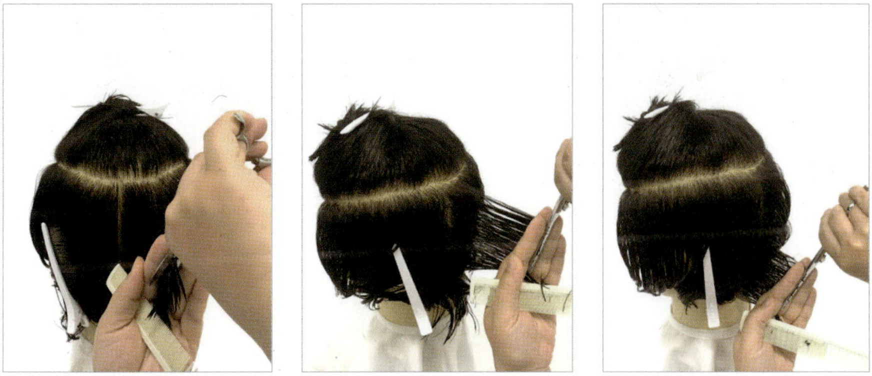

2. 백 부분부터 시술하기 위해 백 센터에서 버티컬 섹션을 이용하여 90° 로 모발을 빗고 그래쥬에이션이 될 수 있도록 가이드 라인을 만든다. 이때 골든 포인트 모발의 길이보다 네이프 모발의 길이가 짧아지게 커트하여 그래쥬에이션 형태가 나올 수 있도록 하며 두상의 곡면에 생기는 볼륨을 확인하고 길이를 설정한다.

3. 백 사이드로 진행할 때 커트된 외곽선을 완만한 라운드로 설정하기 위해 센터를 향해 오버다이렉션한다.

4. 반대쪽 백 센터도 같은 방법으로 시술하되 밸런스를 맞추어 커트한다.

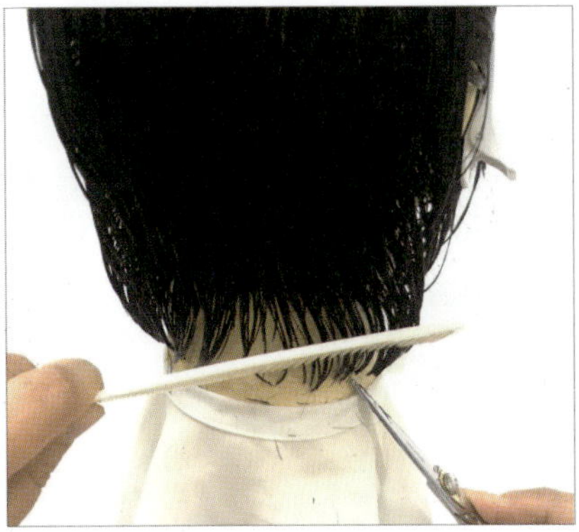

5. 후두부 시술 후 호리존탈 섹션을 이용하여 크로스 체크하고 아웃 라인의 길이와 형태를 정리한다.

6. 사이드 시술을 위하여 이어 포인트(E.P)를 중심으로 버티컬 섹션을 나눈다. 페이스 라인의 길이가 이어 포인트에서부터 대각선으로 길어지는 효과를 위하여 페이스 라인에서부터의 모발을 이어 포인트까지 모두 가져와 그래쥬에이션 라인으로 커트한다.

7. 목 옆선이 두피 쪽으로 붙는 그래쥬에이션 라인을 만들기 위해 백 사이드 모발을 이어 포인트(E.P)로 끌어당겨 커트한다. 이때 백 사이드의 모발 중 이미 커트한 이어 포인트(E.P) 모발의 길이보다 긴 모발만 커트되어 자연스럽게 백 사이드와 사이드 모발이 이어 포인트(E.P)에서 "ㅅ" 모양으로 연결된다.

8. 반대 사이드에서 밸런스를 체크하고 길이를 설정한다.

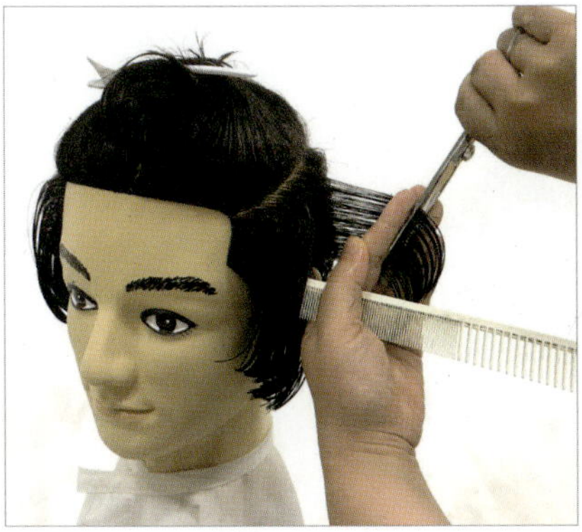

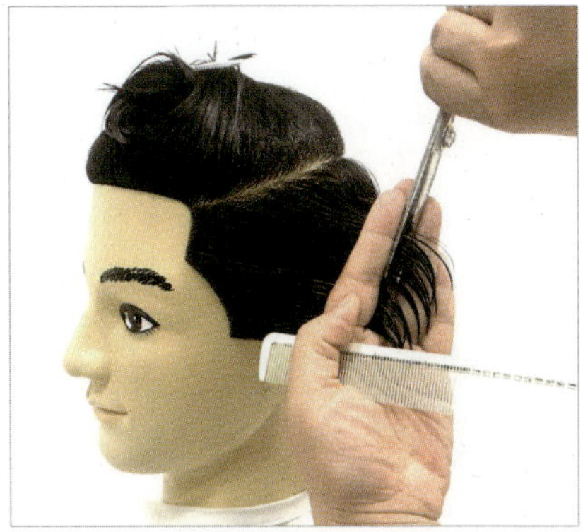

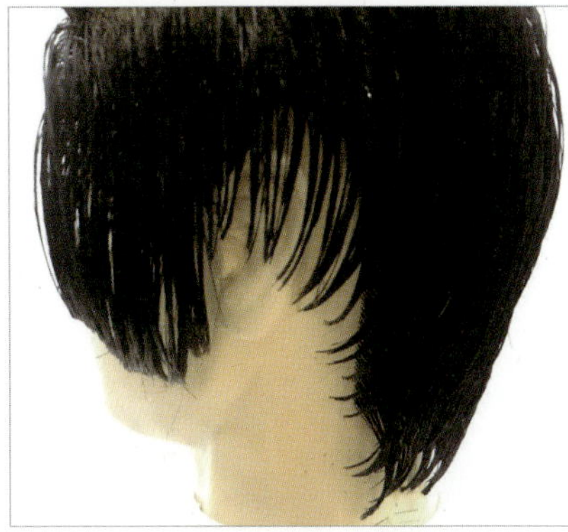

9. 반대 사이드를 이어 포인트(E.P)를 기점으로 끌어당겨 같은 방법으로 커트한다.

10. 두상을 따라가며 홀슈 섹션을 1~15cm 내린다. 볼륨 형성을 위하여 호리존탈 섹션으로 45°로 모발의 길이가 길어지게 전체 커트한다.

11. 골든 포인트(G.P) 부분에서 호리존탈 섹션을 타고 다시 한 번 45°로 모발의 길이가 길어지게 전체 커트한다.

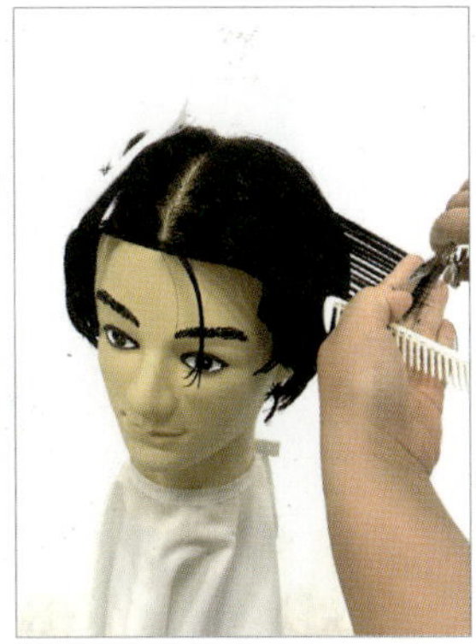

12. 사이드에서 호리존탈 섹션을 이용하여 탑까지 45°로 커트한다.

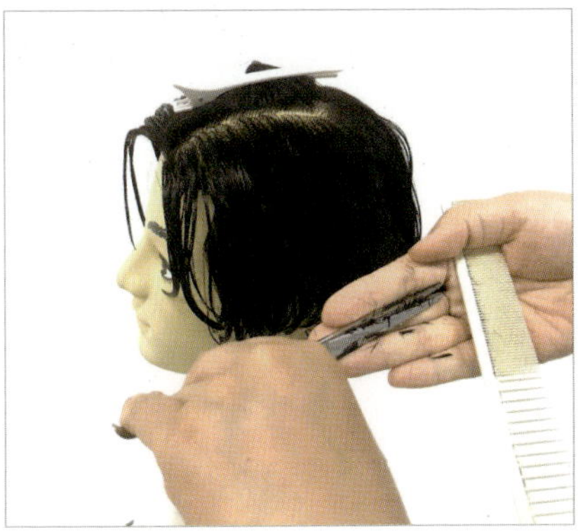

13. 반대쪽도 같은 방법으로 볼륨이 형성될 수 있도록 커트한다.

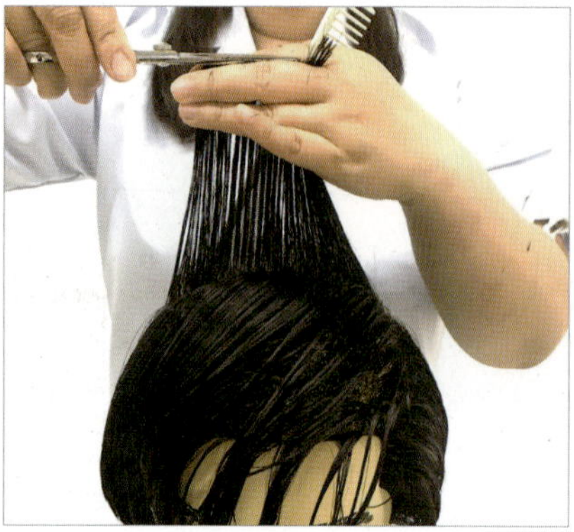

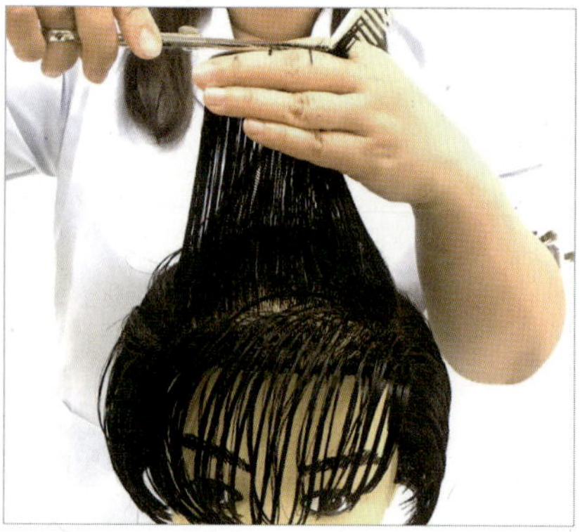

14. 커트가 끝나고 나면 두정부 모발을 들어 크로스 체크하고 라인을 정리한다.

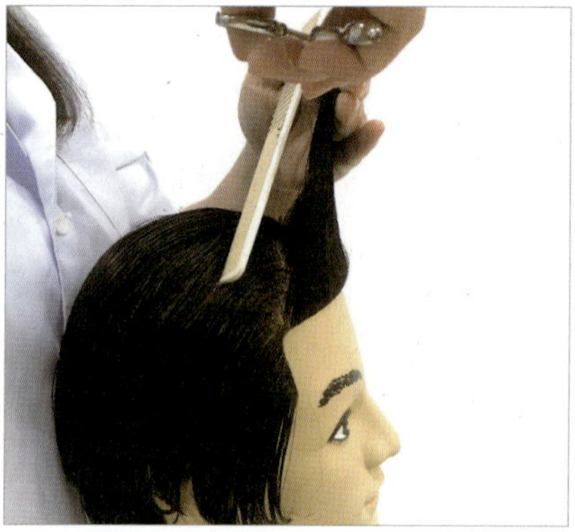

15. 센터 포인트(C.P) 모발은 크로스 체크 시에도 뒤쪽으로 오버다이렉션시켜 프런트 사이드 포인트(F.S.P)에 받치는 모발이 없는 부분을 보완한다.

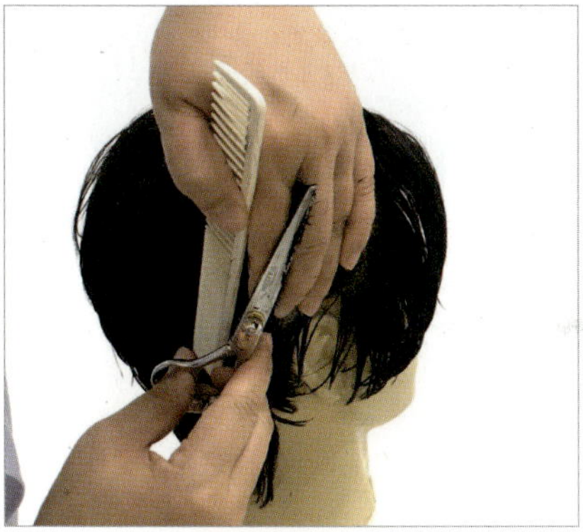

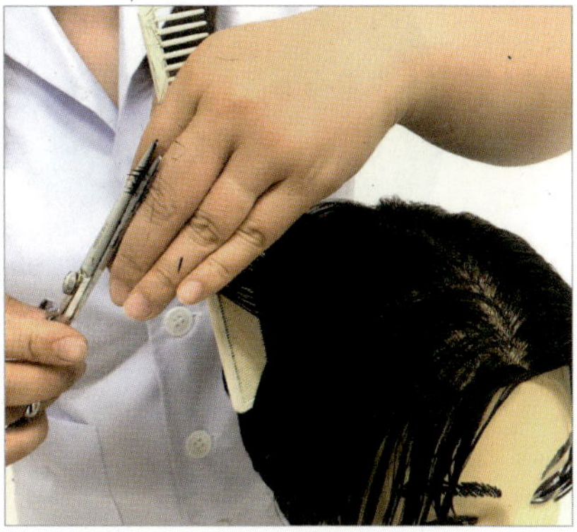

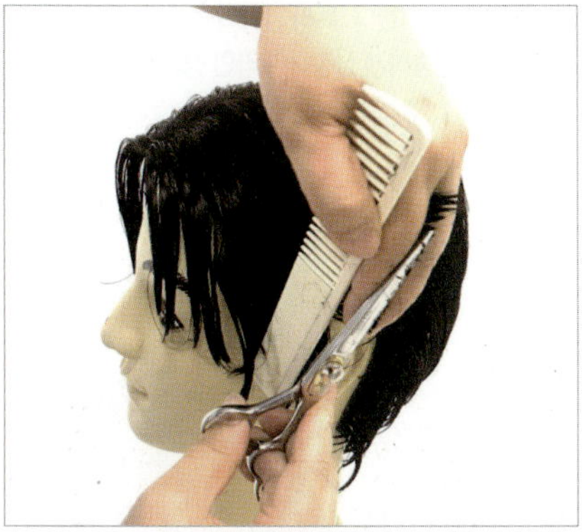

16. 자연스러운 층의 연결과 볼륨감 형성을 위하여 홀슈 섹션 위와 아래의 연결선 등 두상 전체 모발을 들어 과도한 코너를 제거한다. 센터 부분의 모발을 체크할 때는 반드시 프런트 사이드 포인트(F.S.P)까지 뒤로 당겨 체크한다.

17. 페이스 라인을 정리하기 위하여 페이스 라인 쪽으로 모발을 내려 라인을 정리한다. 특히 남성의 경우 M자 이마나 탈모가 많으므로 프런트 사이드 포인트(F.S.P) 모발이 비지 않도록 길이를 신중하게 설정하여 라인 정리를 해야 한다.

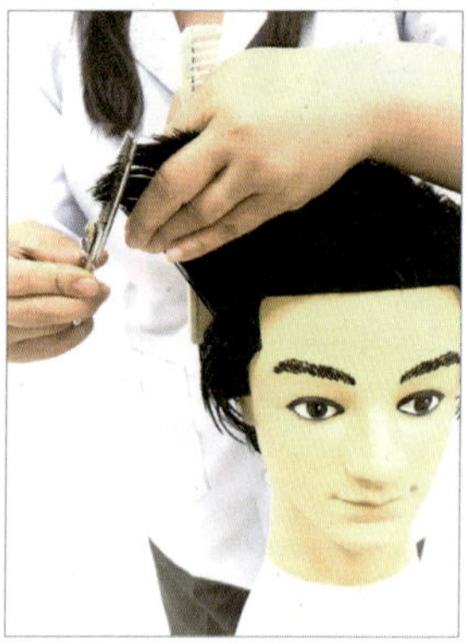
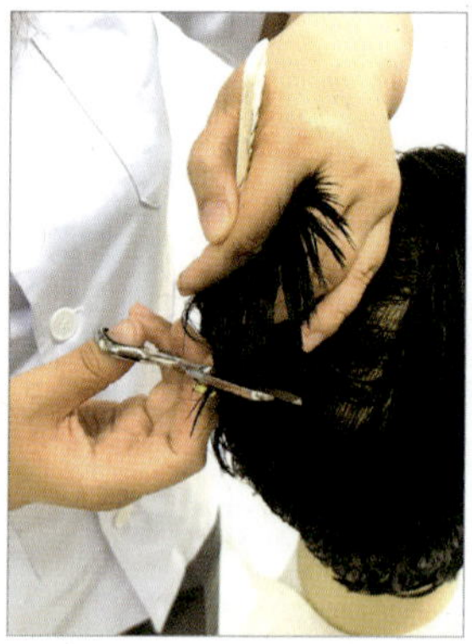
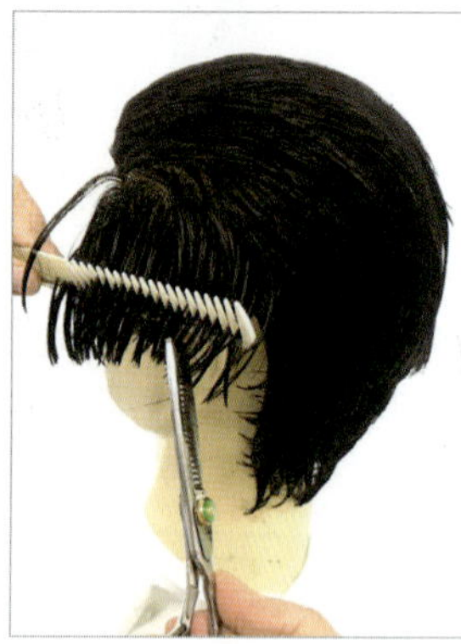

18. 양감과 과도한 무게 제거를 위하여 모선을 틴닝 처리하며 볼륨 형성을 위하여 이너 그래쥬에이션 기법을 이용하여 틴닝한 후 마무리한다.

완성작

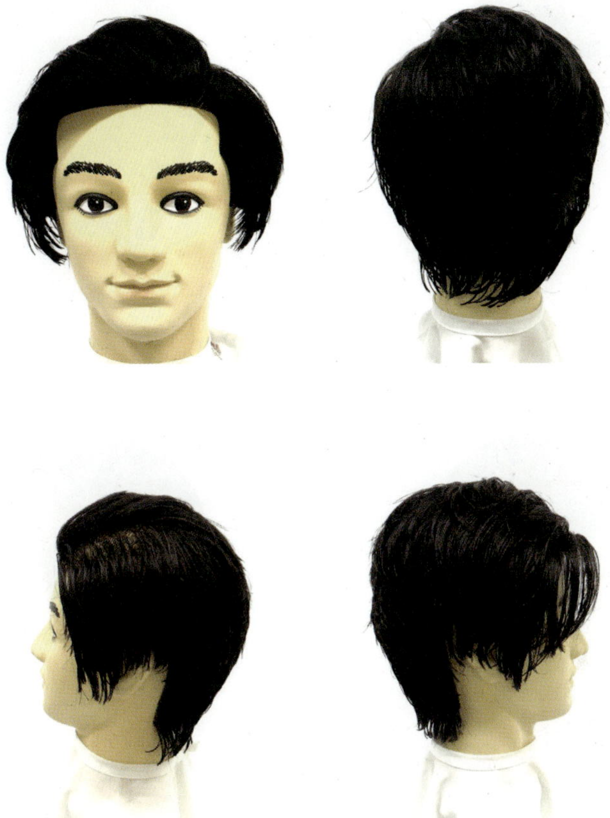

스타일링 1

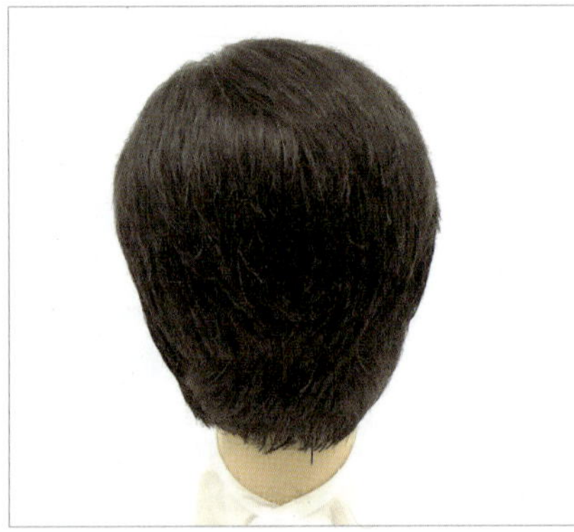

스타일링 2

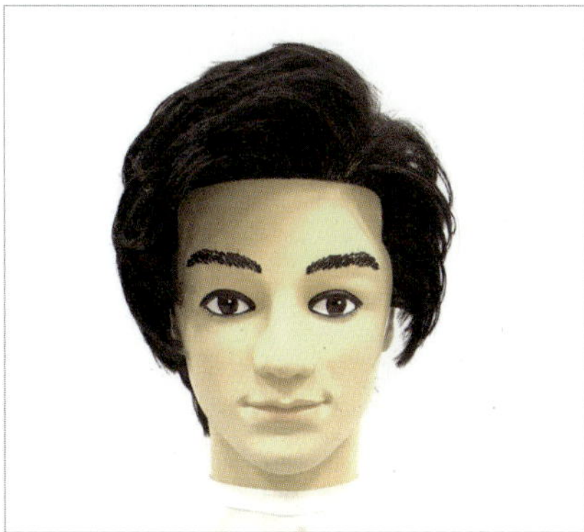

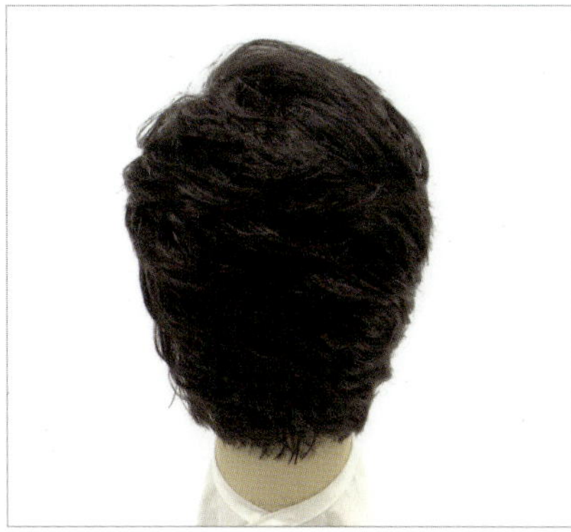

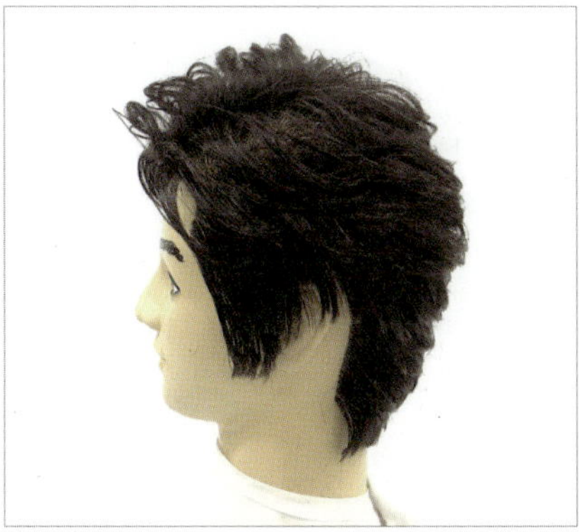

스타일링 3

Key point

1. 크라운과 백으로 이어지는 모발의 길이에 따라 볼륨의 위치를 설정할 수 있어 원하는 지점의 볼륨 형성과 디자인을 위하여 백의 커트 전 크라운에서 백으로 떨어지는 모발의 길이를 체크한다.

2. 사이드 시술을 위하여 이어 포인트(E.P)를 중심으로 사이드의 길이가 길어지게 이어 포인트(E.P)에서 기점별 베이스를 사용한다.

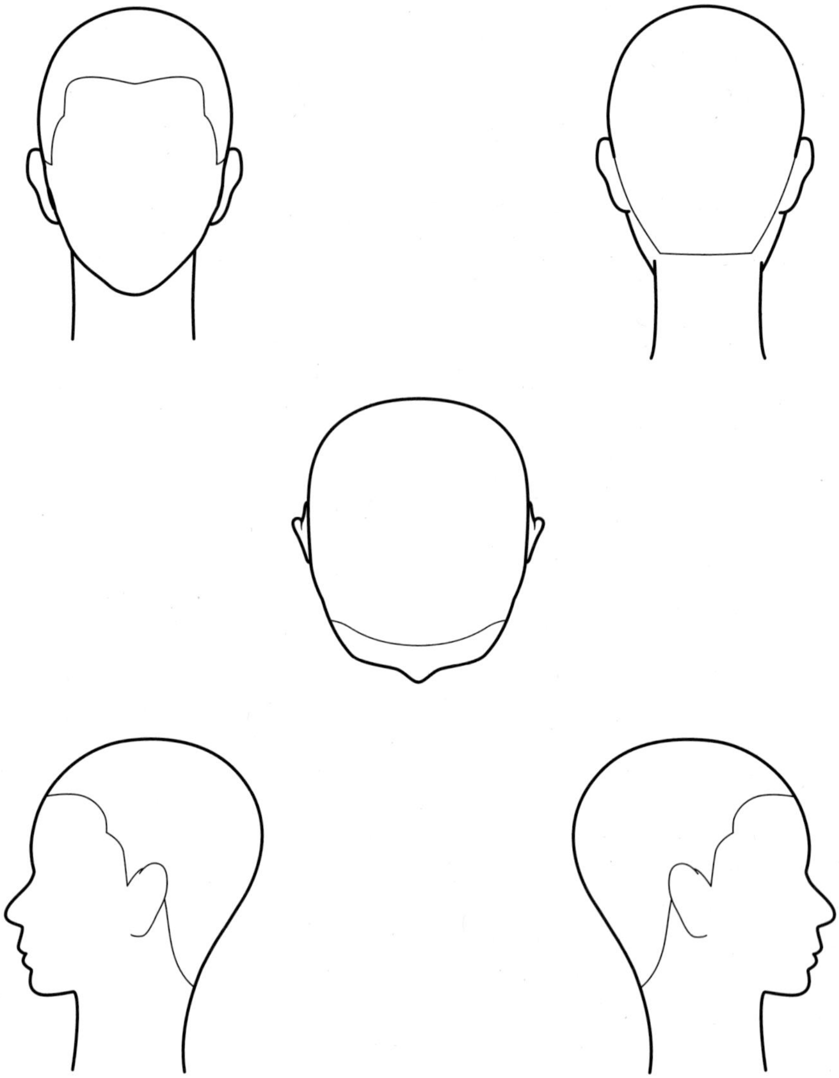

Notes

3. 맨즈 그래쥬에이션 2(Men's Graduation 2)

남성 컷은 다양한 길이와 텍스처를 이용하여 남성다운 형태와 이미지를 만들 수 있는데 맨즈 그래쥬에이션 2는 남성 헤어 컷 중 중간 정도의 길이를 설정하여 커트한다. 그래쥬에이션 커트는 볼륨 형성을 특징으로 하는 디자인으로 네이프에서 골든 포인트(G.P) 쪽으로 올라갈수록 길이를 길게 설정하여 크레스트 부분에 볼륨을 만들어 두상의 곡선을 살린다. 질감 처리를 많이 하지 않고 중간 정도의 무게감과 텍스처를 표현하여 부드러운 이미지를 표현한다.

1) 구조

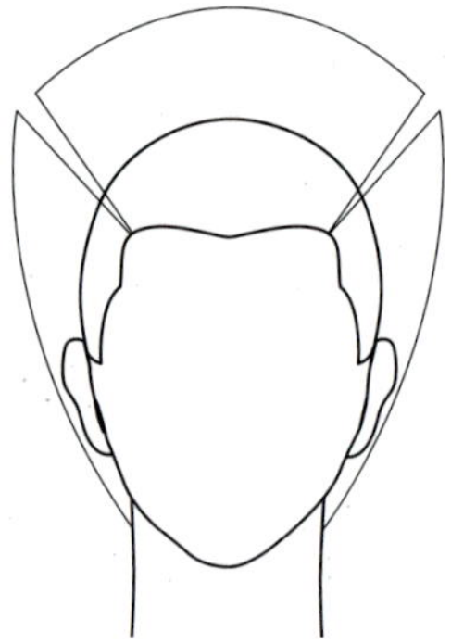

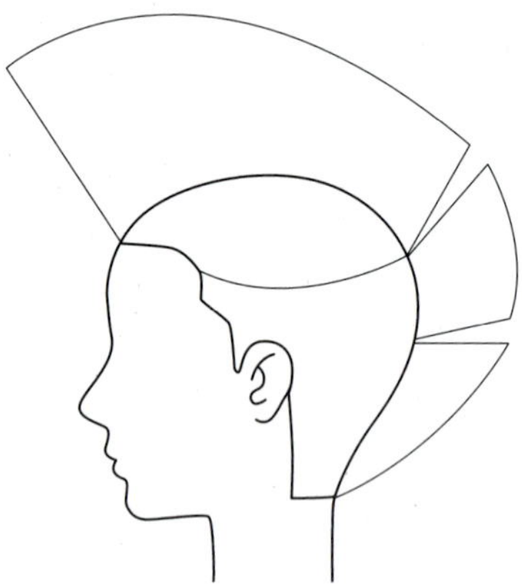

2) 섹션

3) 테크닉

(1) 사이드 & 백(Side and back)

❶ 파팅 & 섹션(Partings & sections) : 홀슈(Horseshoe)
  - 다이아고날 백(Diagonal back)

❷ 빗질(Distribution) : 90˚

❸ 시술각(Elevation) : 90˚

❹ 커트(Cut) : 버티컬 그래쥬에이션(Vertical graduation)

(2) 탑(Top)

❶ 파팅 & 섹션(Partings & sections) : 수평(Horizontal)

❷ 빗질(Distribution) : 90˚ - 오버다이렉션(Overdirected)

❸ 시술각(Elevation) : 90˚ - 오버다이렉션(Overdirected)

❹ 커트(Cut) : 수평(Square)

4) 시술 과정

시술 전

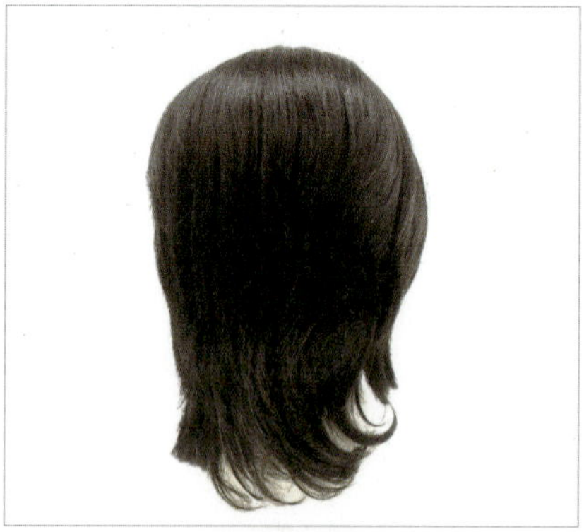

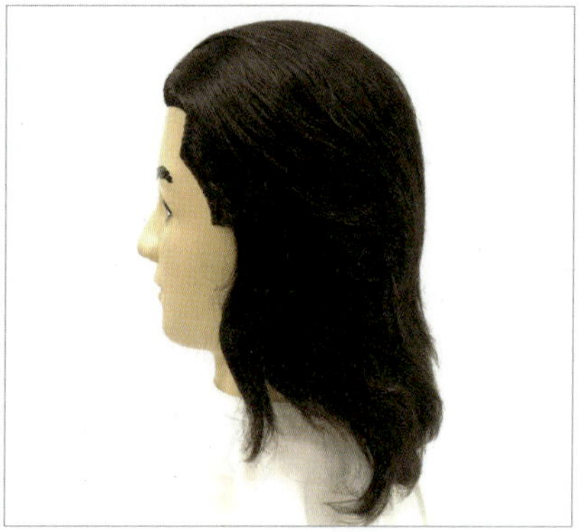

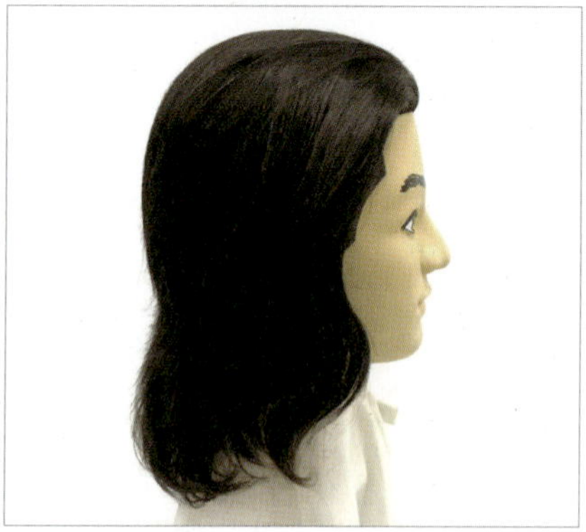

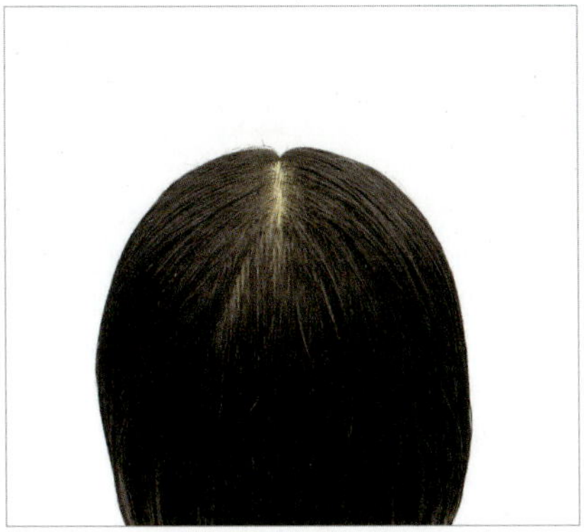

1. 센터파트(Center part)를 나누고 측면의 모발을 한 손에 모두 잡고 두상의 측면을 호리존탈 섹션(Horizontal section)으로 가로를 따라 빗어 홀슈 섹션(Horseshoe section)을 탄다.

2. 홀슈 섹션을 탄 후 뒤에서 양쪽의 높이가 같은지 체크하고 섹션을 나눈 선을 깨끗하게 정리한다. 이때 홀슈 섹션의 양쪽 높낮이가 같지 않으면 홀슈 섹션 아래 모발의 밸런스가 맞지 않으므로 양쪽을 같은 높이가 되도록 한다.

3. 귀 앞에서 헤어라인을 따라 조금 기울어진 다이아고날 백 섹션을 탄다.

4. 고개를 세운 상태에서 90°의 각도를 이용하여 그래쥬에이션이 되도록 커트하며 인테리어 주변의 길이가 길고 네이프로 내려갈수록 짧아지게 커트한다. 모발의 길이는 처음 컷한 섹션보다 백으로 진행될수록 길이지게 커트의 접점이 앞쪽으로 기울어지게 오버다이렉션 시켜 커트한다.

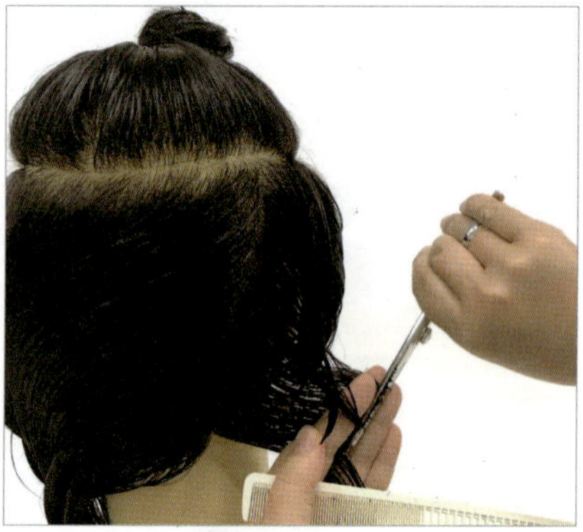

5. 계속해서 사이드에서 백으로 진행하며 모발이 두상각도 90°가 되게 빗질하여 커트한다.

6. 커트를 할 때는 직선 라인의 끝, 코너를 잘라 주어 커트되고 난 모발의 아웃 라인이 완만한 라운드가 되게 하여야 모발이 두상 쪽으로 붙게 된다.

7. 같은 방법으로 사이드와 백을 가이드 라인을 따라 커트하며 백 센터까지 커트한다.

8. 반대편도 같은 방법으로 커트하고 양쪽의 처음 섹션의 길이가 같은지 체크한다.

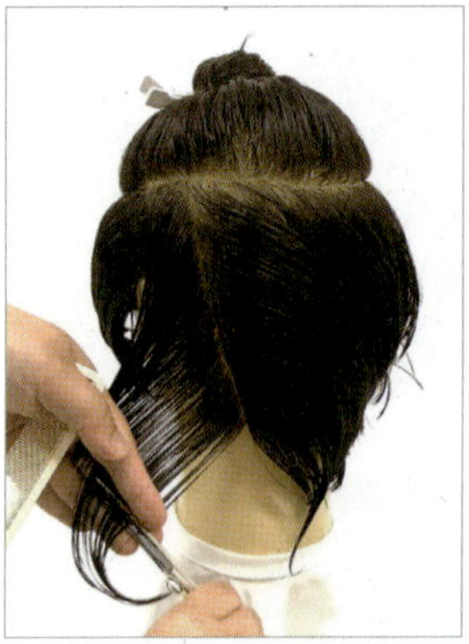

9. 계속해서 반대편 사이드에서 백 쪽으로 커트하는데 백 센터로 근접했을 때 반대편에서 자를 모발과 만나는 길이가 같아진다.

10. 백의 커트를 마치고 나면 아웃 라인을 체크하는데 이때 라인이 불규칙하면 나칭 커트 기법을 이용하여 라인을 수정 한다.

11. 커트 라인을 체크하기 위해서 사용한 반대의 섹션인 다이아고날 포워드 섹션을 이용하여 라인을 크로스 체크한다.

12. 백에서의 모발 길이는 사이드에서 백으로 진행될수록 길어지고 아웃 라인의 형태가 모두 라운드가 되었는지 사이드와 백을 체크한다.

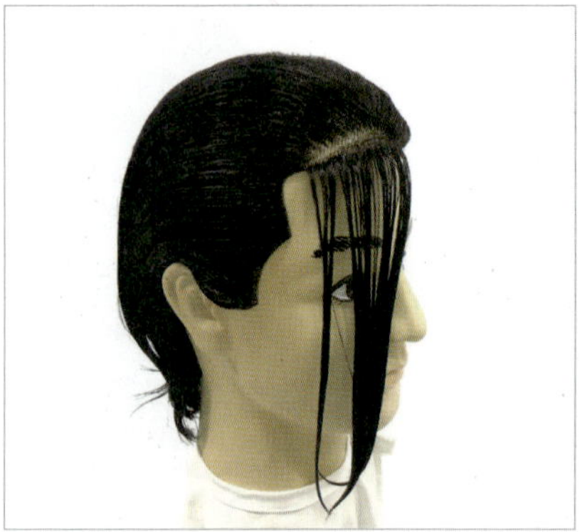

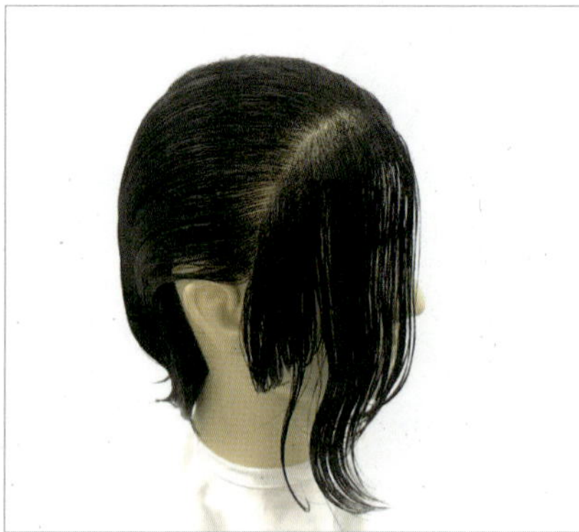

13. 홀슈 섹션 위를 커트하기 위해서 모발을 전부 내리고 호리존탈 섹션을 탄다. 센터에 있는 첫 번째 섹션을 나누어 보면 프런트 사이드 포인트(F.S.P) 부분의 모발이 없는 것을 확인할 수 있다.

* 이 상태에서 프리 베이스로 커트하면 프런트 사이드 포인트(F.S.P) 부분의 모발이 연결되지 않아 페이스 라인의 아웃 라인에 구멍이 난 것과 같이 보이게 되므로 첫 번째 섹션은 커트하지 않고 마지막에 컷의 디테일을 진행할 때 시술한다.

14. 두 번째 섹션부터 인테리어에서 자른 컷의 길이와 연결될 수 있도록 커트한다.

15. 살짝 기울어진 다이아고날 백 섹션을 이용하여 백까지 진행한다.

16. 반대편도 첫 번째 섹션의 시술을 하지 않고 두 번째 섹션부터 홀슈 섹션의 아래 모발 길이와 이어지게 90°의 각도를 이용하여 백까지 시술한다.

17. 센터에서 골든 포인트(G.P)까지 가이드 라인을 만들 버티컬 섹션을 탄다.

18. 센터 탑 미디움 포인트(C.T.M.P) 모발의 길이를 이용하여 탑의 모발을 수직으로 들고 스퀘어 커트한다.

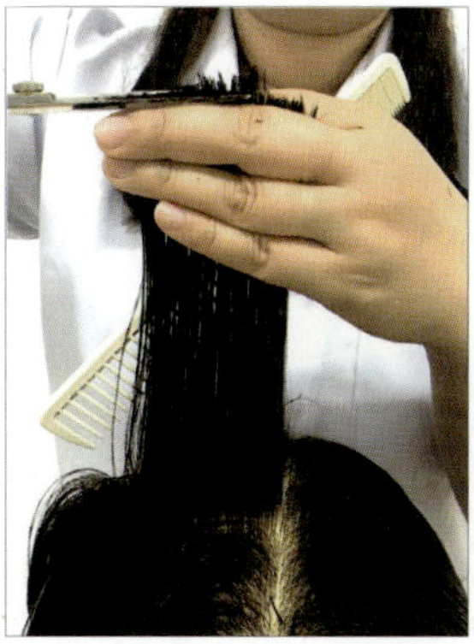

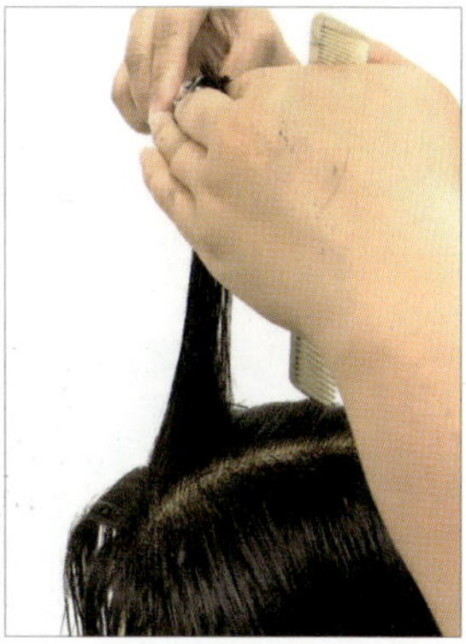

19. 호리존탈 섹션을 이용하여 탑 포인트(T.P)를 기점으로 골든 포인트(G.P) 쪽 모발은 센터 쪽으로 끌어올려 커트하고 센터 쪽 모발은 탑 쪽으로 가이드 라인을 이용하여 끌어당겨 커트한다. 이렇게 커트하면 가이드 라인으로 만들어 놓은 스퀘어 라인과 일치하는 커트 라인을 만들 수 있다.

20. 센터 쪽 마지막 섹션은 오버다이렉션시켜 길이를 지키면서 커트하고 나칭 커트기법을 이용하여 홀슈 섹션 아래의 길이와 이어지게 정리한다.

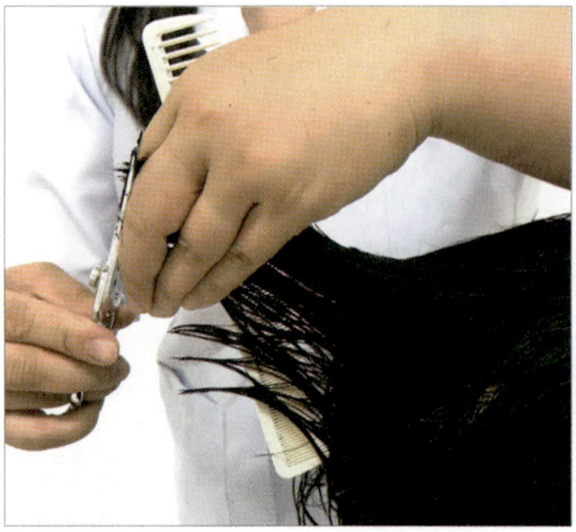

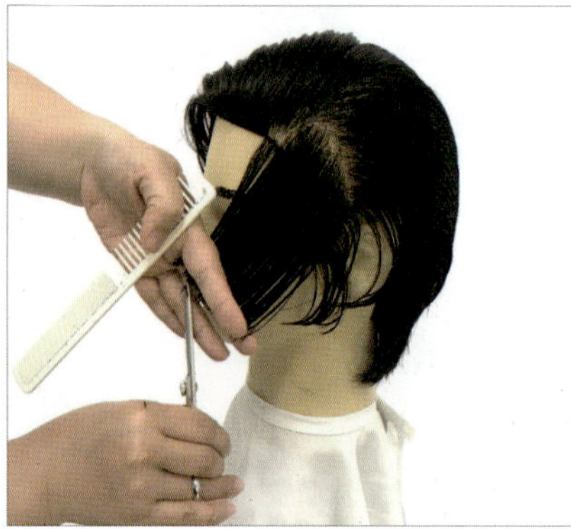

21. 홀슈 섹션 아래와 위의 경계 모발의 코너를 부드러운 볼륨 형성을 위하여 두상 전반을 돌아가면서 없애주고 페이스 라인을 나칭 커트로 정리한다.

22. 퍼스널라이징(Personalizing)을 위하여 포인트 컷으로 헤어 라인과 두정부 주변의 모발을 피부에 밀착시켜 정리하고 모발을 수평으로 펴고 그래쥬에이션 각도를 이용하여 볼륨 형성이 잘되게 틴닝 처리를 한다.

완성작

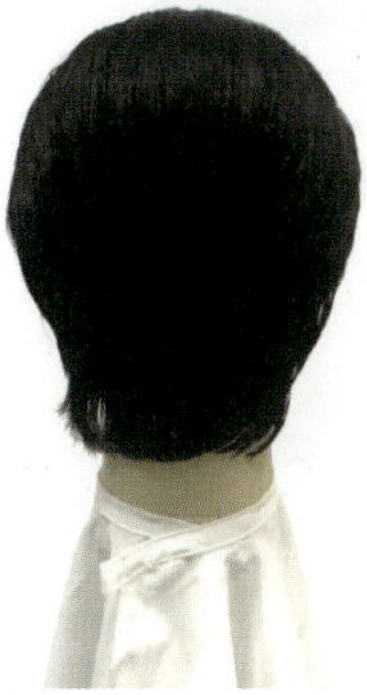

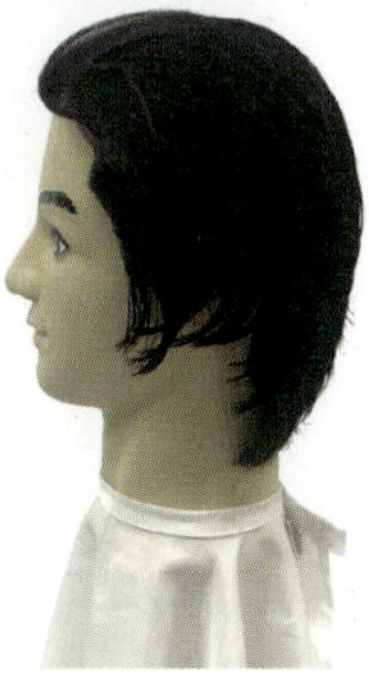

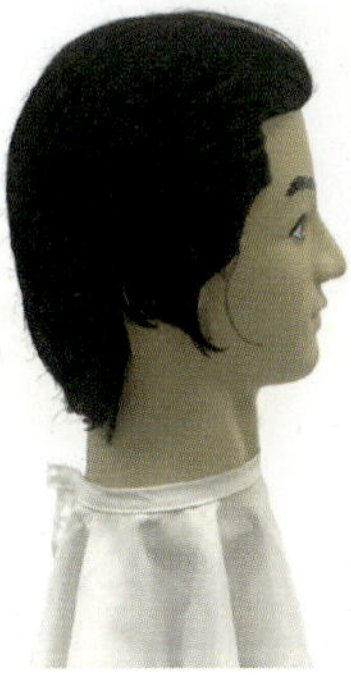

스타일링 1

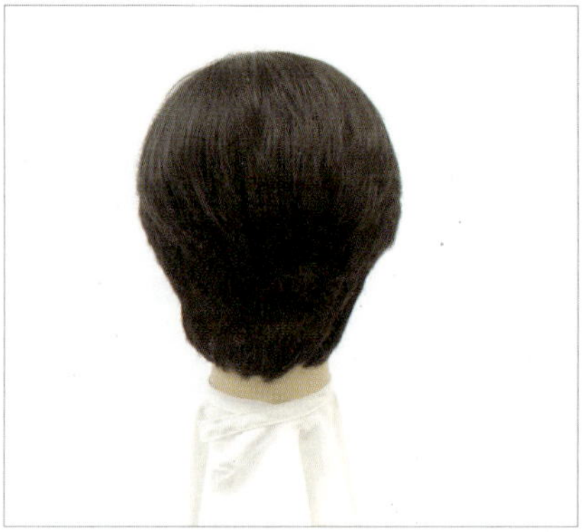

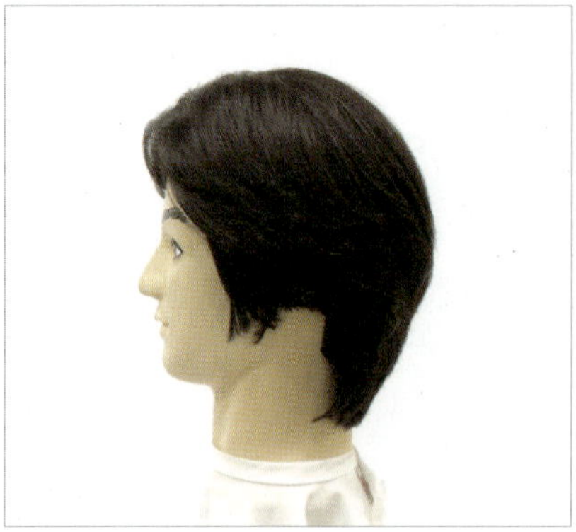

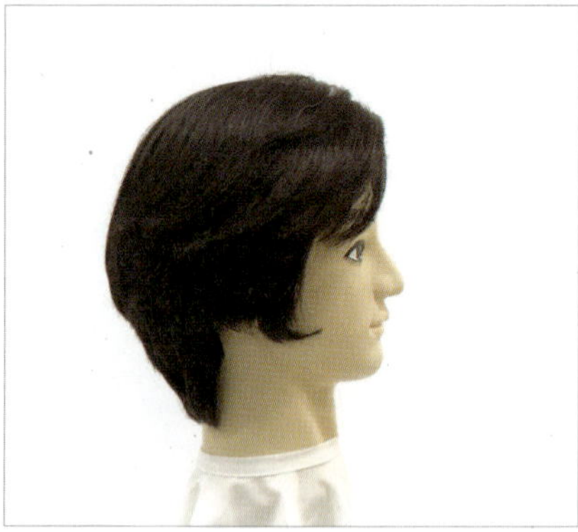

스타일링 2

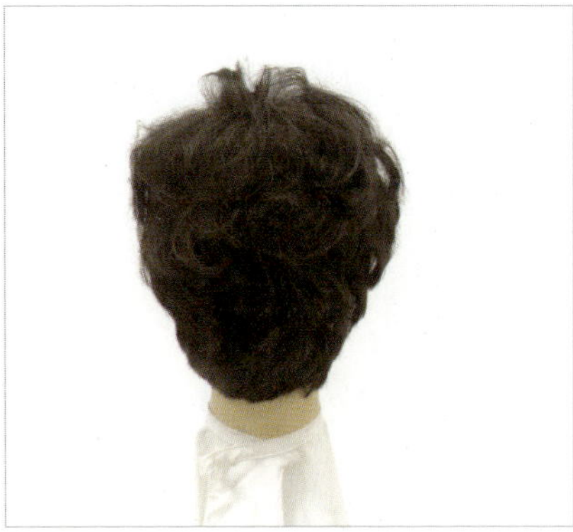

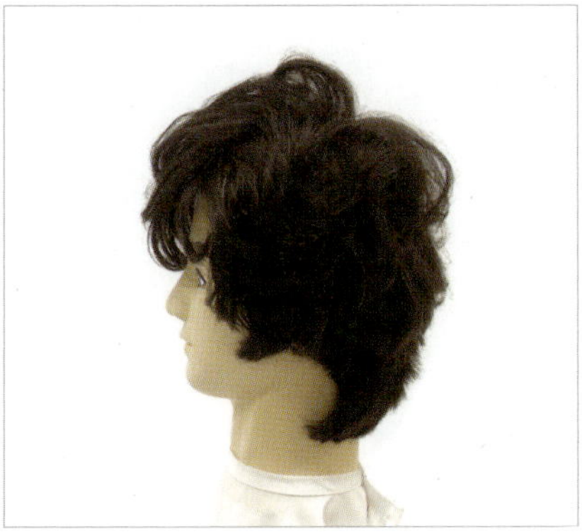

스타일링 3

Key point

1. 그래쥬에이션 커트는 볼륨 형성을 특징으로 하는 디자인으로 네이프에서 골든 포인트(G.P) 쪽으로 올라갈수록 길이를 길게 설정하여 크레스트 부분에 볼륨을 만들어 두상의 곡선을 살린다.

2. 프런트 사이드 부분을 커트할 때는 센터 모발을 뒤로 당겨 커트하여 페이스 라인이 자연스럽게 이어질 수 있도록 하고 첫 번째 섹션은 커트하지 않고 마지막에 디테일하게 시술한다.

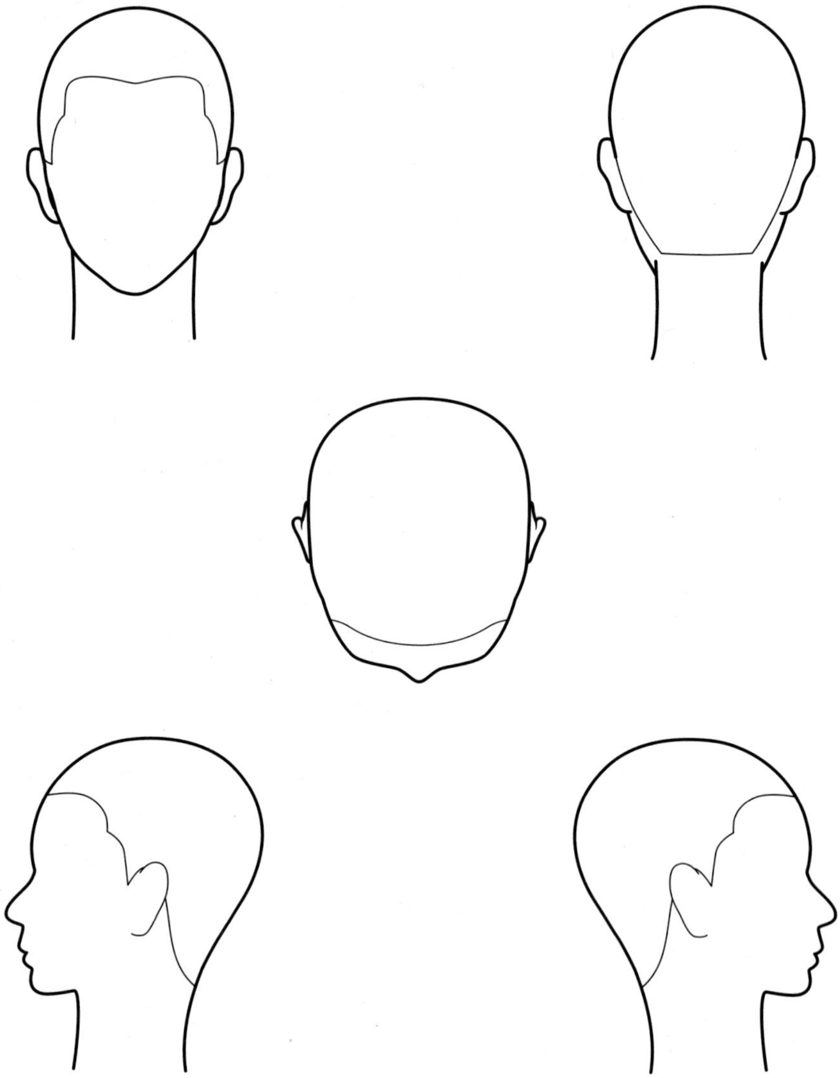

Notes

Chapter 7

상고머리 스타일

1. 상고머리 하조발
2. 상고머리 중조발
3. 상고머리 상조발

1.
상고머리 하조발

남성 헤어스타일 중 가장 많이 사용하는 디자인으로 남성 그래쥬에이션 커트의 일종이며 낮은 상고머리를 하조발 스타일이라고도 한다. 가위로 모발 길이를 정리하고 클리퍼로 마무리하는 기법을 사용하여 깔끔하고 단정한 이미지를 연출할 수 있다.

1) 구조

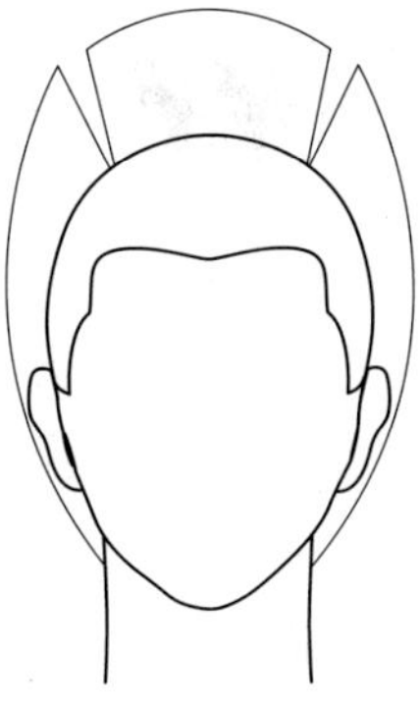

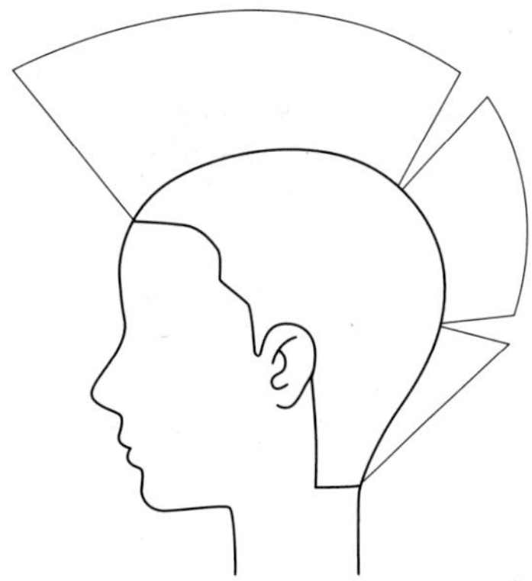

2) 섹션

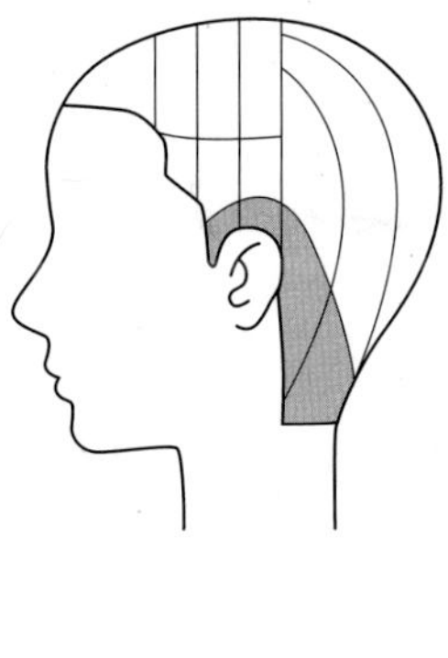

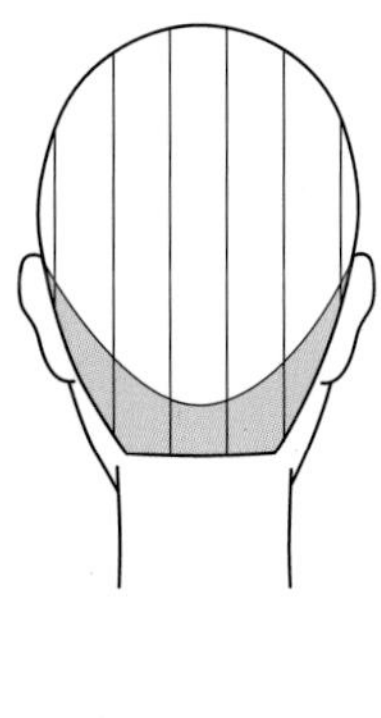

3) 테크닉

(1) 사이드 & 백(Side and back)

❶ 파팅 & 섹션(Partings & sections) : 이어 투 이어(Ear to ear)
- 버티컬(Vertical)

❷ 빗질(Distribution) : 90° - 오버다이렉션(Overdirected)

❸ 시술각(Elevation) : 45° -오버다이렉션(Overdirected)

❹ 커트(Cut) : 버티컬 그래쥬에이션(Vertical graduation)
- 클리퍼

(2) 탑(top)

❶ 파팅 & 섹션(Partings & Sections) : 수평(Horizontal)

❷ 빗질(Distribution) : 90° - 오버다이렉션(Overdirected)

❸ 시술각(Elevation) : 90° - 오버다이렉션(Overdirected)

❹ 커트(Cut) : 수평(Square)

4) 시술 과정

시술 전

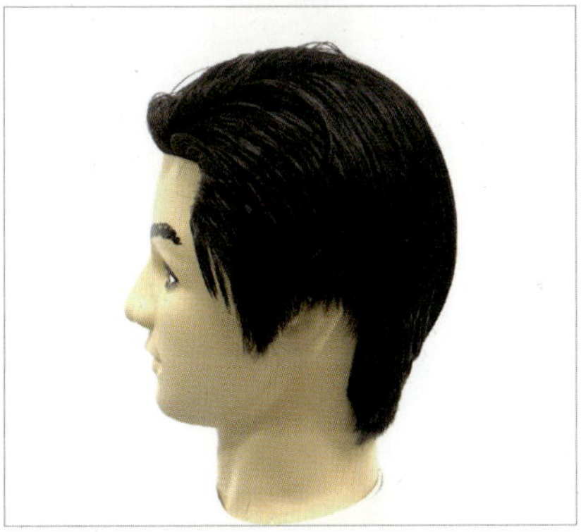

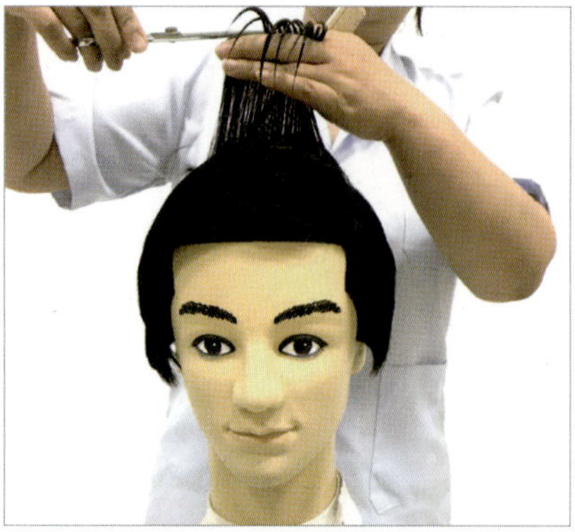

1. 골든 포인트(G.P)에서 수평으로 모발을 탑 쪽으로 들어 올려 가이드 라인을 설정한다.

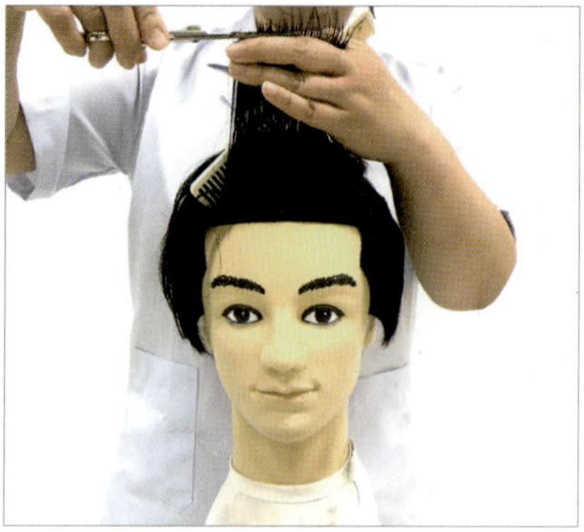

2. 계속해서 U 라인 모발을 호리존탈 섹션을 이용하여 센터까지 커트한다. 센터에 도달했을 때 마지막 섹션을 뒤로 오버다이렉션시켜 길이를 길게 지켜준다.

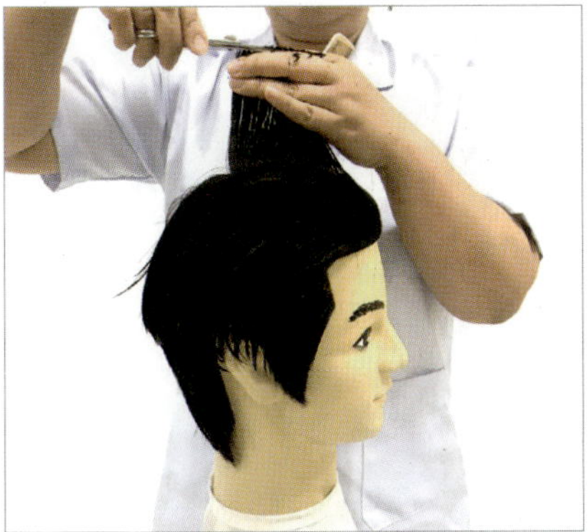
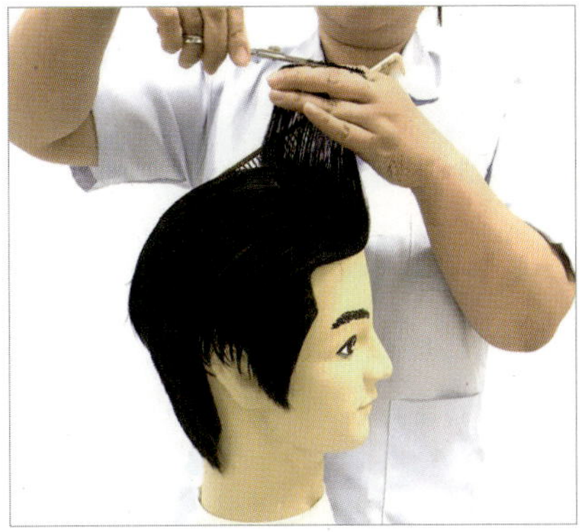

3. 버티컬 섹션을 떠서 커트 라인을 크로스 체크한다.

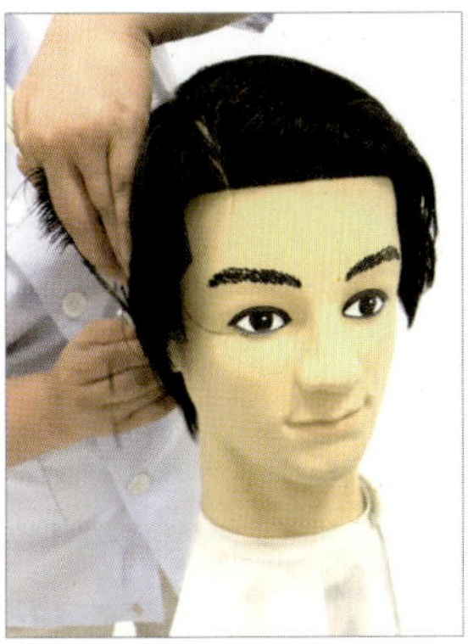
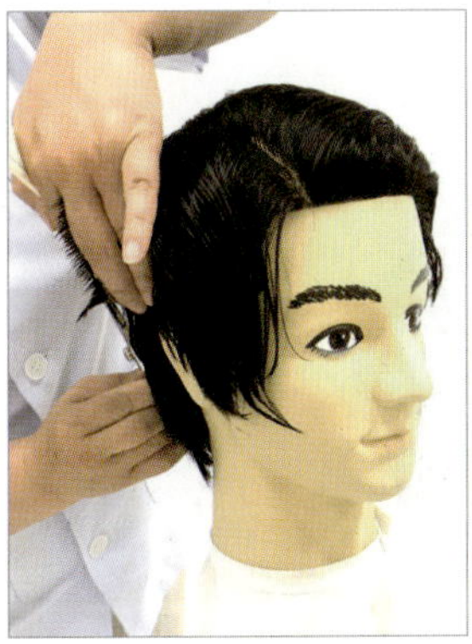
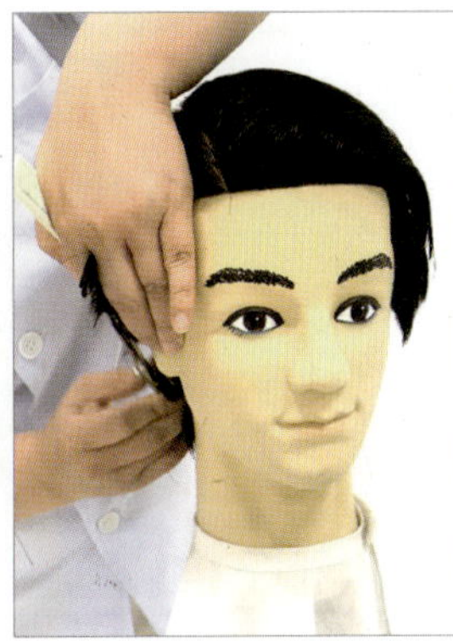

4. 이어 포인트(E.P)에서 두정부의 길이와 이어지게 길이 설정을 하고 그래쥬에이션 각도가 45~60°의 각도가 되도록 잡아 커트한다. 이어 포인트(E.P)에서 사이드까지 프리 베이스와 사이드 베이스로 살짝 오버다이렉션한다.

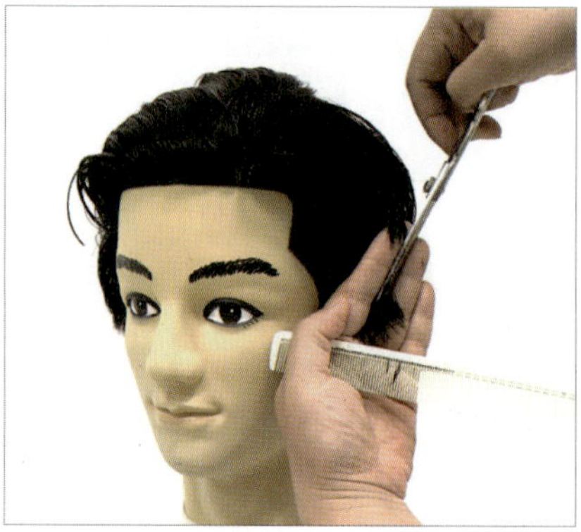

5. 반대 사이드도 손바닥을 두피에 밀착하고 손가락으로 각도를 조절하여 반대편과 같은 길이로 시술한다.

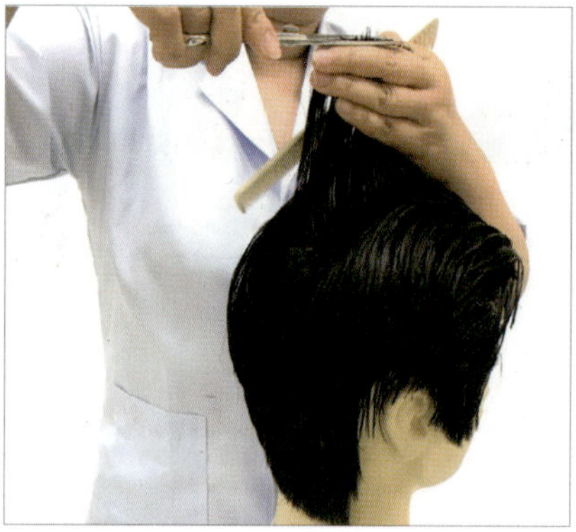

6. 크라운 부분의 모발 길이가 짧아지는 것을 방지하고 후두부에 볼륨을 주기 위하여 골든 포인트(G.P)에서 모발을 들어 커트한다.

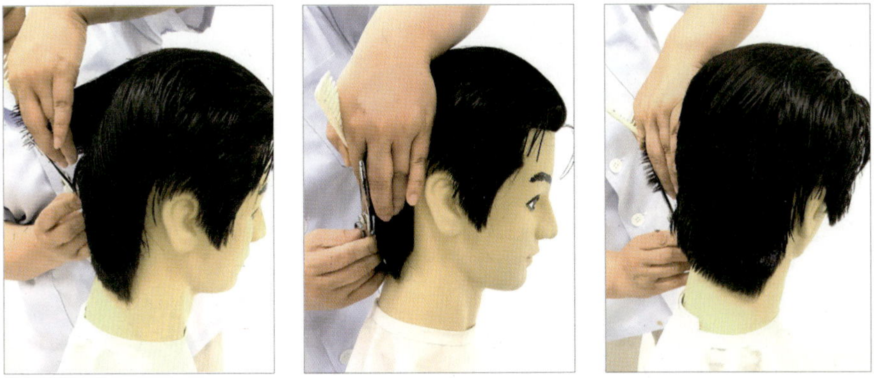

7. 골든 포인트(G.P)에서 백까지 자연스러운 층이 생기도록 그래쥬에이션 45~60° 각도로 백을 시술한다.

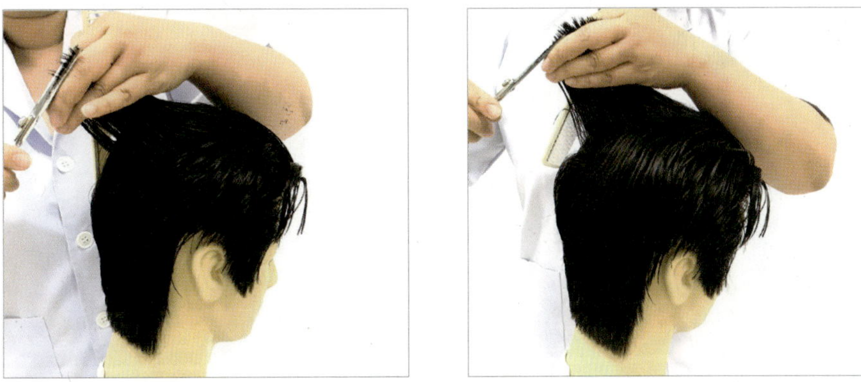

8. 크라운 부위와 백을 연결시킨 부분에 과도하게 형성된 코너는 무거운 선을 만들게 되므로 제거한다.

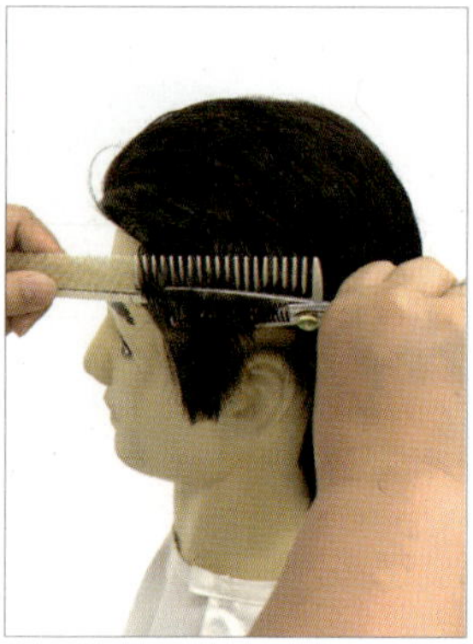

9. 두상 전체에 모량 감소를 위한 질감 처리를 한다.

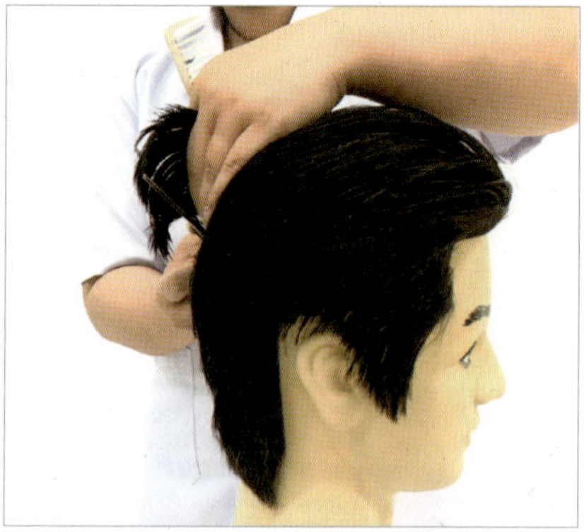

10. 센터에서는 틴닝 자국이 없게 틴닝가위를 세워서 질감 처리를 하고 백에서는 볼륨 형성을 위하여 이너 그래쥬에이션 기법으로 틴닝 처리하여 모발을 가볍게 만든다.

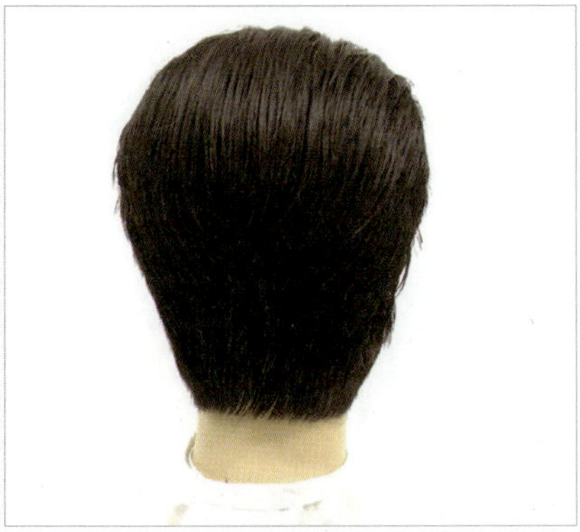

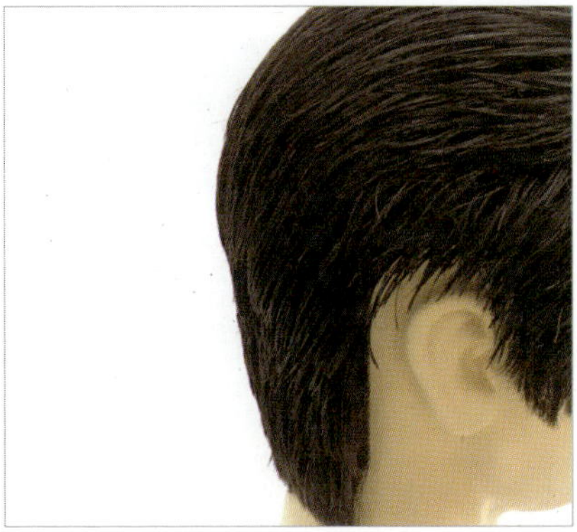

11. 질감 처리 후 형태와 볼륨 형성 위치를 파악한다.

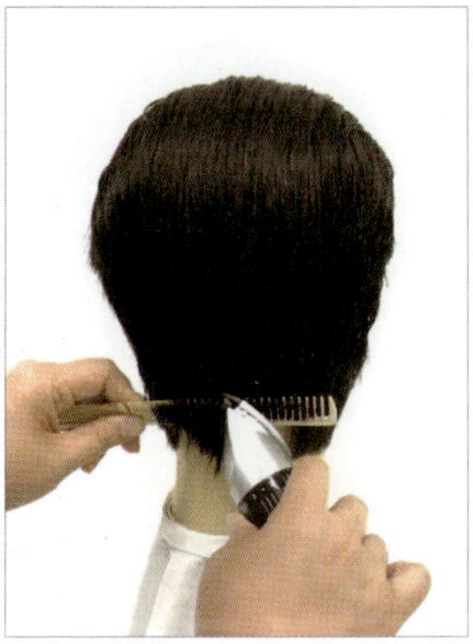

12. 백에서 백 사이드로 이어지는 라운드 선을 만들기 위해서 빗과 클리퍼를 평행하게 대고 수평에서 대각선으로 이어지는 동작으로 라운드 라인을 만든다. 이때 라인을 만든 선과 클리퍼를 들어 올리는 부분의 간격을 빗을 45°로 기울이고 두피에서 띄워 아래에서 위로 올리면서 커트하되 클리퍼 선과 만나는 부분에서는 빗을 두피에 붙인 상태에서 빗살의 각도를 조절하여 층을 만든다.

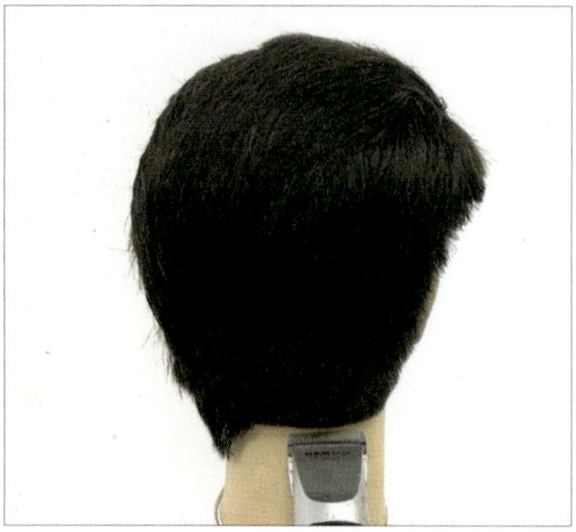

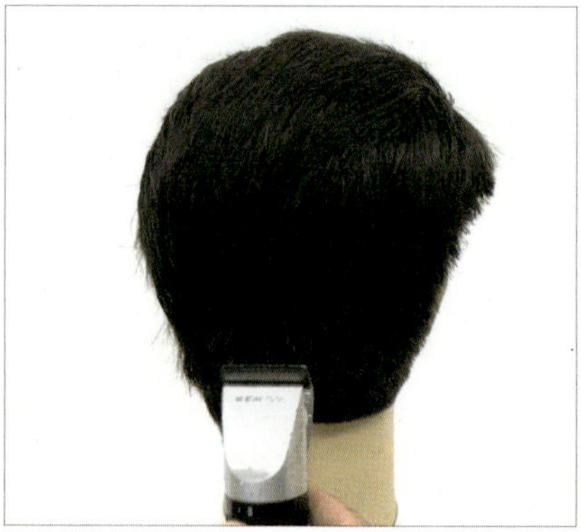

13. 빗으로 만든 후두부의 라인을 클리퍼를 들어 올려 오른쪽 백과 백 사이드를 자연스럽게 연결시킨다.

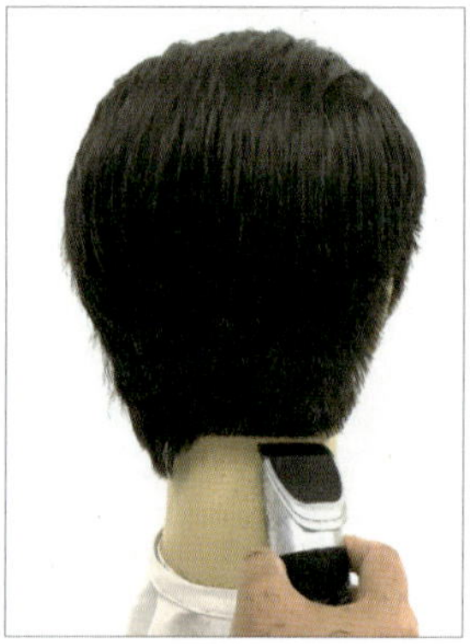

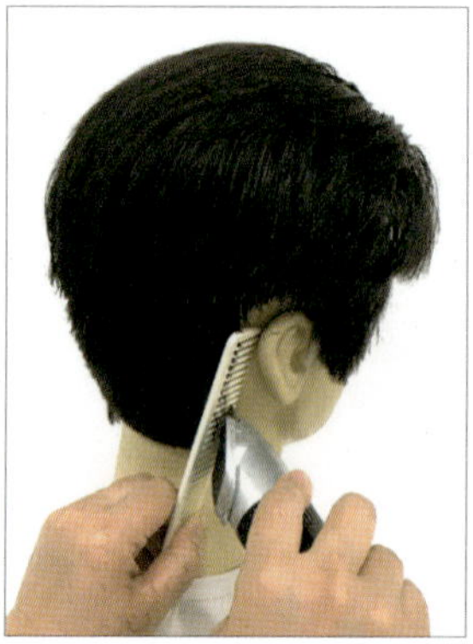

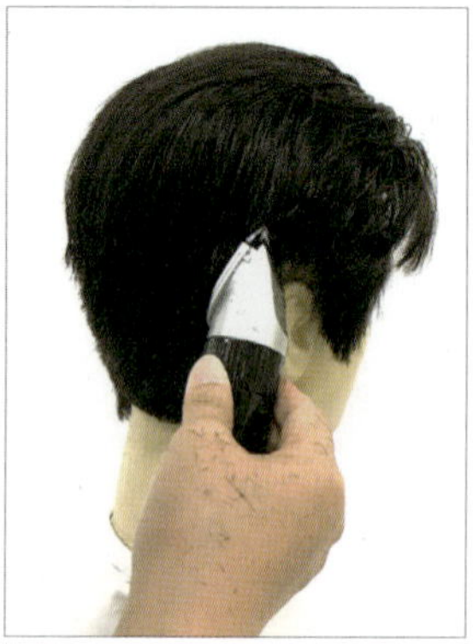

14. 목 뒷선과 목 옆선을 잇는 라인을 빗과 클리퍼 날의 길이를 조절하여 깨끗하게 정리한다.

15. 사이드 부분을 눈썹이 끝나는 지점인 사이드 포인트(S.P)에서 빗을 두피에서 띄우고 수평으로 들어 클리퍼로 라인을 만든 후 빗을 각도를 조절하여 층을 만든다.

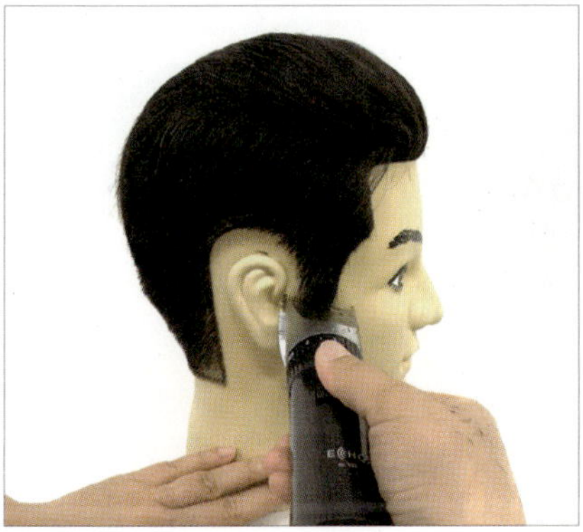

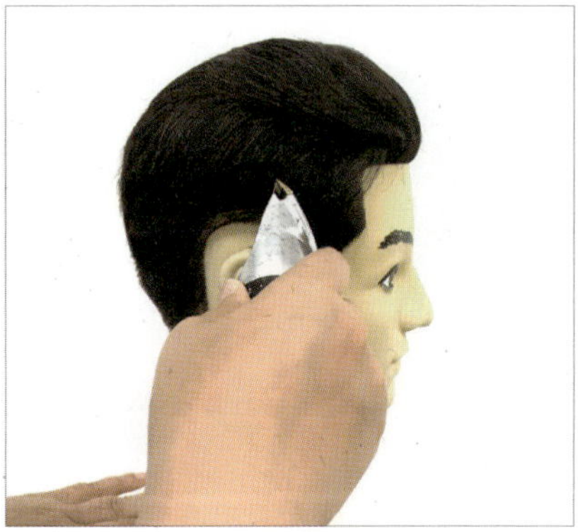

16. 클리퍼를 두피에 대고 사이드 코너 포인트(S.C.P)에서부터 위를 향해서 클리퍼를 들어주면서 만들어 놓은 사이드의 라인과 만나게 커트하고 귓바퀴 위의 라인을 정리한다.

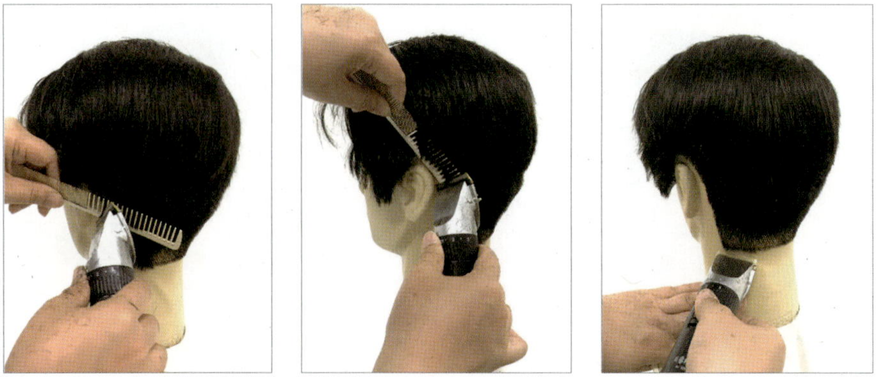

17. 왼쪽의 백과 백 사이드를 연결하는 둥근 라인을 만들기 위해서 커트 빗을 대각선으로 대고 클리퍼를 평행하게 댄 후 커트하고 클리퍼로 올려 치기하여 층을 연결시킨다.

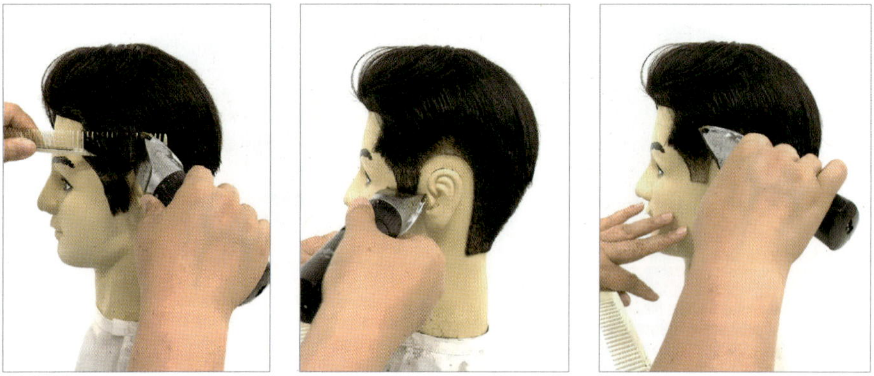

18. 왼쪽 사이드를 오른쪽 사이드와 같은 방법으로 커트하되 양쪽이 올려 친 위치가 같은지 체크하고 귓바퀴 위를 정리한다.

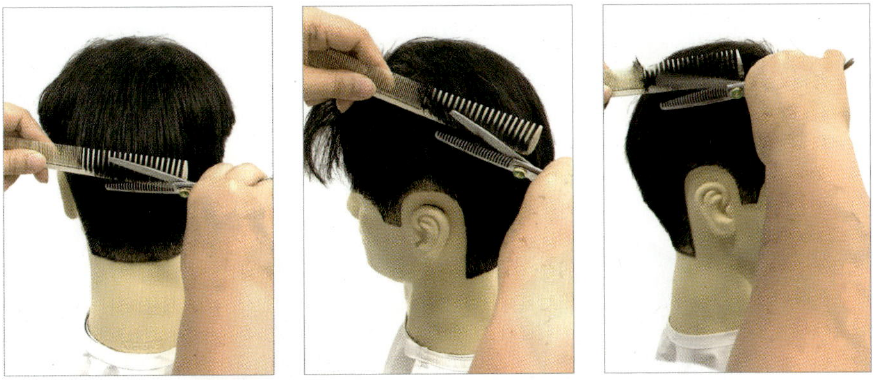

19. 후두부와 사이드를 잇는 둥근 디자인 라인이 무겁지 않도록 라인 위의 모발을 빗으로 들어 올려 세심하게 질감 처리한다.

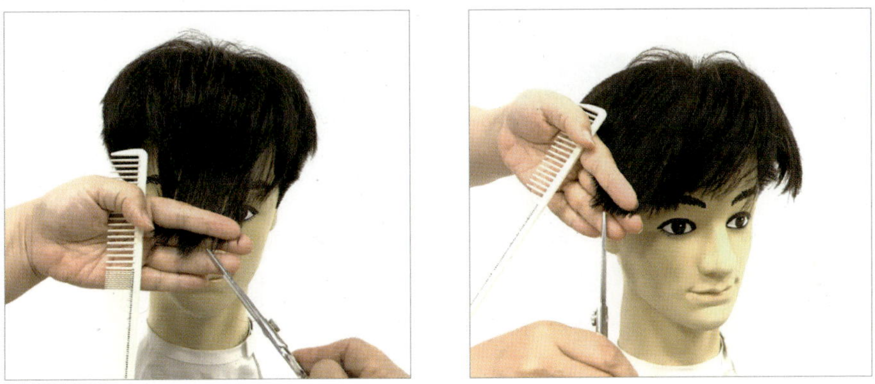

20. 전두부의 모발을 앞으로 내려 커트 라인을 체크하고 프런트 사이드 포인트(F.S.P)에서 코너가 생긴 부분을 나칭 커트로 자연스럽게 연결시킨다.

완성작

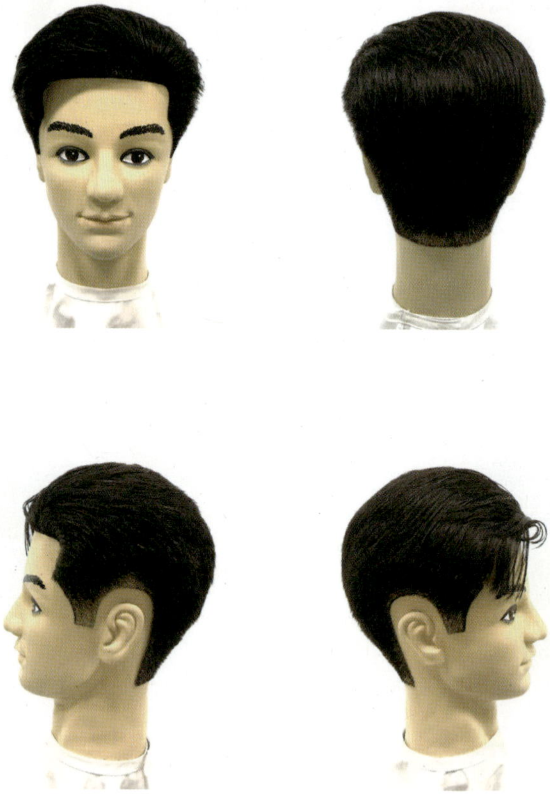

스타일링 1

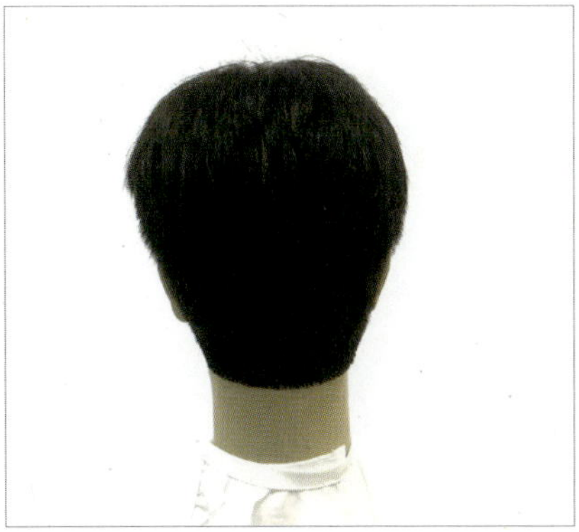

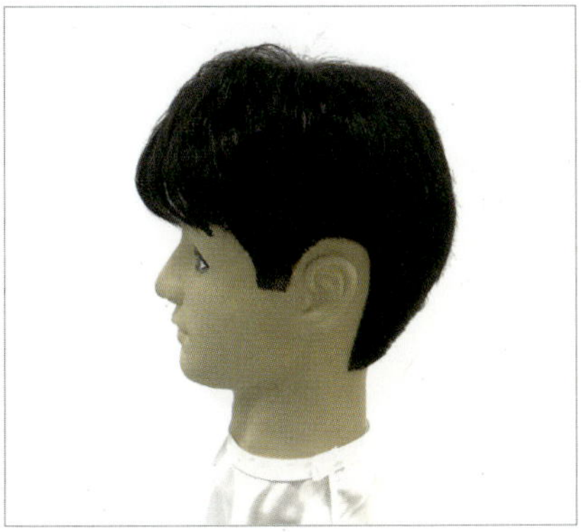

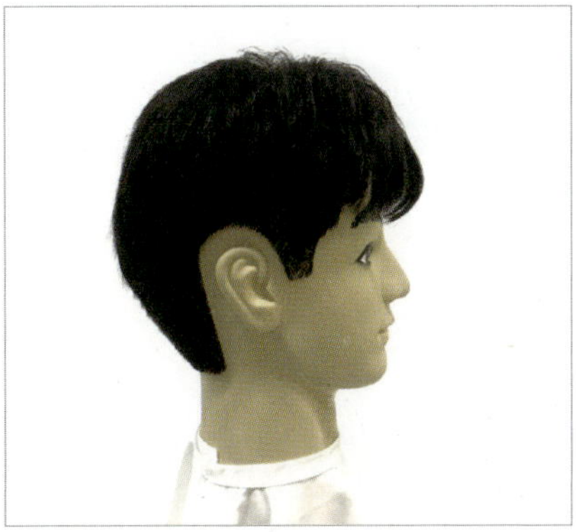

스타일링 2

스타일링 3

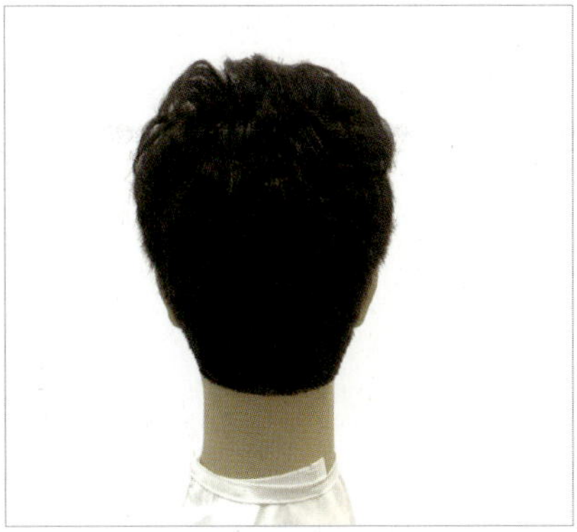
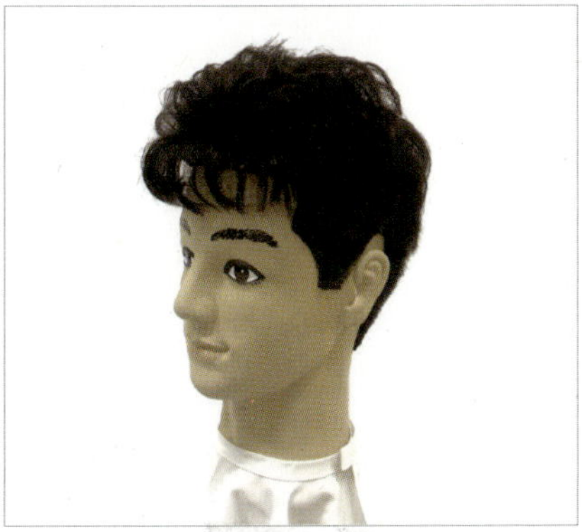

Key point

1. 상고머리 형태 중에서 모발의 길이가 가장 길고 볼륨이 백 포인트 아래 옥시피탈 본 주위에 형성되므로 두상의 형태를 파악하여 시술한다.

2. 센터에서 질감 처리를 위해 틴닝 자국이 없게 틴닝가위를 세워서 질감 처리를 하고 백에서는 볼륨 형성을 위하여 이너 그래쥬에이션 기법으로 틴닝 처리하여 모발을 가볍게 만든다.

Notes

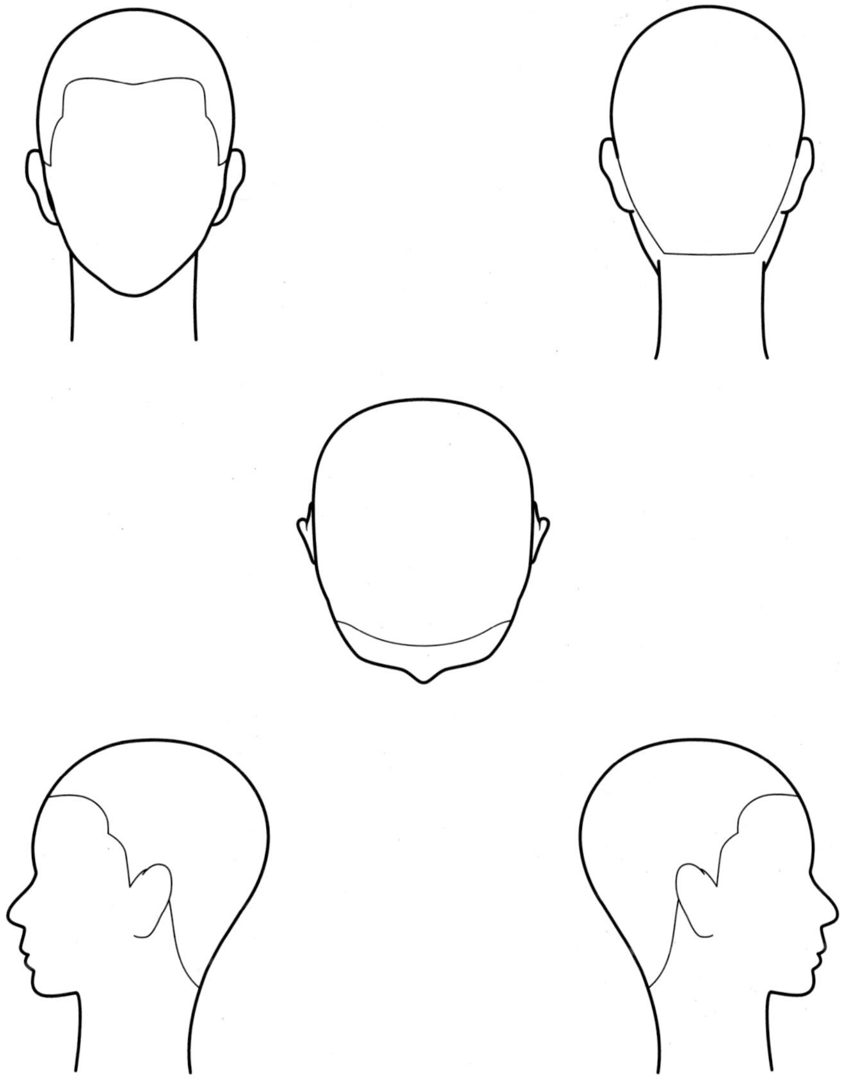

2. 상고머리 중조발

백 포인트(B.P)까지 클리퍼로 처리하여 깨끗하게 올려 친 스타일로 간편하게 손질할 수 있다. 백에서 시작하여 오른쪽 부분을 먼저 시술하고 왼쪽을 시술하여 디자인 라인을 만들고 클리퍼 처리한다.

1) 구조

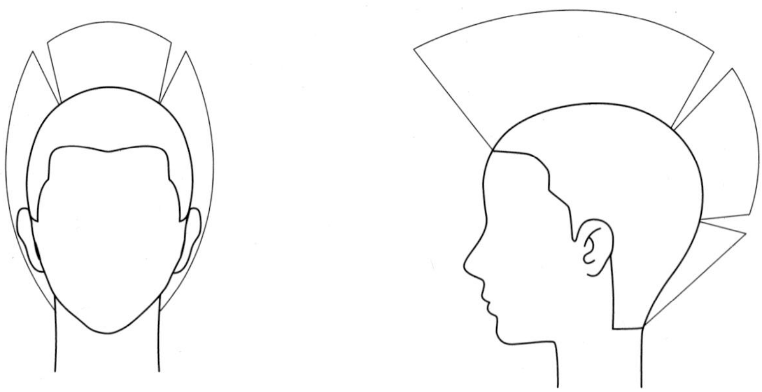

2) 섹션

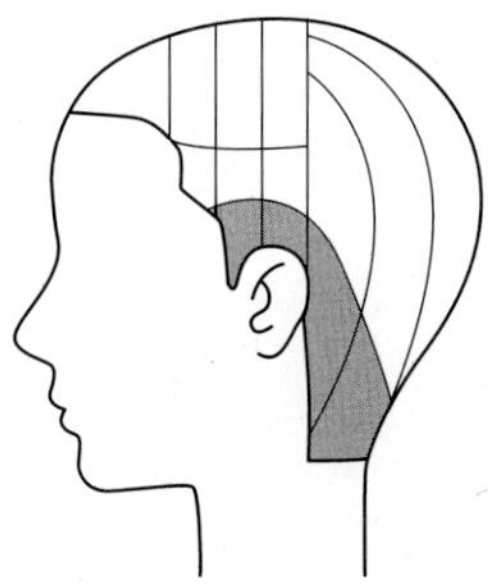

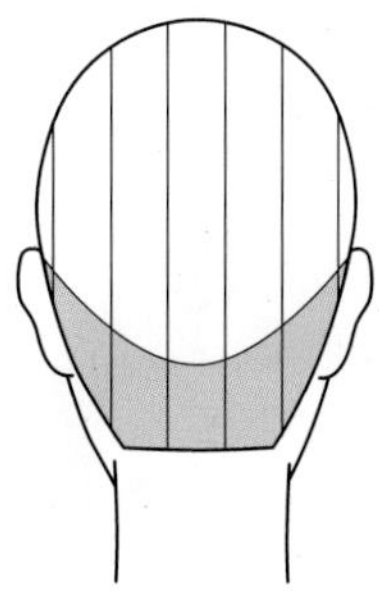

3) 테크닉

(1) 사이드 & 백(Side and back)

❶ 파팅 & 섹션(Partings & sections) : 이어 투 이어(Ear to ear) - 버티컬(Vertical)

❷ 빗질(Distribution) : 90° - 오버다이렉션(Overdirected)

❸ 시술각(Elevation) : 45° -오버다이렉션(Overdirected)

❹ 커트(Cut): 버티컬 그래쥬에이션(Vertical graduation) - 클리퍼

(2) 탑(Top)

❶ 파팅 & 섹션(Partings & Sections) : 수평(Horizontal)

❷ 빗질(Distribution) : 90° - 오버다이렉션(Overdirected)

❸ 시술각(Elevation) : 90° - 오버다이렉션(Overdirected)

❹ 커트(Cut) : 수평(Square)

4) 시술 과정

시술 전

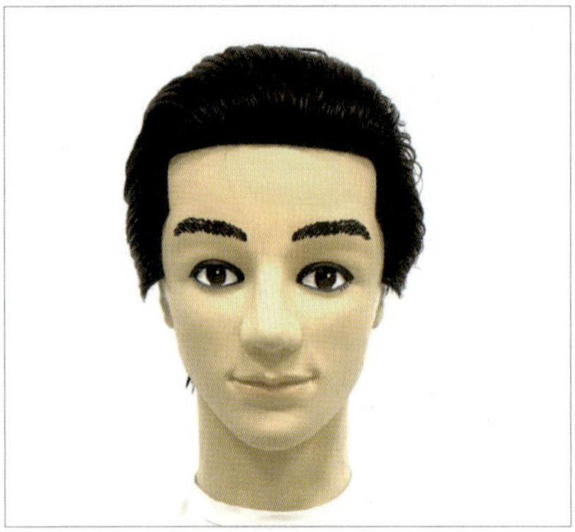

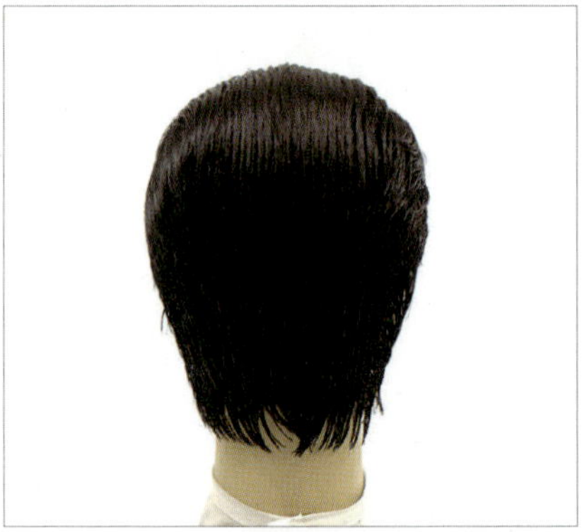

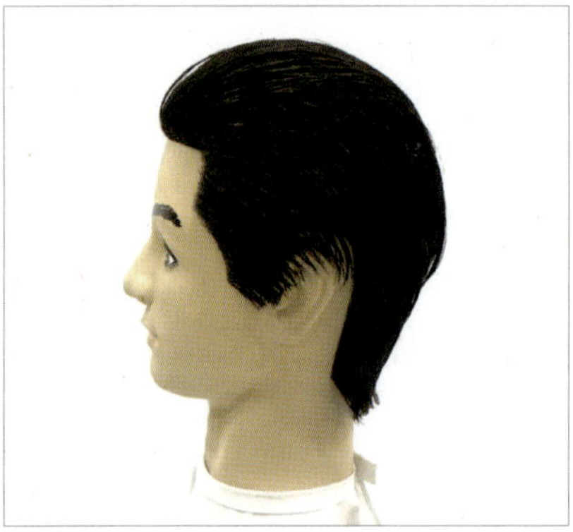

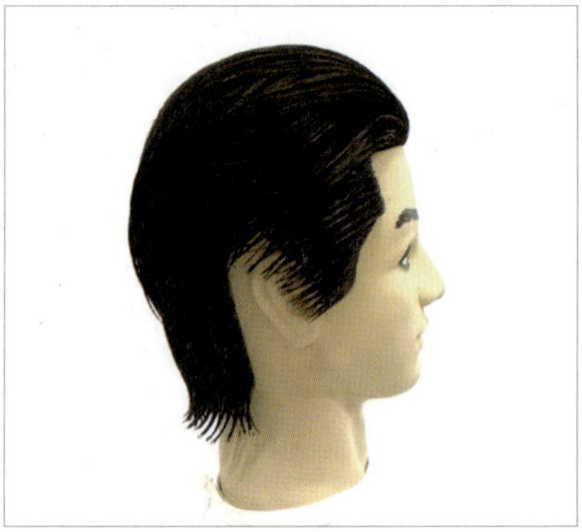

1. 커트 전 전체 모발에 틴닝 처리를 하여 모발을 가볍게 만든다. 틴닝 처리를 할 때는 한 부분의 모량이 집중적으로 제거되지 않도록 빗으로 모발을 들고 빗을 위쪽으로 이동시키면서 양감을 없앤다.

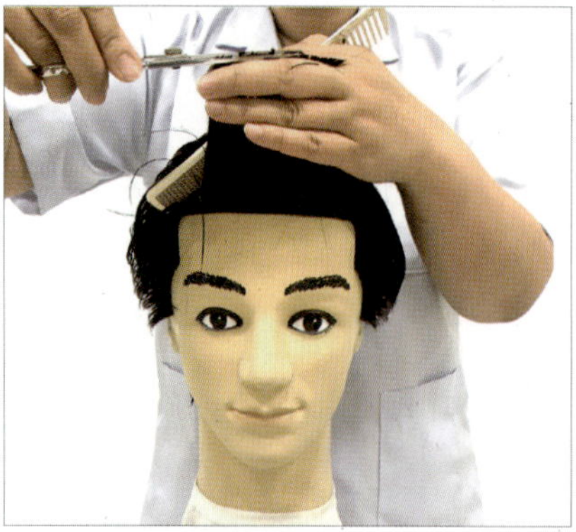

2. 센터 포인트(C.P)에서 모발의 길이를 설정하여 프런트 사이드 뒤로 오버다이렉션시켜 수평으로 커트한다.

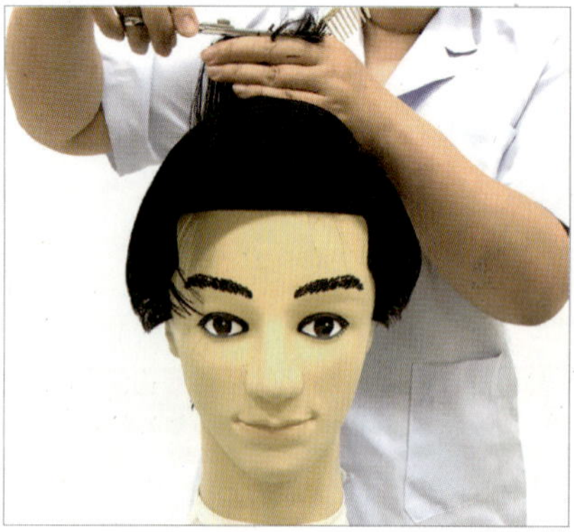

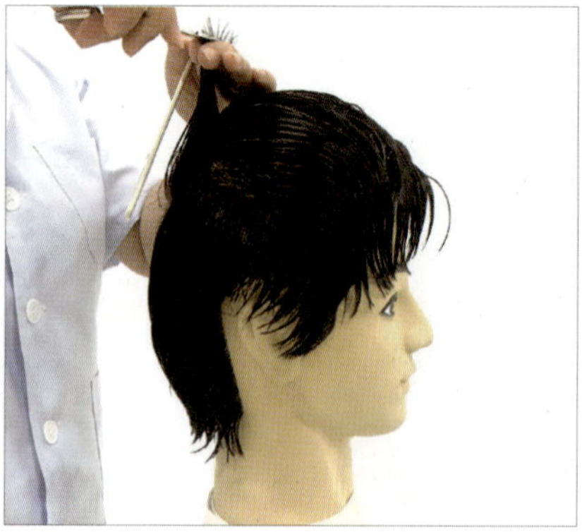

3. 계속해서 U 라인을 가이드 길이에 맞게 커트하고 골든 포인트(G.P)에서는 모발을 들어 후두부의 가이드가 될 모발의 볼륨이 충분이 형성될 수 있도록 짧아지지 않게 커트한다.

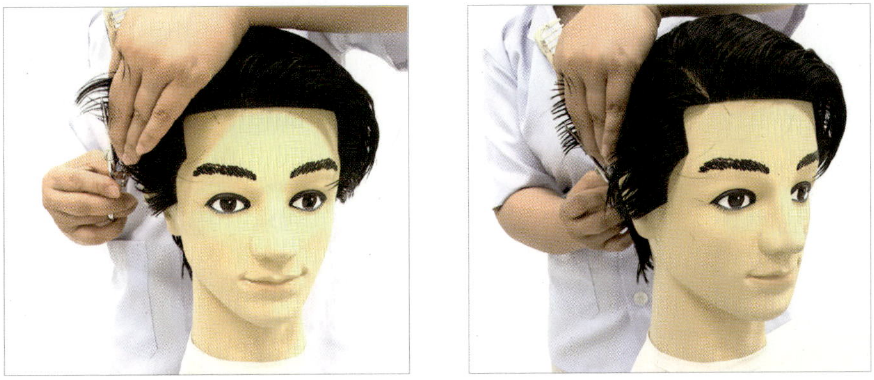

4. U 라인에서 떨어진 가이드의 길이에 맞추어 그래쥬에이션 라인 형성을 위해 45°로 커트한다.

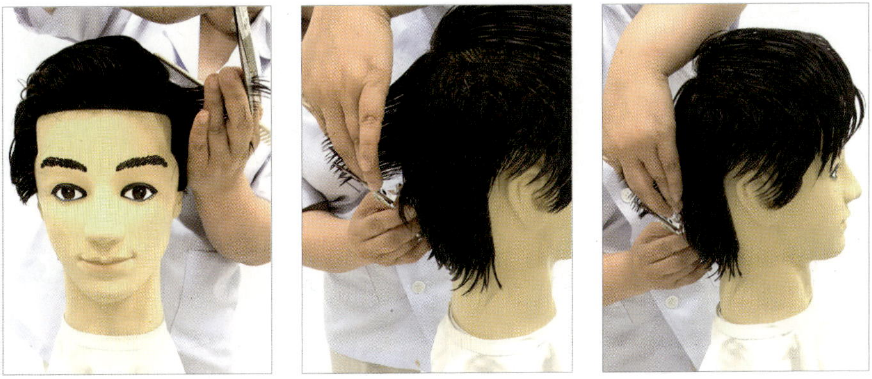

5. U 라인에서 떨어진 길이를 가이드로 백의 모발을 두피에서 90°로 빗어 시술각 45°로 커트한다.

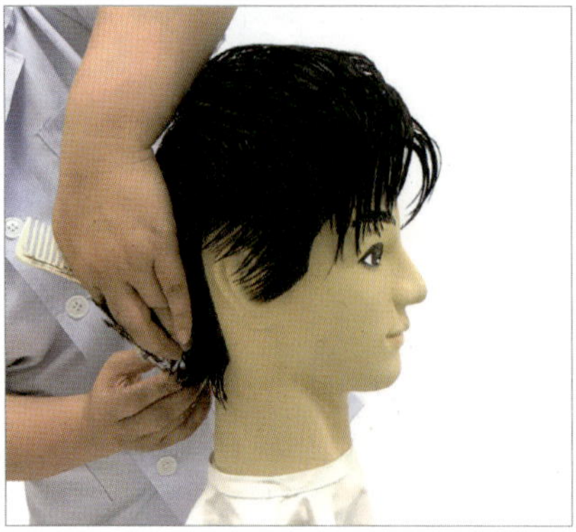
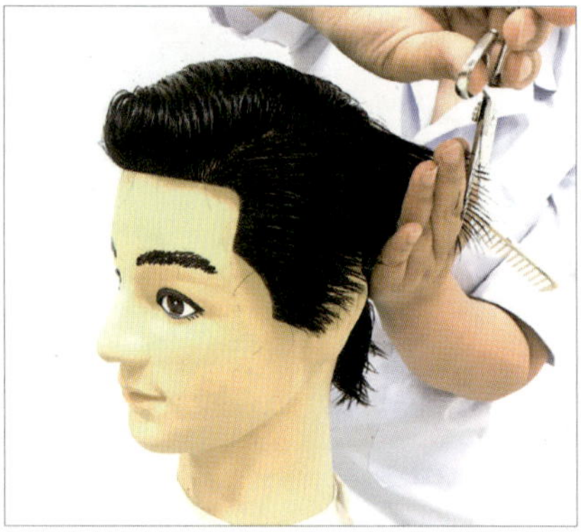

6. 백 사이드를 백 센터로 오버다이렉션시켜 커트한다.

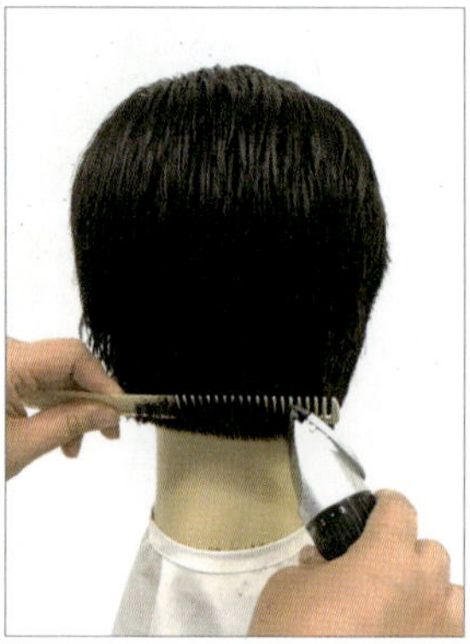
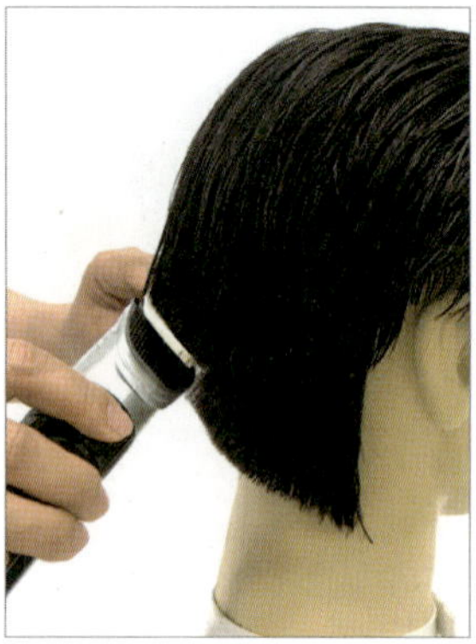

7. 클리퍼와 빗을 평행으로 대고 빗의 각도를 45°로 유지하여 위쪽으로 커트하여 올라간다. 라운드 모양의 형태선을 만드는 부분에서는 빗등을 두피에서 밀착시켜 빗으로 각도를 유지하며 커트한다.

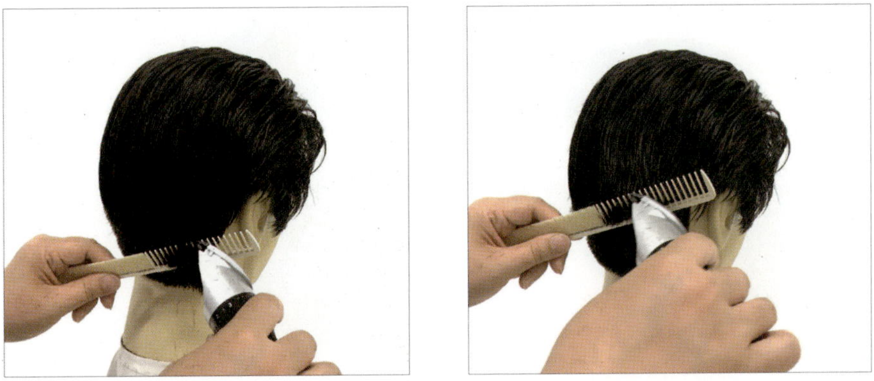

8. 백 사이드에서 빗을 대각선으로 잡고 클리퍼로 처리한 라인이 둥근 형태가 될 수 있도록 처리한다.

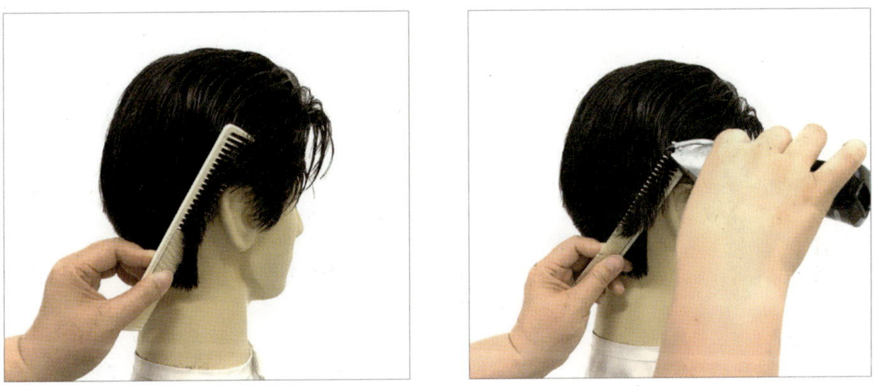

9. 목 옆선에서는 빗을 대각선으로 세운 상태에서 백과 사이드가 자연스럽게 이어질 수 있도록 한다.

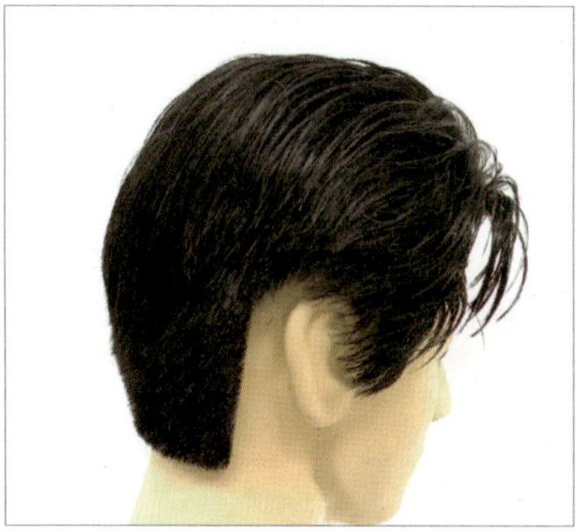

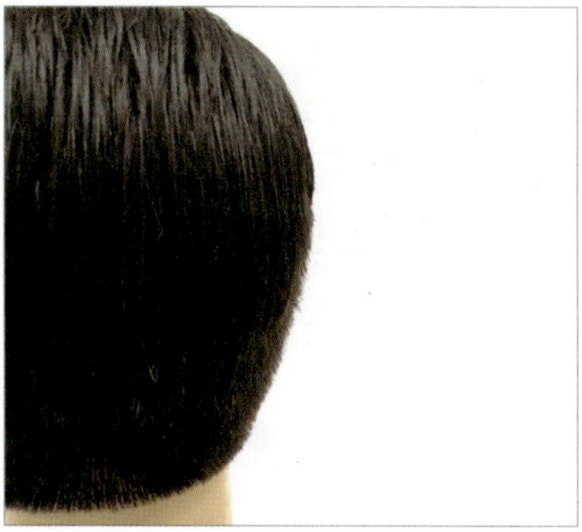

10. 백과 백 사이드 시술 후 디자인 라인을 확인한다.

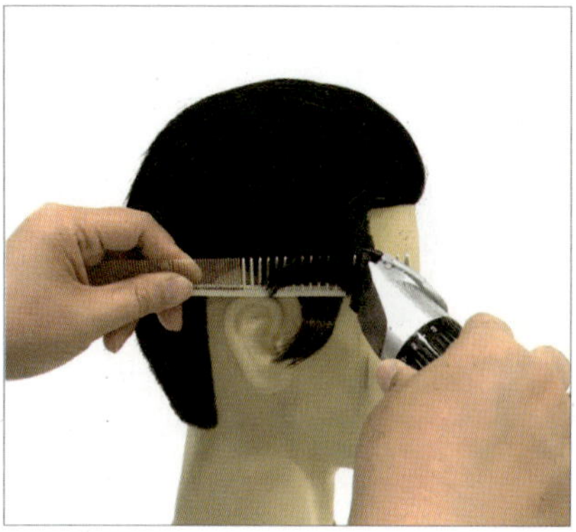

11. 사이드 포인트(S.P)에서 빗을 살짝 뒤쪽으로 기울어지게 잡고 백 사이드의 길이에 맞춰 커트한다. 이어 포인트(E.P)에서 처리하는 클리퍼 부분을 남겨두고 빗과 클리퍼로 라인과 층을 연결시킨다.

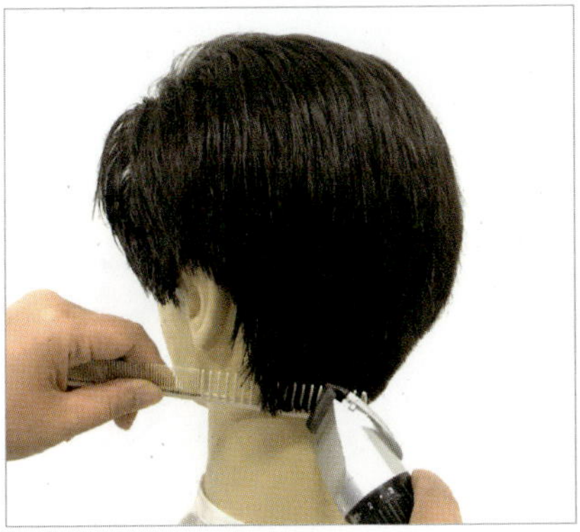

12. 왼쪽 백 사이드도 빗의 각도를 조절해서 오른쪽과 같이 커트한다.

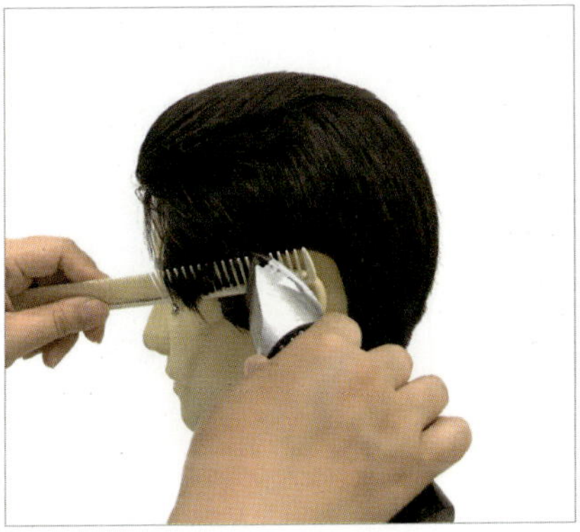

13. 사이드에서 백과 사이드의 라인을 고려하여 둥근 디자인 라인을 맞추고 아래에서 위로 자연스럽게 층을 연결한다.

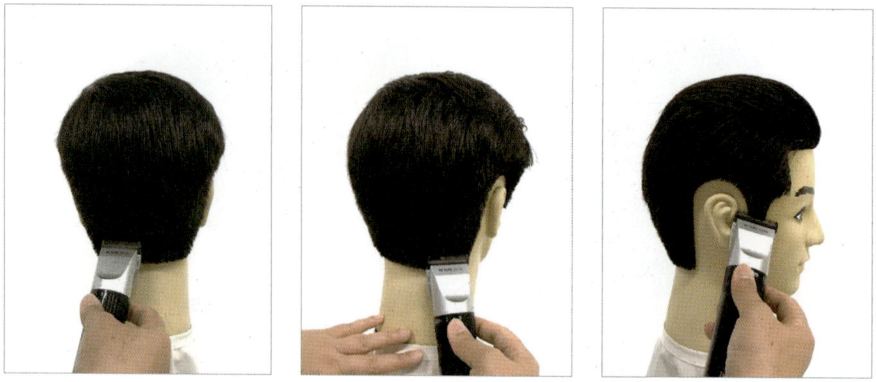

14. 오른쪽 네이프부터 클리퍼를 3mm로 맞추고 커트된 라운드 선에 맞게 클리퍼를 들어 올리며 층을 연결한다. 3mm로 연결한 후에 1mm를 이용하여 3mm로 처리한 부분의 1/3을 깨끗하게 처리한다.

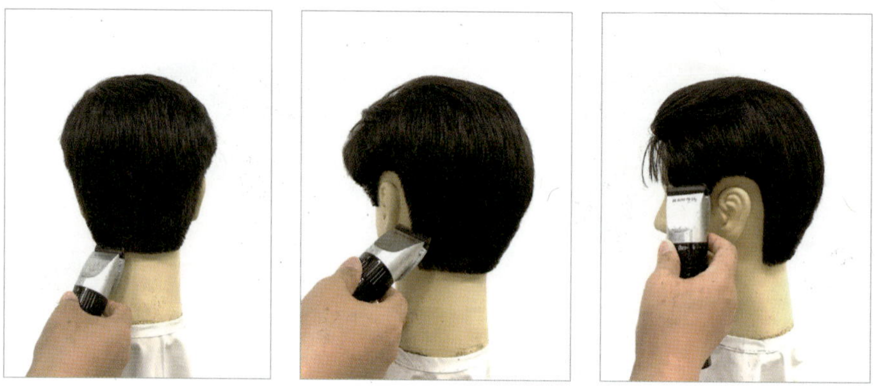

15. 왼쪽도 오른쪽의 밸런스를 보면서 클리퍼로 처리한다.

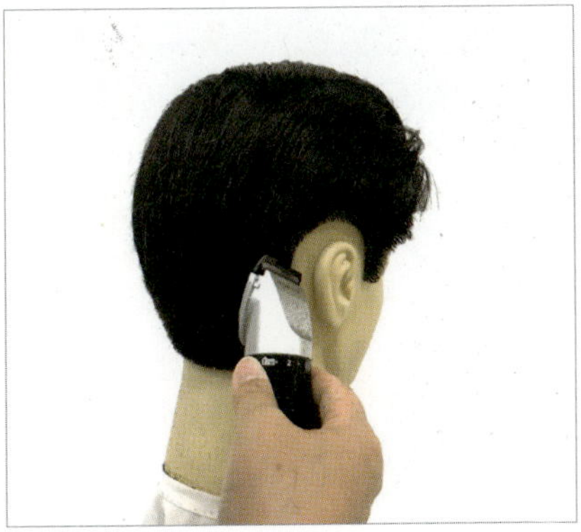

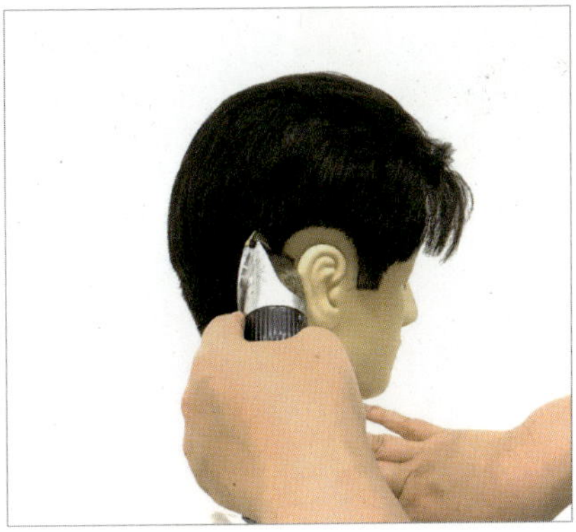

16. 전체 커트된 아웃 라인을 클리퍼를 세워 정리한다.

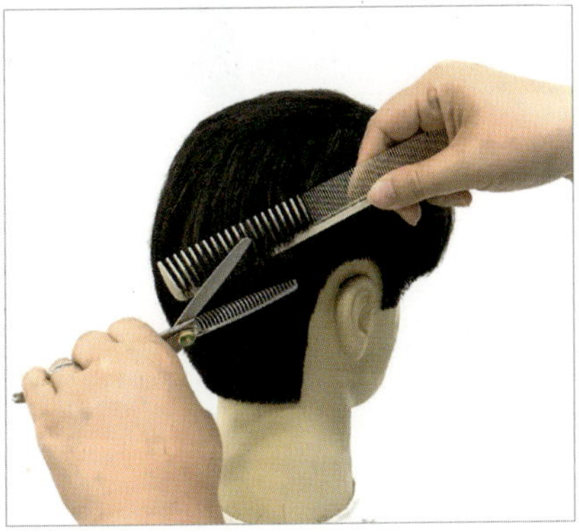

17. 커트 선이 뭉치거나 모발이 몰린 무거운 부분에 마무리 틴닝으로 질감 처리한다.

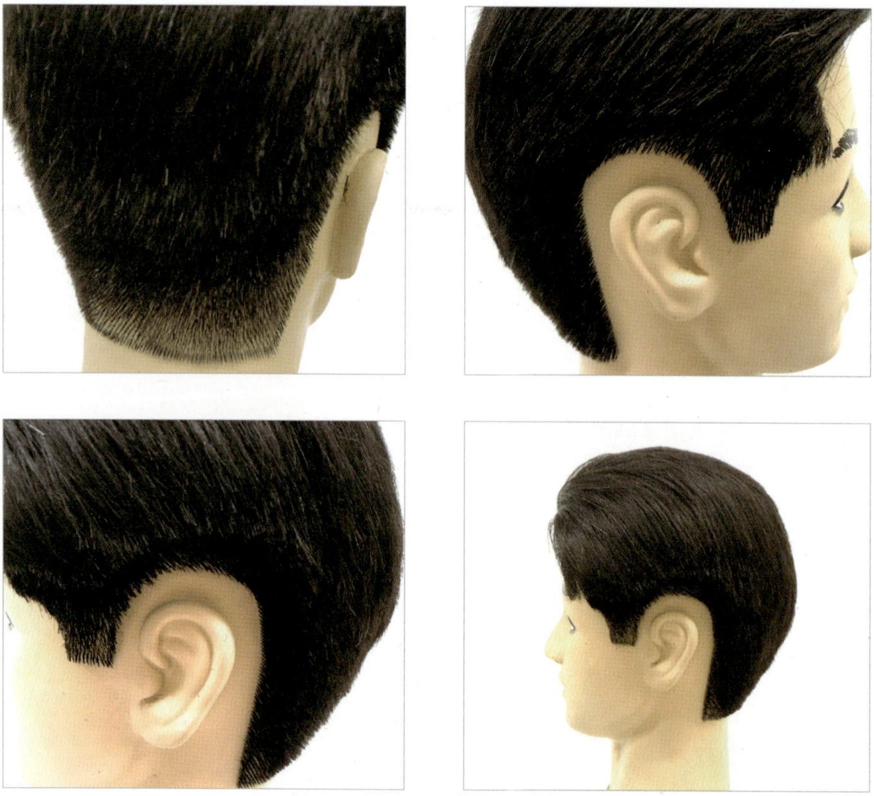

18. 전체적으로 모양과 층의 연결을 확인하고 마무리한다.

완성작

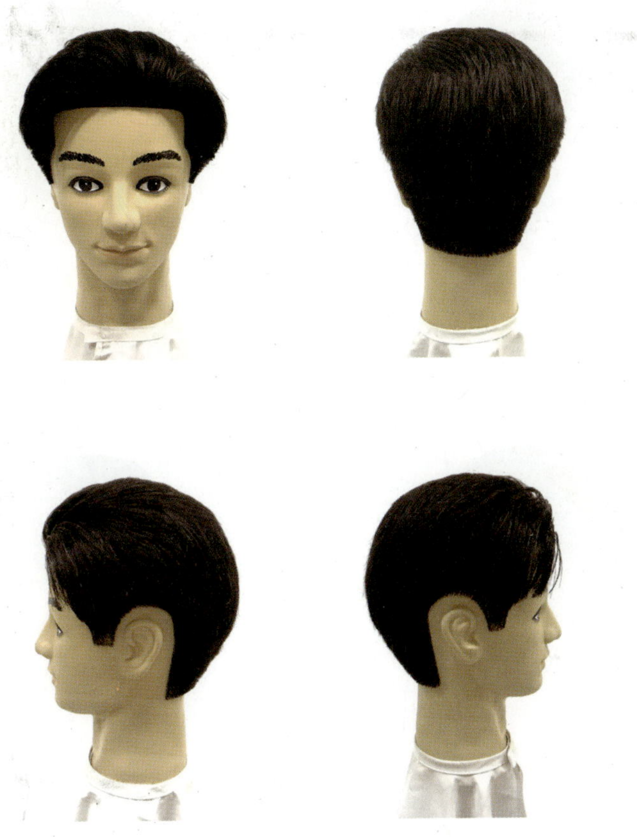

스타일링 1

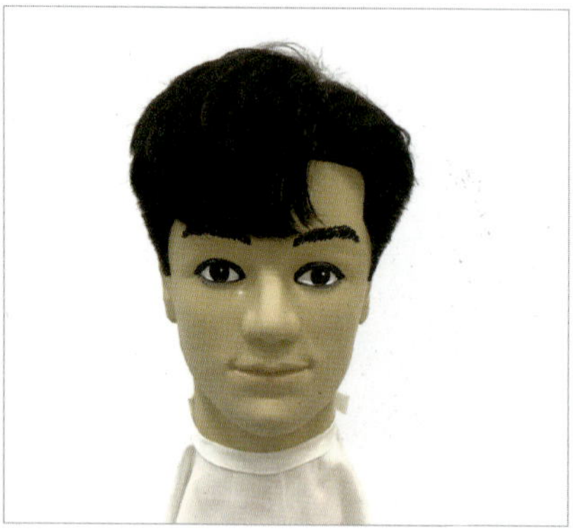

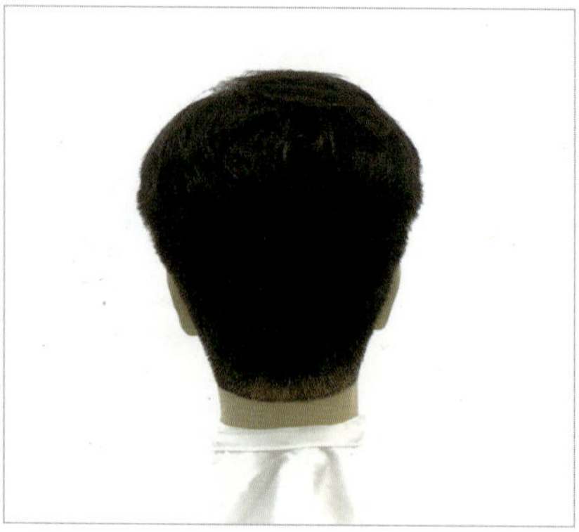

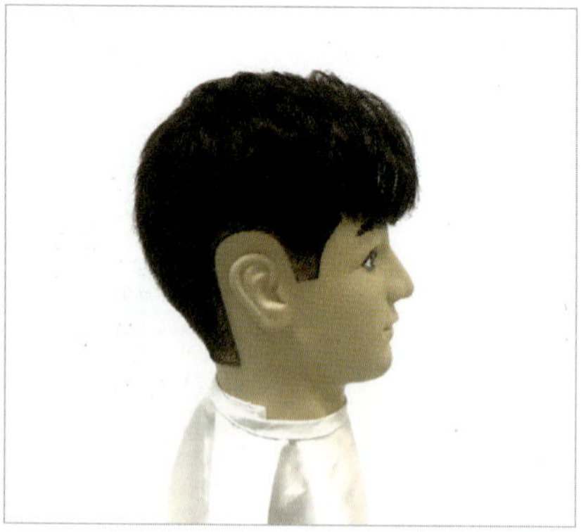

스타일링 2

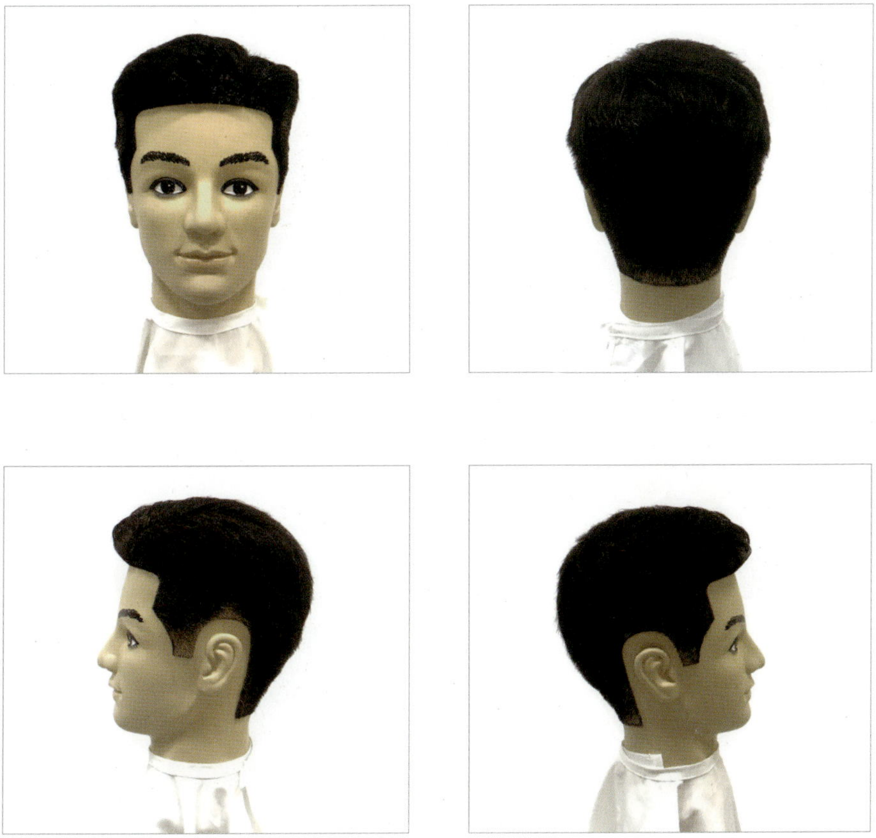

스타일링 3

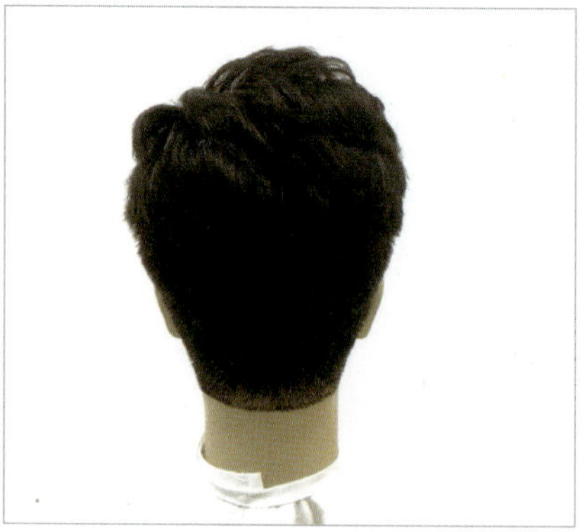

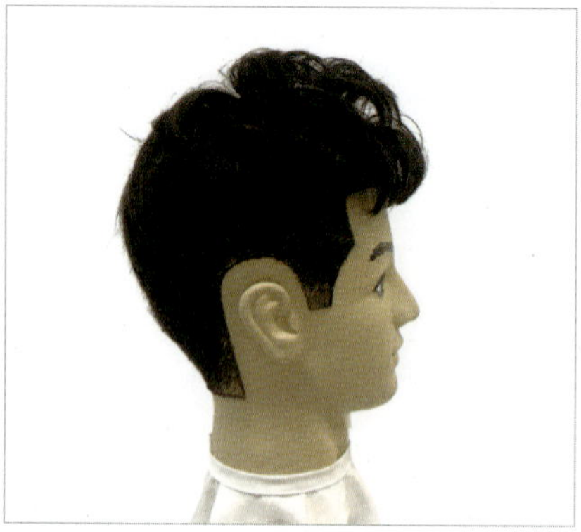

Key point

1. 상고머리 형태 중 중간 길이의 디자인으로 볼륨의 형성이 백 포인트에서 이루어지고 클리퍼와 만나는 지점이 백 포인트가 될 수 있도록 커트한다.

2. 백에서 클리퍼와 빗을 평행으로 대고 빗의 각도를 45°로 유지하여 위쪽으로 커트하여 올라가고 라운드 모양의 형태선을 만드는 부분에서는 빗등을 두피에서 밀착시켜 빗살로 각도를 조절한다.

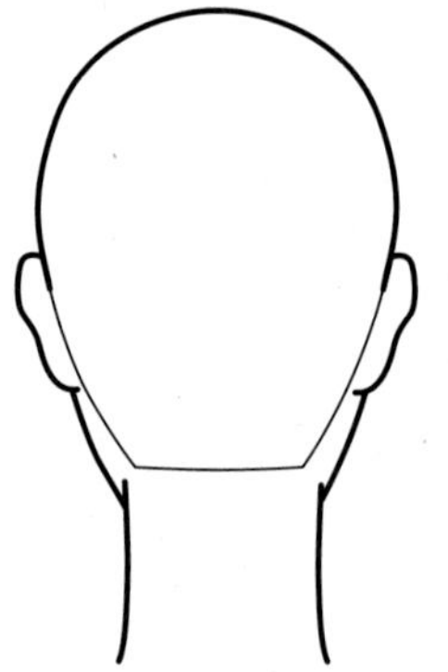

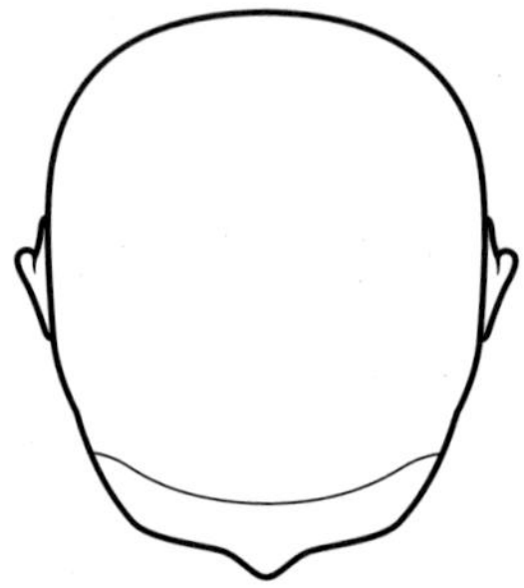

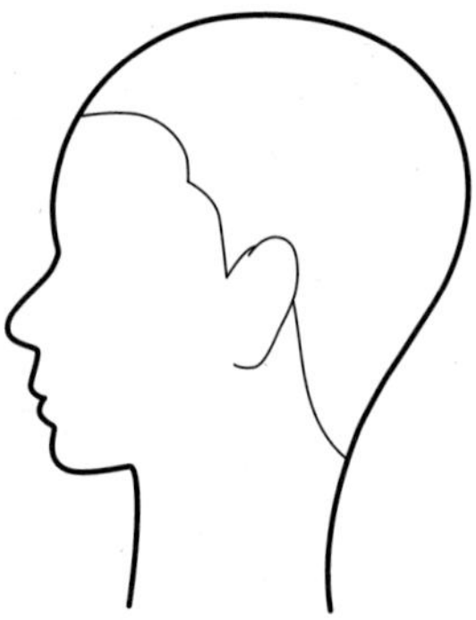

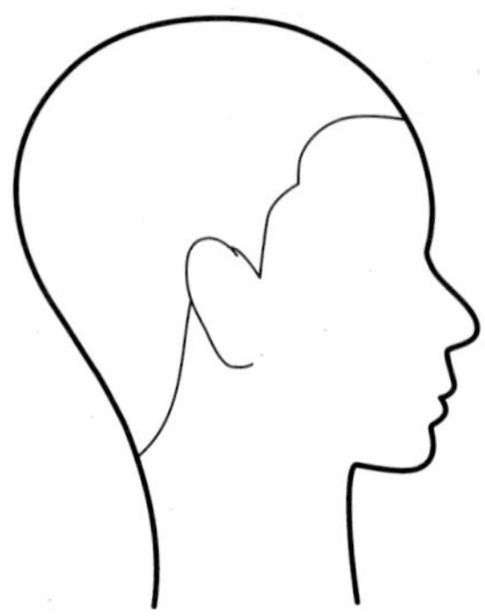

Notes

3. 상고머리 상조발

클리퍼를 이용한 짧은 남성 헤어스타일로 깨끗하고 깔끔한 느낌을 준다. 높은 상고머리 스타일로 스타일링이 간편하고 손질이 쉬우며 빗을 빗는 방향에 따라 다른 이미지를 연출할 수 있다. 옆머리의 각도에 따라 다른 이미지를 만들 수 있어 다양한 얼굴형에 적용할 수 있는 커트 디자인이다.

1) 구조

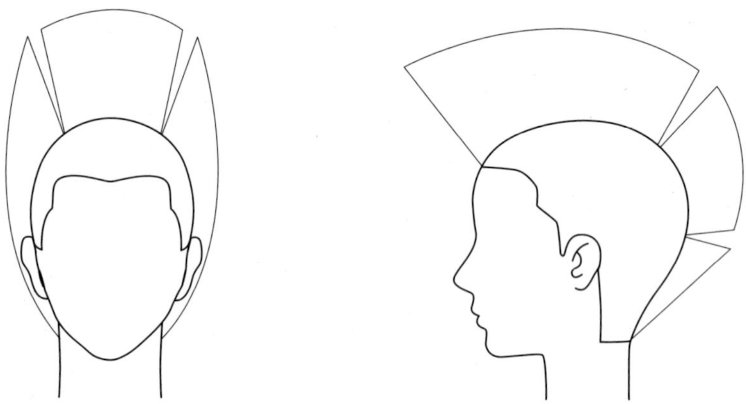

2) 섹션

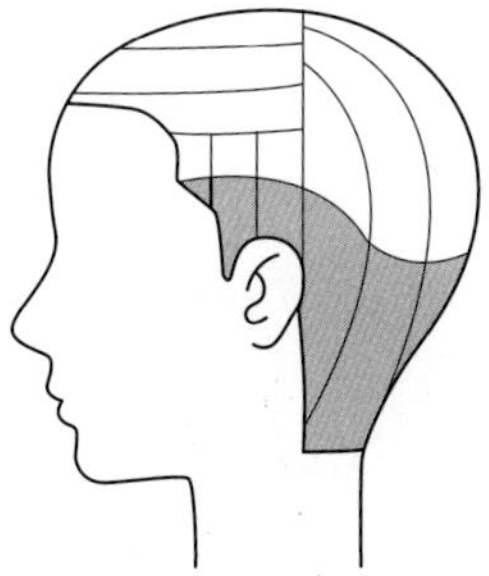

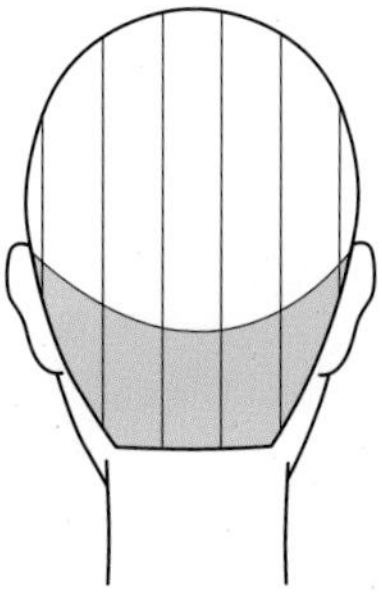

3) 테크닉

(1) 사이드 & 백(Side and back)

❶ 파팅 & 섹션(Partings & sections) : 이어 투 이어(Ear to ear)
- 버티컬(Vertical)

❷ 빗질(Distribution) : 90° - 오버다이렉션(Overdirected)

❸ 시술각(Elevation) : 45° -오버다이렉션(Overdirected)

❹ 커트(Cut) : 버티컬 그래쥬에이션(Vertical graduation)
- 클리퍼

(2) 탑(Top)

❶ 파팅 & 섹션(Partings & sections) : 버티컬(Vertical)

❷ 빗질(Distribution) : 90° - 오버다이렉션(Overdirected)

❸ 시술각(Elevation) : 90° - 오버다이렉션(Overdirected)

❹ 커트(Cut) : 수평(Square)

4) 시술 과정

시술 전

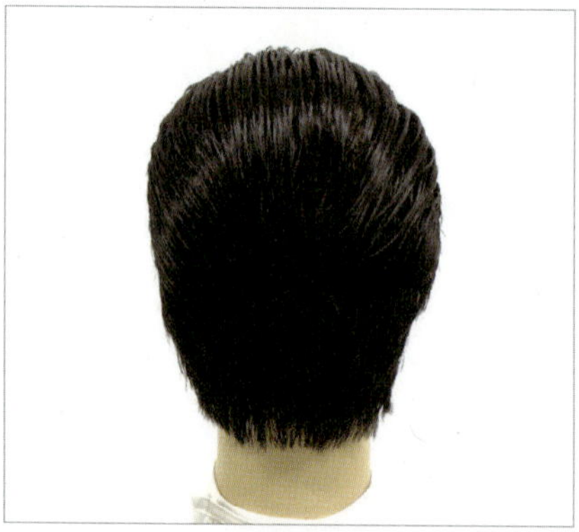

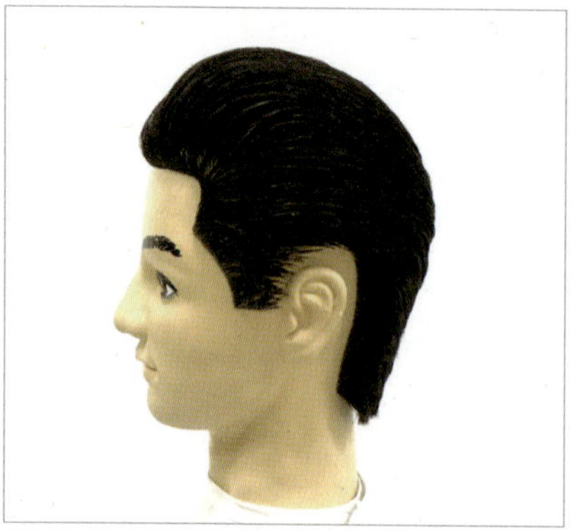

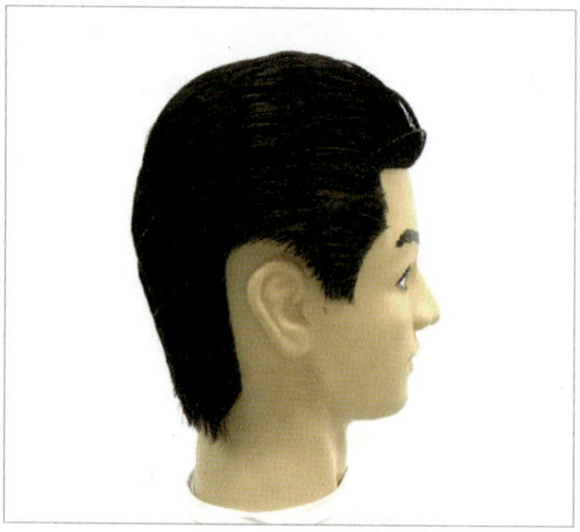

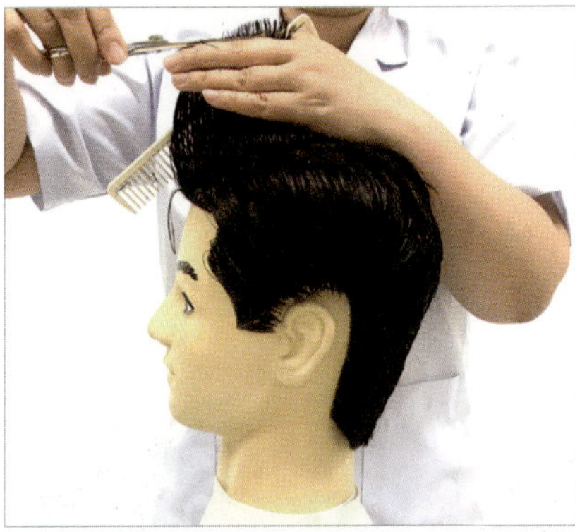

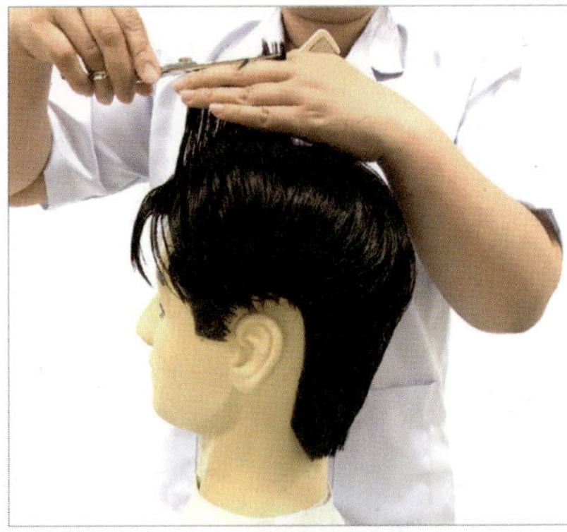

1. 센터에서부터 골든 포인트(G.P)까지 버티컬 섹션을 이용하여 세로로 폭 1~1.5cm의 섹션을 뜨고 모발을 들어 수평선이 되도록 가이드 라인을 만든다.

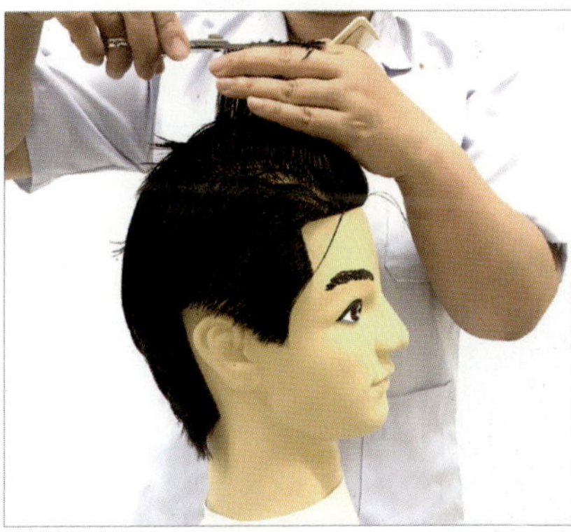

2. U 라인의 모발을 계속해서 버티컬 섹션으로 들어 올리고 센터 포인트(C.P)와 프런트 사이드 포인트(F.S.P)의 커트선이 수평이 될 수 있도록 길이를 지키면서 센터 파트로 오버다이렉션시켜 커트한다.

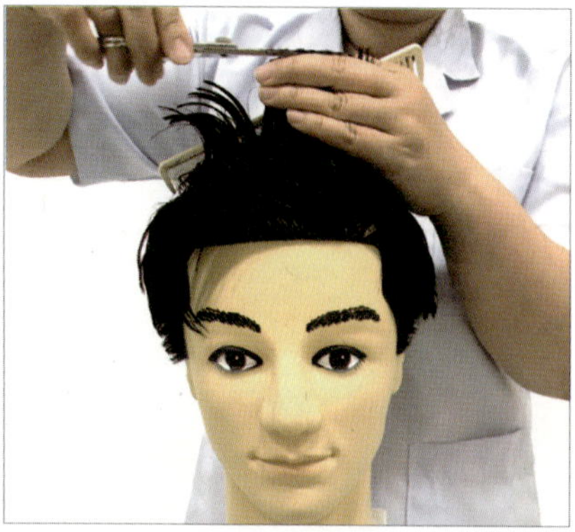
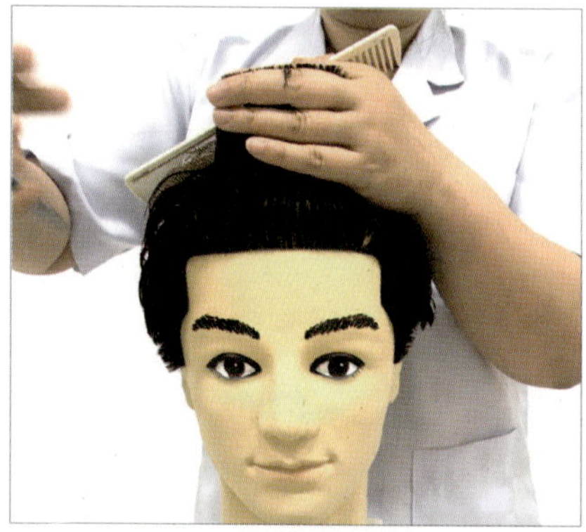

3. 커트한 모발을 호리존탈 섹션을 이용하여 크로스 체크한다.

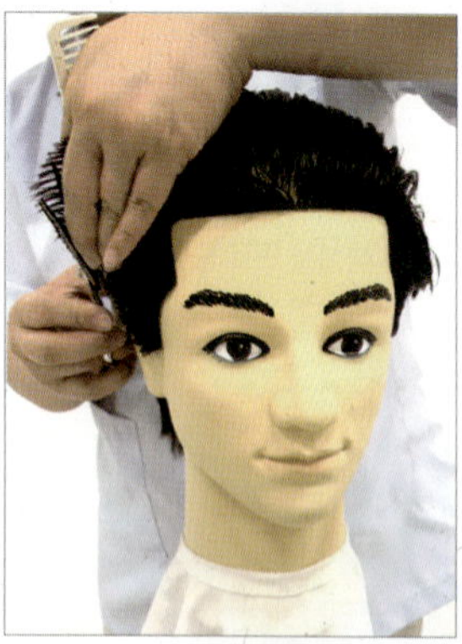
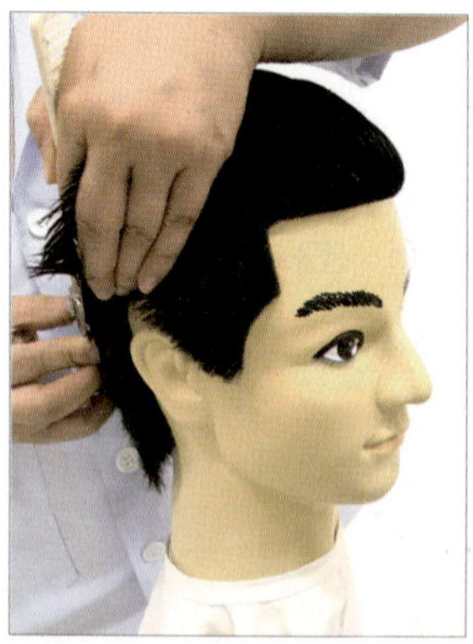
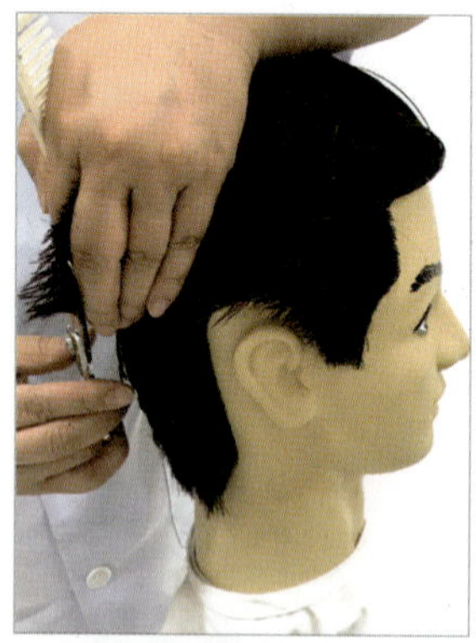
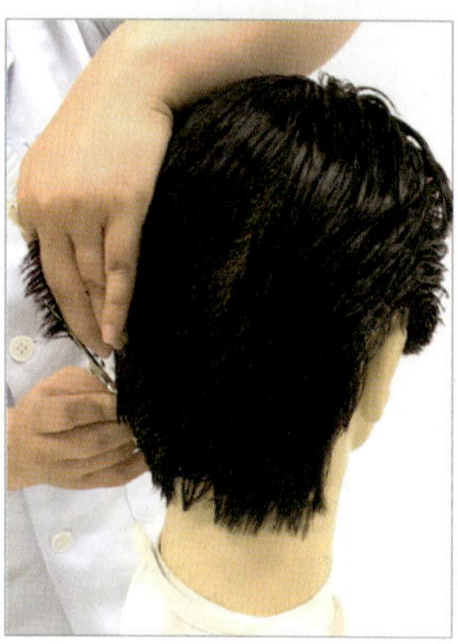
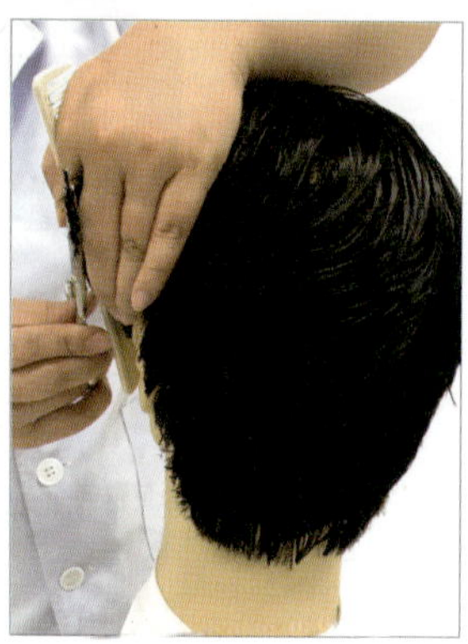

4. 프런트 사이드 포인트(F.S.P) 길이를 가이드로 사이드에서 백, 반대편 사이드로 돌아가면서 그래쥬에이션 라인이 될 수 있도록 커트한다.

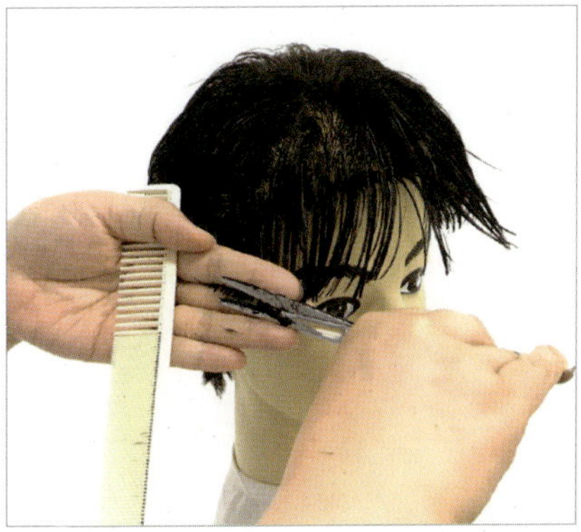

5. 센터의 모발을 앞으로 내려 사이드 라인과 자연스럽게 연결될 수 있도록 라인을 정리한다. 이때 앞으로 모발을 내려 라인을 정리하면 헤어 라인이 'M'자이거나 프런트 사이드 포인트(F.S.P)의 모발이 없는 경우 아웃 라인이 자연스럽게 연결된다.

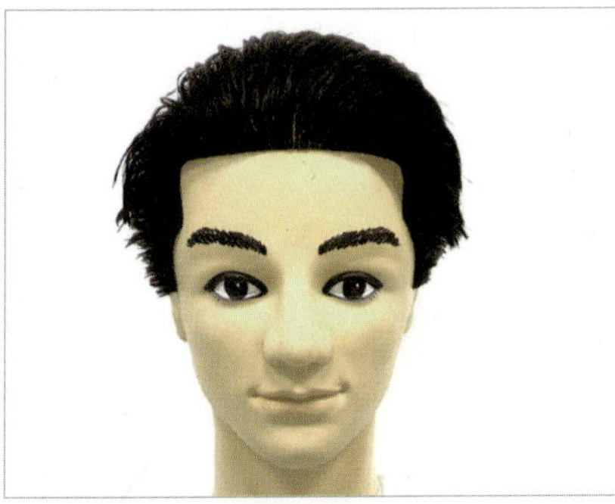

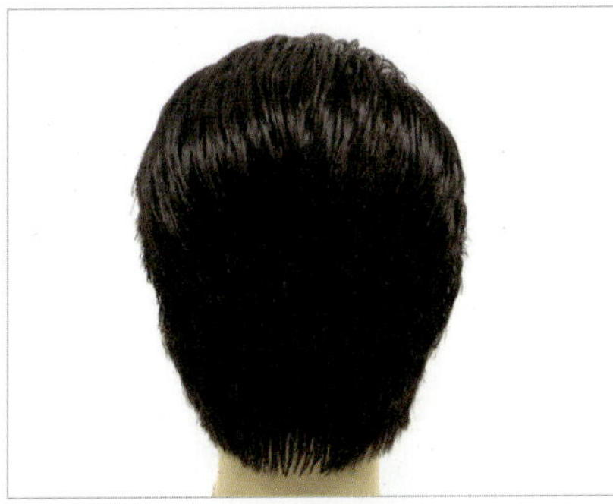

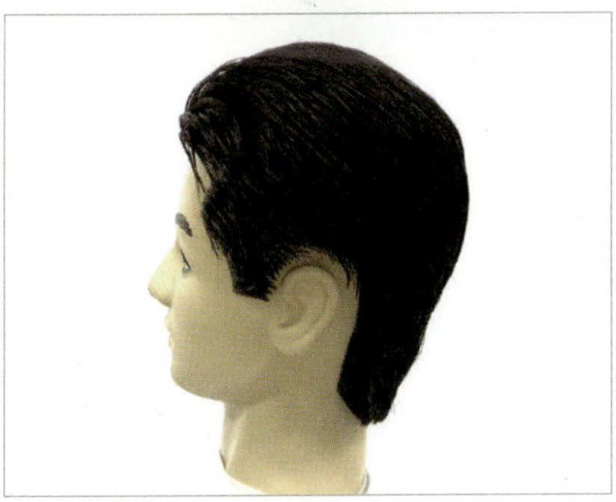

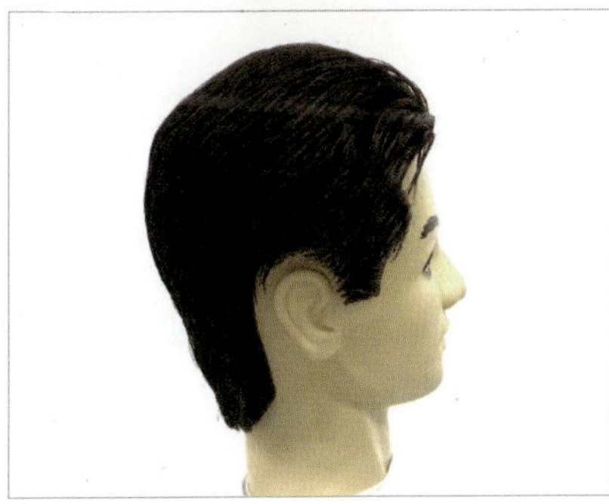

6. 가위로 길이 정리가 끝나고 빗으로 빗어 볼륨 형성과 형태를 파악한다.

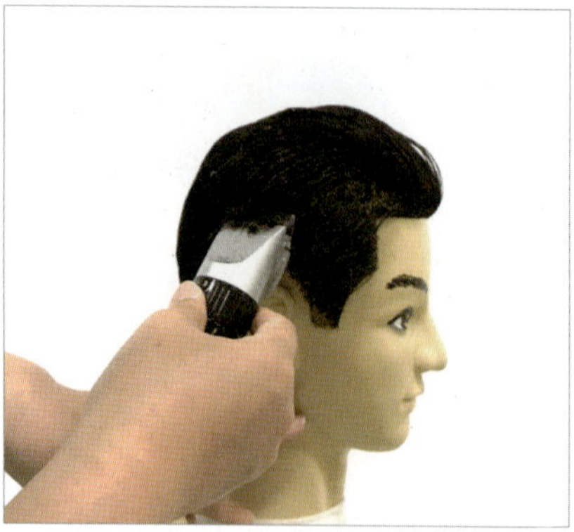

7. 이어 포인트(E.P)에서 클리퍼를 대고 위로 올려치기하면서 길이를 제거한다.

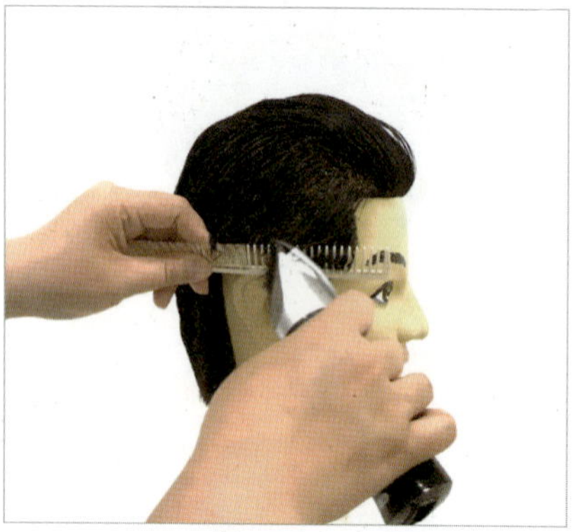

8. 클리퍼를 처리한 윗부분의 커트를 위하여 사이드 포인트(S.P)에서 빗을 수평으로 대고 클리퍼 날의 면이 빗과 수평으로 닿게 잡는다. 빗 바깥으로 튀어나온 모발을 잘라 형태 라인을 만들고 아래로 빗의 각도를 줄이면서 내려와 클리퍼로 자른 모발의 길이와 연결될 수 있도록 자른다.

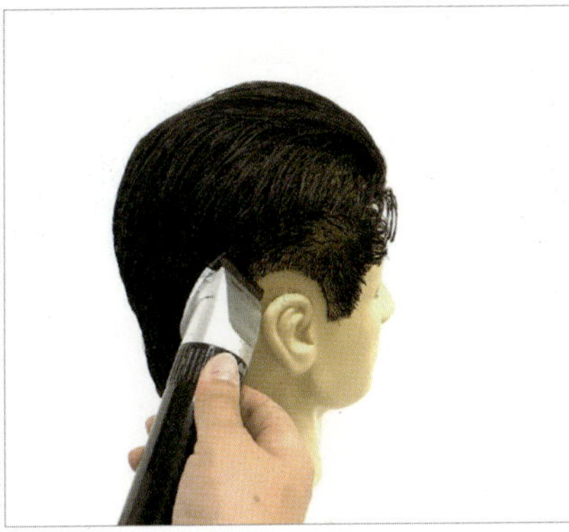

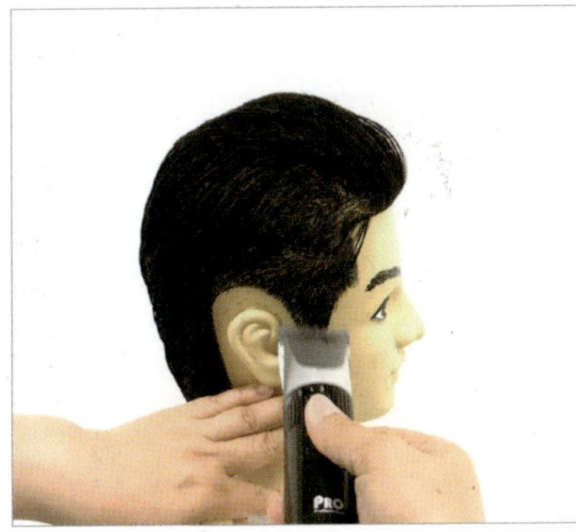

9. 사이드 부분의 커트선이 깨끗이 정리되도록 클리퍼로 올려치기하여 정리한다.

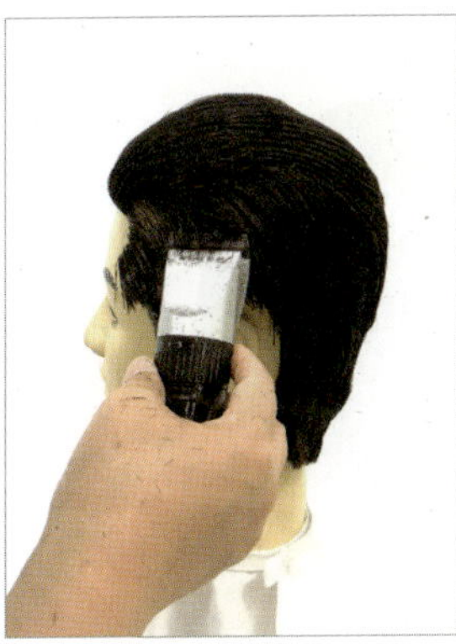

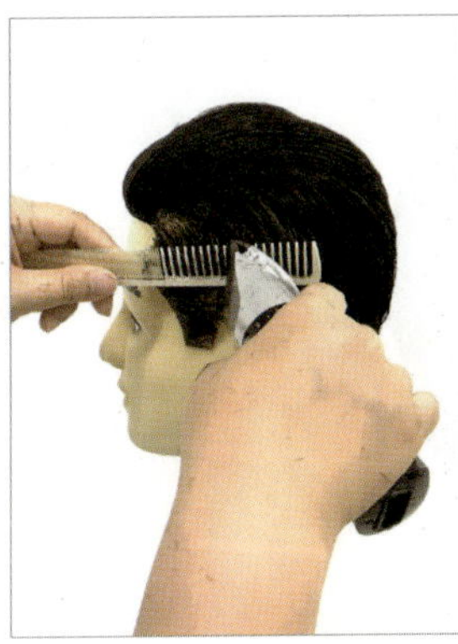

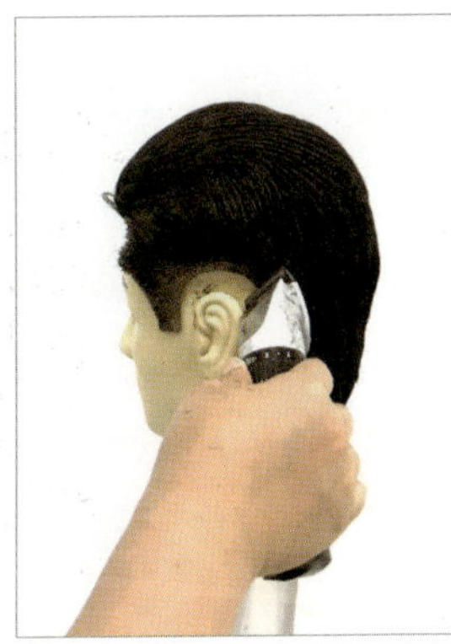

10. 반대쪽 사이드도 같은 방법으로 층이 연결될 수 있도록 클리퍼와 빗의 각도를 조절하여 커트한다. 커트된 아웃 라인이 깨끗하게 정리될 수 있도록 1~3mm의 클리퍼 날을 이용하여 정리한다.

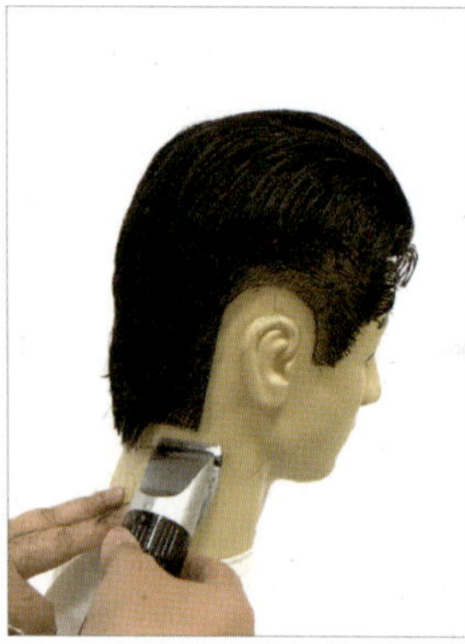
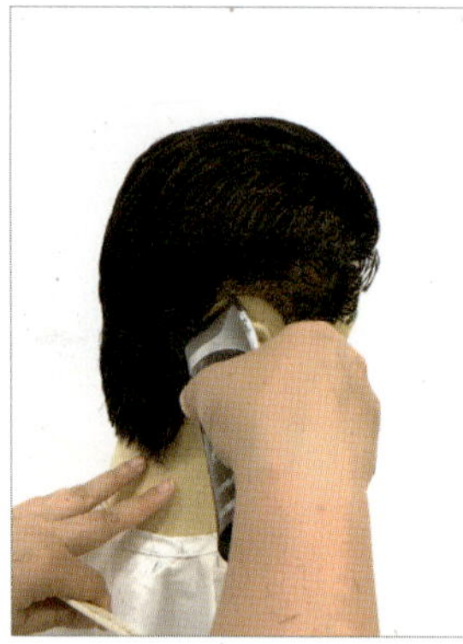

11. 백 사이드의 커트 시 목 옆선의 길이 제거를 위하여 빗을 대각선으로 대고 클리퍼로 커트한다. 아래에서 위쪽으로 갈수록 클리퍼의 각도를 높게 올려치기하여 자연스럽게 층을 연결한다.

12. 반대의 백 사이드를 사이드와 연결되게 빗을 대각선으로 대고 각도를 조절하여 커트하고 커트된 아웃 라인을 정리한다.

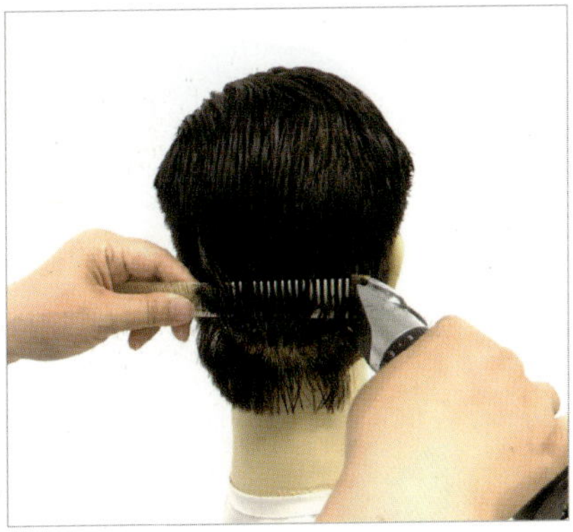

13. 패널을 백 포인트(B.P)까지 들어 올리고 빗을 두피에서 띄워 길이를 설정한다. 커트 디자인의 형태를 만들기 위해 빗의 각도를 점점 내려 만들어 놓은 라인과 클리퍼로 연결시킬 부분까지 빗 바깥으로 튀어나온 모발을 자른다.

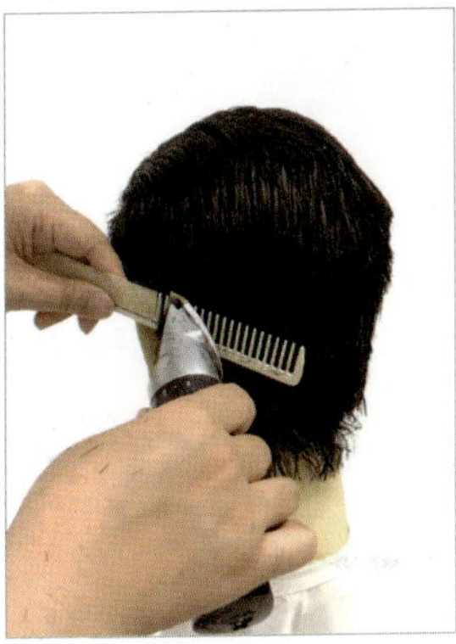

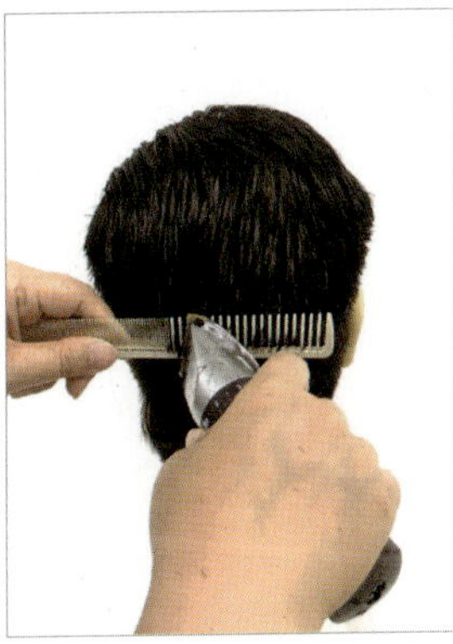

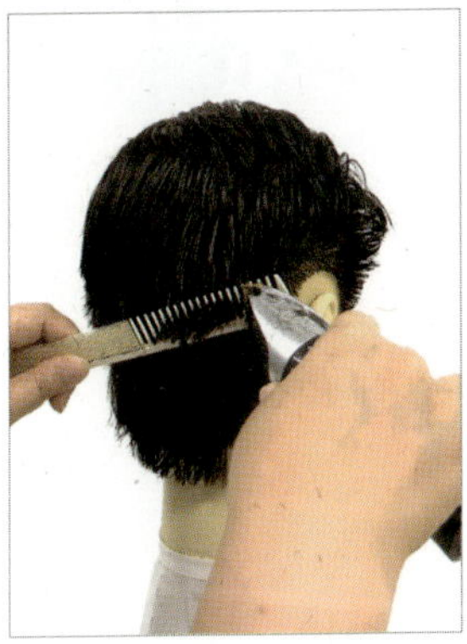

14. 백의 모양을 둥글게 만들기 위해 왼쪽 백 사이드에서 백, 백에서 오른쪽 백 사이드로 이동하면서 빗을 대각선에서 수평, 대각으로 대고 둥근 모양을 만든다.

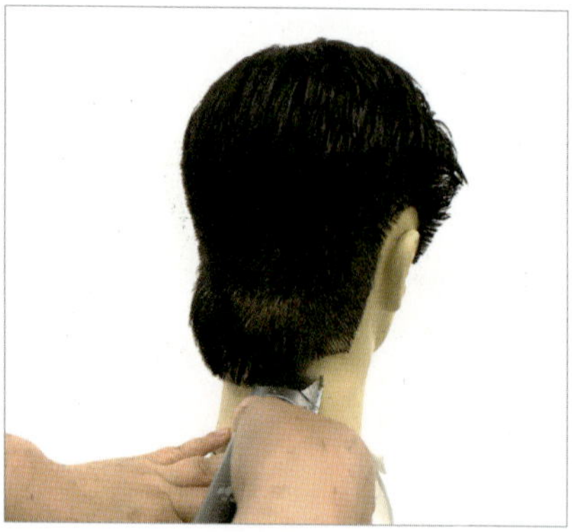

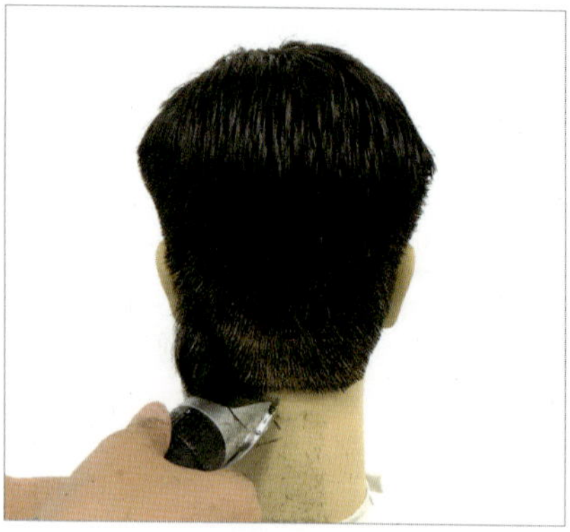

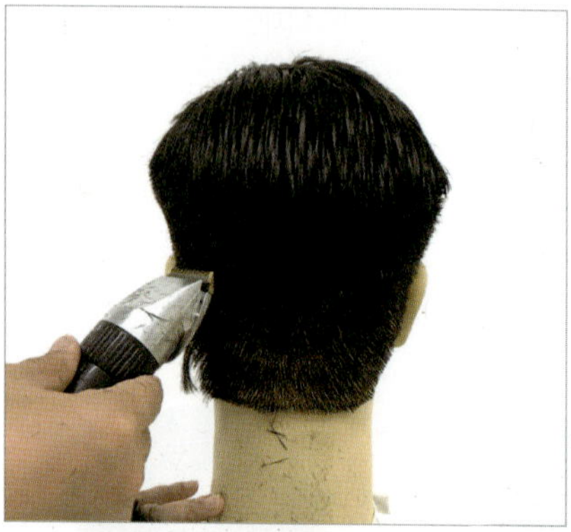

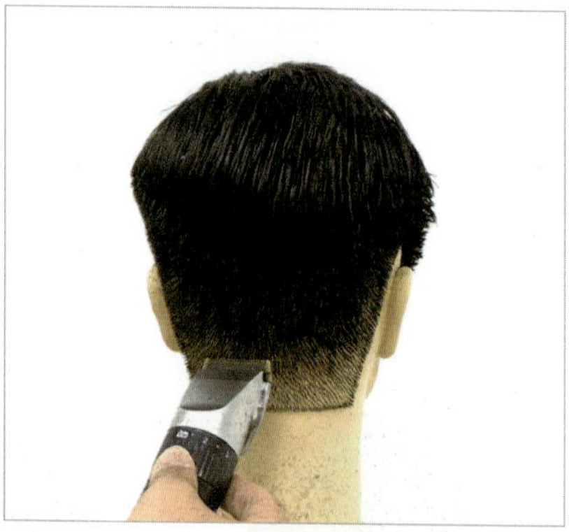

15. 클리퍼로 만들어 놓은 둥근 디자인 라인을 3mm 클리퍼 날을 이용하여 네이프에서 백으로 갈수록 클리퍼를 점점 들어 연결시킨다.

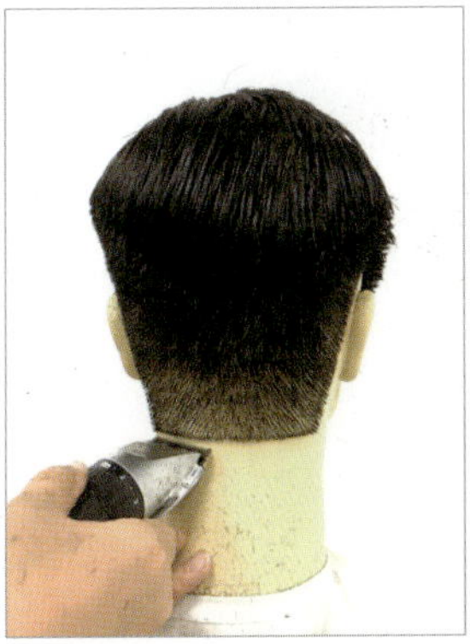
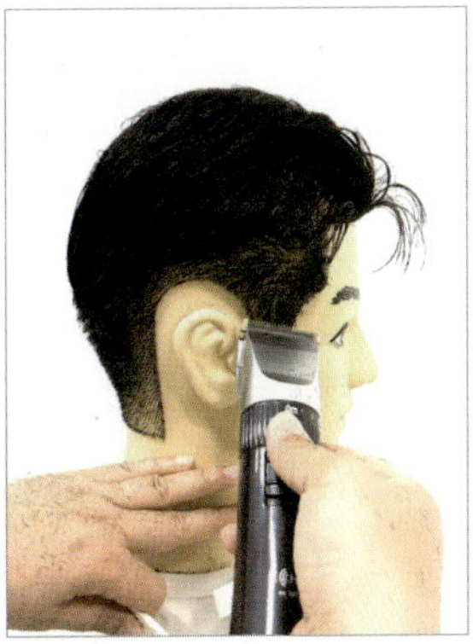
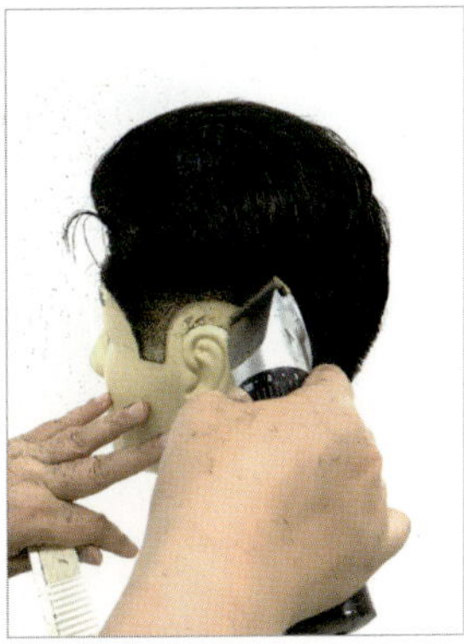

16. 목덜미와 사이드의 모선을 1mm의 클리퍼 날을 이용하여 깨끗하게 정리한다.

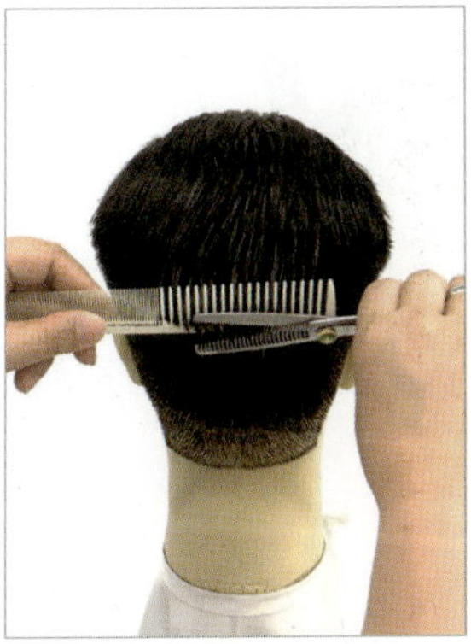
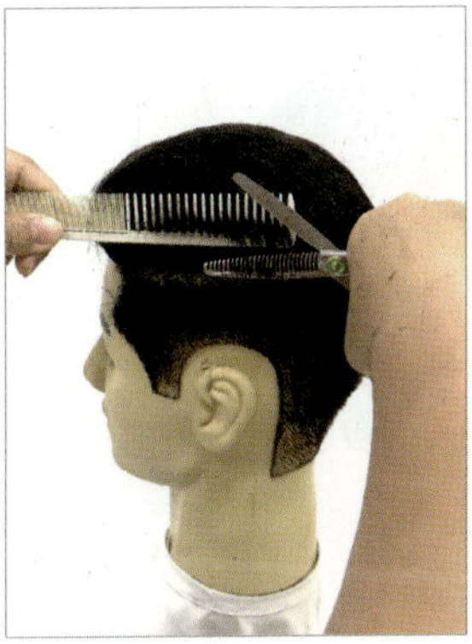
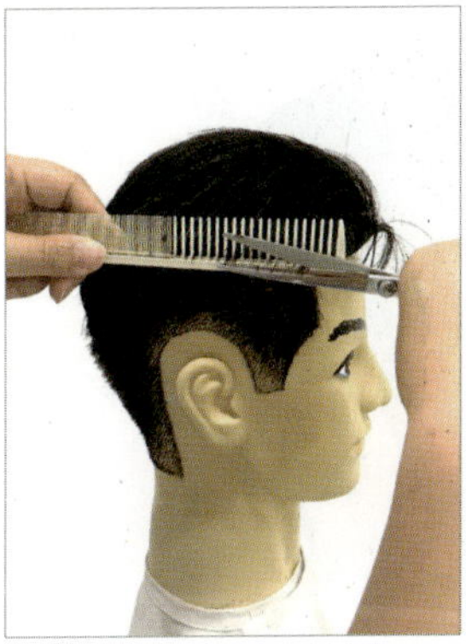

17. 전체적으로 가벼운 느낌이 들 수 있도록 질감 처리를 한다. 질감 처리를 할 때에는 자연스러운 층의 연결이 된 디자인을 살릴 수 있도록 빗을 두피에서 들어 올려 인크리스 레이어 상태로 질감 처리한다.

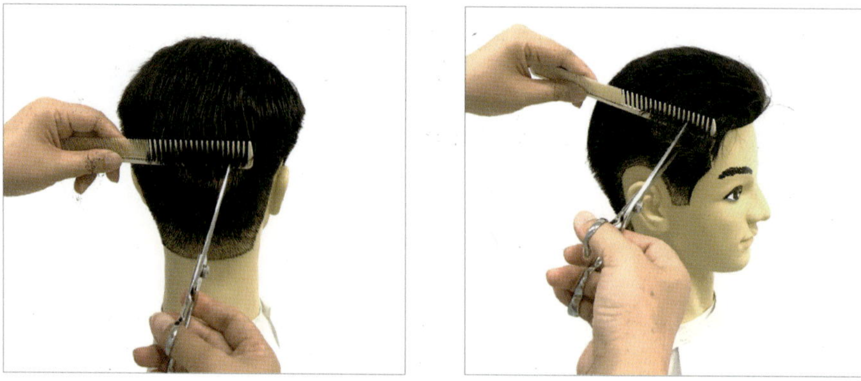

18. 백과 사이드 등에 지간자르기와 클리퍼 선이 만나는 무거운 부분은 모발을 빗으로 들고 포인팅 기법을 이용하여 가볍게 질감 처리한다.

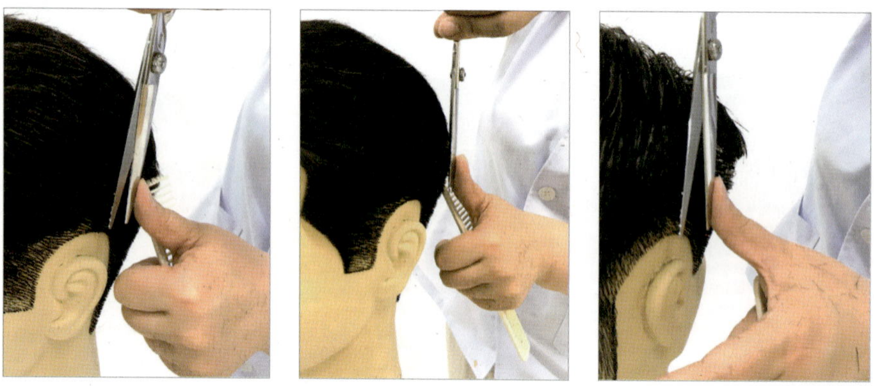

19. 전체 디자인에서 튀어나온 모발이 없도록 가위를 수직으로 엄지손가락을 지지대로 세우고 밀어자르기와 당겨자르기로 면을 정리하고 디자인을 완성한다.

완성작

스타일링 1

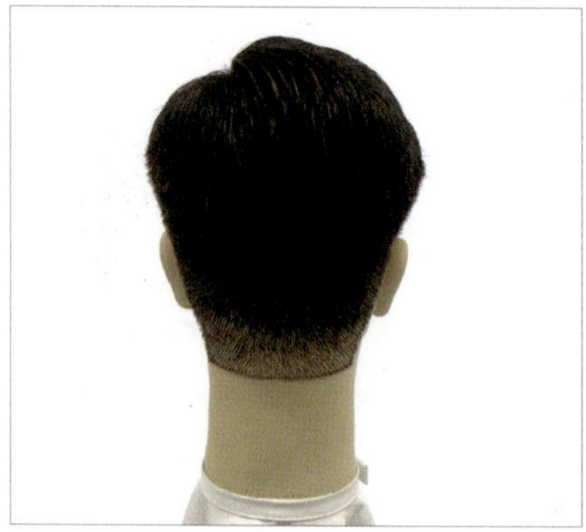

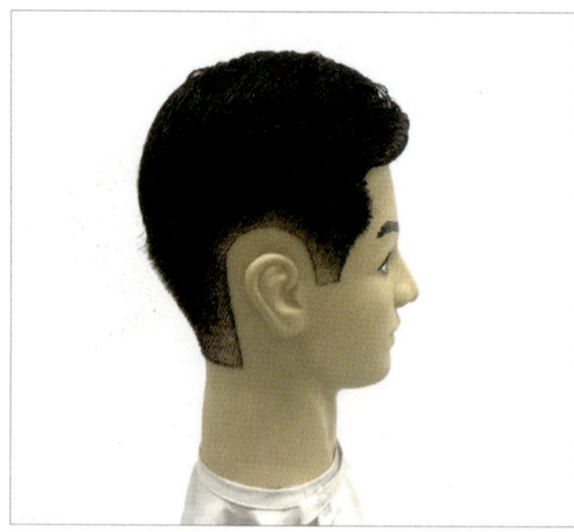

스타일링 2

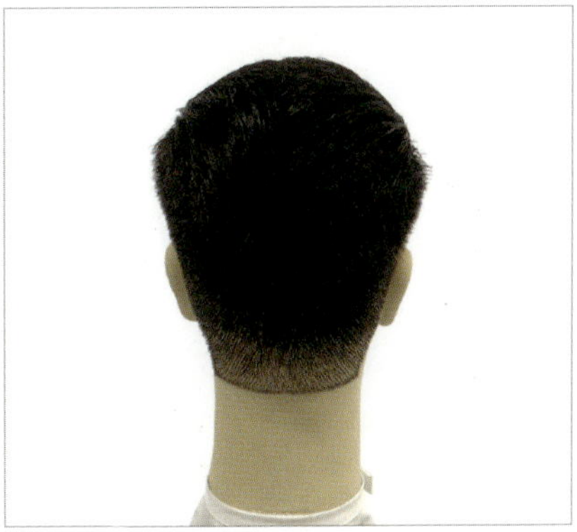

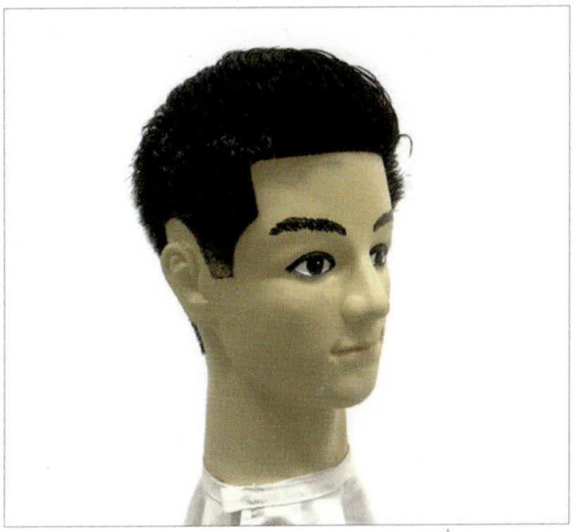

스타일링 3

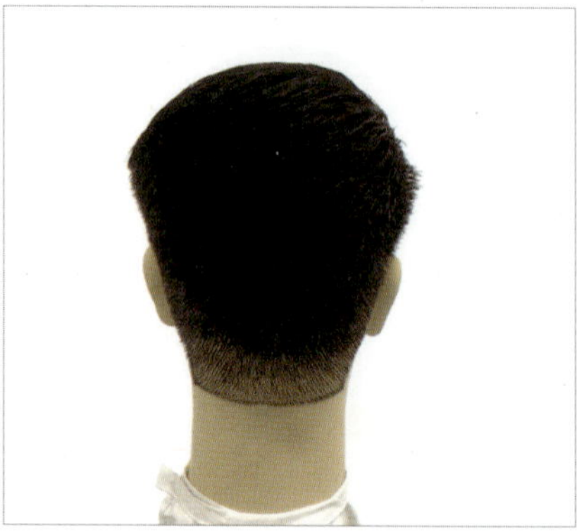

Key point

1. 상고머리 형태 중 가장 짧은 길이의 디자인으로 볼륨의 형성이 백 포인트 위에서 이루어지고 클리퍼와 만나는 지점이 백 포인트 위가 될 수 있도록 깔끔하게 커트한다.

2. 센터의 모발을 앞으로 내려 사이드 라인과 자연스럽게 연결될 수 있도록 라인을 정리한다. 이때 앞으로 모발을 내려 라인을 정리하면 헤어 라인이 'M'자이거나 프런트 사이드 포인트(F.S.P)의 모발이 없는 경우 아웃 라인이 자연스럽게 연결된다.

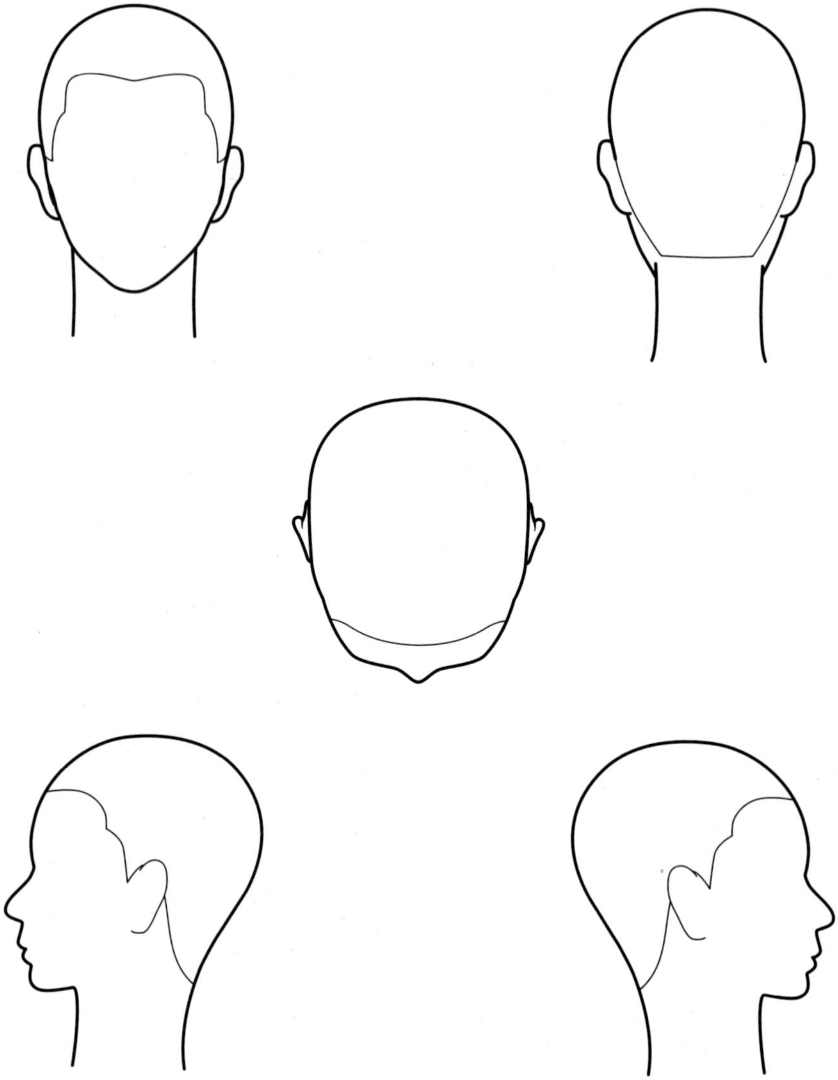

Notes

Chapter 8

브로스 스타일

1. 시저스 브로스(Scissors Brosse)
2. 스퀘어 브로스(Square Brosse)
3. 라운드 브로스(Round Brosse)

1. 시저스 브로스(Scissors Brosse)

시저스 브로스는 짧은 남성 컷 디자인으로 나칭 커트 기법을 이용하여 커트선이 자유롭고 부드럽게 떨어지는 컷 디자인이다. 인테리어 부분에서 가벼운 질감 처리를 하여 가위로 커트하는 디자인으로 클리퍼를 대지 않는 남성 헤어 커트 스타일 중 가장 짧은 스타일로 모발의 질감을 살릴 수 있는 깔끔한 컷이다.

1) 구조

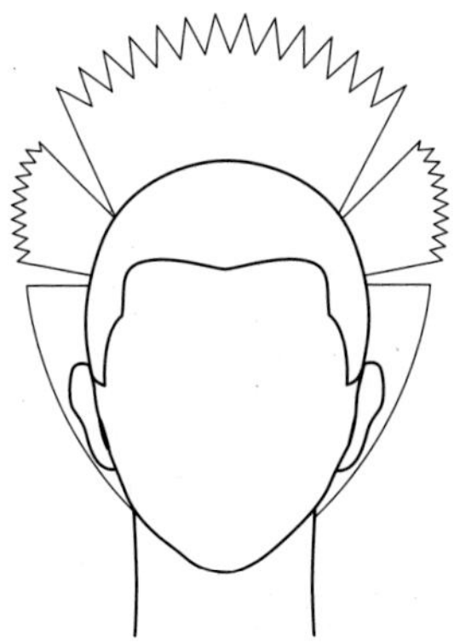

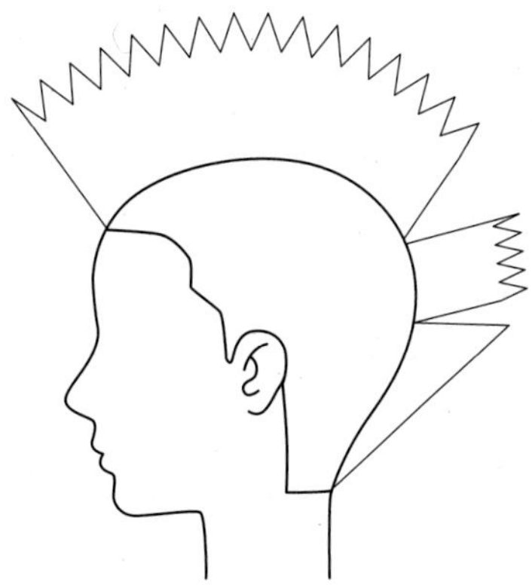

2) 섹션

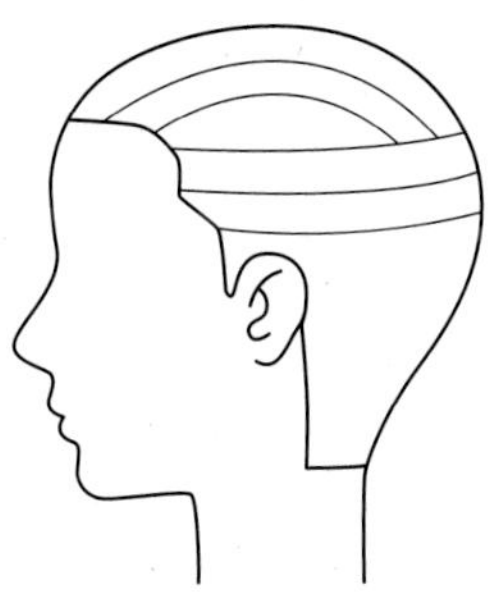

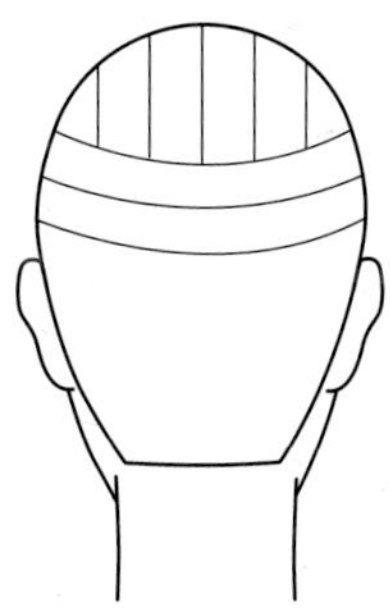

3) 테크닉

(1) 홀슈 섹션 위(Above Horseshoe Section)

❶ 파팅 & 섹션(Partings & sections) : 홀슈(Horseshoe)
- 피봇 라디얼(Pivot Radial) - 호리존탈(Horizontal)

❷ 빗질(Distribution) : 90° - 오버다이렉션(Overdirected)

❸ 시술각(Elevation) : 45~90° - 오버다이렉션(Overdirected)

❹ 커트(Cut) : 포인트 컷(Point cut), 나칭 컷(Notching cut)

(2) 홀슈 섹션 아래(Below horseshoe Section)

❶ 커트(Cut) : 시저 오버 콤(Scissor over comb technique)

4) 시술 과정

시술 전

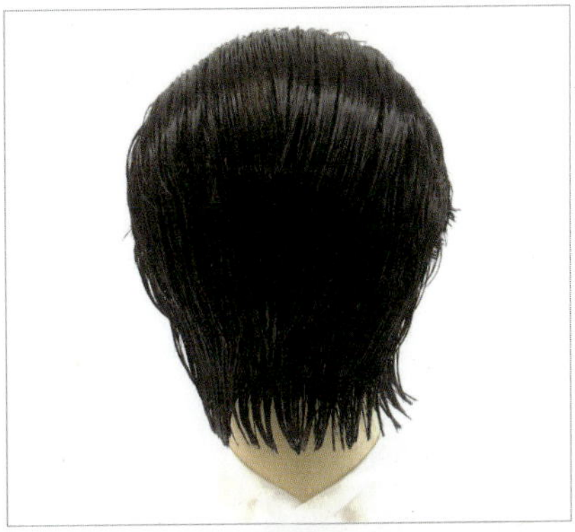
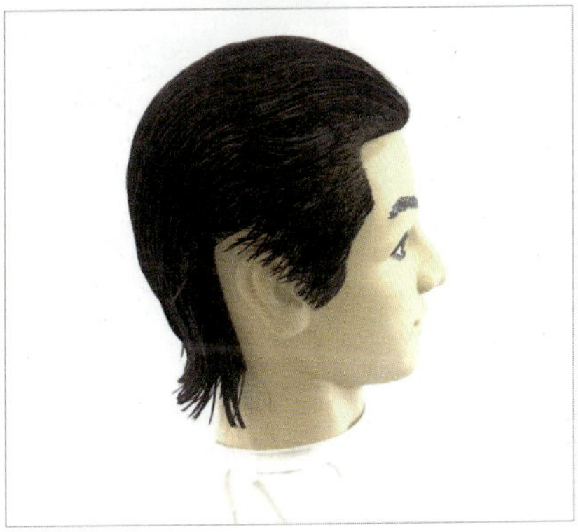
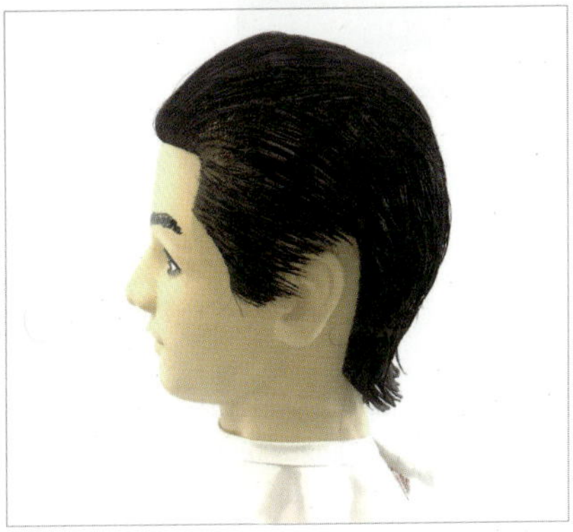

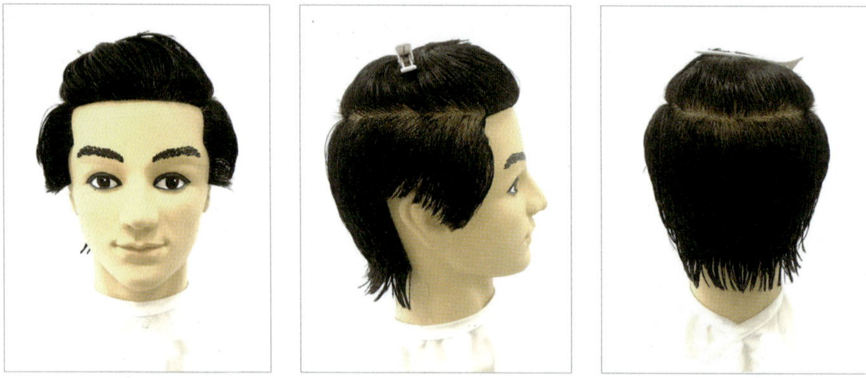

1. 양쪽의 프런트 사이드 포인트(F.S.P)와 골든 포인트(G.P)를 잇는 홀슈 섹션을 양쪽의 높이가 같게 나눈다.

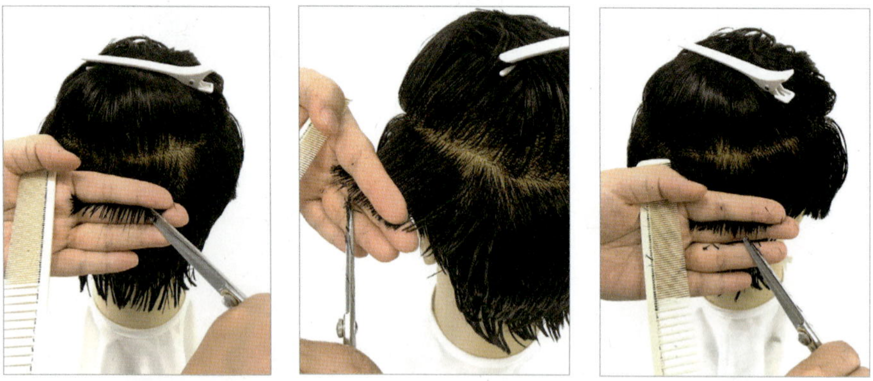

2. 홀슈 섹션을 따라 폭 1.5cm의 섹션을 나누고 90°로 들어 두상 둘레에 가이드 라인을 만든다. 이때 모발의 길이는 백보다 사이드 모발 길이가 짧아지게 설정한다. 양쪽 사이드까지 커트를 진행하고 밸런스 체크한다.

3. 설정된 가이드 라인 아래 두상의 곡면을 따라 폭 1.5㎝의 섹션을 타고 45° 각도를 이용하여 그래쥬에이션 라인이 나올 수 있도록 시술한다.

4. 홀슈 섹션 위의 모발을 센터 파트를 중심으로 1~1.5㎝ 넓이의 버티컬 섹션을 탄다.

5. 센터에서부터 골든까지 나칭 커트를 이용하여 두상을 따라 부드러운 라운드로 가이드 라인을 설정한다. 이때 프런트의 길이가 백의 가이드 라인과 비슷하게 설정한다.

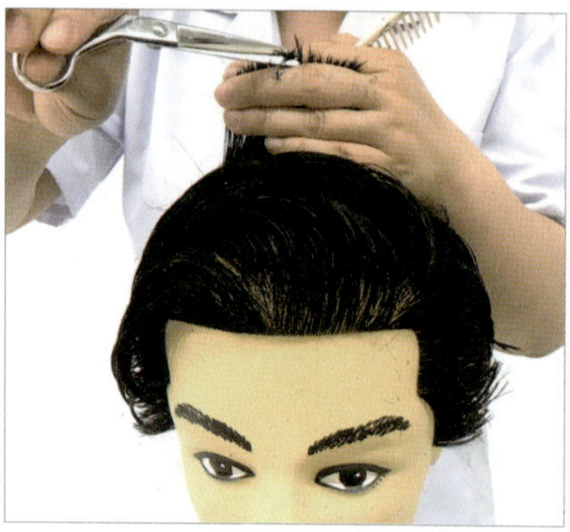

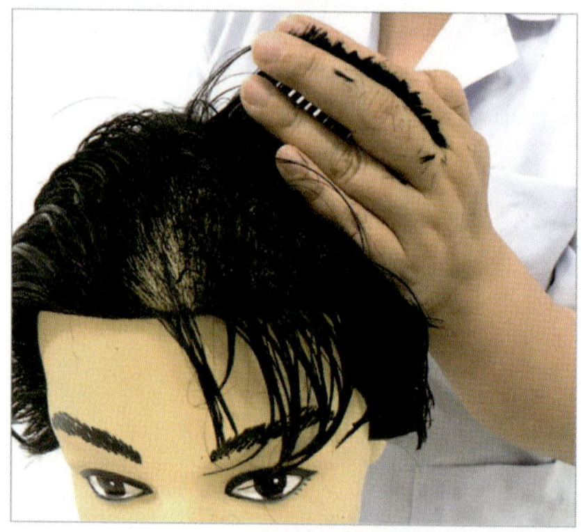

6. 가이드 라인의 길이를 이용하여 호리존탈 섹션을 나누고 두상의 모양에 따라 둥글게 커트한다. 골든 포인트(G.P) 부분의 모발은 살짝 탑 쪽으로 사이드 베이스를 이용하여 들어 올려 커트한다.

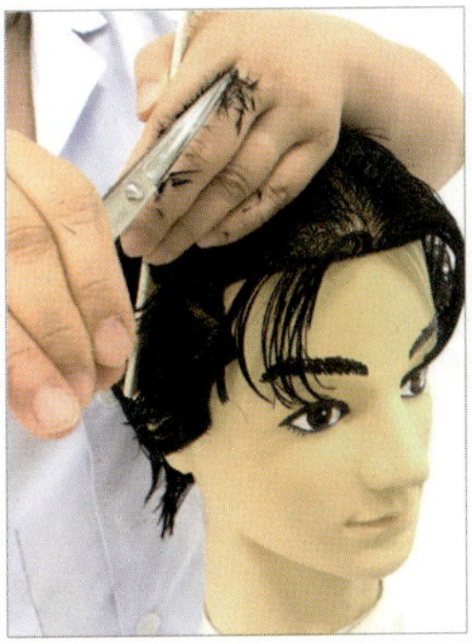
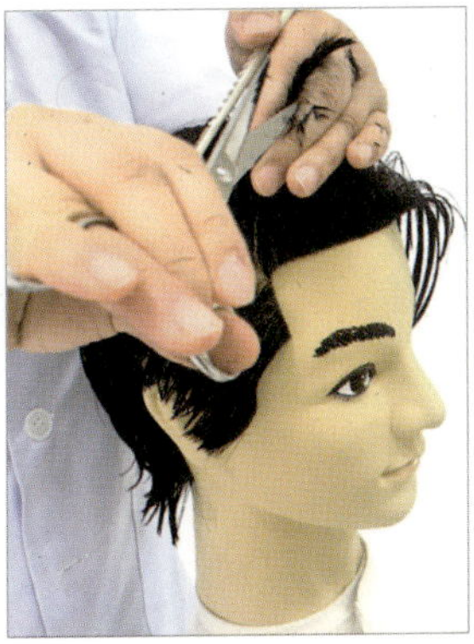
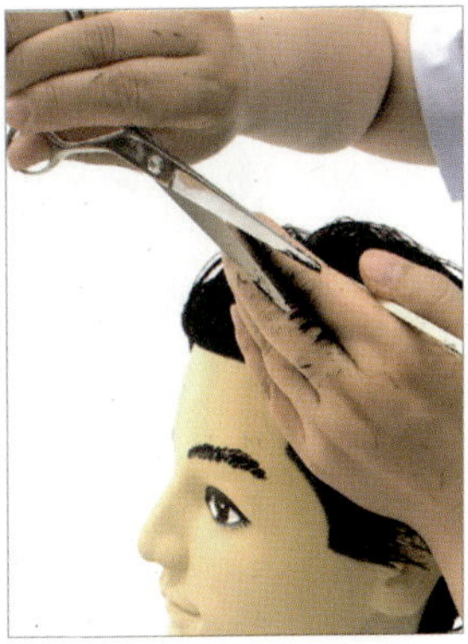

7. 계속해서 호리존탈 섹션으로 센터 방향으로 진행하며 프런트의 제일 앞 섹션은 길이를 지키기 위해 뒤쪽으로 오버 다이렉션시킨다.

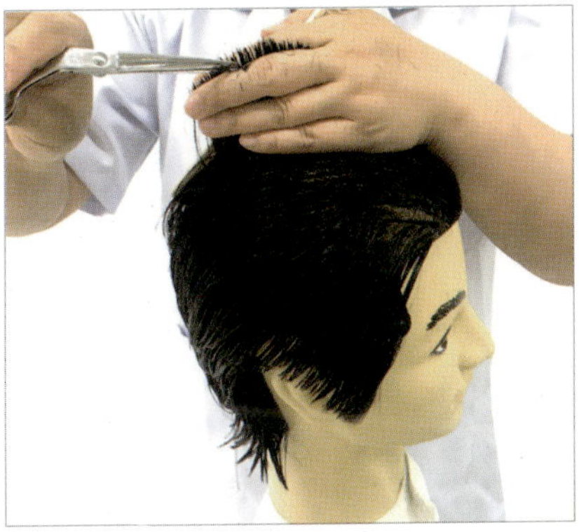
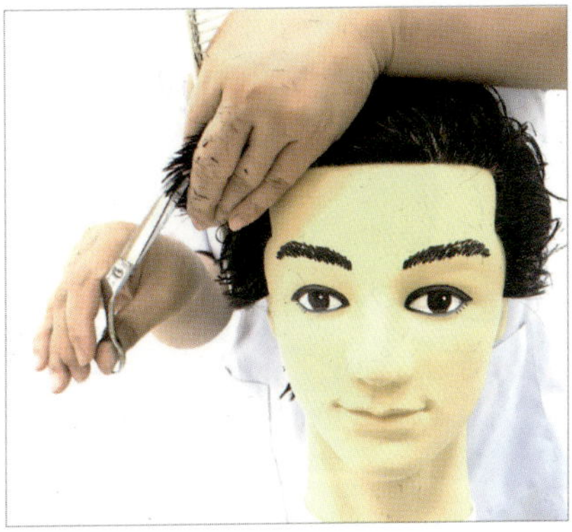

8. 크로스 체크하여 컷 디자인을 정리하고 홀슈 섹션의 위와 아래를 연결하는 부분의 코너를 정리하여 자연스러운 층의 연결이 되도록 한다.

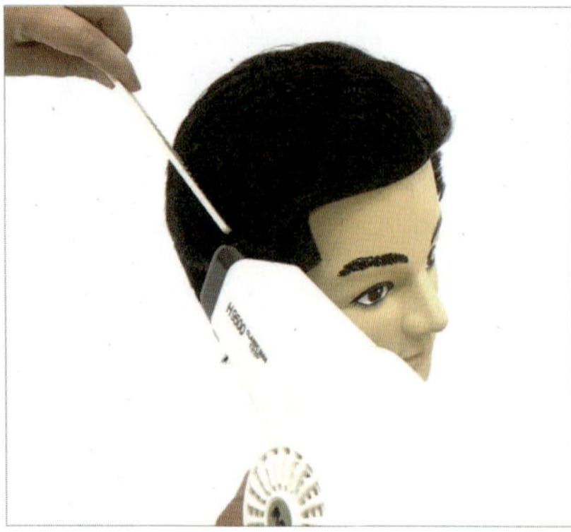

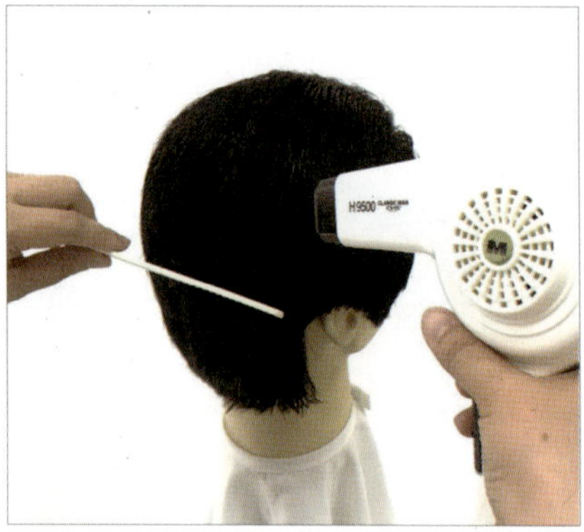

9. 젖은 모발에 시저 오버 콤을 하면 층의 연결을 보기 힘들고 모발이 뭉치므로 시저 오버 콤을 하기 전에 모발을 말린다.

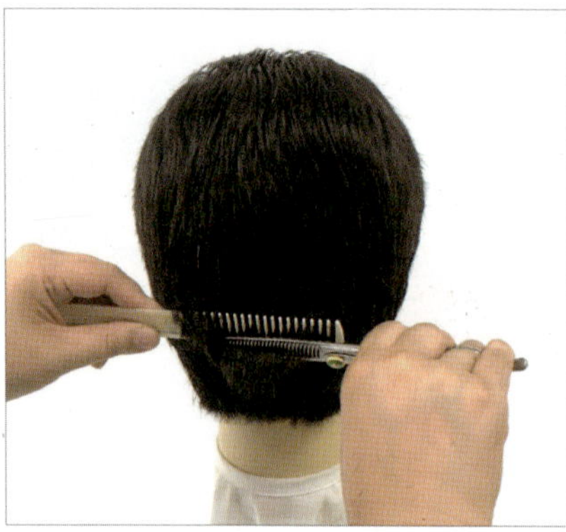

10. 모발 건조 후 시저 오버 콤을 용이하게 하기 위하여 전체적으로 질감 처리를 한다.

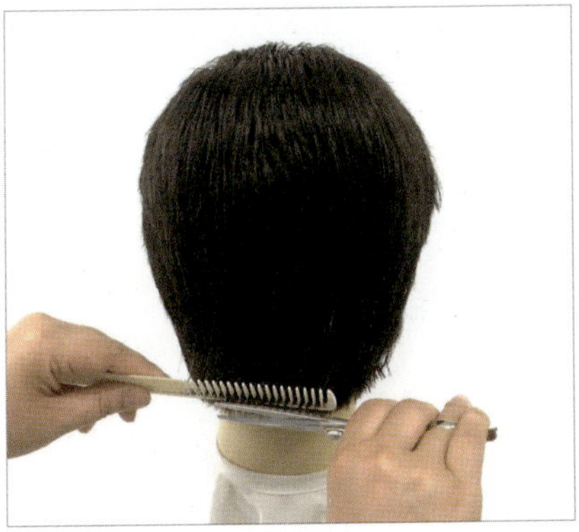
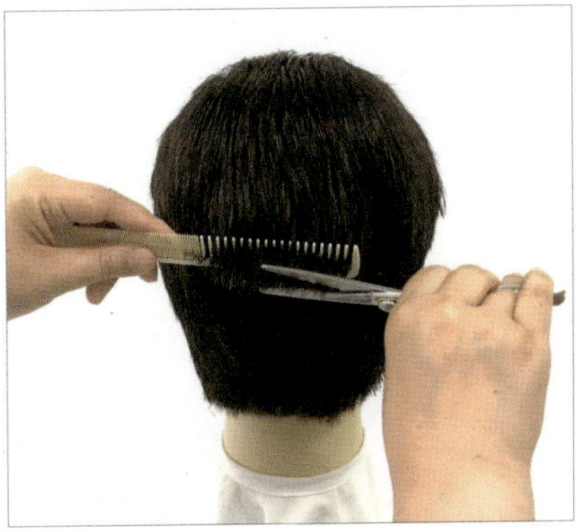

11. 모발을 말린 후 시저 오버 콤 테크닉을 이용하여 센터 백에서부터 시술하며 네이프에서 골든 쪽 방향, 아래에서 위쪽으로 그래쥬에이션 각도를 이용하여 빗 밖으로 튀어나온 모발을 커트하며 올라간다.

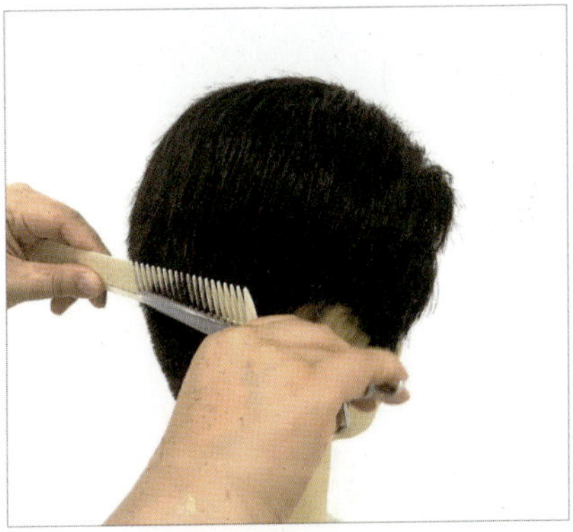

12. 백 센터 부위를 커트 후 백의 측면으로 이동할 때에는 빗을 대각선으로 기울여 후두부가 라운드 형태가 될 수 있도록 한다.

13. 측면을 시저 오버 콤할 때는 빗을 평행으로 잡고 지간자르기한 부위와 사이드가 이어질 수 있도록 측면을 커트한다.

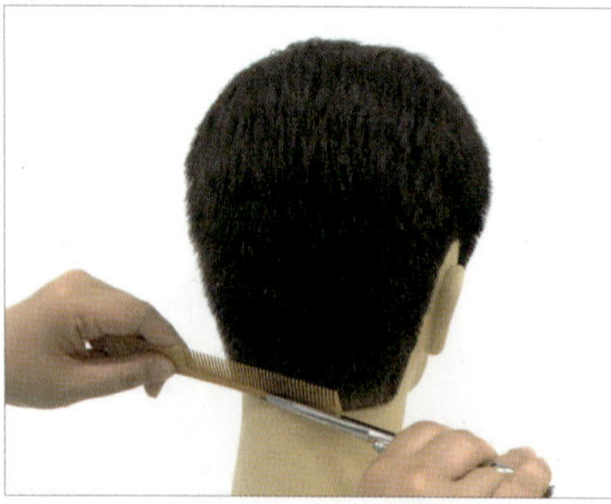

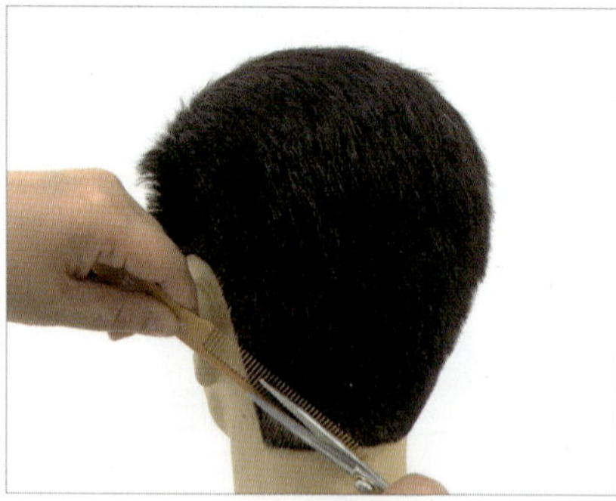

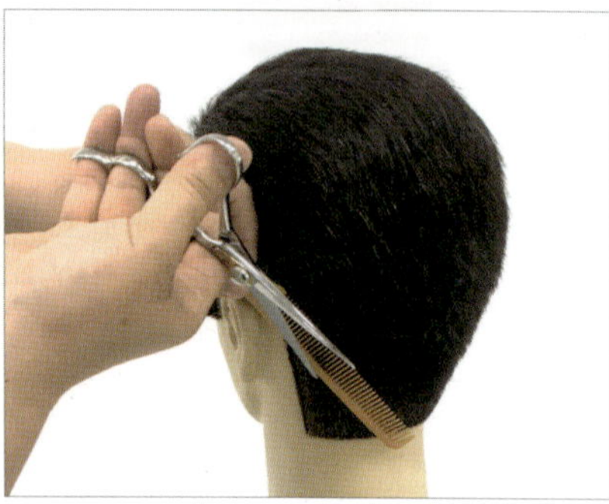

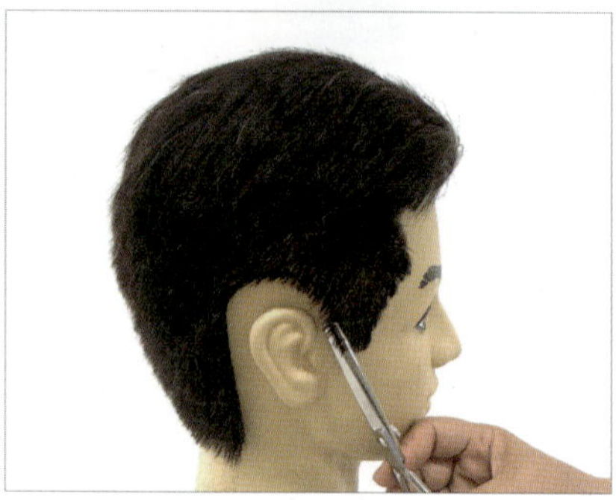

14. 뒷 목덜미 헤어라인은 얇은 이용 빗을 이용하여 두상의 곡면에 맞게 세밀하게 커트하고 헴 라인과 귓바퀴 부분 등의 라인을 가위 끝으로 정리한다.

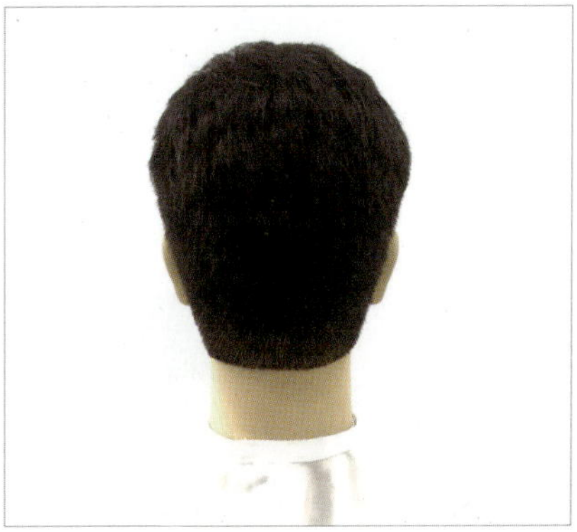

15. 포인트 컷으로 질감 처리 후 마무리한다.

완성작

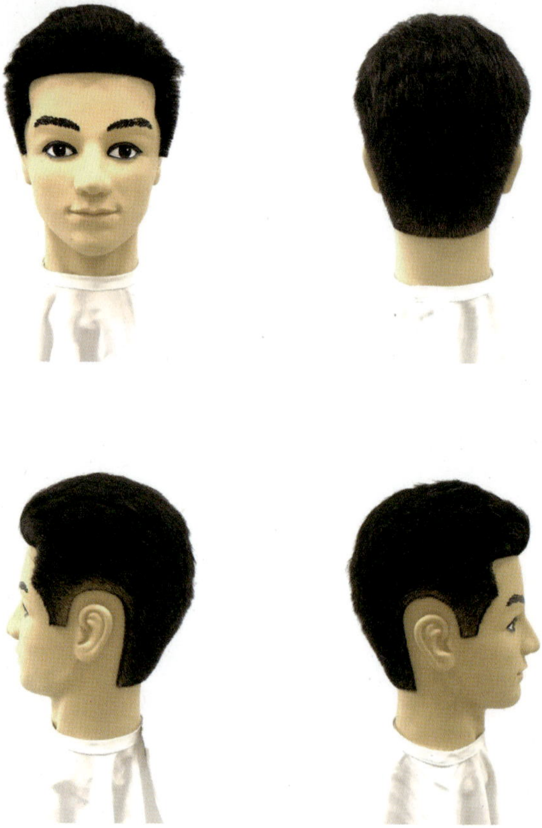

스타일링 1

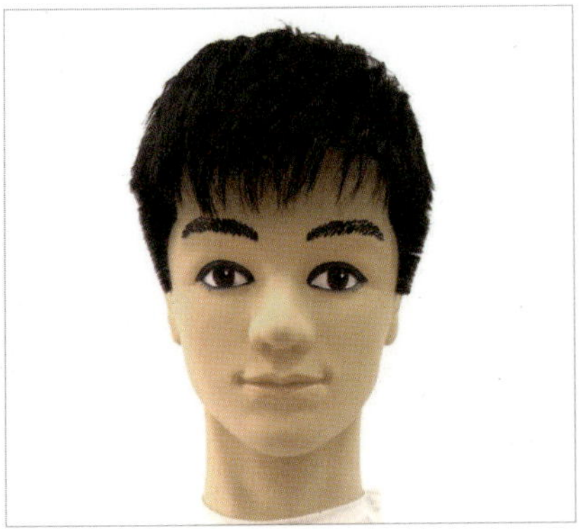

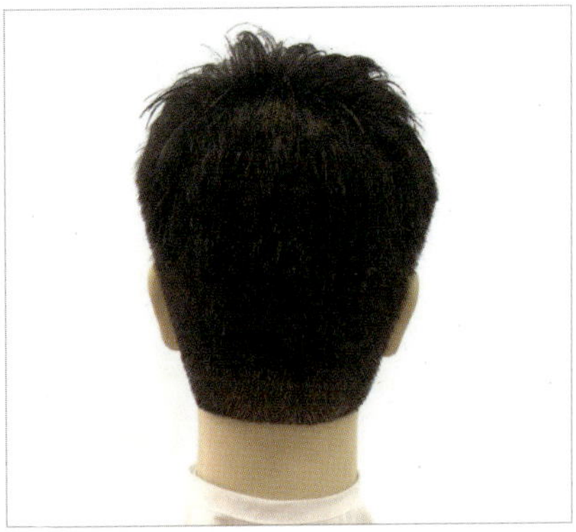

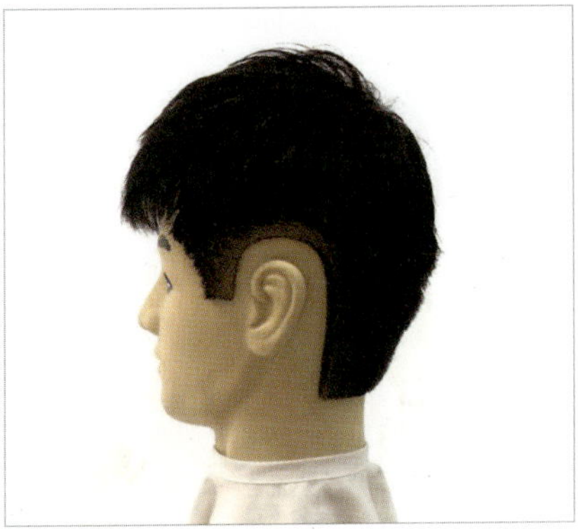

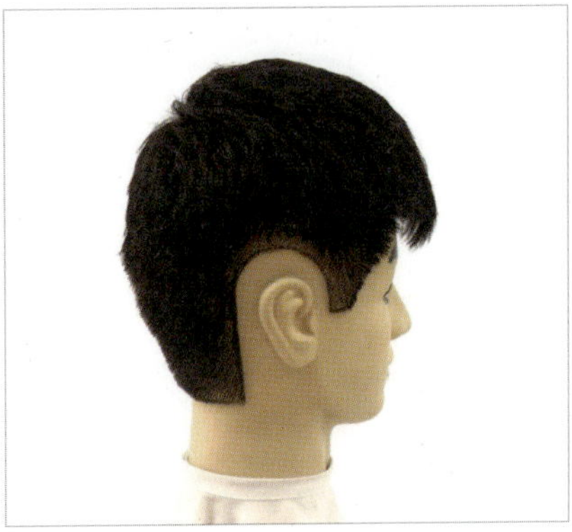

스타일링 2

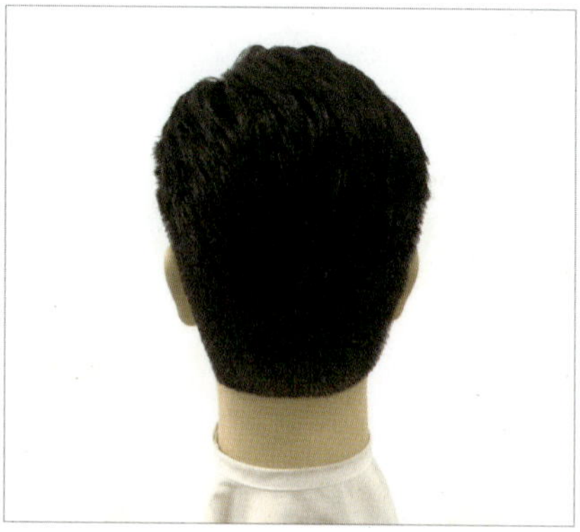
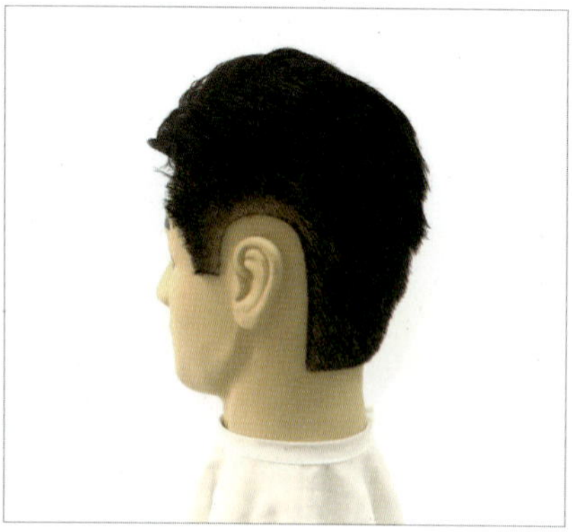
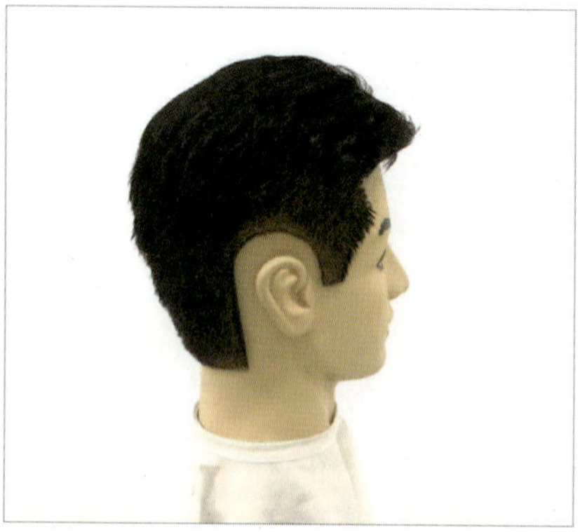

스타일링 3

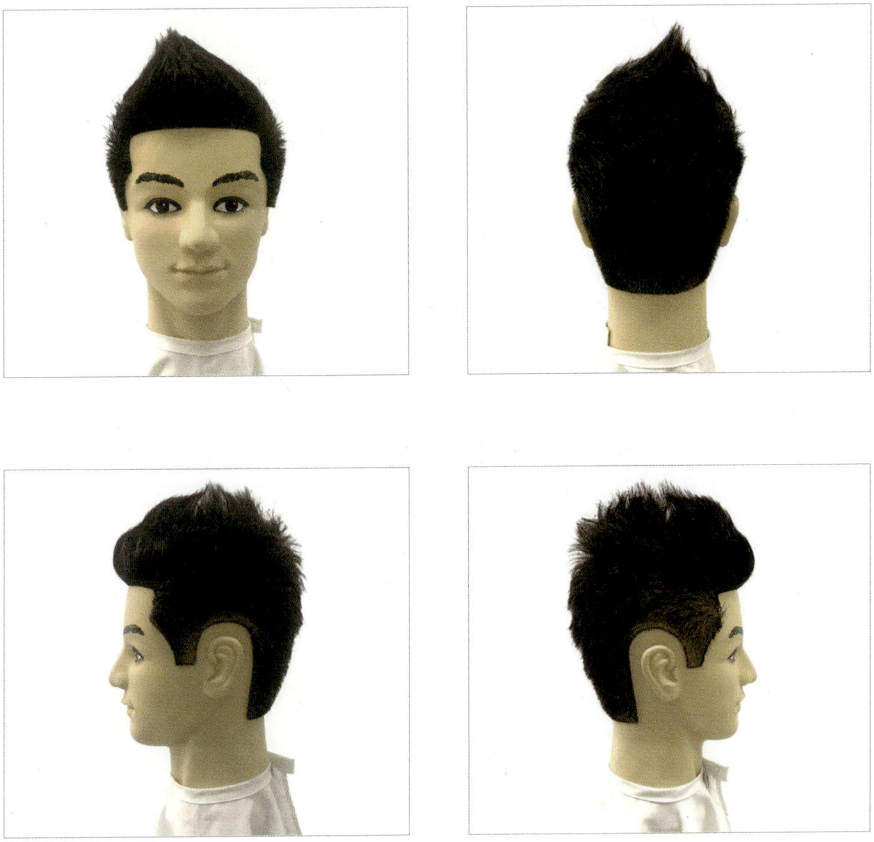

Key point

1. 시저스 브로스는 짧은 남성 컷 디자인으로 아웃 라인이 자유롭고 부드럽게 형성되게 하기 위해 나칭 커트를 이용하여 커트 시 아웃 라인이 톱니바퀴 모양이 되도록 커트한다.

2. 시저 오버 콤을 할 때는 아래에서 위로 이동하면서 층의 연결이 자연스럽게 되도록 하며 짧은 모발을 시저 오버 콤할 때는 작고 빗살이 얇은 세밀빗을 이용한다.

Notes

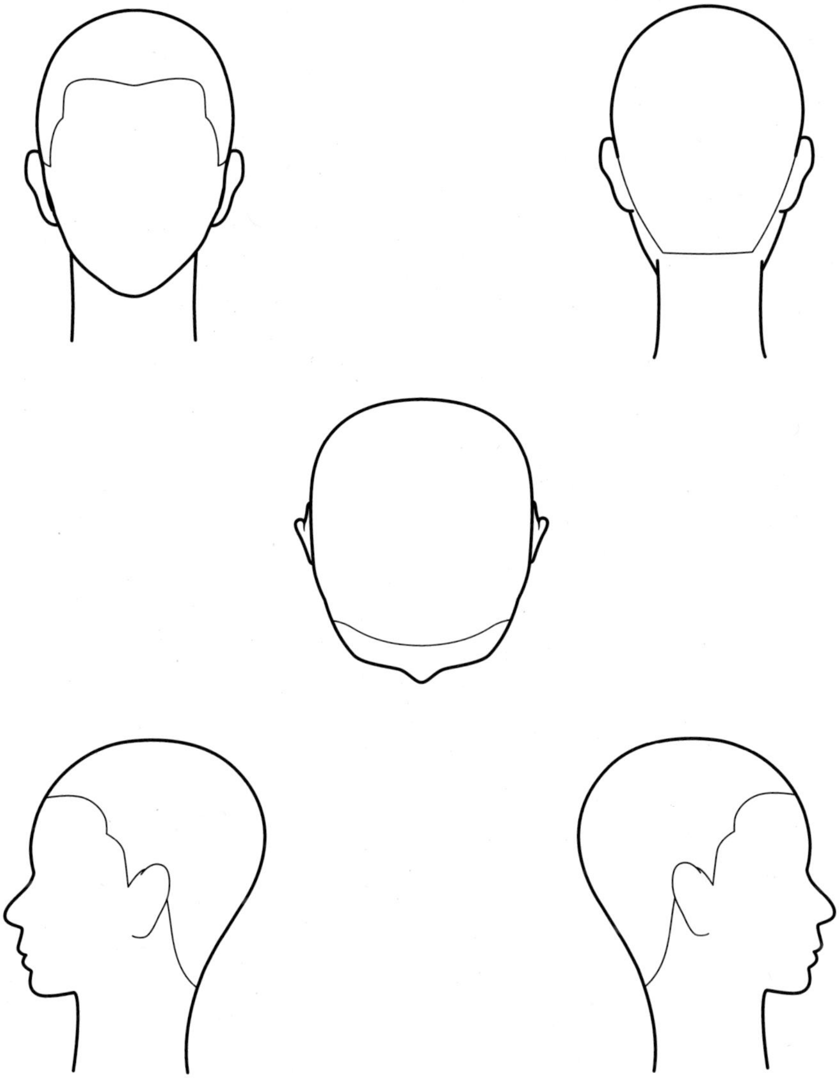

2. 스퀘어 브로스(Square Brosse)

짧은 스포츠 형태의 커트로 두정부가 수평이고 양쪽 사이드에 코너가 강하게 생성되어 있는 형태이다. 손질이 간편하고 깔끔한 느낌을 주며 남성의 강하고 활기찬 이미지를 형성하는 커트 스타일이다.

1) 구조

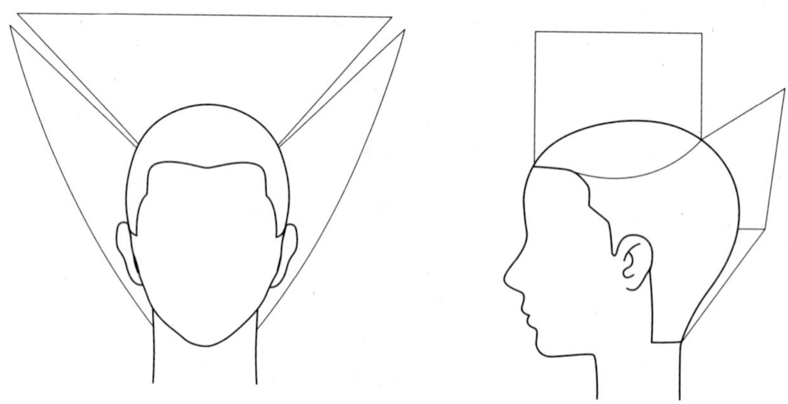

2) 섹션

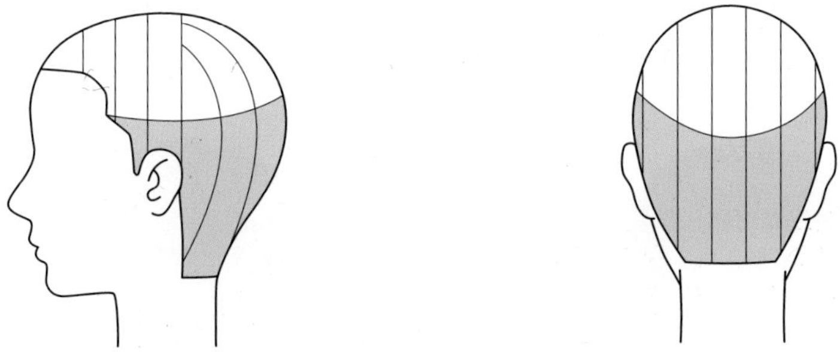

3) 테크닉

(1) 사이드 & 백(Side and back)

❶ 파팅 & 섹션(Partings & sections) : 이어 투 이어(Ear to ear)
 - 버티컬(Vertical)

❷ 빗질(Distribution) : 90˚

❸ 시술각(Elevation) : 45˚

❹ 커트(Cut) : 버티컬 그래쥬에이션(Vertical graduation)
 - 클리퍼 커트(Clipper cut)

(2) 탑(Top)

❶ 파팅 & 섹션(Partings & sections) : 호리존탈(Horizontal)

❷ 빗질(Distribution) : 90˚

❸ 시술각(Elevation) : 90˚

❹ 커트(Cut) : 수평(Horizontal)

4) 시술 과정

시술 전

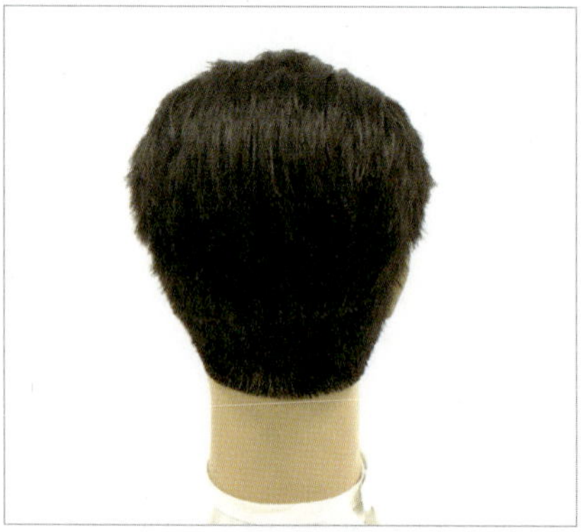
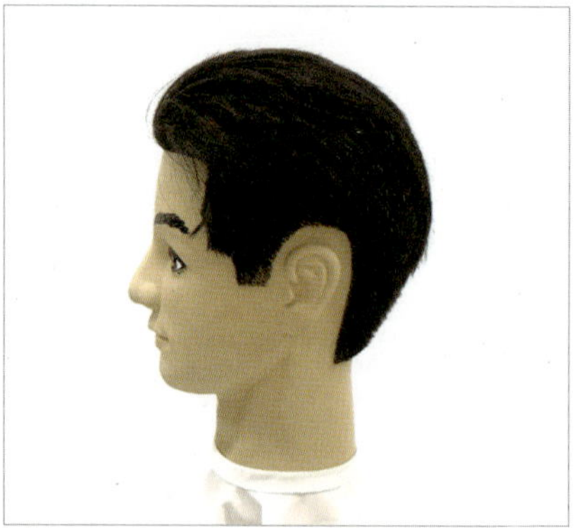
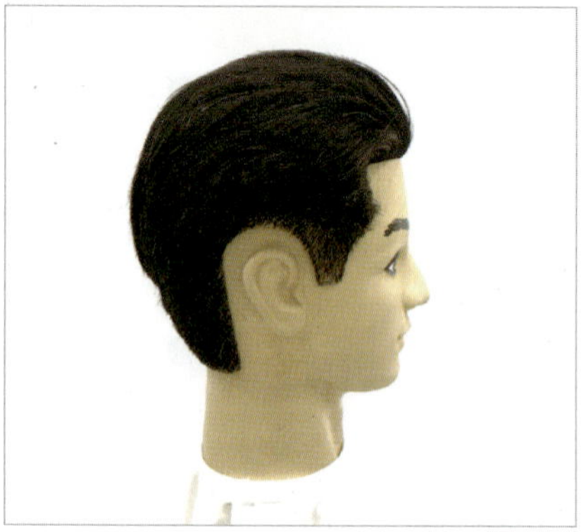

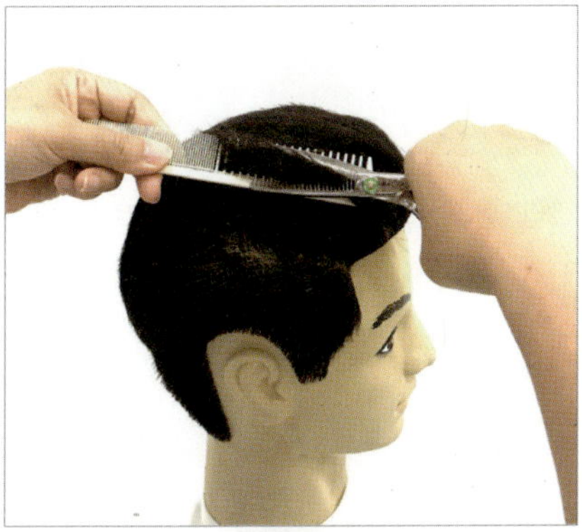

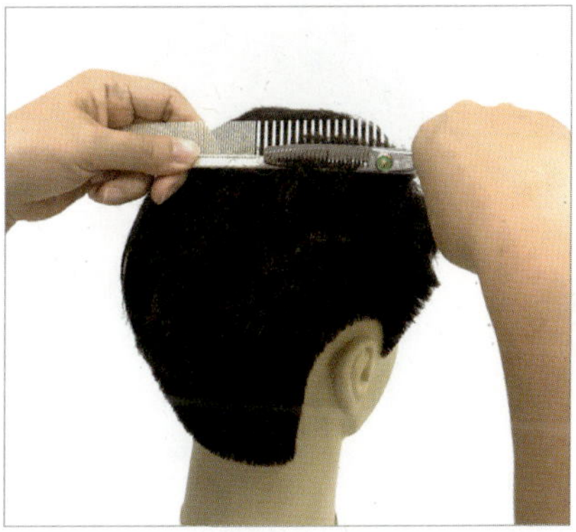

1. 커트 전 모발이 두껍거나 머리숱이 많은 경우 작업을 용이하게 하기 위해서 질감 처리를 먼저 한다. 브로스 스타일의 경우 길이가 짧기 때문에 조금만 짧아져도 길이가 짧아졌다는 느낌이 많이 들기 때문에 커트 후 질감 처리로 인해 더욱 짧아지지 않기 위해 질감 처리를 먼저 하는 것이 효과적이다.

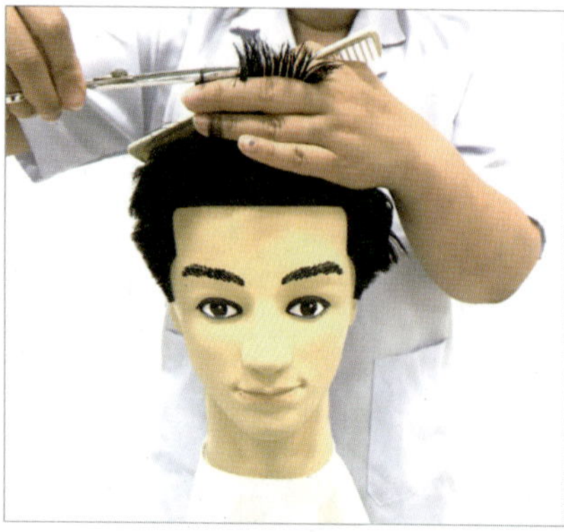
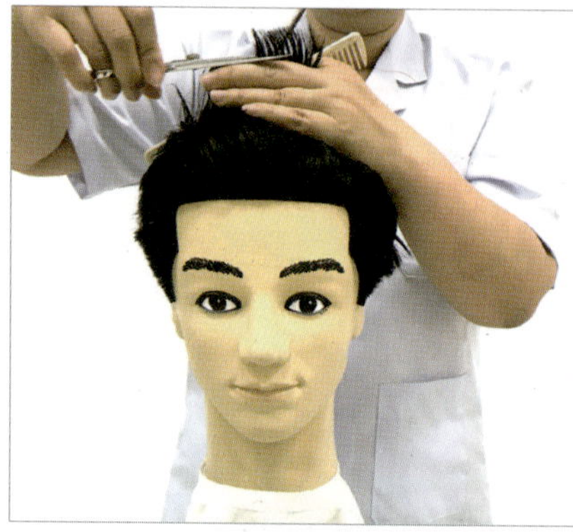

2. 프런트의 긴 모발은 지간자르기를 먼저 하여 길이를 없앤다. 호리존탈 섹션을 이용하여 모발을 뒤쪽으로 끌어당겨 길이를 설정하고 U 라인을 시술한다.

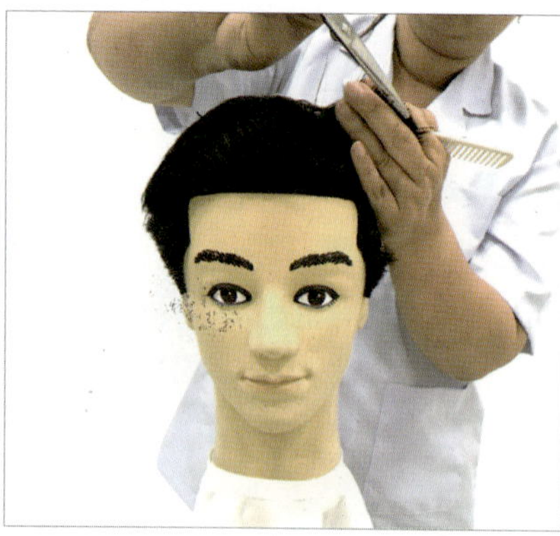
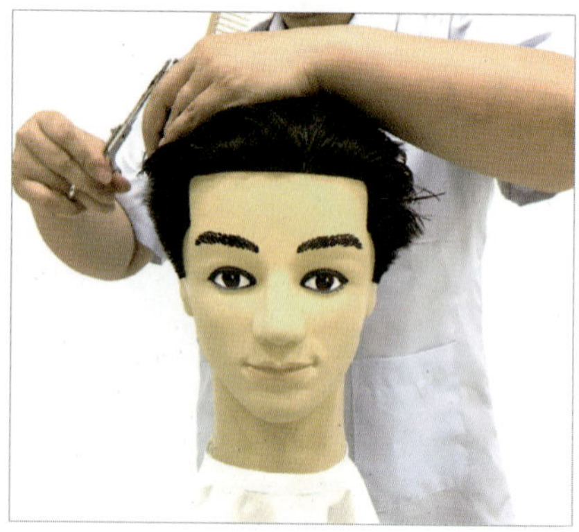

3. 탑의 길이와 연결시켜 사이드를 버티컬 섹션으로 커트한다.

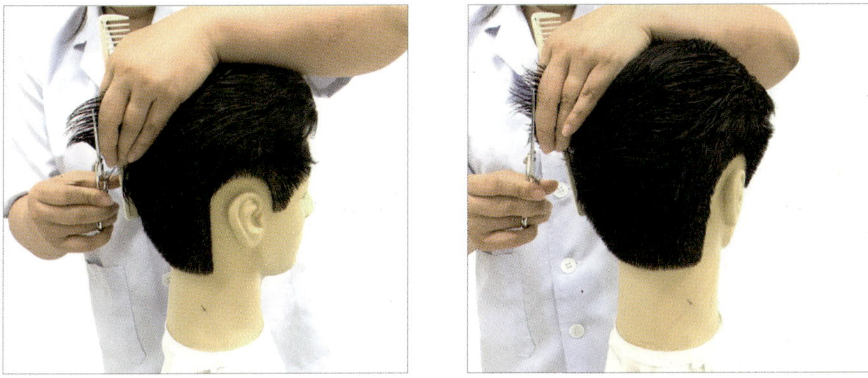

4. 탑의 길이를 가이드로 온 베이스와 프리 베이스를 이용하여 베이스의 접점이 중앙에 오도록 커트한다.

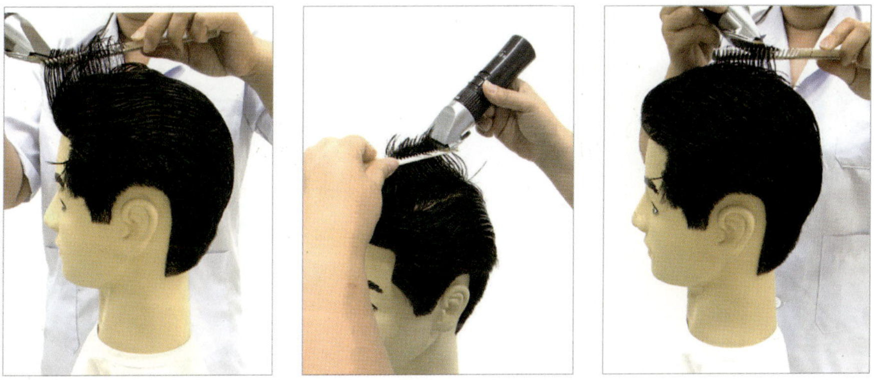

5. 길이 제거 후 버티컬 섹션으로 클리퍼를 이용하여 두정부의 아웃 라인이 평행이 되도록 1mm 클리퍼 날을 이용하여 평행하게 커트하며 옆으로 이동 시 중앙을 향해 오버다이렉션시켜 평행이 되도록 한다.

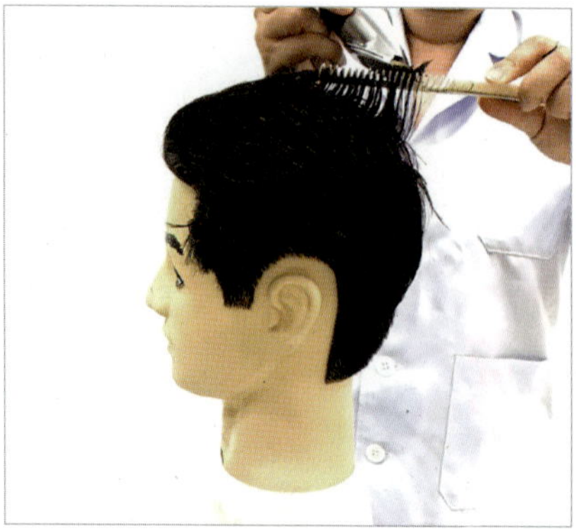

6. 골든 포인트(G.P)에서는 모발의 길이를 지켜 두상 면과 같이 둥글어지는 것을 방지하기 위해서 수평선까지 끌어올려 시술한다.

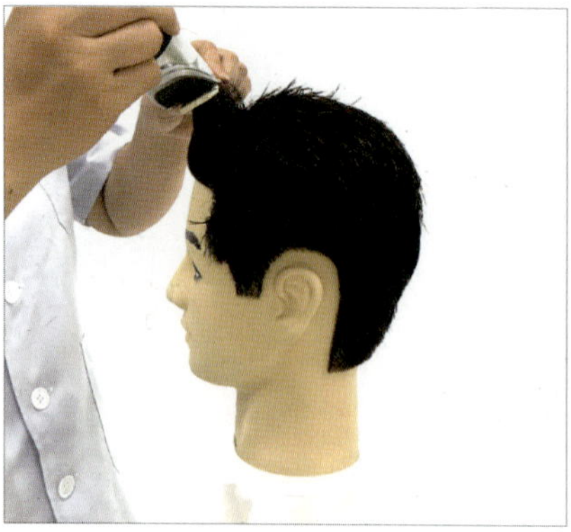

7. 호리존탈 섹션을 이용하여 좌 · 우가 평행이 될 수 있도록 정리한다.

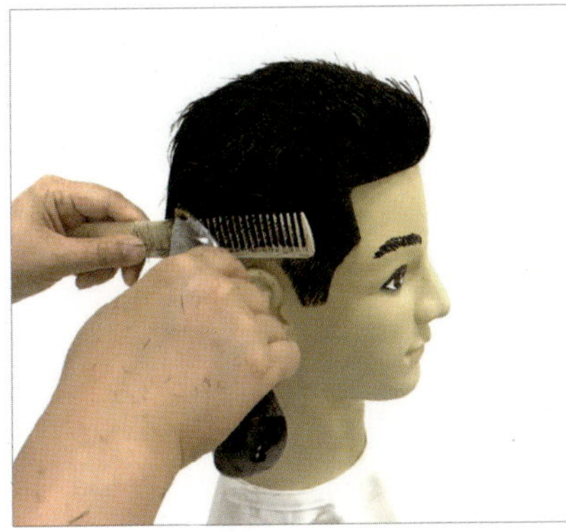

8. 사이드 부분 커트에서는 빗을 수직으로 들고 클리퍼가 빗의 면을 따라 수직으로 올라간다.

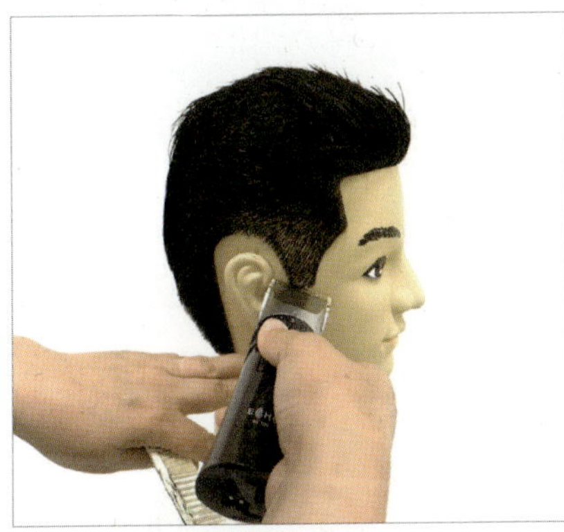

9. 빗으로 올려 친 사이드 면을 3mm 클리퍼 날을 이용하여 사이드 포인트(S.P)까지 올려 치고 깨끗한 라인을 위하여 올려 친 부분의 1/2까지 1mm를 이용하여 올려 친다.

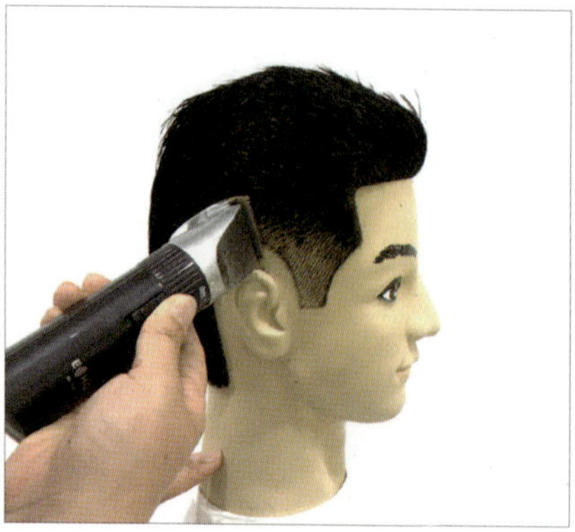

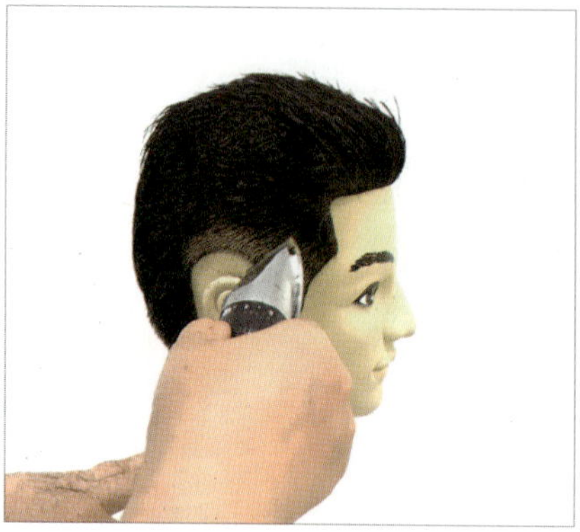

10. 모발이 누워 있거나 불규칙한 라인 정리를 위하여 클리퍼를 세워 앞과 뒤 방향으로 귓바퀴를 따라 라인을 정리한다.

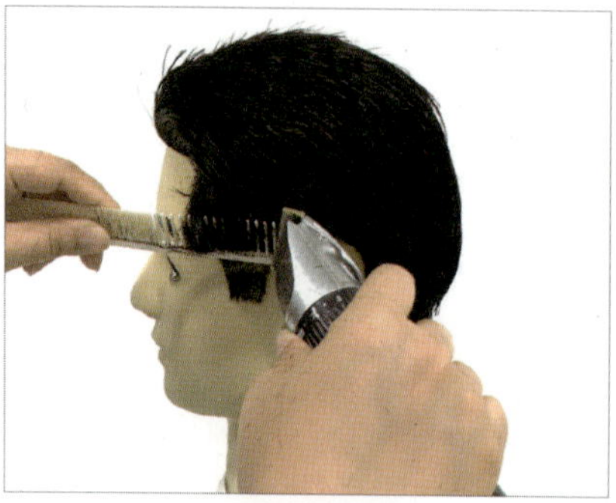

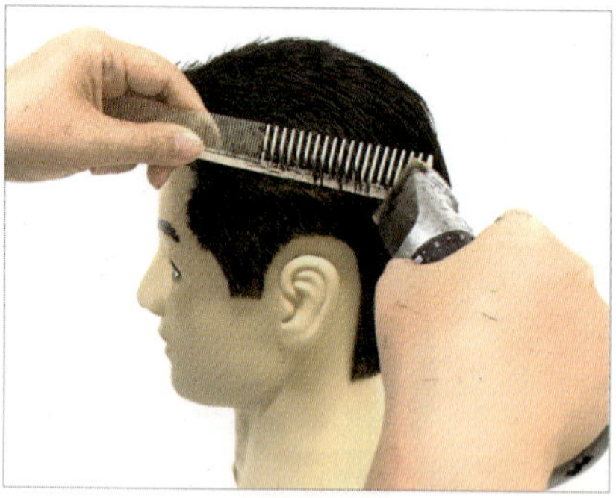

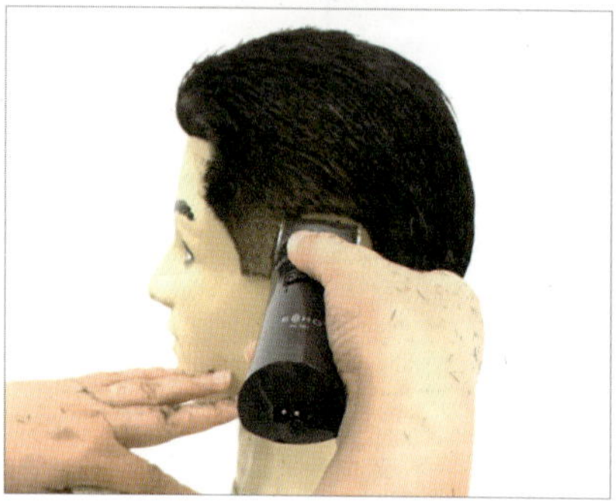

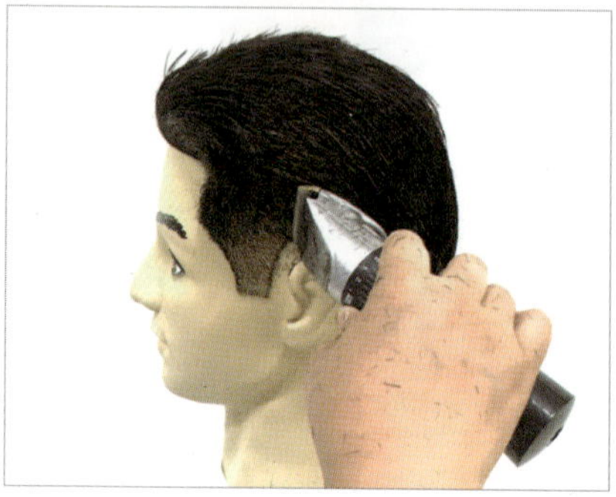

11. 스퀘어 브로스는 길이가 짧아 양쪽의 높낮이가 같은 것이 중요하므로 수직의 밸런스가 맞도록 반대편 사이드를 시술한다.

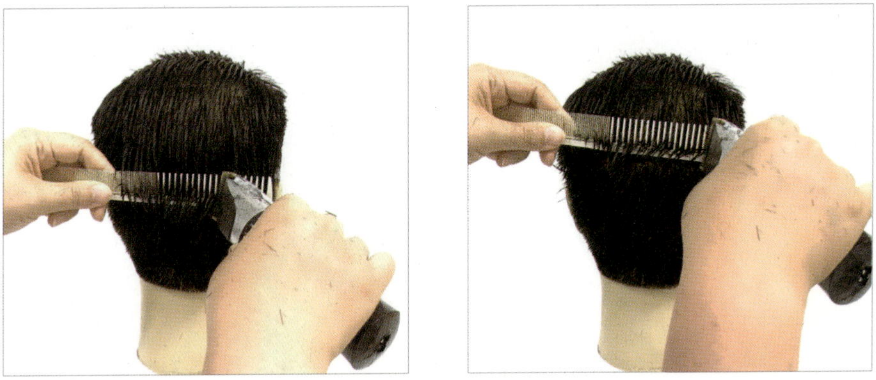

12. 양쪽 사이드의 높이와 자연스럽게 연결되는 둥근 라인을 백에 두상을 따라 만든다. 이때 골든 포인트(G.P)의 길이가 짧아지지 않도록 빗의 각도를 세워서 올라간다.

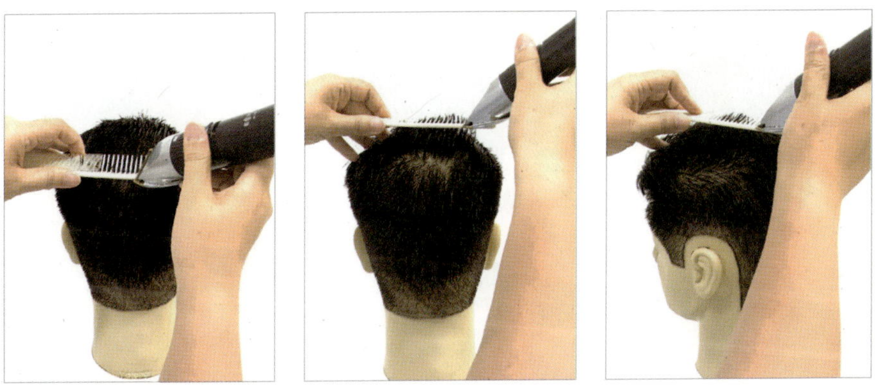

13. 크라운과 백의 연결 부분에서는 모발 길이를 유지하기 위해 백에서 빗을 대각선으로 세워 올라가다가 골든 포인트(G.P) 이상에서는 수평으로 들고 커트하여 크라운 부위를 자연스럽게 처리한다.

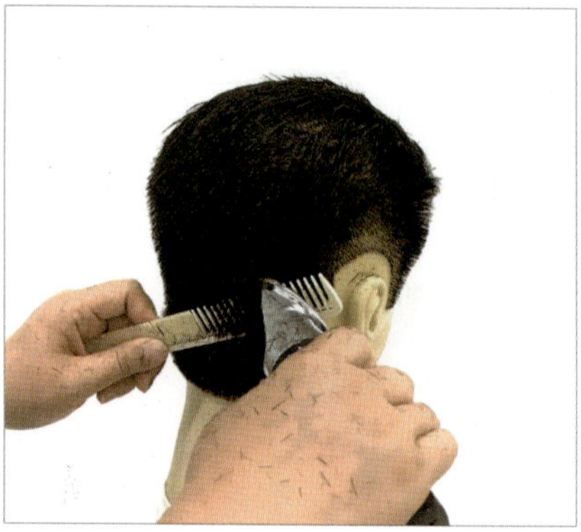

14. 백 사이드에서는 빗을 대각선으로 대고 두상의 곡면을 따라 사이드와 이어질 수 있도록 커트한다.

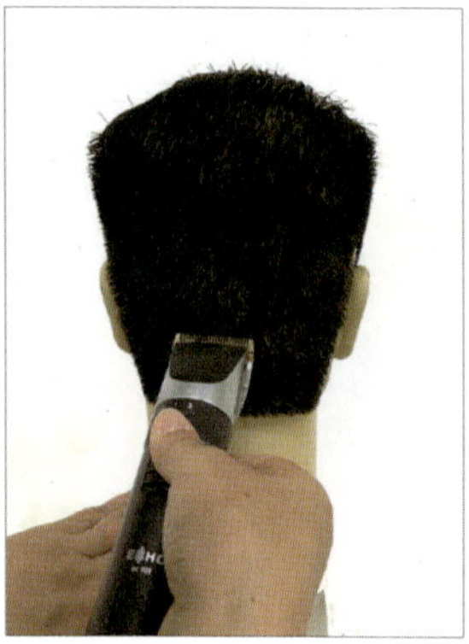
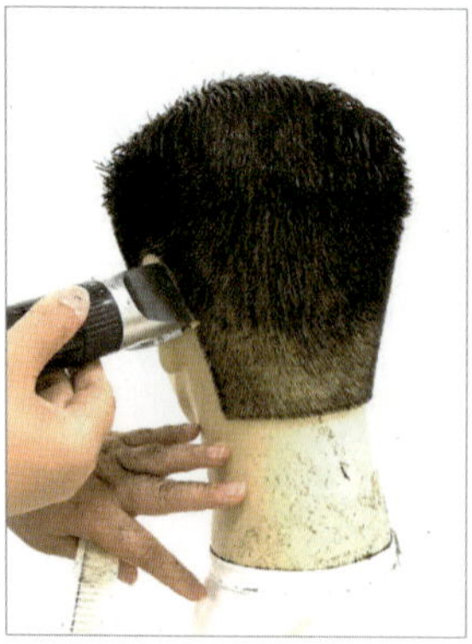
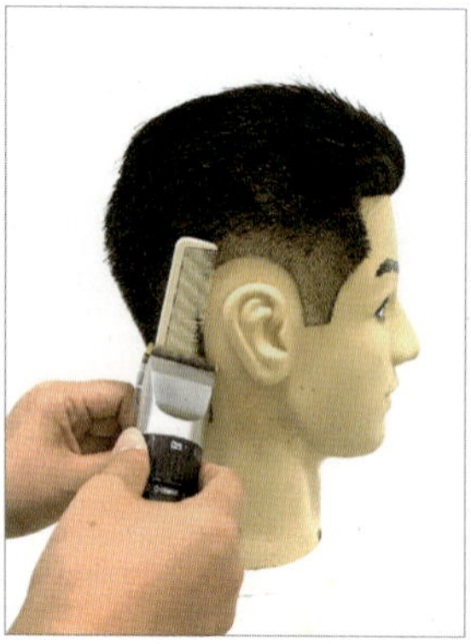

15. 3mm와 1mm 클리퍼 날을 이용하여 백 포인트(B.P)까지 올려 치고 목 옆선과 목 뒷선을 깔끔하게 처리한다.

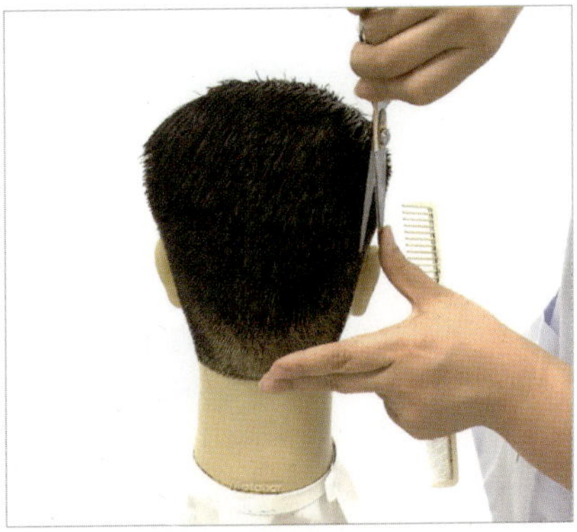

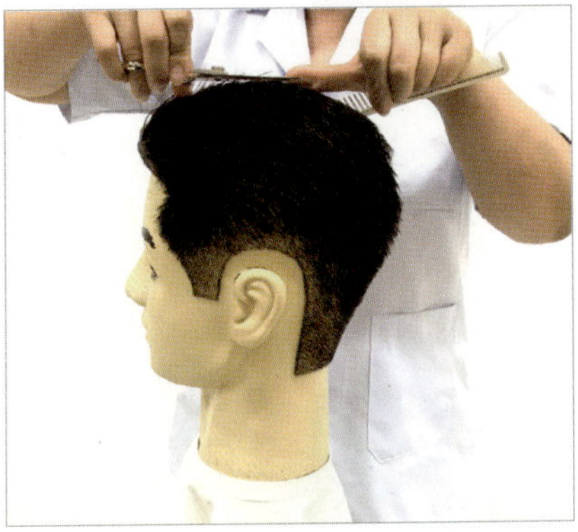

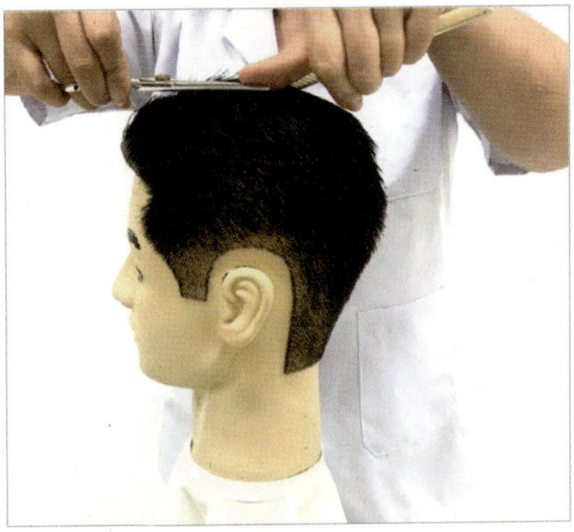

16. 커트된 전체 코너를 밀어자르기와 당겨자르기로 탑의 면을 정리하고 탑에서 튀어 나온 모발을 밀어자르기하여 정리한다.

완성작

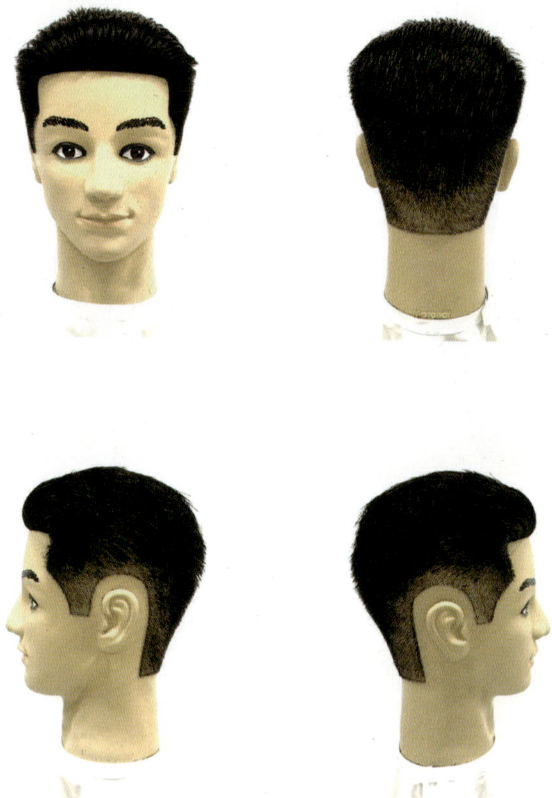

Key point

1. 브로스 스타일의 경우 길이가 짧기 때문에 조금만 짧아져도 길이가 짧아졌다는 느낌이 많이 들어 커트 후 질감 처리로 인해 더욱 짧아지지 않기 위해 질감 처리를 먼저 한다.

2. 두정부의 아웃 라인이 평행이 되도록 1mm 클리퍼 날을 이용하여 평행하게 커트하며 옆으로 이동 시 중앙을 향해 오버다이렉션시켜 평행이 되도록 한다.

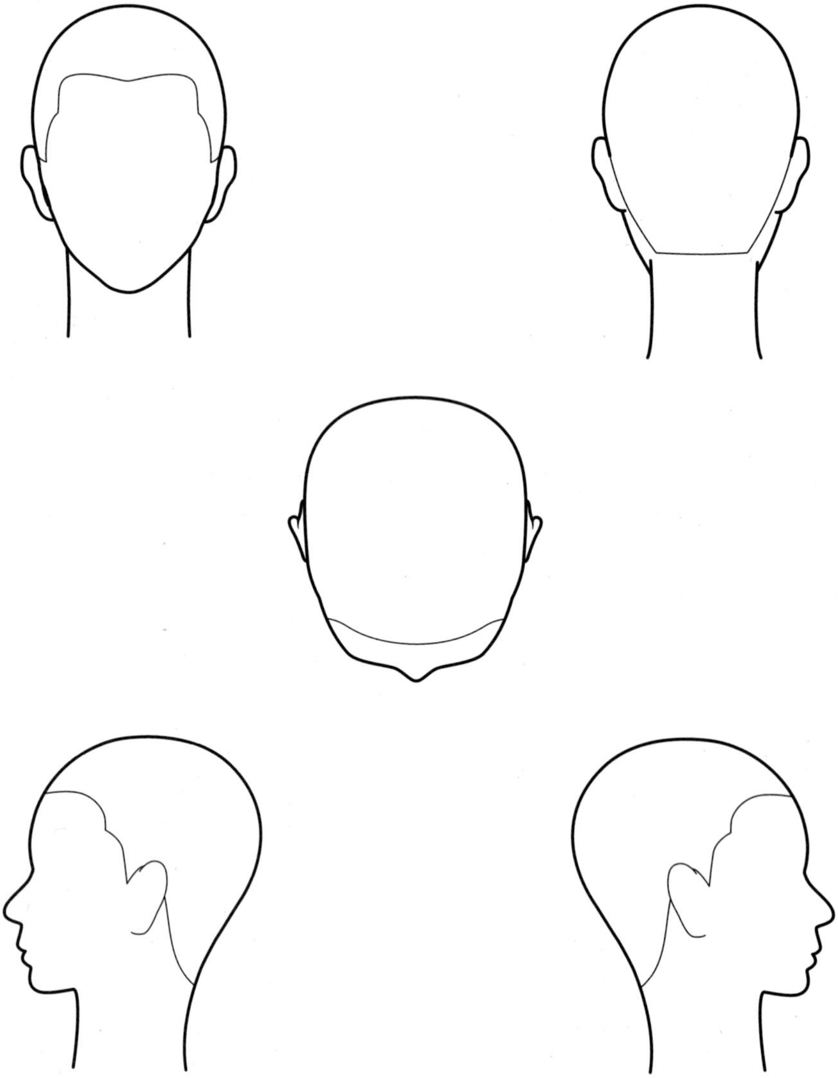

Notes

3. 라운드 브로스(Round Brosse)

남성 헤어스타일 중 가장 짧은 헤어스타일로 모발이 짧아 깨끗하고 깔끔한 이미지를 만들며 사이드의 양면을 둥글게 처리하여 스퀘어 브로스 스타일보다 부드러운 이미지를 연출한다. 홀슈 섹션 위는 지간자르기로 모발 길이를 설정하고 아래는 클리퍼로 커트한다.

1) 구조

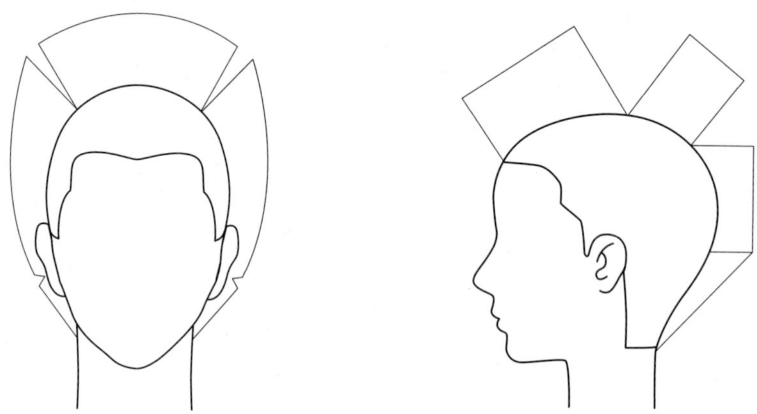

2) 섹션

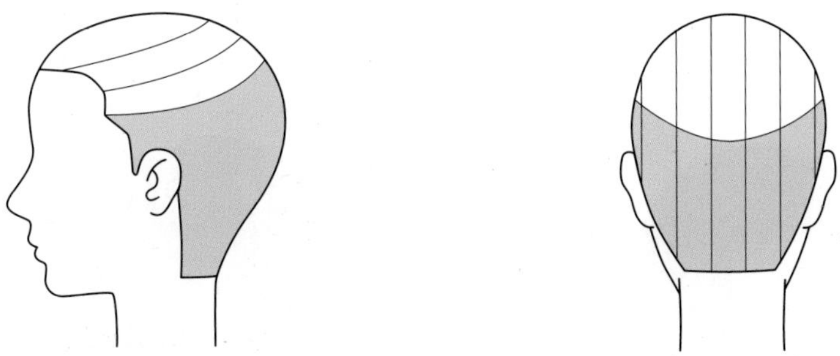

3) 테크닉

(1) 홀슈 섹션 위(Above Horseshoe Section)

❶ 파팅 & 섹션(Partings & sections) : 홀슈(Horseshoe)
   - 버티컬(Vertical)

❷ 빗질(Distribution) : 90°

❸ 시술각(Elevation) : 90°

❹ 커트(Cut) : 두상의 곡면을 따라 커트

(2) 홀슈 섹션 아래(Below horseshoe Section)

❶ 커트(Cut) : 시저 오버 콤(Scissor over comb)

4) 시술 과정

시술 전

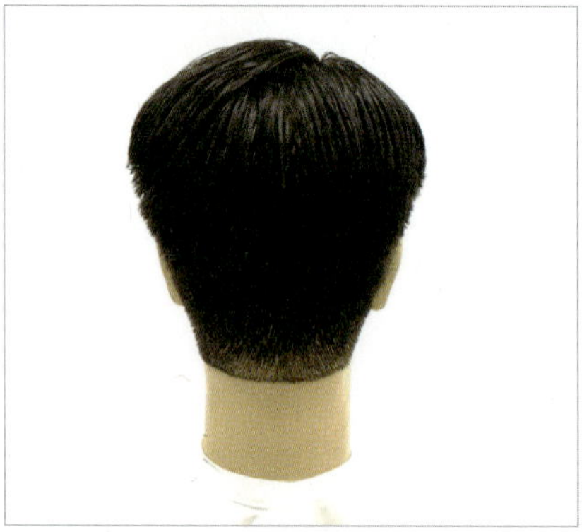

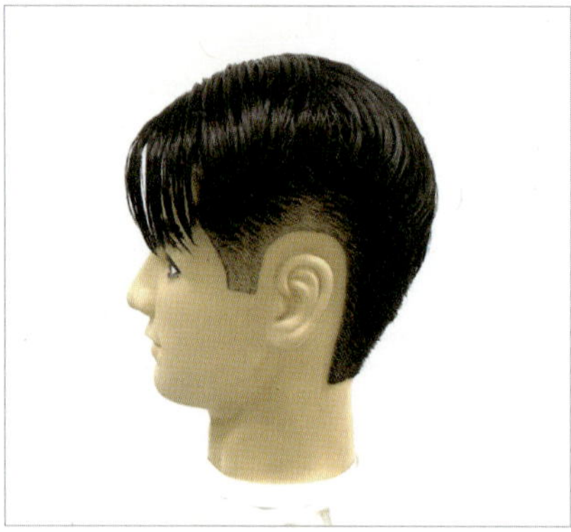

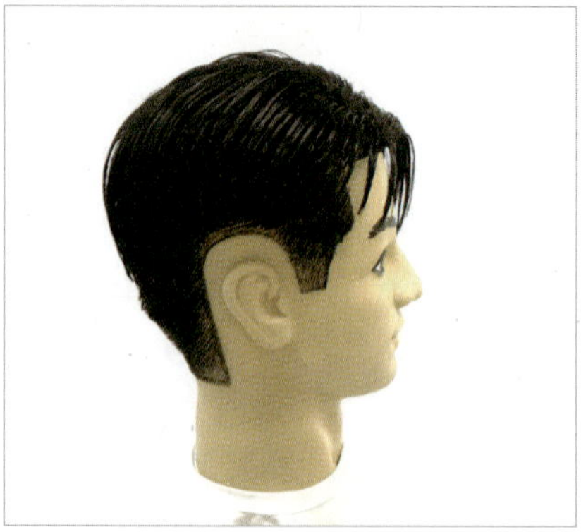

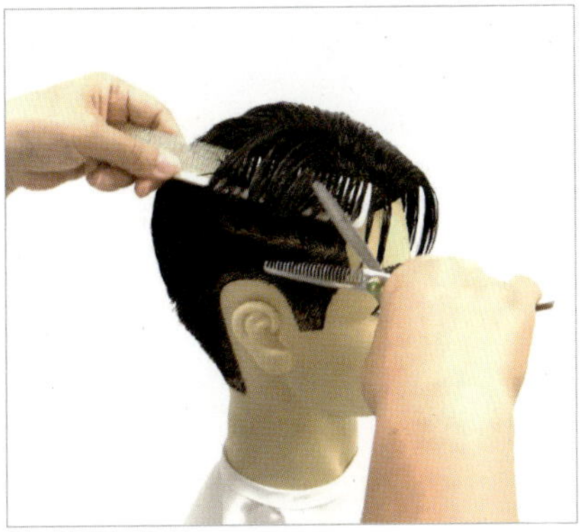

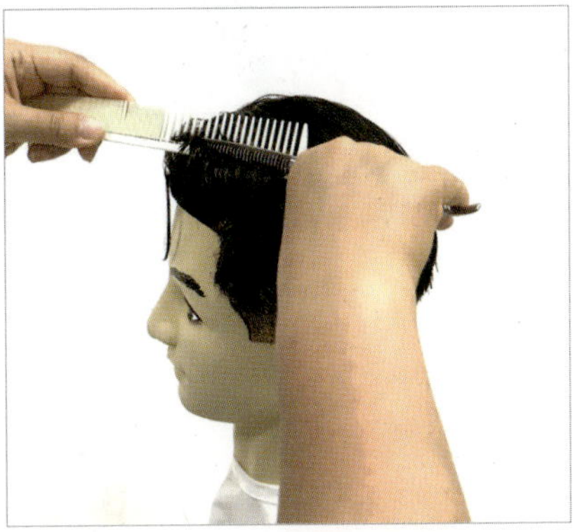

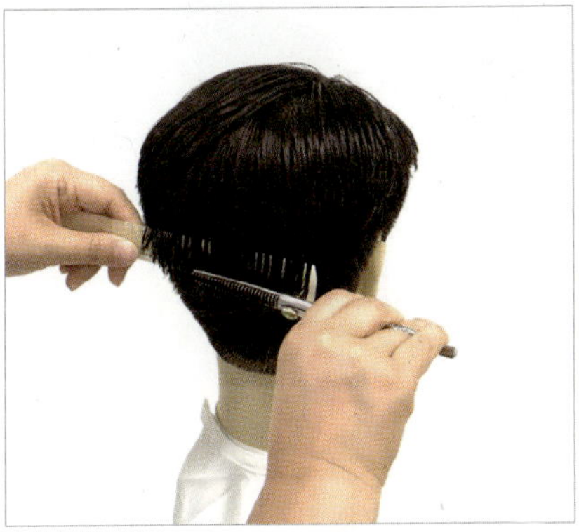

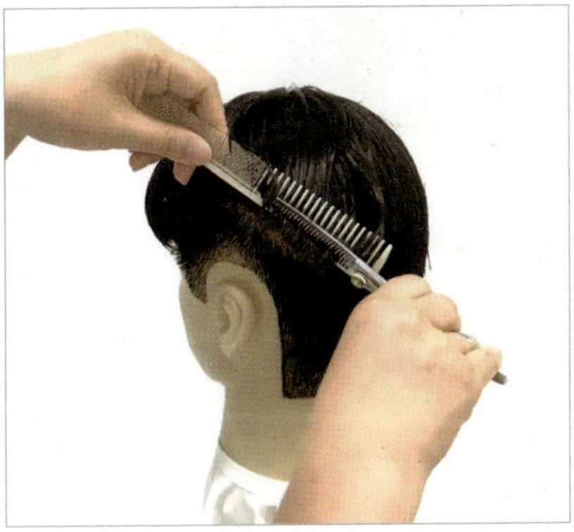

1. 시술을 용이하게 하기 위하여 전체 모발을 질감 처리한다.

2. U 라인 커트를 위하여 빗을 이용한 떠깎기 기법으로 클리퍼로 커트한다. 모발을 버티컬 섹션을 따라 들고 수평이 되게 커트한다.

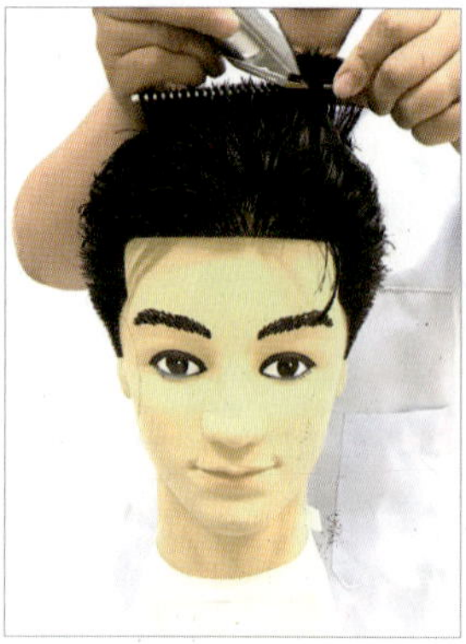

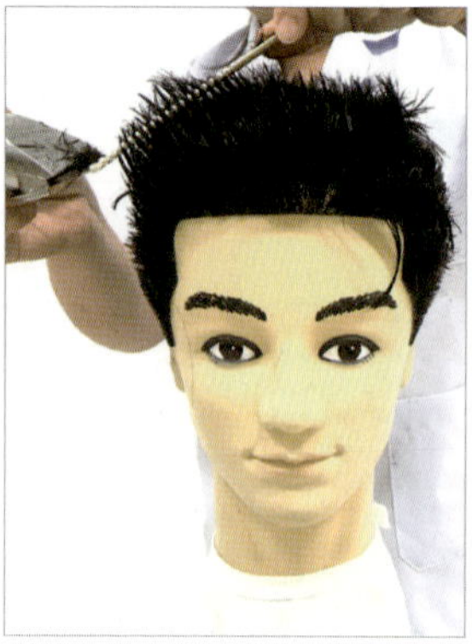

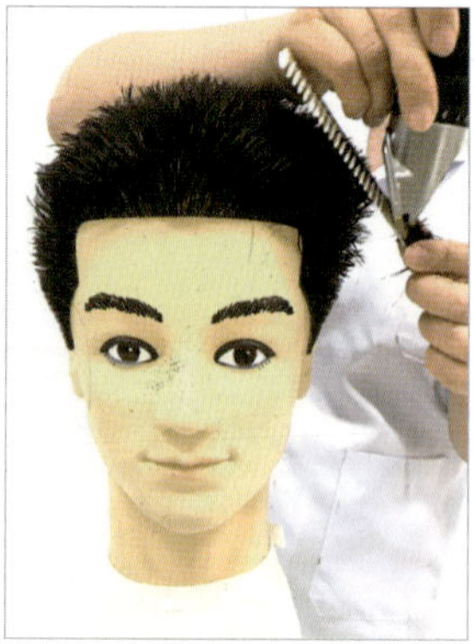

3. 라인의 면 정리를 위하여 빗을 수평으로 들고 커트하고, 빗을 대각선으로 기울여 양쪽 코너를 제거하여 둥근 형태를 만든다.

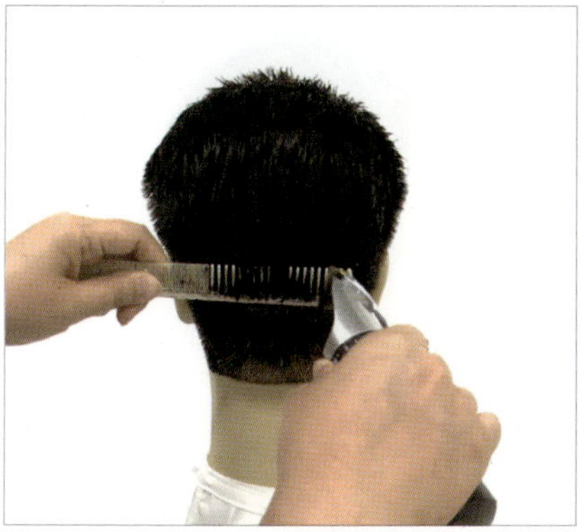

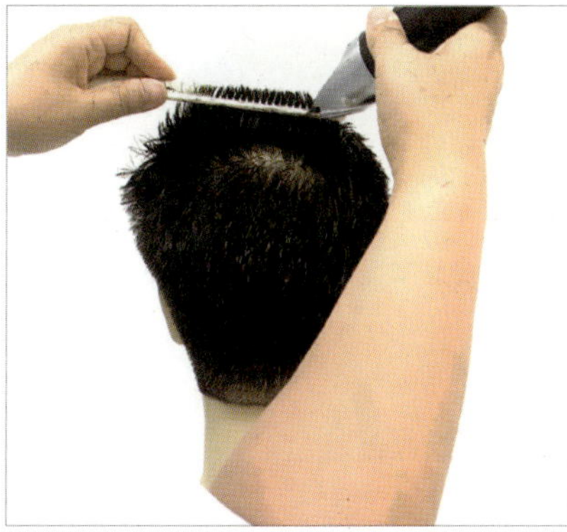

4. 백에서 빗을 대각선으로 들고 그래쥬에이션 라인을 만들면서 위로 올라가고 크라운 부위의 모발 길이를 지키기 위해 골든 포인트(G.P)에서는 모발을 위로 끌어올려 작은 볼륨을 만든다.

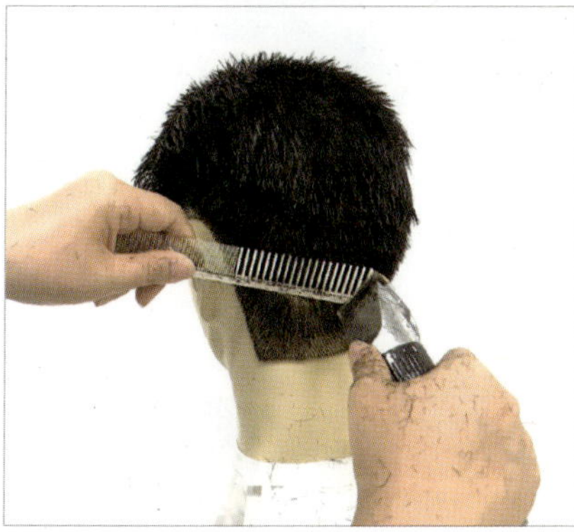

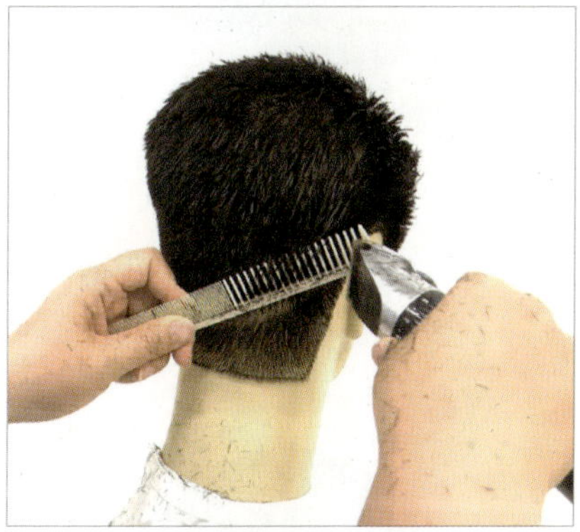

5. 백 사이드에서 둥근 두상의 곡면을 살리기 위해 빗을 대각선으로 잡고 코너를 정리하며 클리퍼로 올려치기 할 부분을 구분짓기 위해 빗등을 두피에 대고 끊어자르기하여 라인을 만든다.

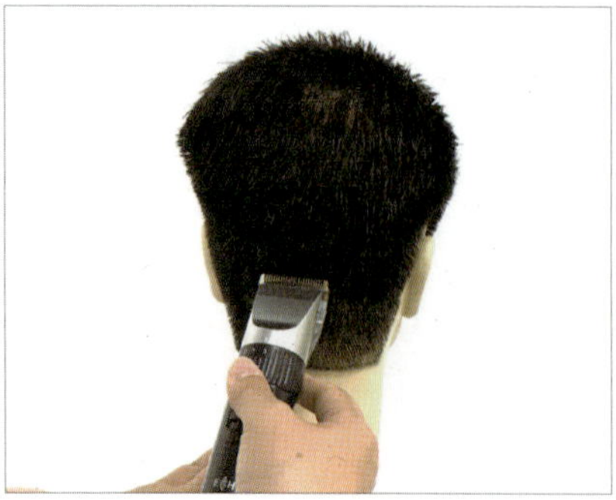
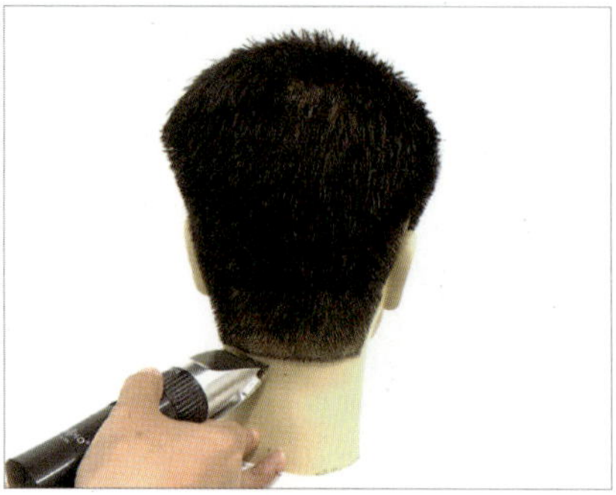

6. 끊어자르기 한 라인까지 3mm 날을 이용하여 올려 치기하고 올려 치기한 1/3 지점까지 1mm 날을 이용해 깨끗하게 커트한다. 짧은 길이의 커트와 클리퍼를 이용한 커트에서는 모발의 밀도에 따라 커트 면의 밝기가 달라지는데 모발이 짧을수록 밝아 보이므로 같은 위치의 좌 · 우의 밝기를 클리퍼 처리할 때 고려하여 커트한다.

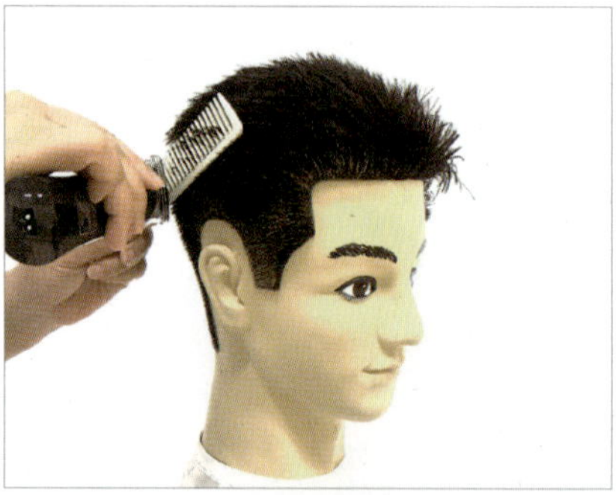
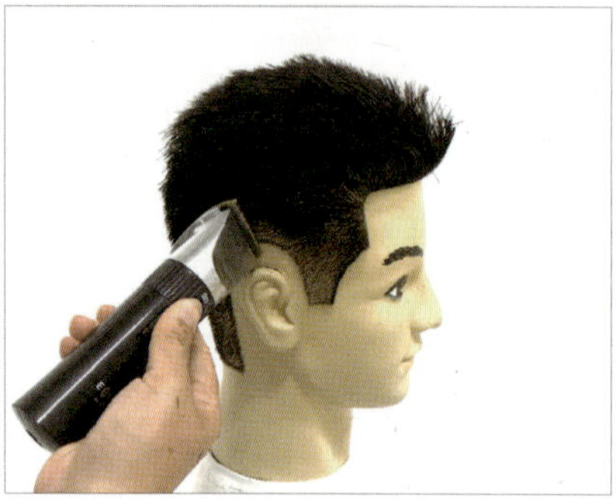
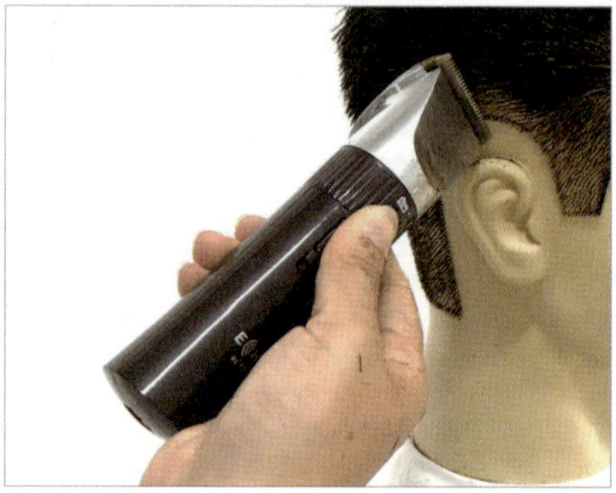

7. 사이드에서 빗을 45° 대각선으로 잡고 올라가면서 프런트 사이드에서는 빗의 각도를 점점 눕혀 둥글어지게 잡고 사이드가 라운드가 되도록 처리하고 백 사이드와 자연스러운 라인이 되도록 연결한다.

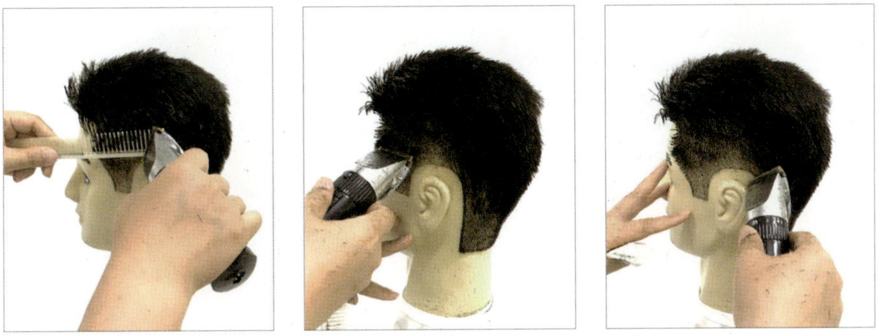

8. 반대편 사이드도 같은 방법으로 밸런스를 맞추어 커트한다.

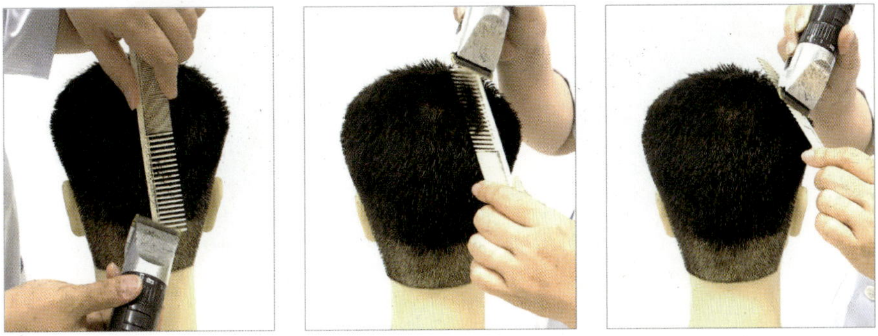

9. 전체 커트 면을 크로스 체크한다.

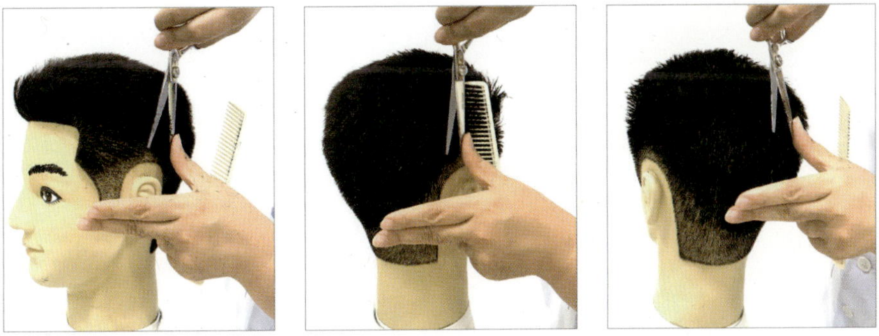

10. 밀어자르기와 당겨자르기로 면에서 튀어나온 모발과 코너를 제거한다.

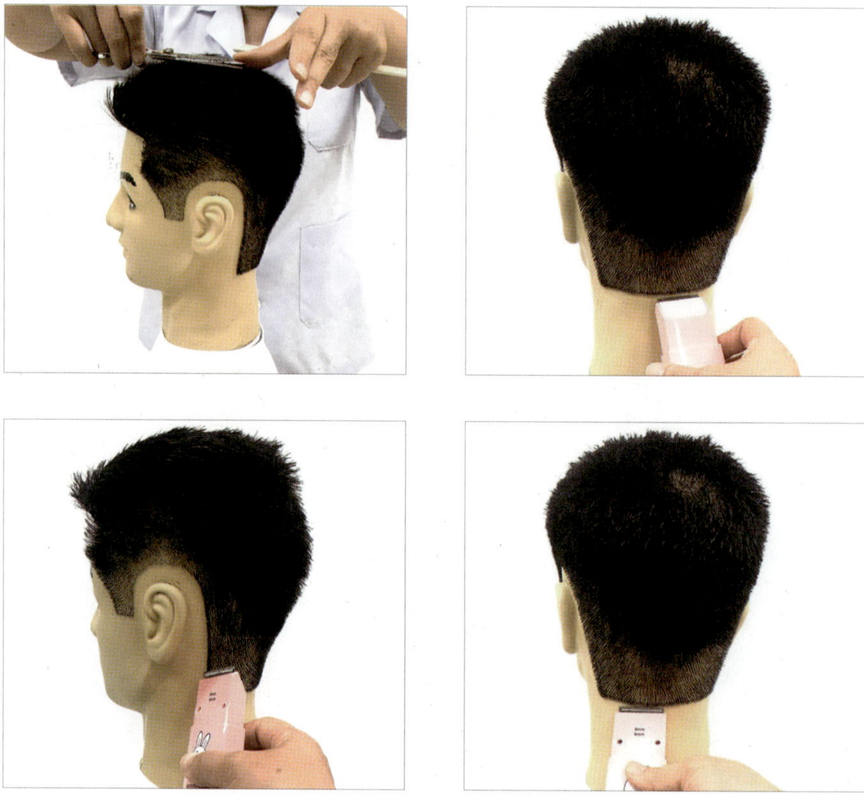

11. 탑의 면을 정리하고 트리밍용 클리퍼로 라인 및 연모를 제거한다.

완성작

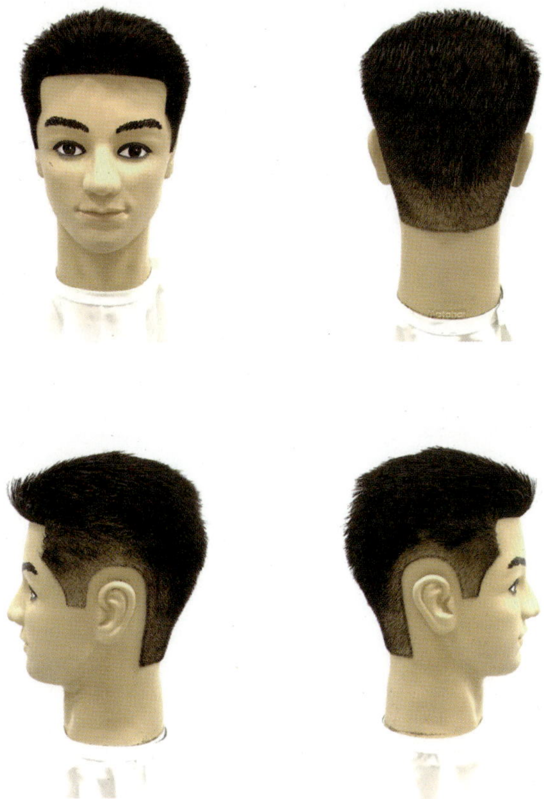

Key point

1. 라운드 브로스는 짧게 커트한 스타일로 가위를 사용하지 않고 모든 커트를 클리퍼를 이용하여 커트한다. U 라인 커트를 위하여 클리퍼로 떠깎기 기법으로 길이 설정을 한다.

2. 라운드 브로스 형태의 사이드 모양을 둥글게 잡기 위하여 탑에서 라인의 면 정리를 수평으로 하고, 빗을 대각선으로 기울여 양쪽 코너를 제거하여 둥근 형태를 만든다.

Notes

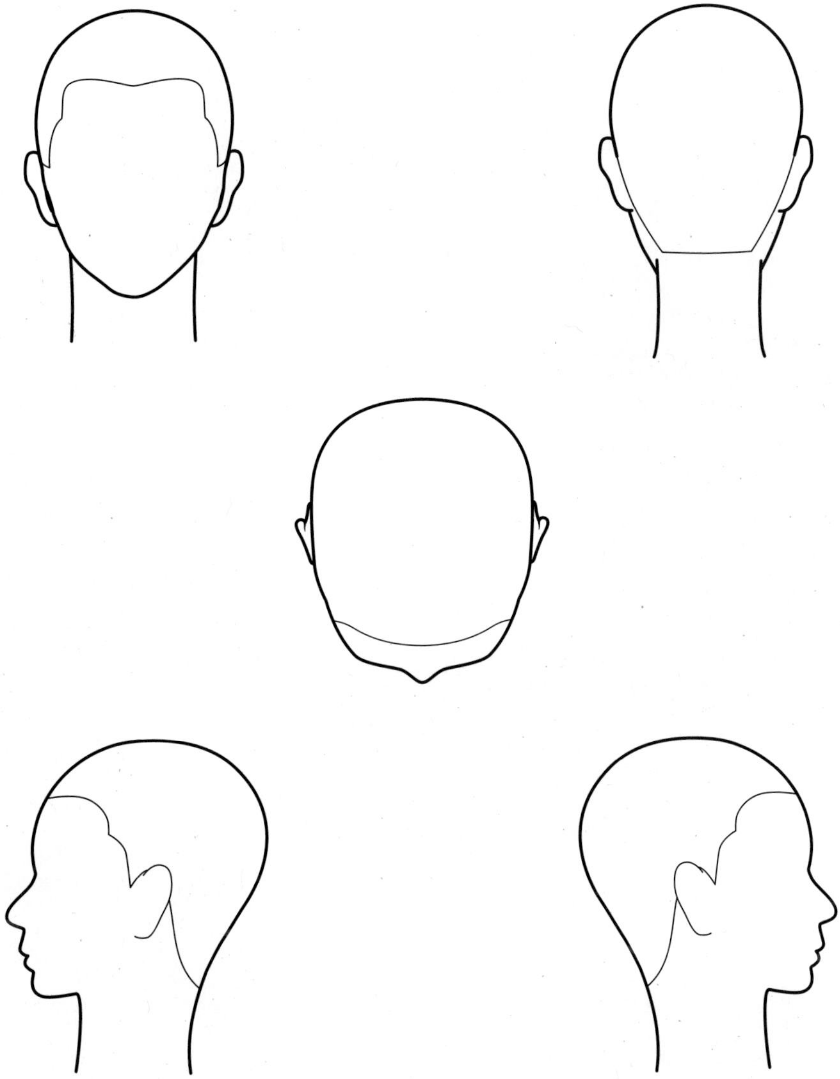

Chapter 9

유니폼 레이어 스타일

1. 유니폼 레이어 베이스 컷 1(Uniform Layer Base Cut 1)
2. 유니폼 레이어 베이스 컷 2(Uniform Layer Base Cut 2)

1.
유니폼 레이어 베이스 컷 1(Uniform Layer Base Cut 1)

가위를 이용하여 아웃 라인과 헴 라인, 페이스 라인의 길이를 먼저 설정하고 유니폼 레이어를 두상 전체에 설정하는 포멀한 남성 헤어 컷으로 백 포인트(B.P)부터 네이프는 그래쥬에이션 형태가 나타나는 깔끔한 남성 헤어스타일이다. 아웃 라인이 무거울 때는 레이저를 이용하여 끝선을 질감 처리하여 두상 쪽으로 모발이 붙을 수 있도록 커트한다.

1) 구조

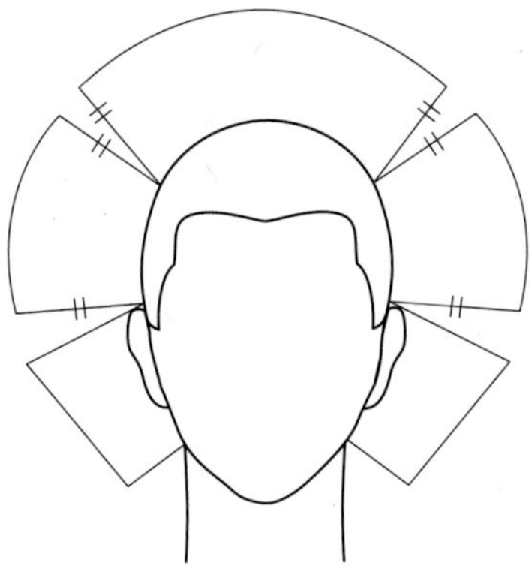

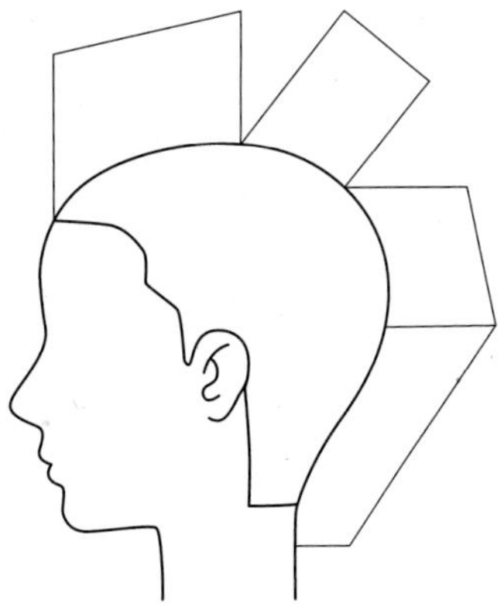

2) 섹션

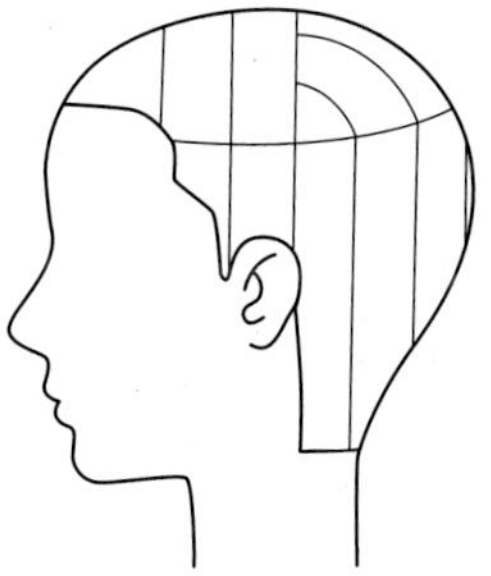

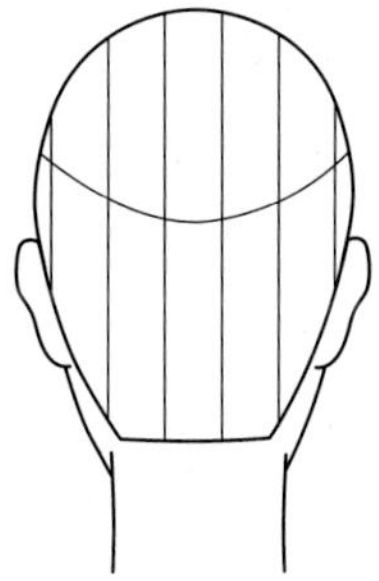

3) 테크닉

(1) 사이드 & 백(Side and back)

❶ 파팅 & 섹션(Partings & sections) : 홀슈 섹션(Horseshoe)
- 버티컬(Vertical)

❷ 빗질(Distribution) : 90° - 오버다이렉션(Overdirected)

❸ 시술각(Elevation) : 45° -오버다이렉션(Overdirected)

❹ 커트(Cut) : 버티컬 그래쥬에이션(Vertical graduation)

(2) 탑(Top)

❶ 파팅 & 섹션(Partings & sections) : 피봇 라디얼(Pivot radial)

❷ 빗질(Distribution) : 90°

❸ 시술각(Elevation) : 90°

❹ 커트(Cut) : 두상을 따라 곡선으로 커트

4) 시술 과정

시술 전

1. 네이프에 빗을 대고 시술각이 없는 상태로 가위를 이용하여 아웃 라인의 길이를 설정한다.

2. 네이프의 길이를 가이드로 네이프 사이드 포인트(N.S.P)를 시작으로 빗을 대각선으로 잡고 목 옆선의 길이를 설정한다.

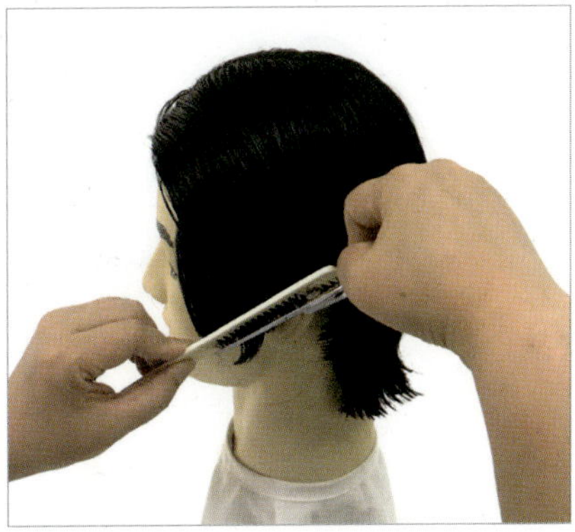

3. 귀 위를 시술할 때는 가위를 세워 귀의 모양과 같이 커트선의 모양을 라운드로 커트하며 사이드에서는 커트 라인이 앞쪽으로 살짝 기울어지게 시술한다.

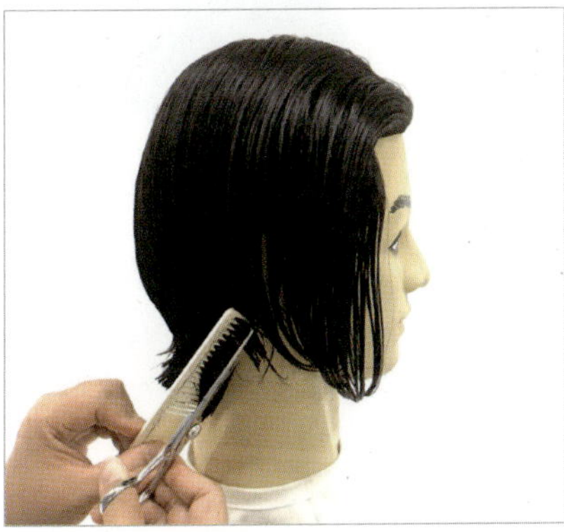

4. 반대편도 시술각 없이 모발을 내려 빗어 같은 방법으로 커트한다.

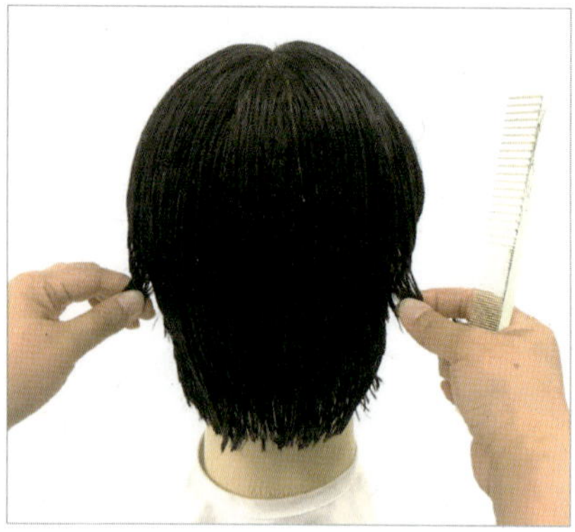

5. 시술한 양쪽의 밸런스를 체크한다.

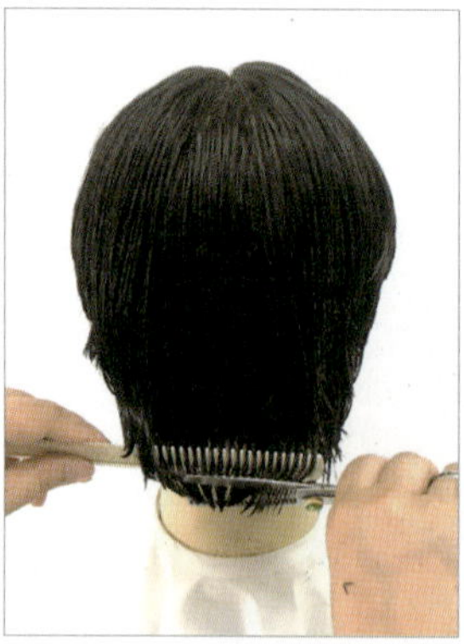

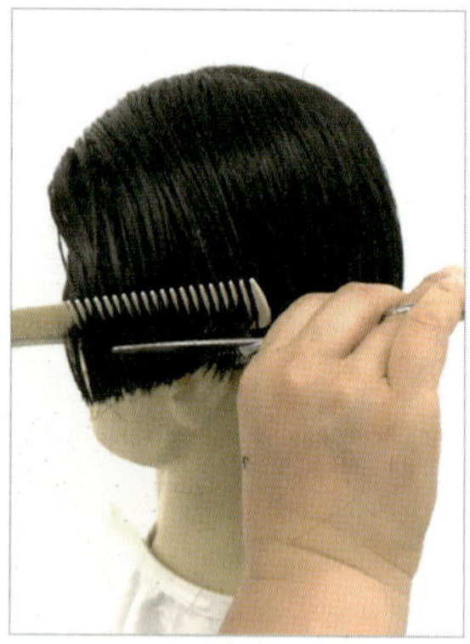

6. 커트한 아웃 라인에 몰려있는 무거운 모발을 제거하기 위해 틴닝 처리를 아웃 라인 전체에 시행한다.

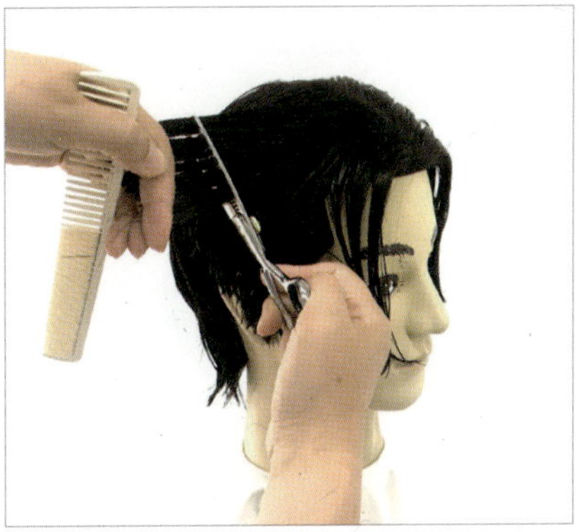

7. 커트 전 양감 처리를 위하여 이너 그래쥬에이션 기법으로 틴닝한다.

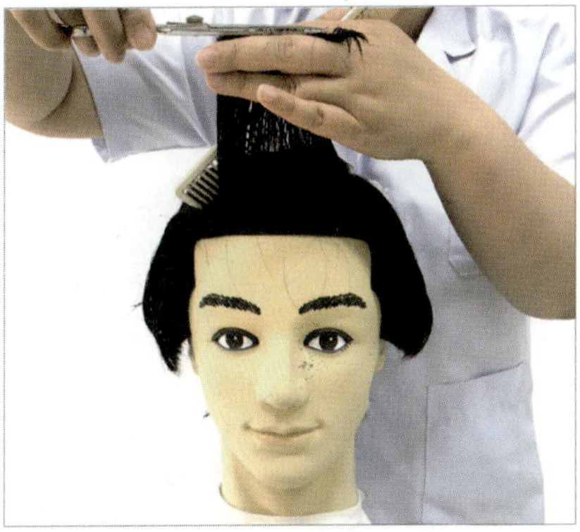

8. 센터에서부터 길이를 설정하되 센터 포인트(C.P)의 모발을 뒤쪽으로 끌어당겨 앞머리가 조금 길어지게 사이드 베이스로 오버다이렉션한다. 센터에 길이를 설정할 때는 디자인과 고객의 얼굴형에 맞추어 앞으로 모발을 내려 본 후 이미지에 맞게 설정하면 어울리는 형태를 만드는 데 도움이 된다.

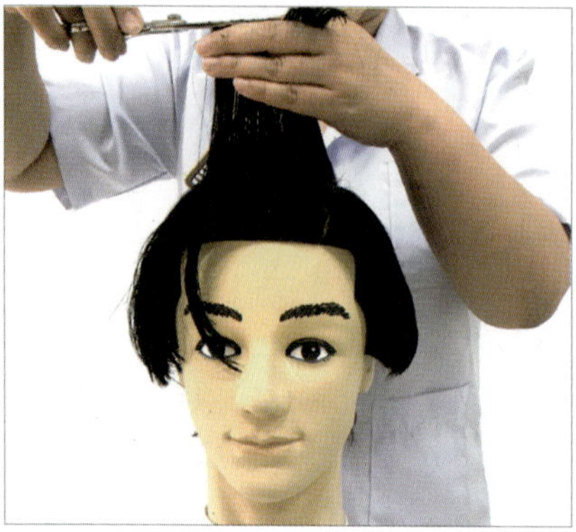 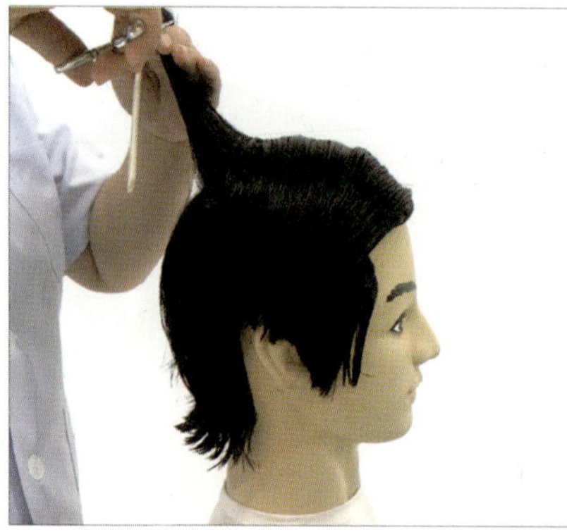

9. 골든 포인트(G.P)까지 가이드의 길이를 이용하여 모발을 일반시술각 90°로 들고 온 베이스로 커트를 진행한다.

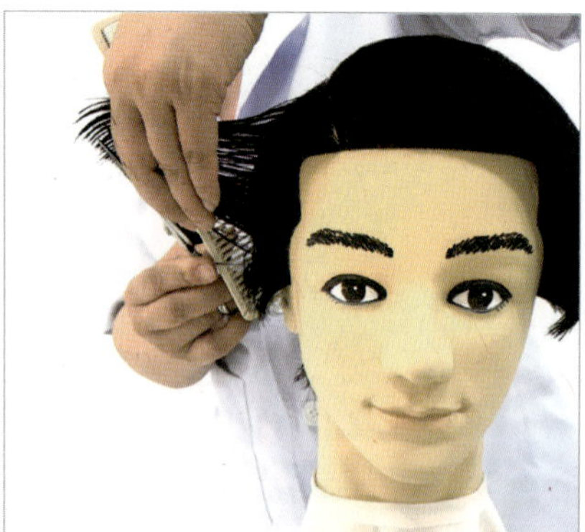 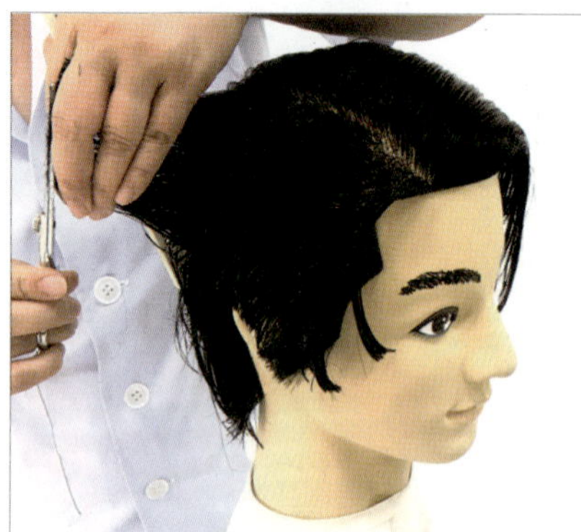

10. 두정부에서 자른 길이를 가이드로 하여 사이드 모발을 90°로 들어 커트한다.

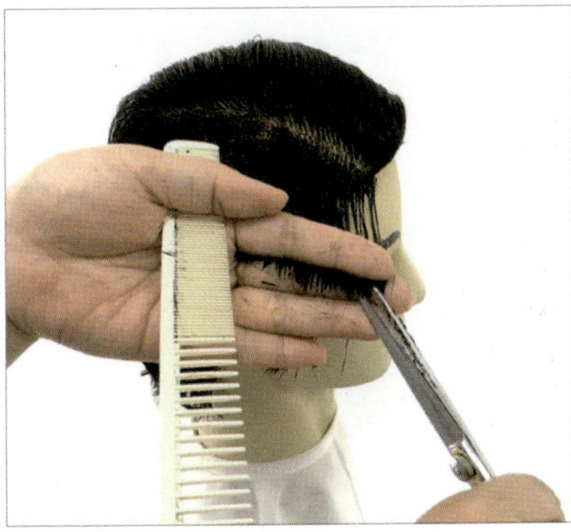

11. 사이드의 커트 라인이 두상의 곡면에 맞게 커트되었는지 호리존탈 섹션을 이용하여 체크한다.

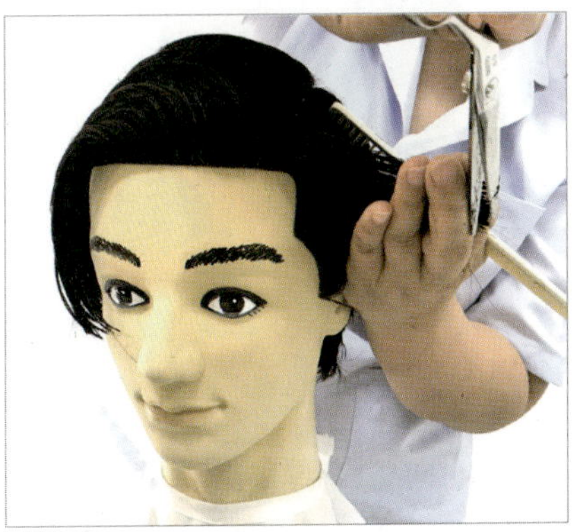

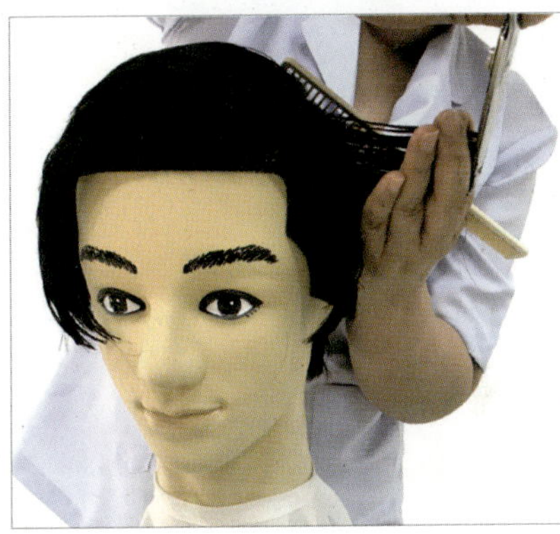

12. 반대편도 90°로 들어 사이드에서 이어 백 포인트(E.B.P) 뒤 섹션까지 커트한다.

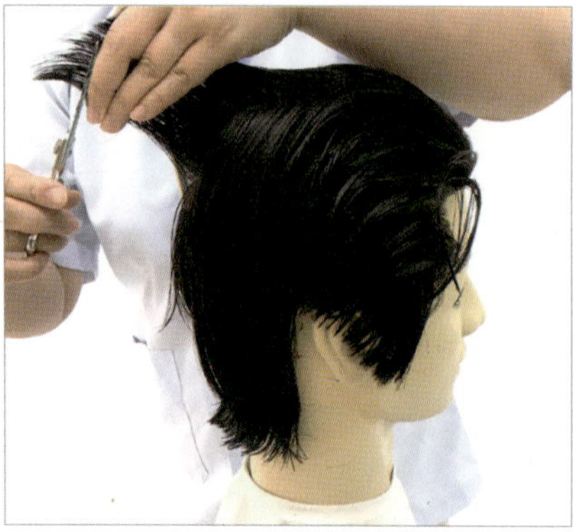
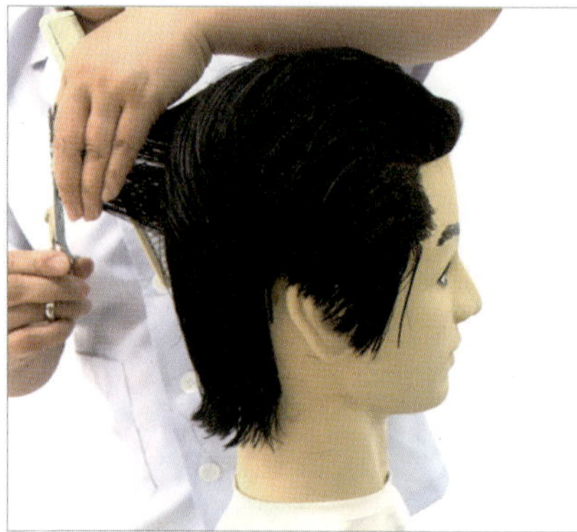

13. 골든 포인트(G.P)의 길이를 연결하여 백 포인트(B.P)까지 유니폼 레이어가 될 수 있도록 같은 길이로 두상의 곡면을 따라 커트한다.

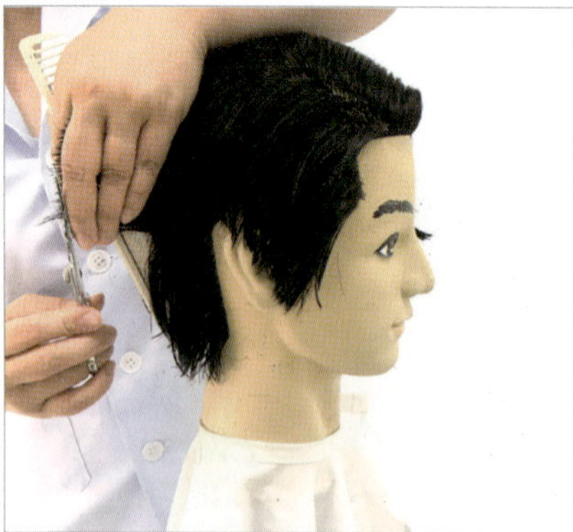
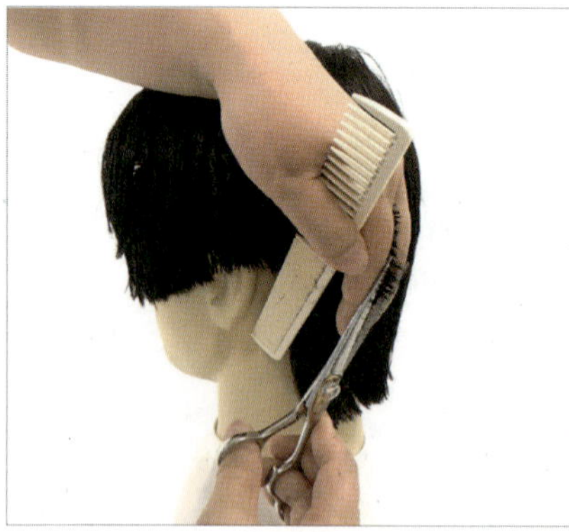

14. 온 베이스를 이용하여 양쪽 백 사이드 부분의 길이가 탑과 백의 길이와 같아지도록 커트한다.

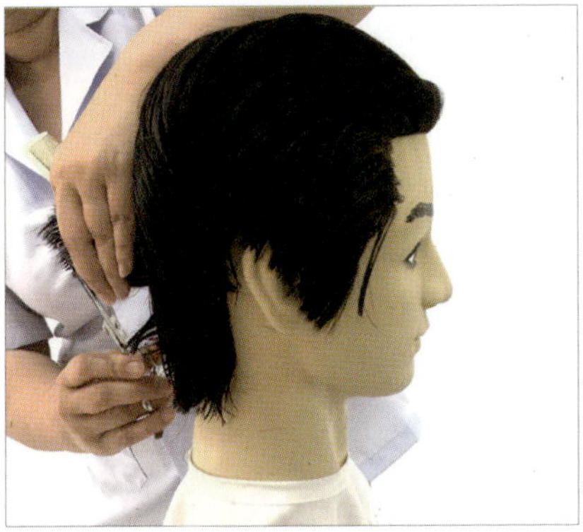

15. 자연스러운 층의 형성을 위하여 백에서 네이프까지의 길이를 연결한다.

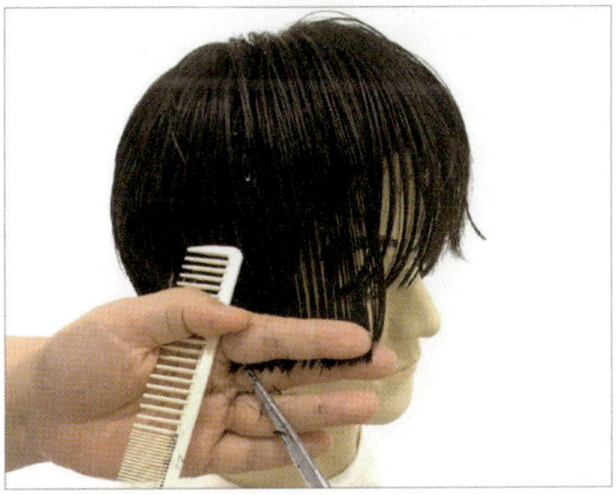

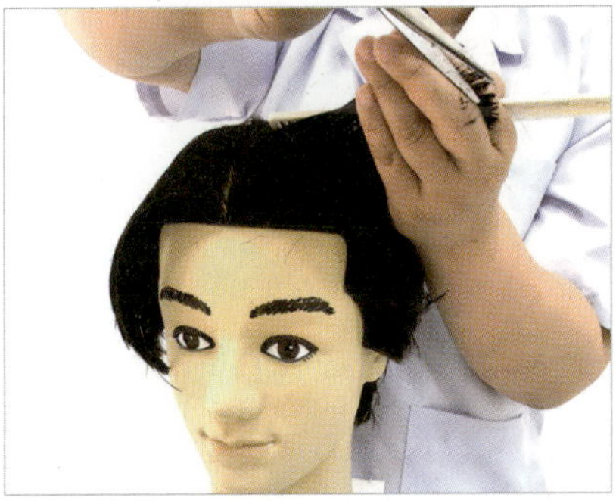

16. 나칭 커트로 전체 커트선을 정리하고 유니폼 레이어로 커트된 탑과 백, 탑과 사이드 부분의 디자인 라인을 체크한다.

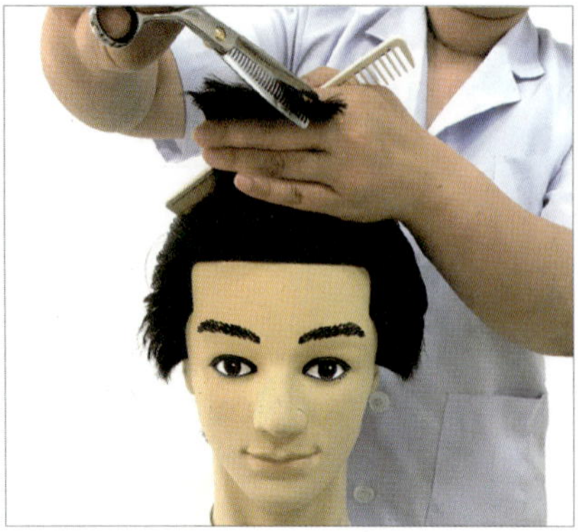

17. 커트된 아웃 라인에 질감 처리하여 가벼운 느낌을 만든다.

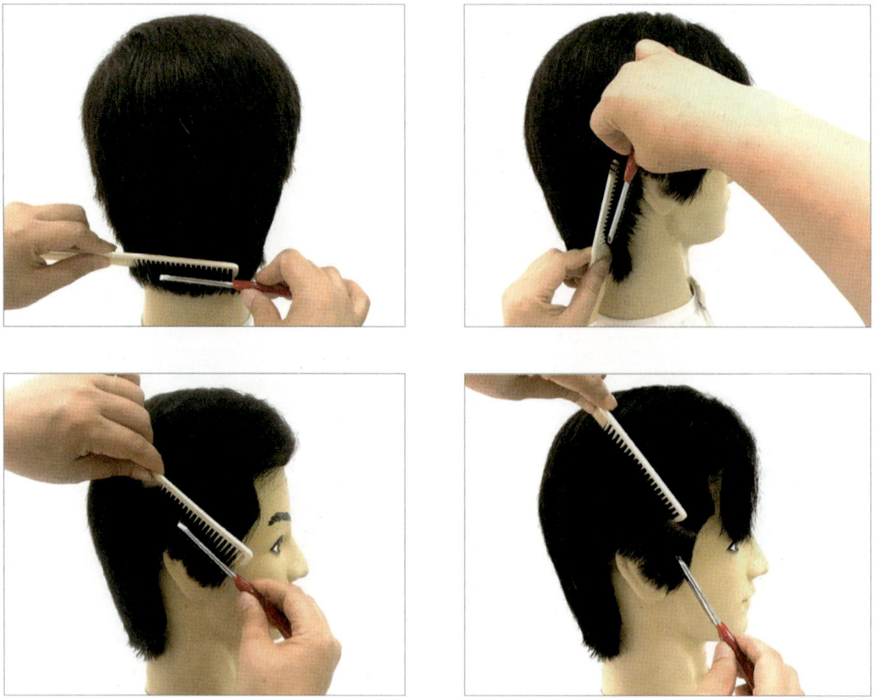

18. 아웃 라인부터 커트한 디자인은 모발이 뭉쳐 무거워질 수 있으므로 레이저를 이용하여 모선의 끝부분을 질감 처리하여 가볍게 만들고 모발의 양감이 많은 부분을 레이저를 세워 양감 처리한 후 마무리한다.

완성작

스타일링 1

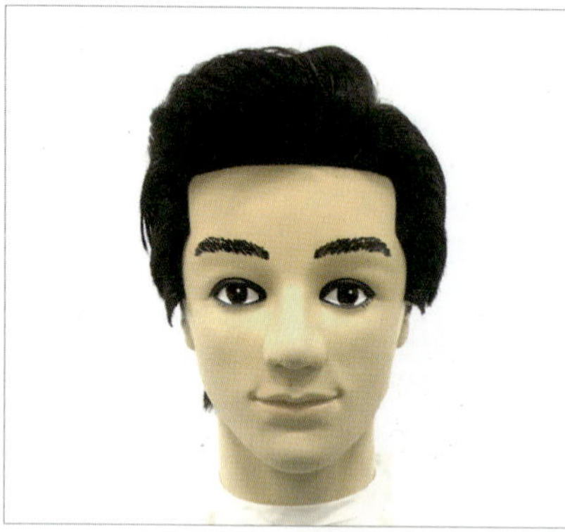

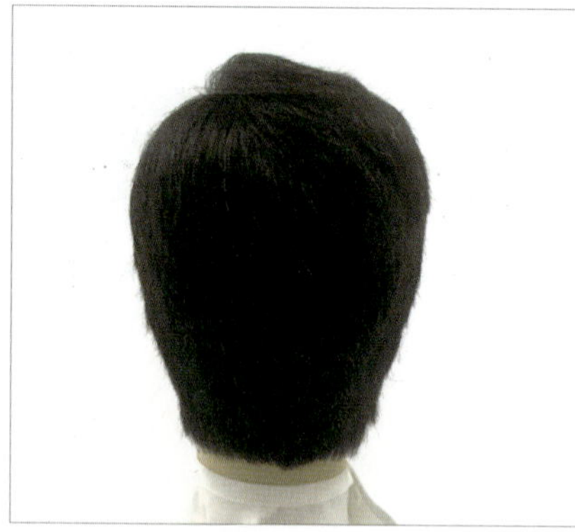

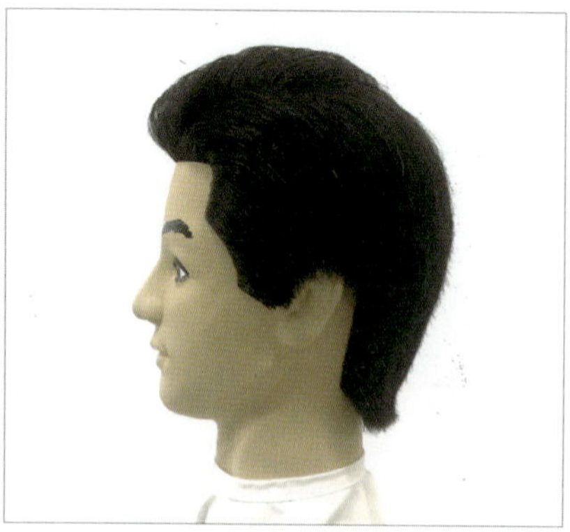

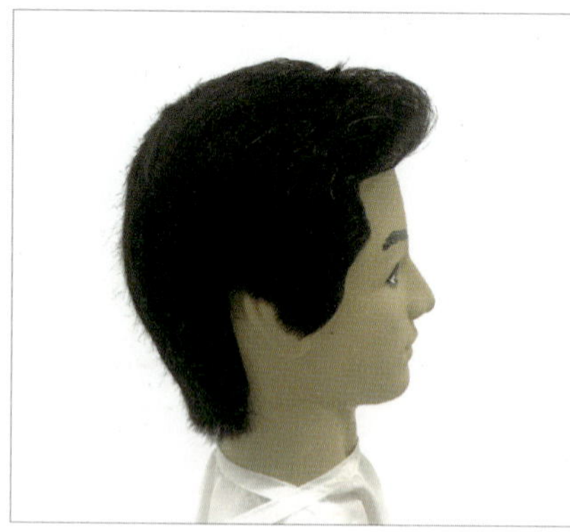

스타일링 2

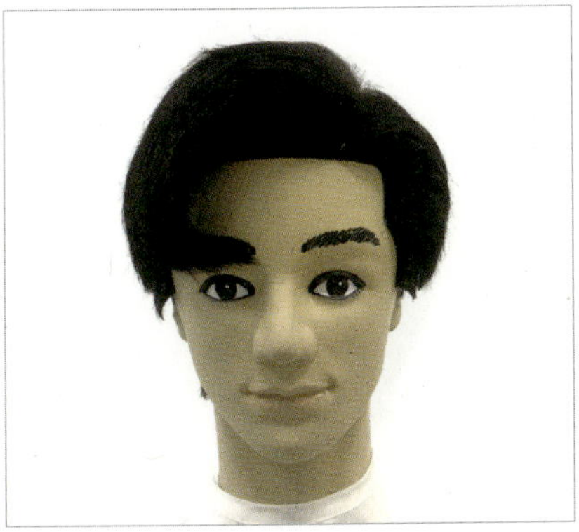

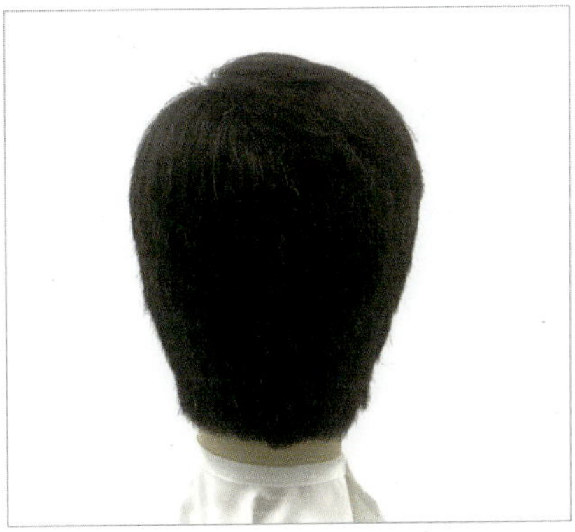

스타일링 3

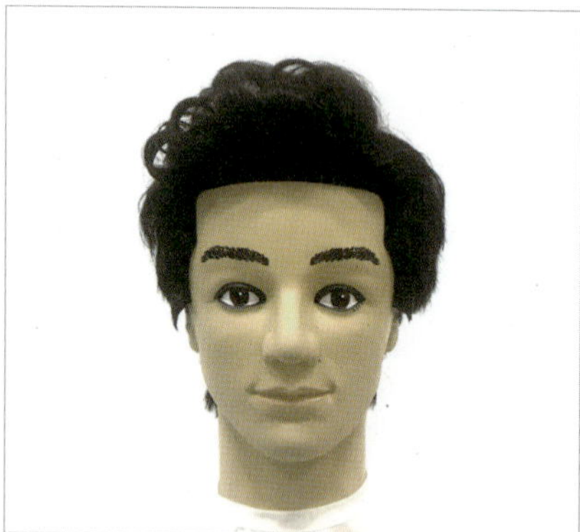

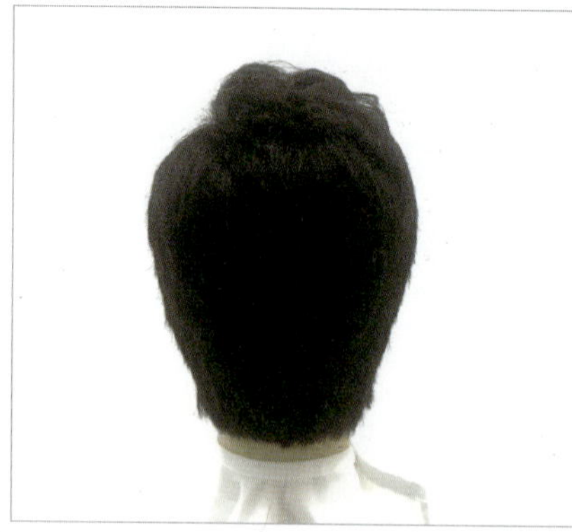

Key point

1. 유니폼 레이어 베이스 커트는 홀슈 섹션 길이를 같게 설정하고 홀슈 섹션 아래는 그래쥬에이션 형태를 접목한 스타일로 센터와 골든에서 떨어지는 길이를 얼굴형을 고려하여 설정한다.

2. 귀 위를 시술할 때는 가위를 세워 귀의 모양과 같이 커트선의 모양을 라운드로 커트한다.

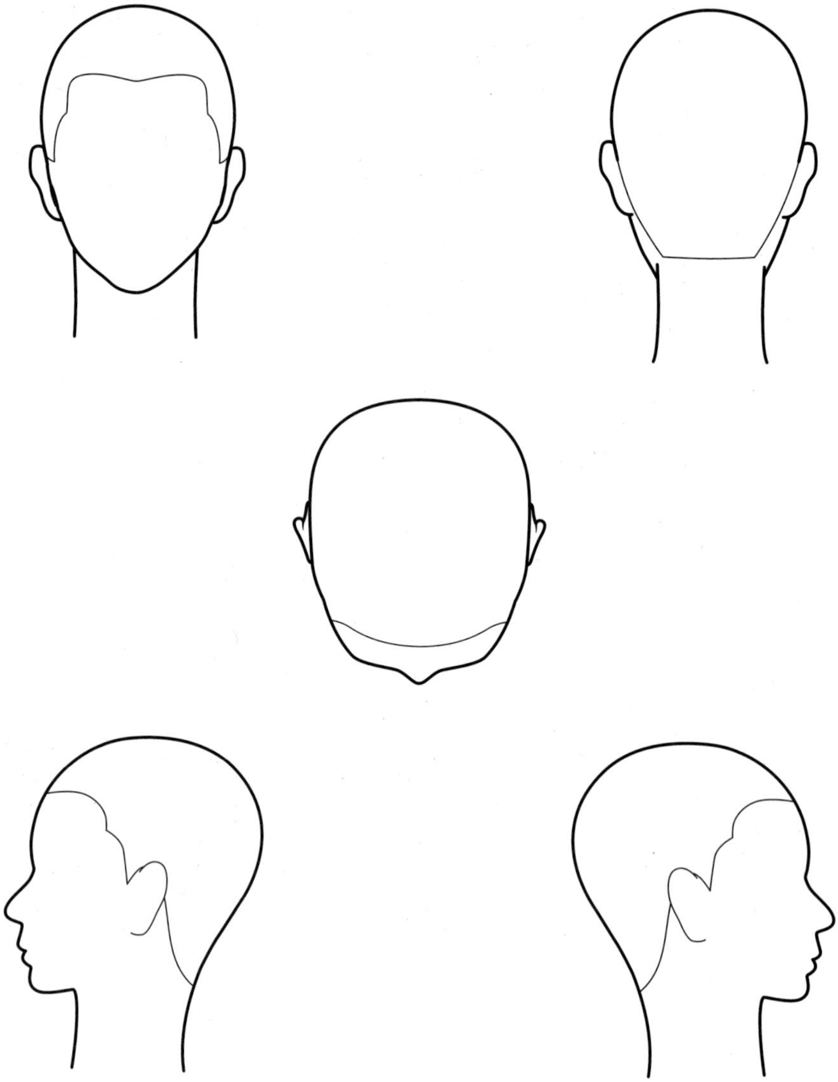

Notes

2. 유니폼 레이어 베이스 컷 2(Uniform Layer Base Cut 2)

중간 길이의 남성 컷으로 골든 포인트(G.P)를 기점으로 피봇 라디얼 섹션을 이용하여 유니폼 레이어로 커트하여 두정부와 크라운, 백의 길이가 같아지게 커트하고 백에서 네이프에 자연스러운 층이 생기도록 그래쥬에이션 형태를 응용한 댄디한 스타일의 커트이다.
크라운과 백에 이너 그래쥬에이션 기법을 이용한 질감 처리로 레이어에서 없어지는 무게감에 볼륨을 보완하여 두상이 납작한 고객에게도 적용 가능한 디자인이다.

1) 구조

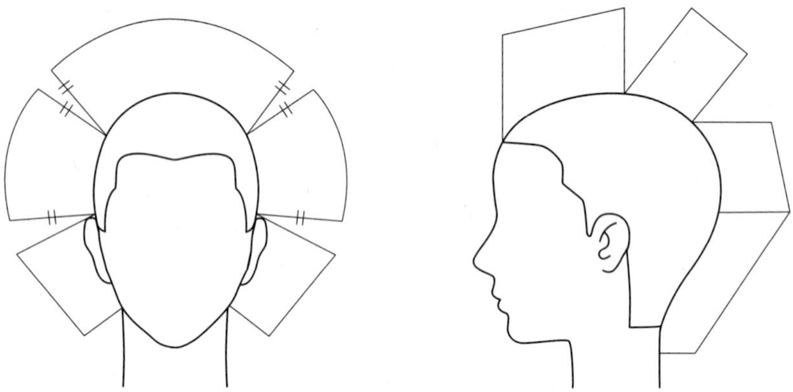

2) 섹션

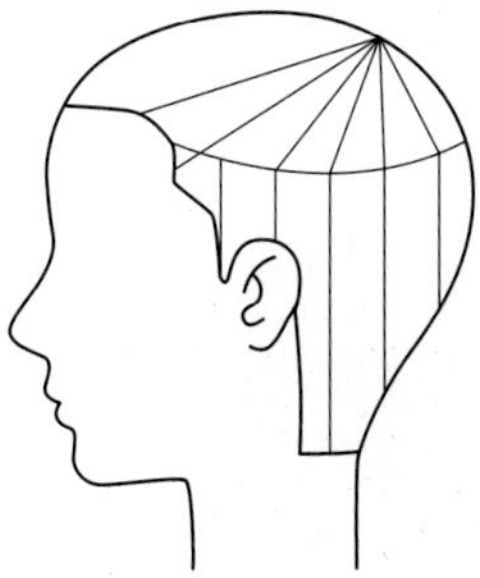

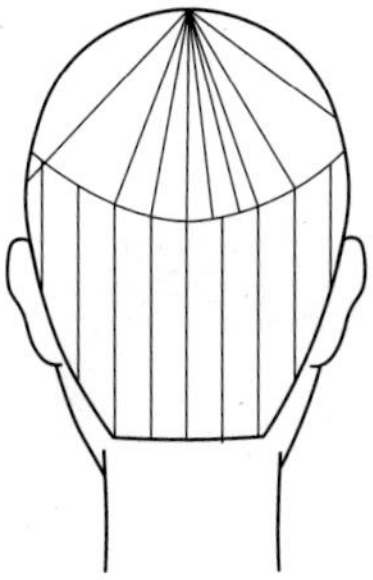

3) 테크닉

(1) 사이드 & 백(Side and back)

❶ 파팅 & 섹션(Partings & sections) : 홀슈 섹션(Horseshoe) - 버티컬(Vertical)

❷ 빗질(Distribution) : 90° - 오버다이렉션(Overdirected)

❸ 시술각(Elevation) : 45° -오버다이렉션(Overdirected)

❹ 커트(Cut) : 버티컬 그래쥬에이션(Vertical graduation)

(2) 탑(Top)

❶ 파팅 & 섹션(Partings & Sections) : 피봇 라디얼(Pivot radial)

❷ 빗질(Distribution) : 90°

❸ 시술각(Elevation) : 90°

❹ 커트(Cut) : 두상을 따라 곡선으로 커트

4) 시술 과정

시술 전

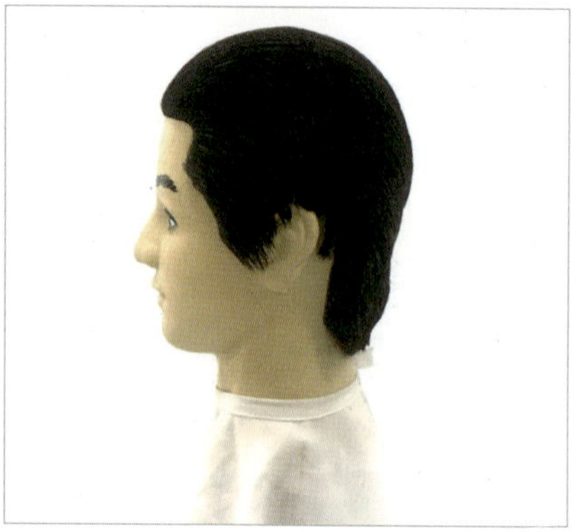
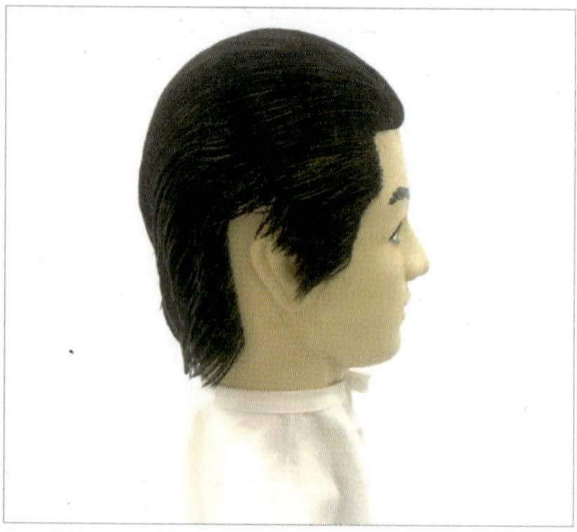

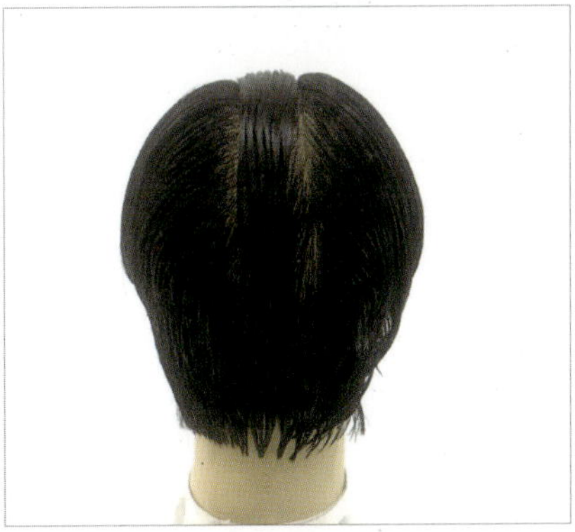

1. 센터 포인트(C.P)에서 백 포인트(B.P)까지 버티컬 섹션을 이용하여 1~1.5cm 폭으로 버티컬 섹션을 탄다.

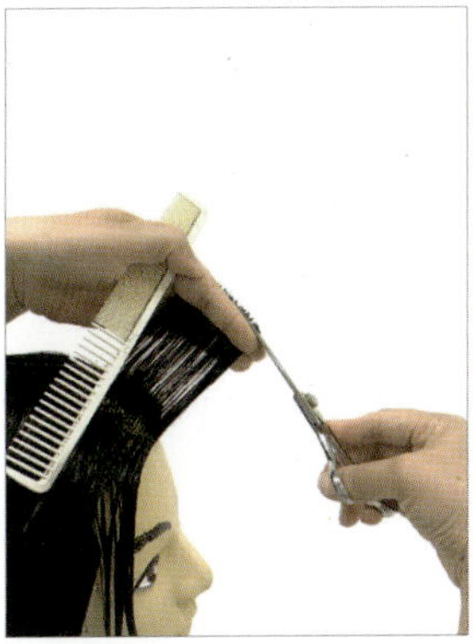

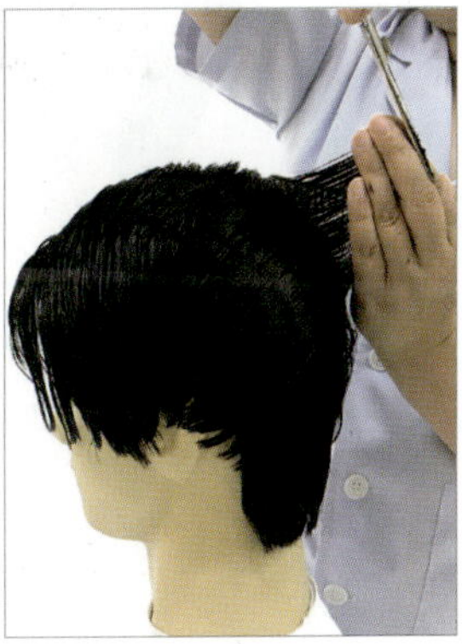

2. 센터 포인트(C.P)에서부터 백 포인트(B.P) 방향으로 일반시술각 90°를 이용하여 전체 모발의 길이가 같아지게 가이드 라인을 만든다.

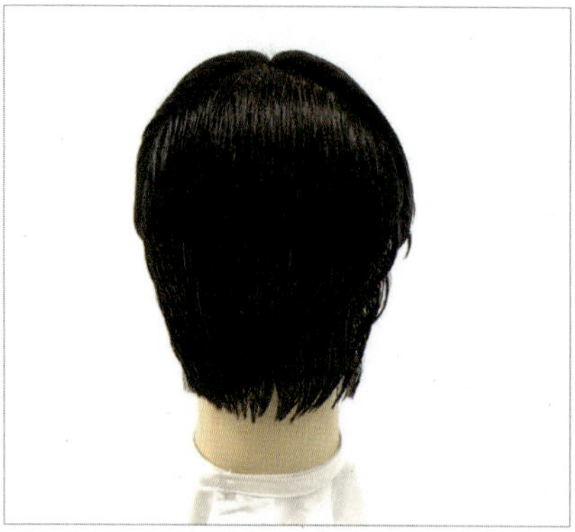 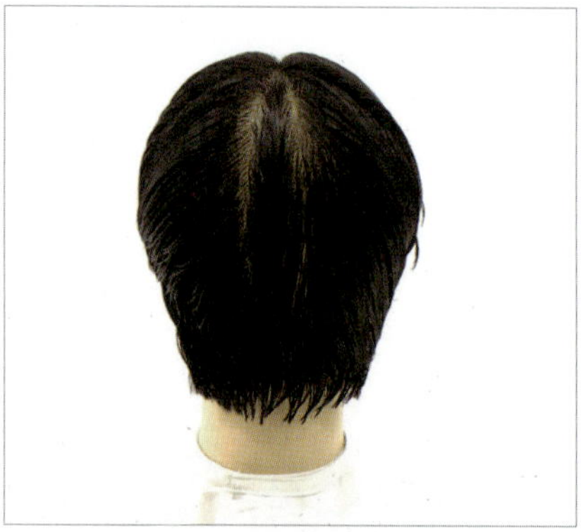

3. 두상을 탑 골든 미디움 포인트(T.G.M.P)에서부터 이어 백 포인트(E.B.P)까지 4등분으로 나누고 백 센터에서 방사선으로 삼각형이 되게 피봇 라디얼 섹션을 탄다.

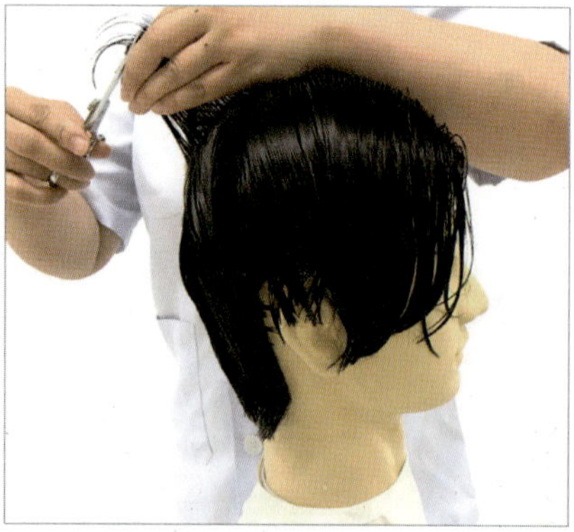

4. 골든 포인트(G.P)에서 백 포인트(B.P)까지 같은 길이가 되도록 두상의 곡면을 따라 가이드 라인을 만든다.

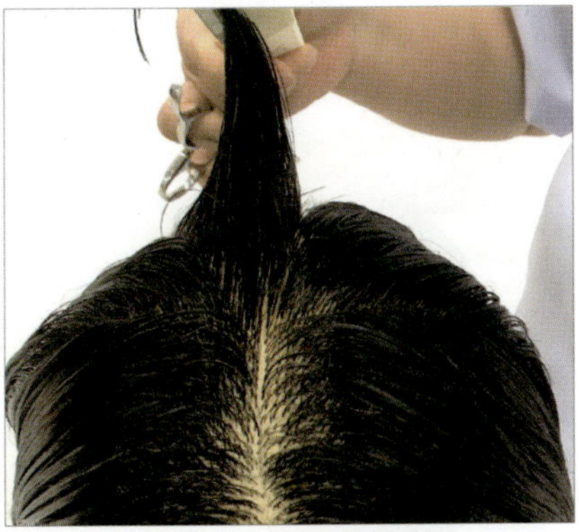

5. 가이드 라인을 따라 백 사이드로 이동하면서 온 베이스로 모발을 중앙으로 모아서 커트한다.

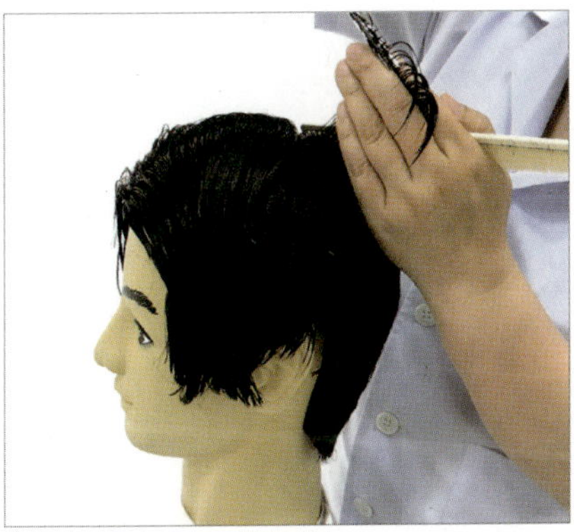

6. 반대편 백 사이드로 일반시술각 90°를 이용하여 온 베이스로 시술한다.

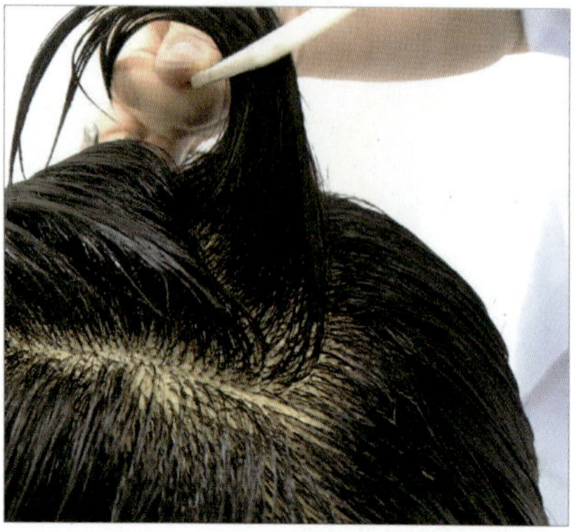

7. 사이드로 이동하여 피봇 라디얼 섹션을 타고 백 사이드의 길이를 따라 같은 길이로 커트한다.

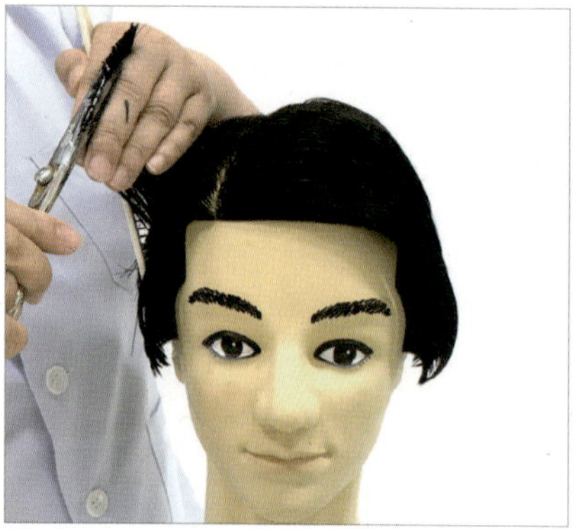

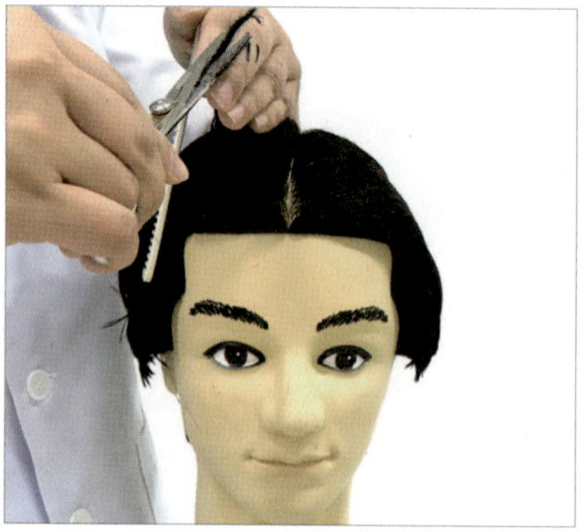

8. 계속해서 골든 포인트(G.P)를 기점으로 피봇 라디얼 섹션을 이용하여 센터 포인트(C.P)까지 커트한다.

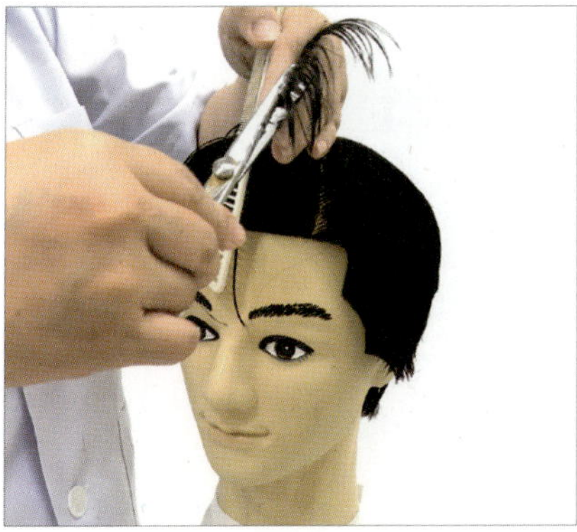

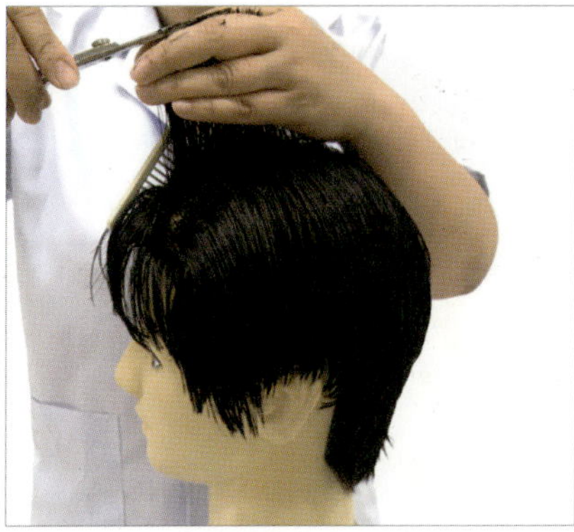

9. 반대편 사이드도 백 사이드의 길이와 같은 길이로 일반시술각 90°로 커트한다.

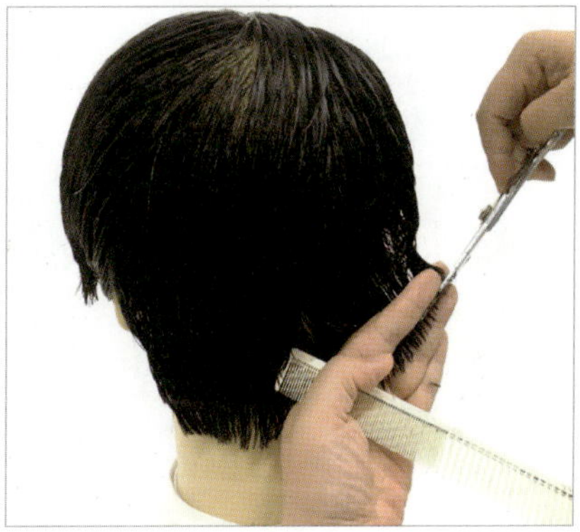

10. 백 포인트(B.P)에서 네이프 포인트(N.P)까지 그래쥬에이션으로 층이 자연스럽게 연결될 수 있도록 커트한다.

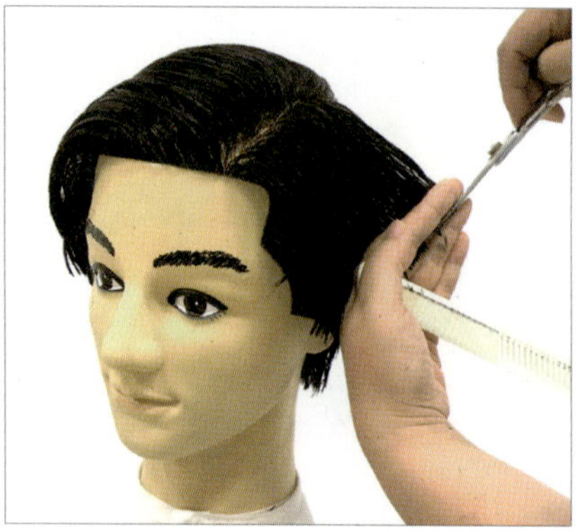

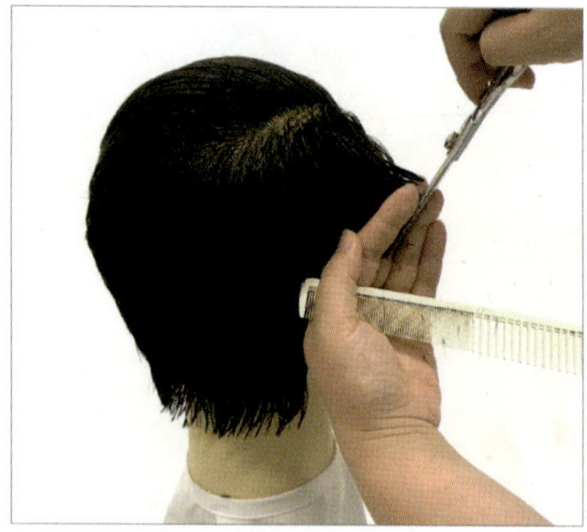

11. 양쪽 사이드도 U 라인과 이어 포인트(E.P)의 길이가 연결될 수 있도록 그래쥬에이션으로 커트한다.

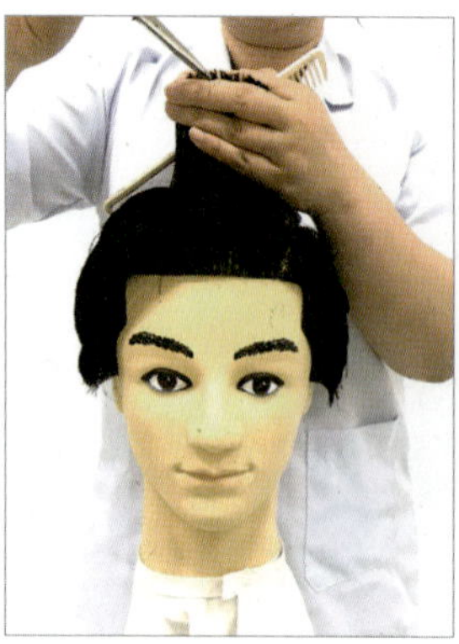

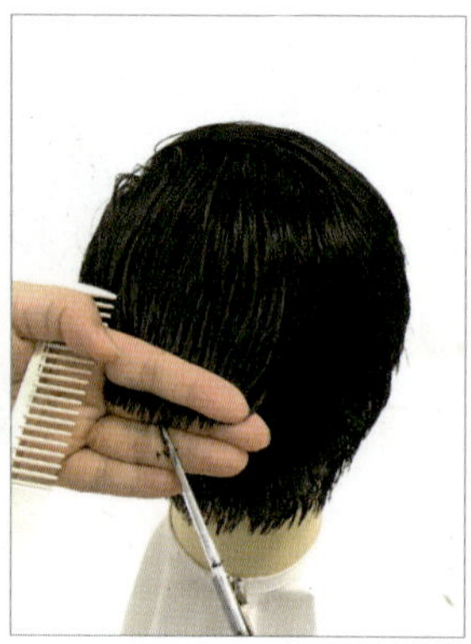

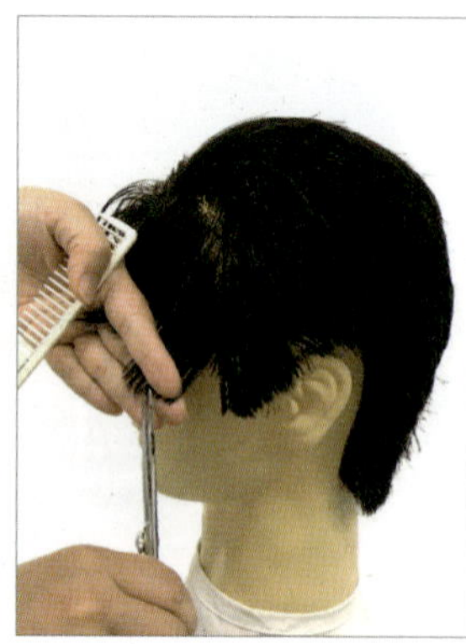

12. 커트 후 커트 라인이 두상의 곡면과 같이 곡선이 되었는지 체크하고 커트 시 이용한 섹션과 라인이 반대인 호리존탈 섹션을 이용하여 크로스 체크한다. 체크 시 튀어 나오거나 라인에 맞지 않는 모발은 나칭 기법을 이용하여 라인을 연결시킨다.

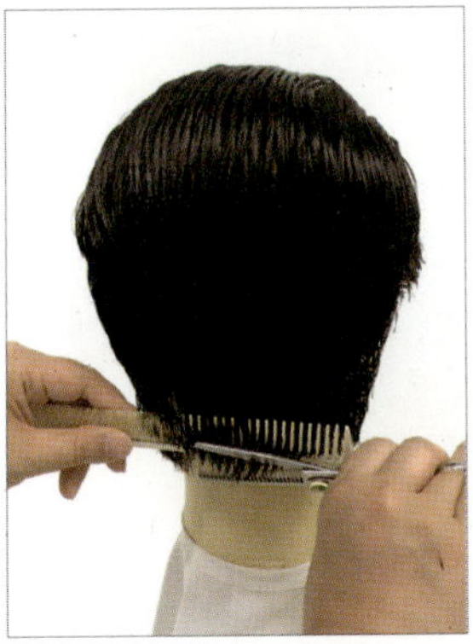

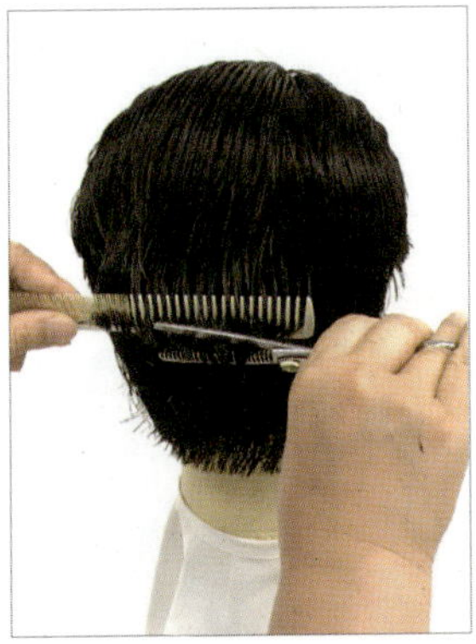

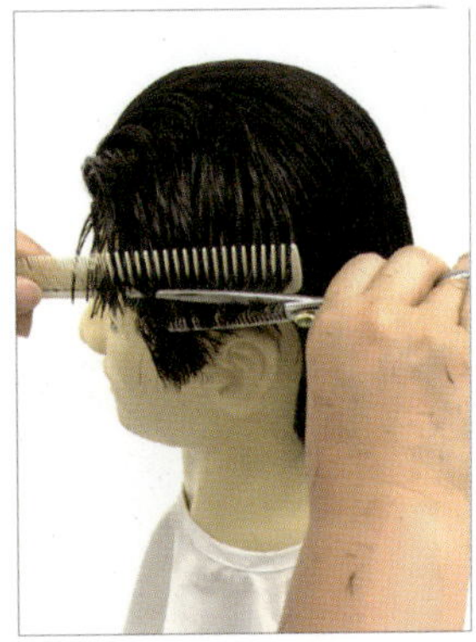

13. 커트된 디자인이 가벼워지도록 틴닝가위로 질감 처리를 한다. 이때 각도를 들지 않고 틴닝하면 자국이 날 수 있으므로 시저 오버 콤과 같이 빗으로 모발을 들고 자연스럽게 위로 올라가면서 각도를 주면서 틴닝한다.

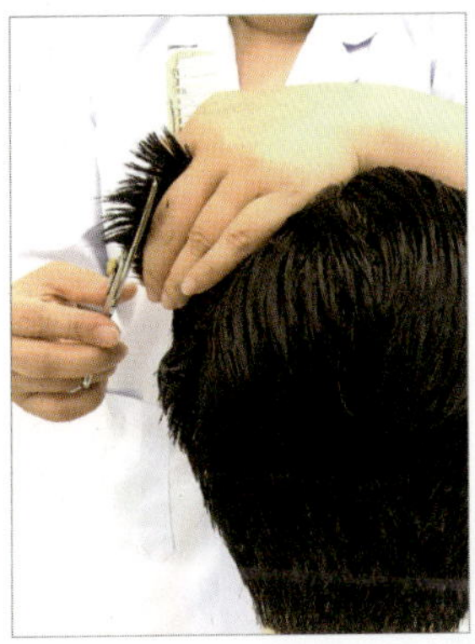

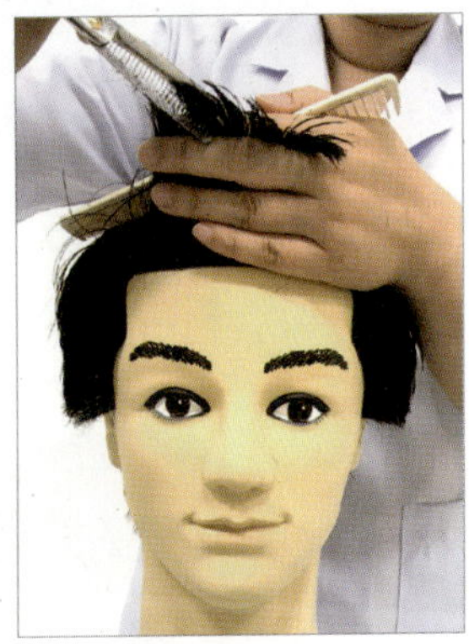

14. 모발 길이가 긴 U 라인과 같은 부분은 모발을 잡고 틴닝가위로 모선의 질감 처리를 하고 센터 모발은 틴닝 자국이 나지 않도록 틴닝가위를 세워 포인트 커트 기법으로 질감 처리를 한다.

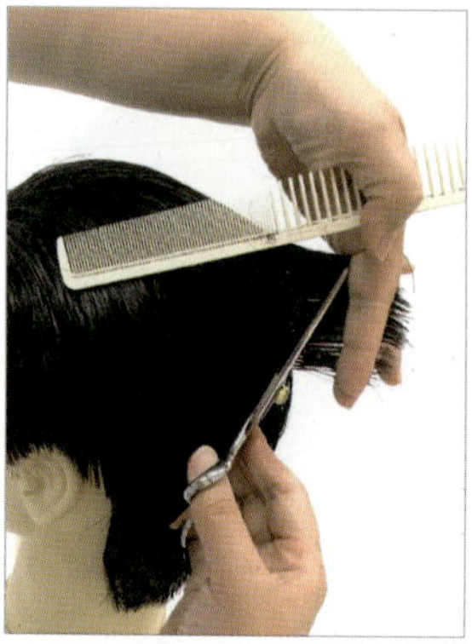

15. 크라운과 백의 볼륨 형성을 위하여 이너 그래쥬에이션 틴닝을 하여 풍성한 볼륨이 생기도록 한다.

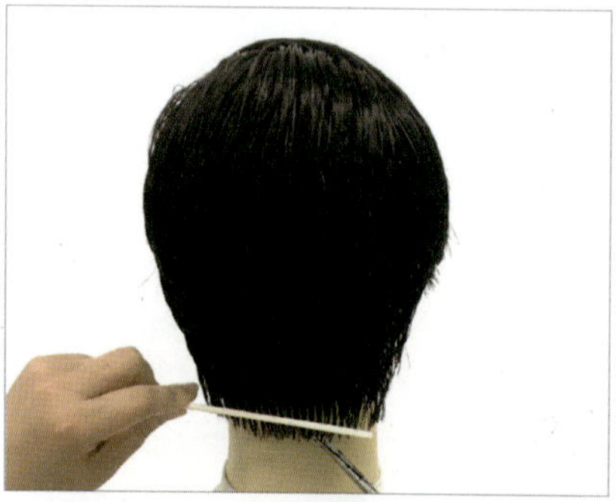

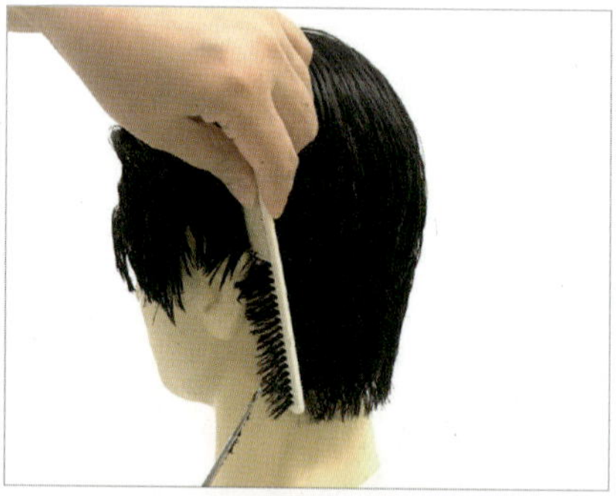

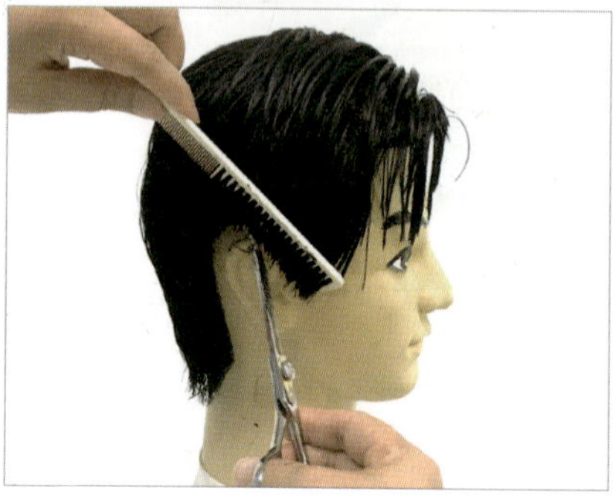

16. 나칭 커트 기법을 이용하여 목 뒷선, 목 옆선, 사이드 등의 아웃 라인을 정리한다.

완성작

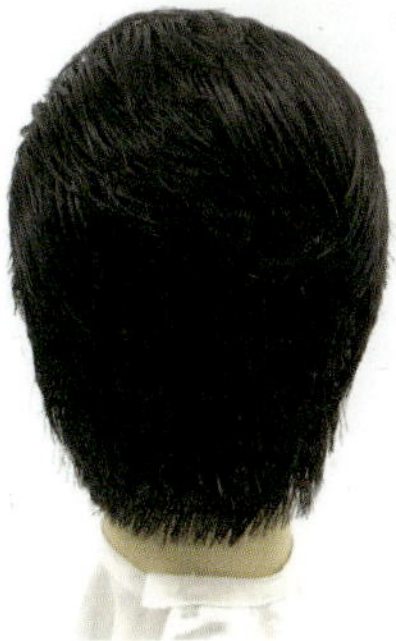

스타일링 1

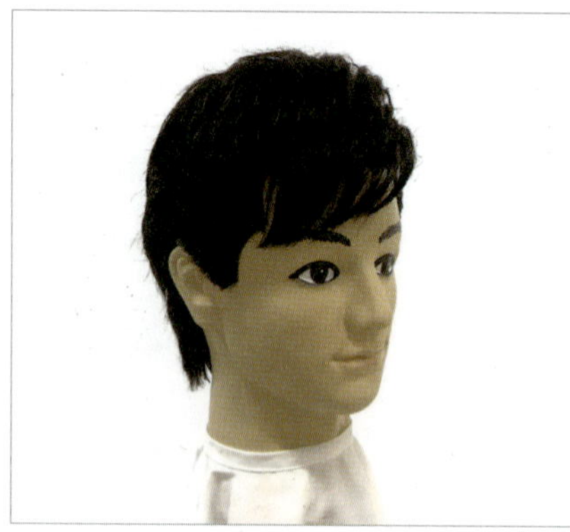

스타일링 2

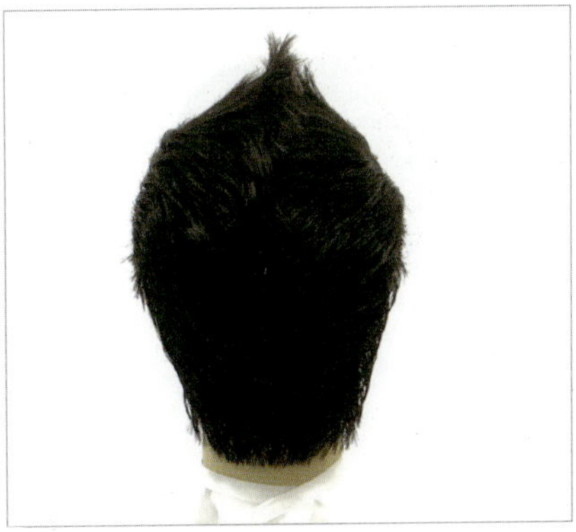

스타일링 3

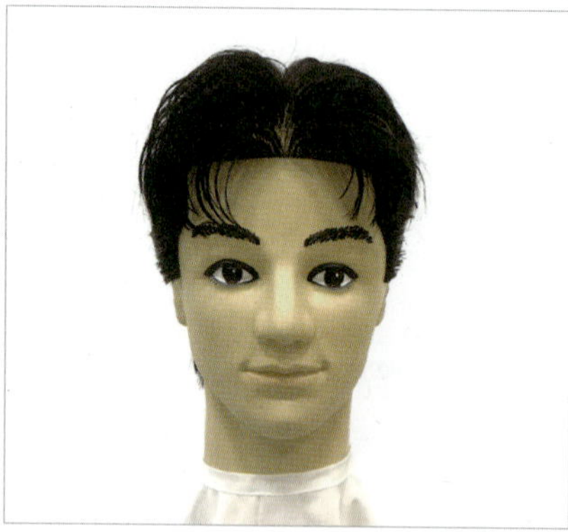

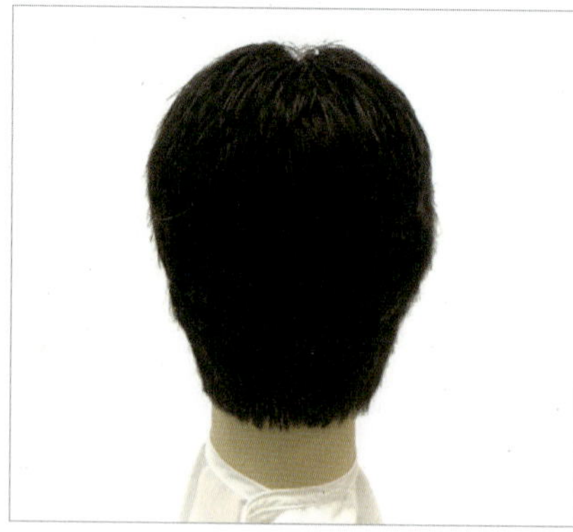

Key point

1. 센터 포인트(C.P)에서부터 백 포인트(B.P) 방향으로 일반시술각 90°를 이용하여 전체 모발의 길이가 같아지게 가이드 라인을 만든다.

2. 커트 라인이 무겁지 않도록 틴닝을 할 때 각도를 들지 않고 틴닝하면 자국이 날 수 있으므로 시저 오버 콤과 같이 빗으로 모발을 들고 자연스럽게 위로 올라가면서 각도를 주면서 틴닝한다.

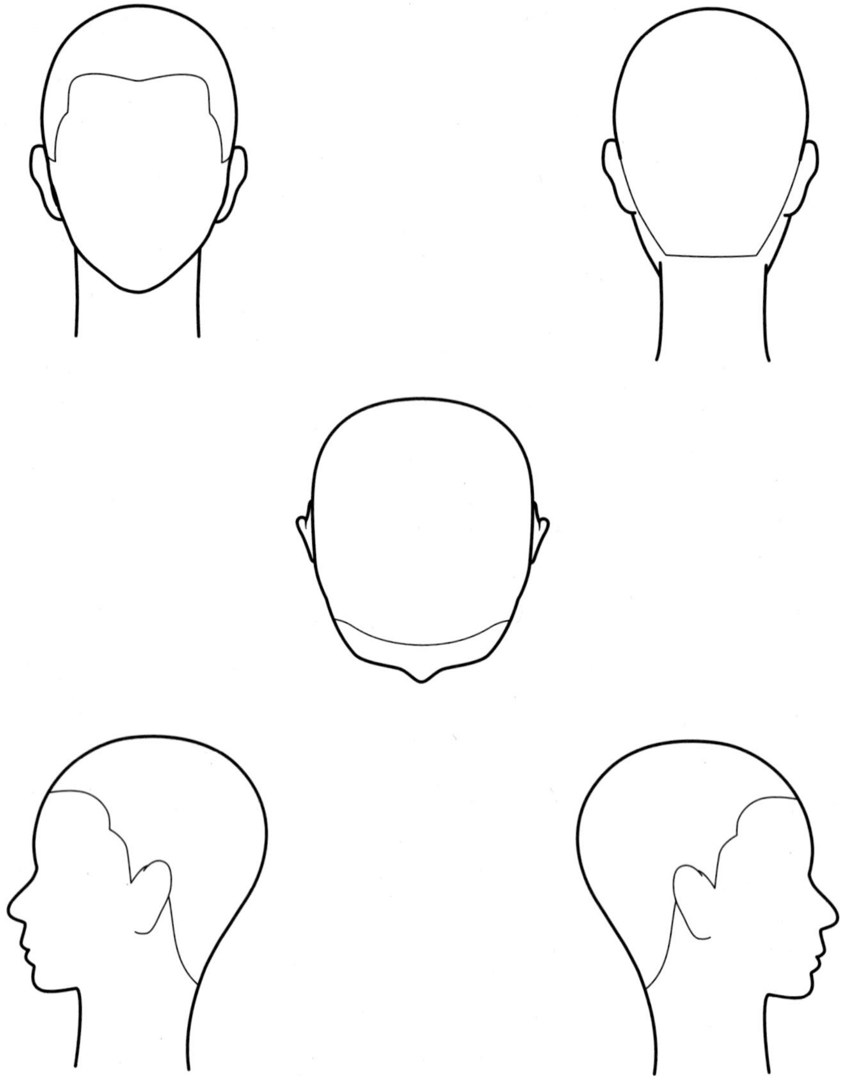

Notes

Chapter 10

디스커넥션 스타일

1. 맨즈 더블 그래쥬에이션 디스커넥션(Men's Double Graduation Disconnection)
2. 맨즈 레이저 디스커넥션(Men's Razor Disconnection)
3. 투 블록 바이어스(Two Block Bias)
4. 투 블록 클리퍼(Two Block Clipper)

1.
맨즈 더블 그래쥬에이션 디스커넥션 (Men's Double Graduation Disconnection)

맨즈 더블 그래쥬에이션 디스커넥션은 홀슈 섹션 위와 아래에 그래쥬에이션 형태 두 개를 시술하는 디자인으로 아래의 그래쥬에이션의 볼륨이 위의 커트된 모발을 받쳐주어 볼륨감이 극대화되는 스타일이다. 백과 탑에 볼륨이 형성되는 것을 살려 파팅과 스타일링에 따라 인테리어 커트 디자인을 다양하게 변화시킬 수 있으며 세련된 이미지를 연출할 수 있다.

1) 구조

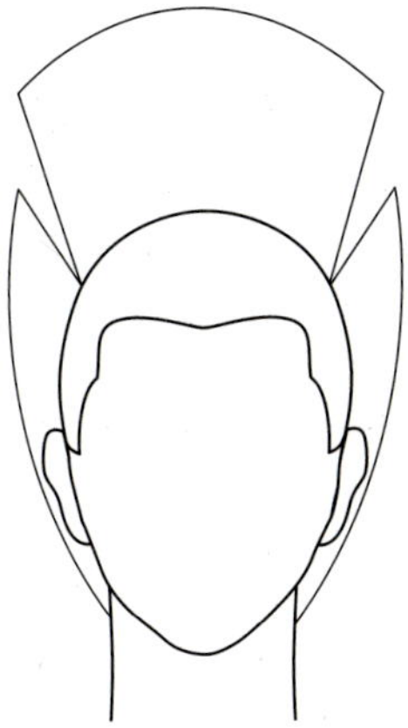

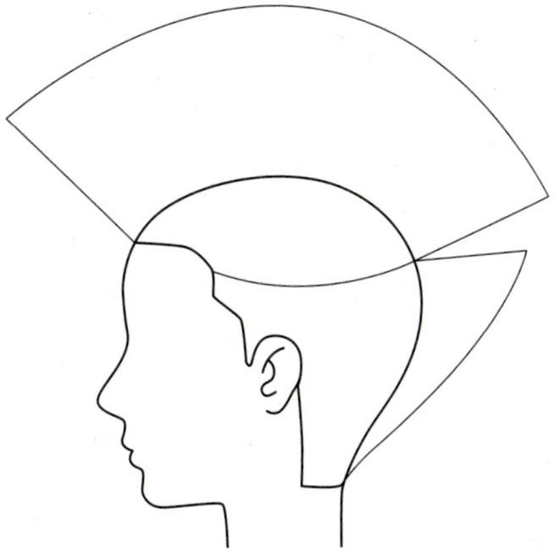

2) 섹션

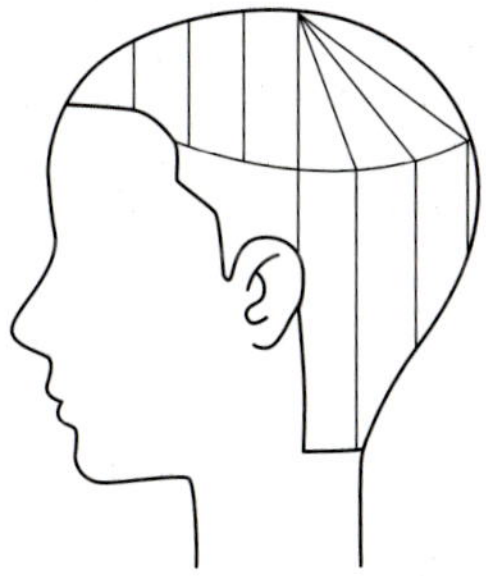

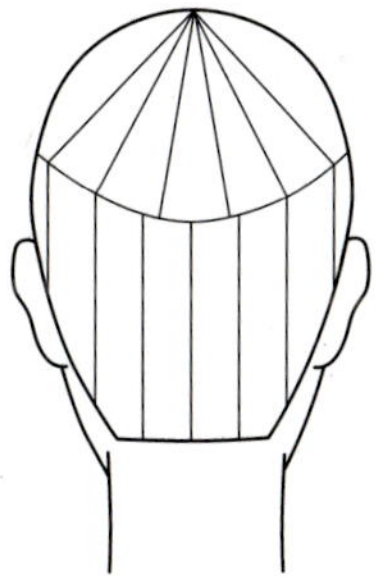

3) 테크닉

(1) 사이드 & 백(Side and back)

❶ 파팅 & 섹션(Partings & Sections) : 홀슈(Horseshoe)
 - 버티컬(Vertical)

❷ 빗질(Distribution) : 90° - 오버다이렉션(Overdirected)

❸ 시술각(Elevation): 45° - 오버다이렉션(Overdirected)

❹ 커트(Cut) : 버티컬 그래쥬에이션(Vertical graduation)

(2) 탑(top)

❶ 파팅 & 섹션(Partings & Sections) : 수평(Horizontal)
 - 피봇 라디얼(Pivot radial)

❷ 빗질(Distribution) : 90° - 오버다이렉션(Overdirected)

❸ 시술각(Elevation) : 45° - 오버다이렉션(Overdirected)

❹ 커트(Cut) : 버티컬 그래쥬에이션(Vertical graduation)

4) 시술 과정

시술 전

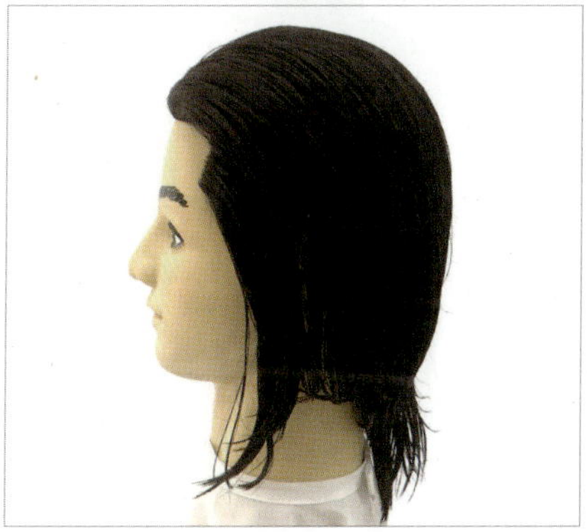
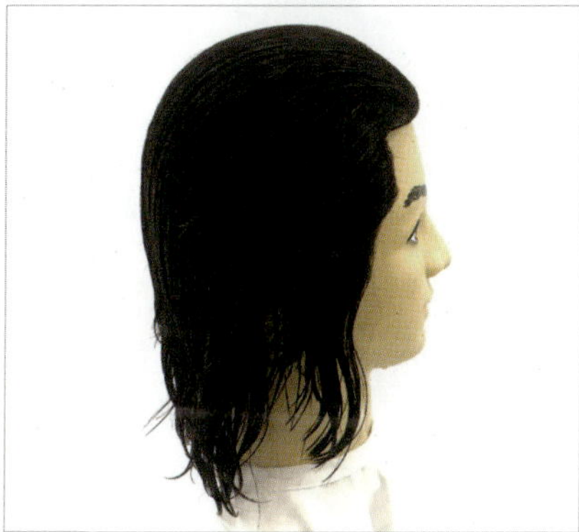

1. 좌 · 우의 높이가 같게 프런트 사이드에서 골든 포인트(G.P)에서 2cm 내려온 지점까지 두상의 곡면을 따라 홀슈 섹션을 탄다.

2. 백 센터에서 가이드 라인을 만들기 위해 폭 1~1.5cm의 버티컬 섹션을 탄다.

3. 4~5cm로 출발하여 네이프에서 2~3cm가 되는 그래쥬에이션 라인을 만든다. 엑스테리어에서 커트 후 두상의 곡면 라인을 따라 커트된 모발이 안쪽으로 자리잡을 수 있도록 커트 시 커트된 면의 끝 코너를 자르면서 진행하여 커트선이 두상과 같은 곡선이 되도록 한다.

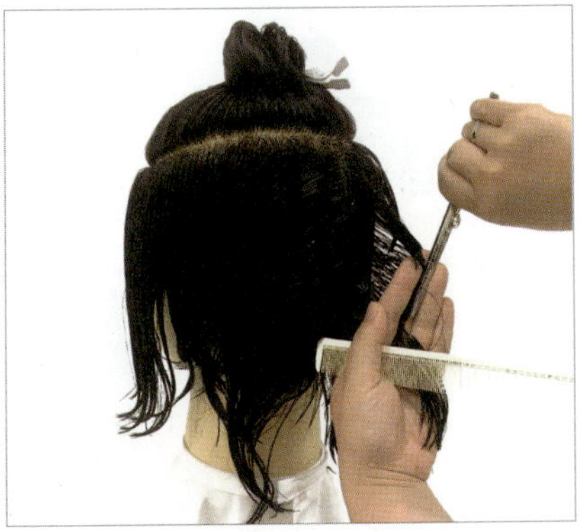

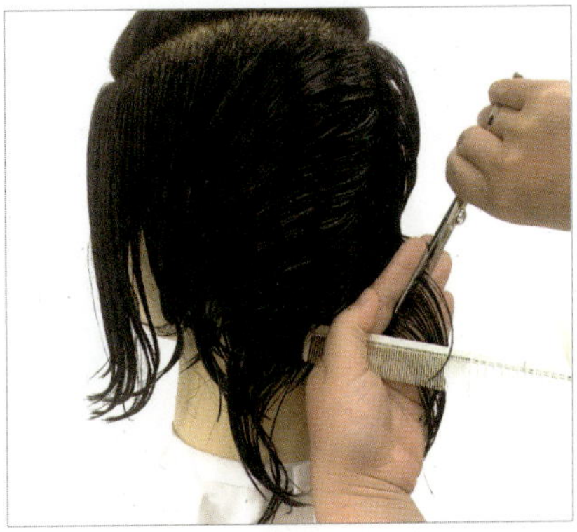

4. 가이드 라인보다 조금씩 길이가 길어질 수 있도록 프리 베이스와 사이드 베이스로 오버다이렉션시키면서 백 사이드로 진행한다.

5. 이어 포인트(E.P) 뒤까지 이동한 섹션에서는 목 옆선의 영향으로 네이프 사이드 포인트(N.S.P)와 이어 백 포인트(E.B.P)까지 모발이 난 면적이 좁다는 것을 인지하여 반드시 오버다이렉션시켜 길이를 길게 유지한다.

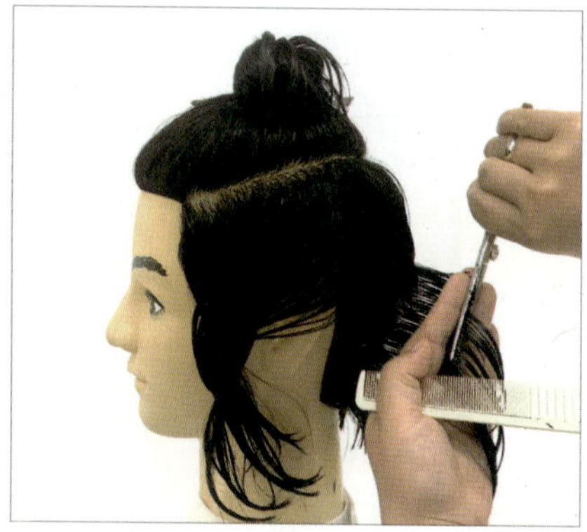

6. 왼쪽도 오른쪽의 길이를 고려하여 밸런스가 맞도록 시술한다.

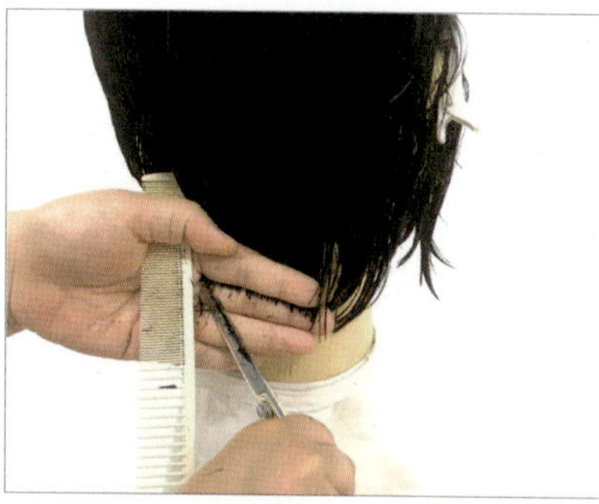

7. 백을 시술 후 백 라인의 밸런스와 디자인 라인 체크를 위하여 홀슈 섹션과 다이아고날 섹션을 이용하여 크로스 체크 하여 네이프 라인을 정리하고 네이프 사이드 포인트(N.S.P)에 생긴 부자연스러운 코너는 제거한다.

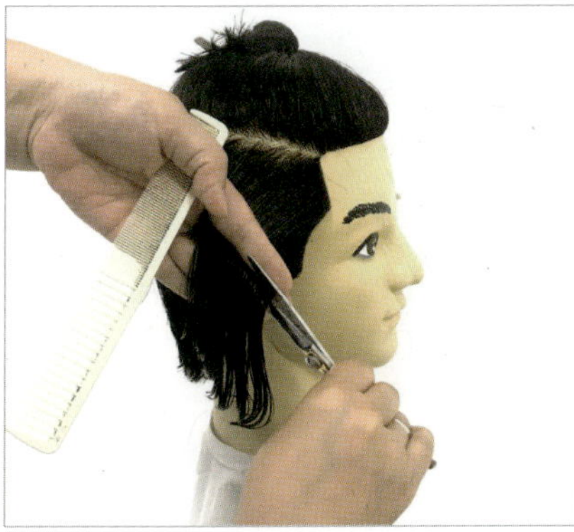

8. 사이드 커트를 위해 이어 포인트(E.P)에서 귀가 보일 수 있도록 3~4cm 길이로 설정하고 이어 포인트(E.P)로 모아 그래쥬에이션 라인으로 커트한다.

9. 백 사이드와 사이드 길이를 연결하기 위하여 백 사이드의 모발을 이어 포인트(E.P)까지 모두 당겨 커트하여 목 옆선을 따라 자연스럽게 떨어지도록 커트한다.

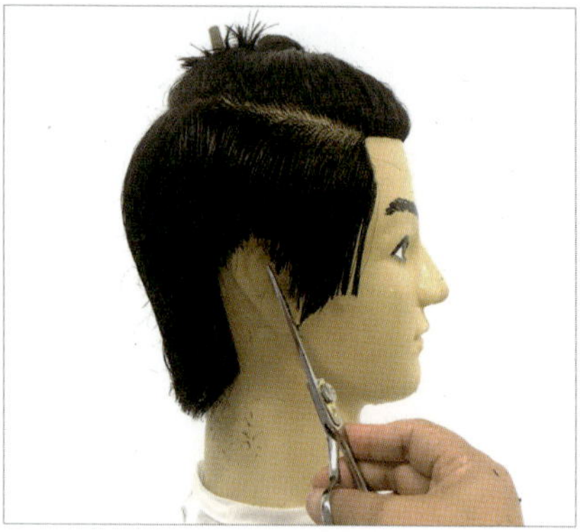

10. 백 사이드와 사이드의 연결 부위를 호리존탈 섹션을 이용하여 체크하고 사이드 라인을 정리한다.

11. 왼쪽 사이드도 같은 방법으로 커트하여 밸런스를 맞춘다.

12. 엑스테리어 시술 후 라인 체크와 정리를 한다.

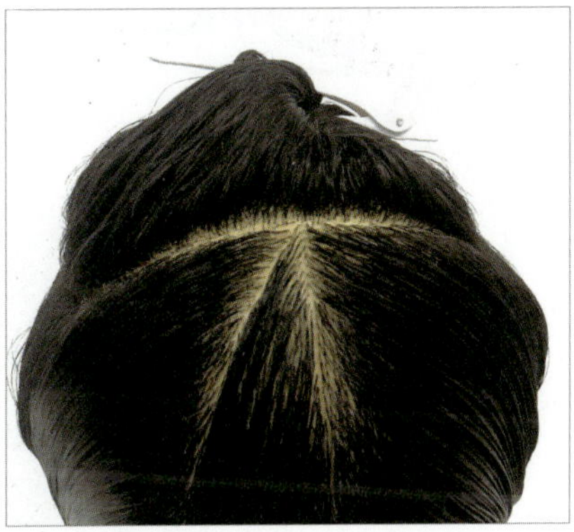

13. 크라운 부분의 시술을 위하여 이어 투 이어를 나눈 후 피봇 라디얼 섹션을 나눈다.

14. 길이를 10cm 정도로 설정하여 프리 베이스를 이용하여 센터에서부터 크라운 부위를 그래쥬에이션 라인이 되도록 커트한다.

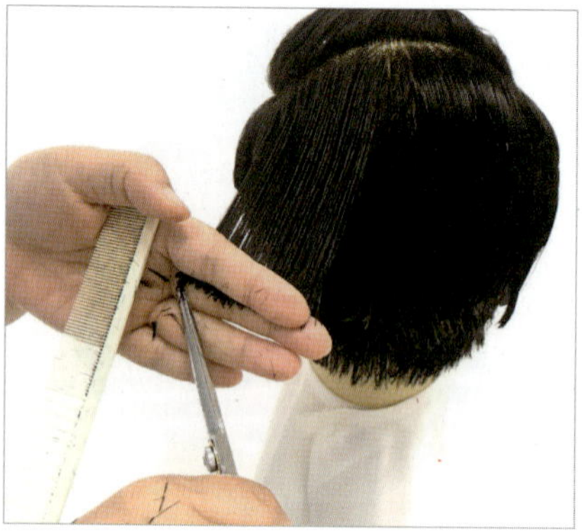

15. 홀슈 섹션 위와 아래에 형성된 그래쥬에이션 라인을 확인하고 디스커넥션된 길이를 체크한다. 홀슈 섹션 위의 모발 길이는 아래의 볼륨이 형성된 후 위 볼륨 형성 위치와 연관되므로 디자인을 고려하여 길이를 정리한다.

 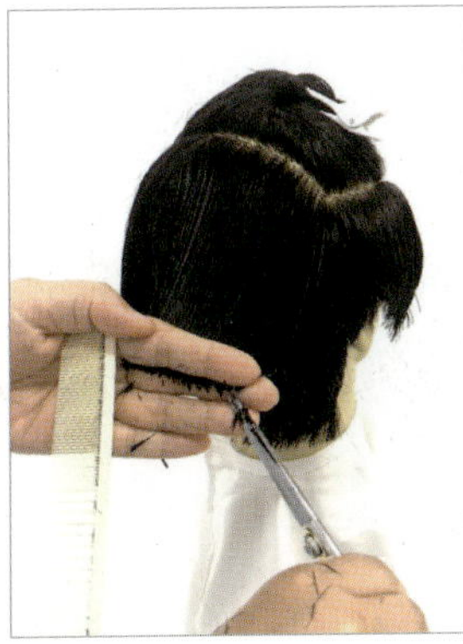 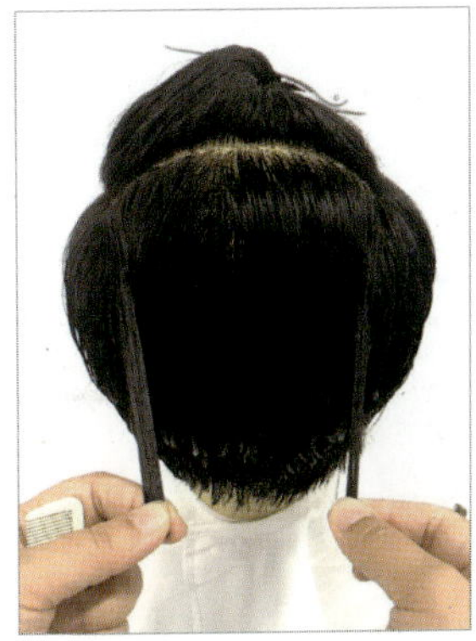

16. 오른쪽도 같은 방법으로 진행하고 라인과 밸런스를 체크한다.

 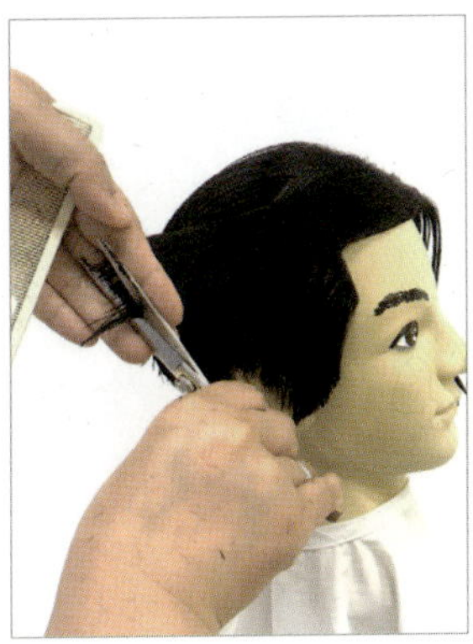 

17. 버티컬 섹션을 타고 오버다이렉션시켜 그래쥬에이션 라인이 나오도록 사이드를 커트한다. 프런트에서는 길이를 지키기 위해 오버다이렉션시켜 커트하고 디스커넥션의 길이를 체크한다.

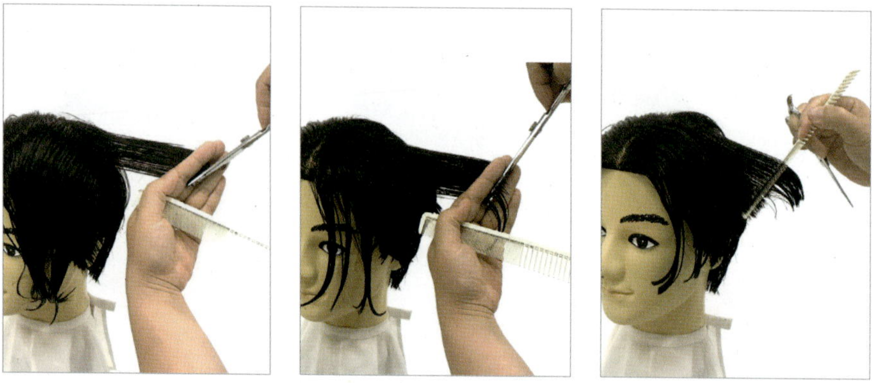

18. 왼쪽 사이드도 같은 방법으로 커트한다.

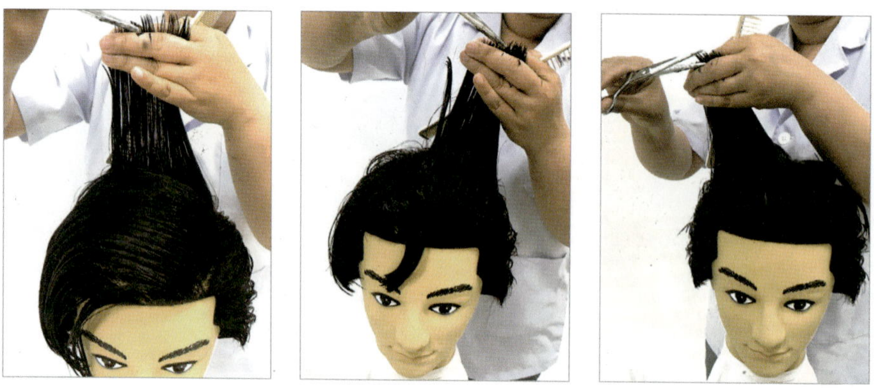

19. 탑으로 들어 과하게 삼각형이 된 부분을 나칭 커트로 정리하고 좌 · 우의 코너를 제거한다.

20. 프런트의 모발은 페이스 라인의 영향을 받으므로 앞으로 빗어 커트라인을 정리한다.

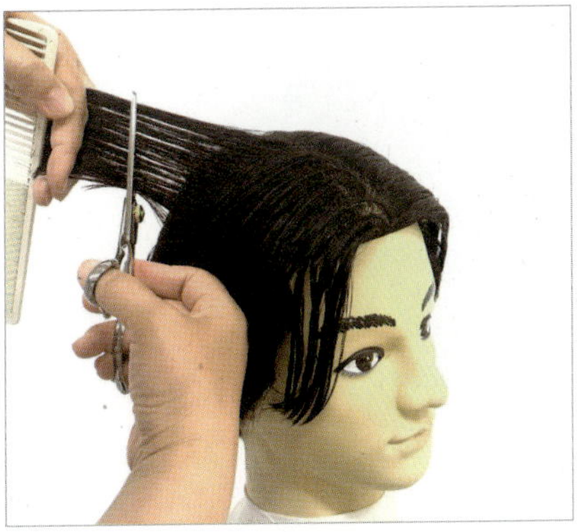

21. 볼륨을 극대화할 수 있도록 이너 그래쥬에이션 기법과 속음 기법, 양감과 질감 처리하여 마무리한다.

완성작

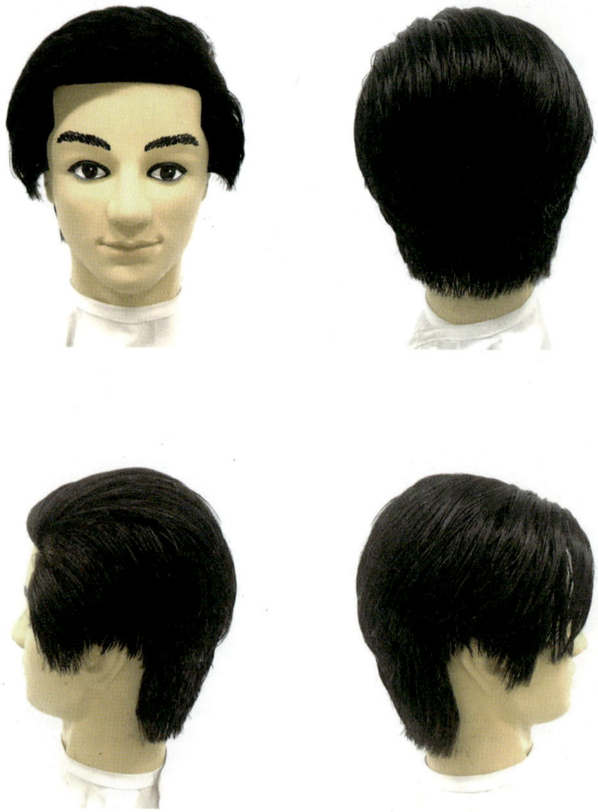

스타일링 1

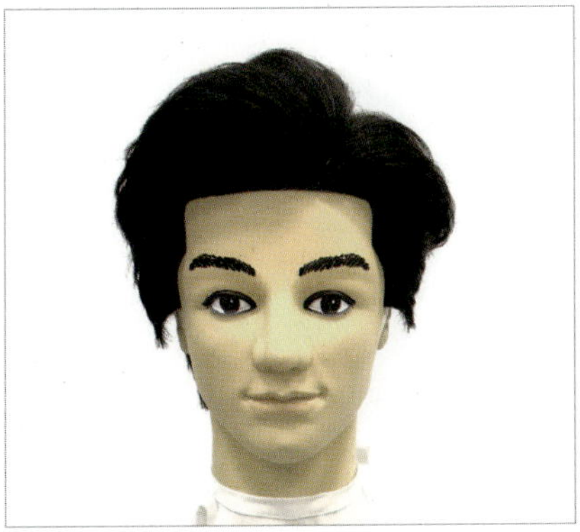

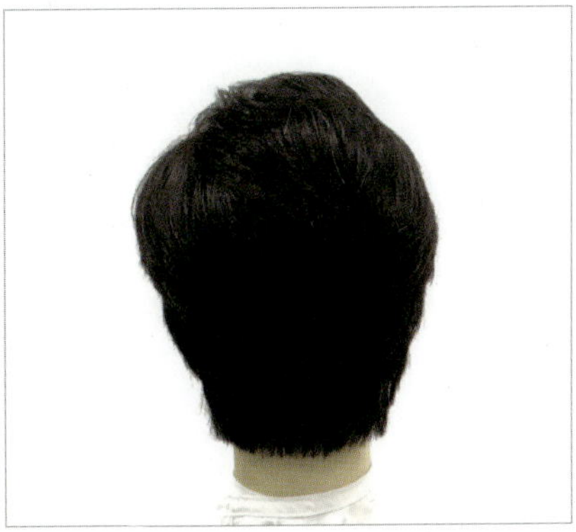

스타일링 2

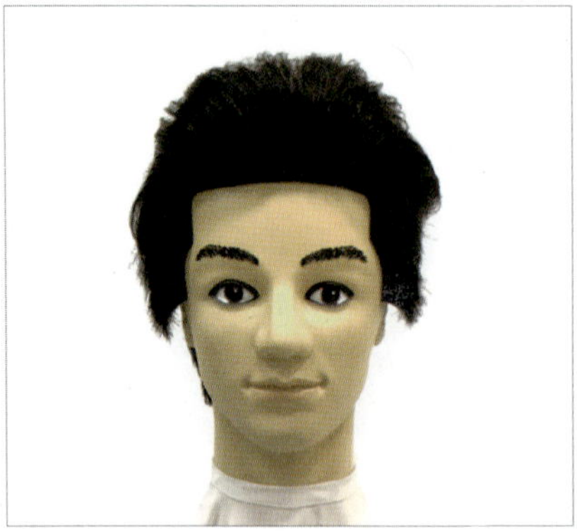

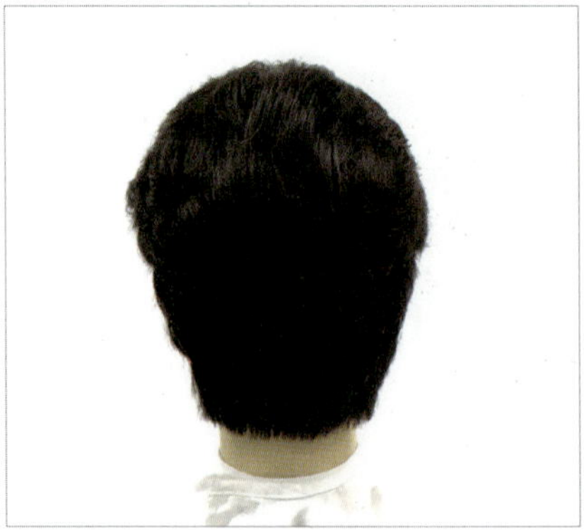

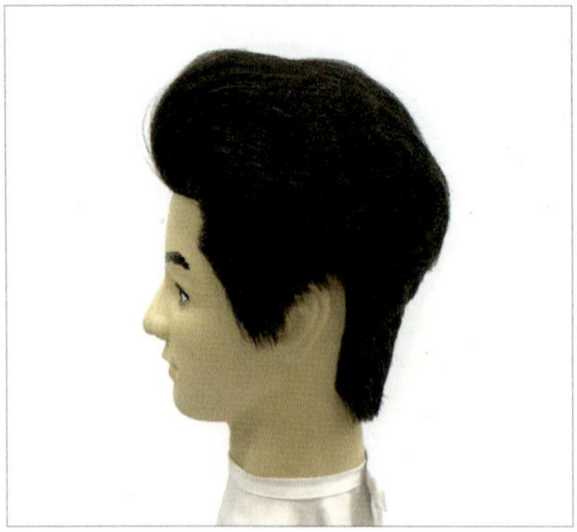

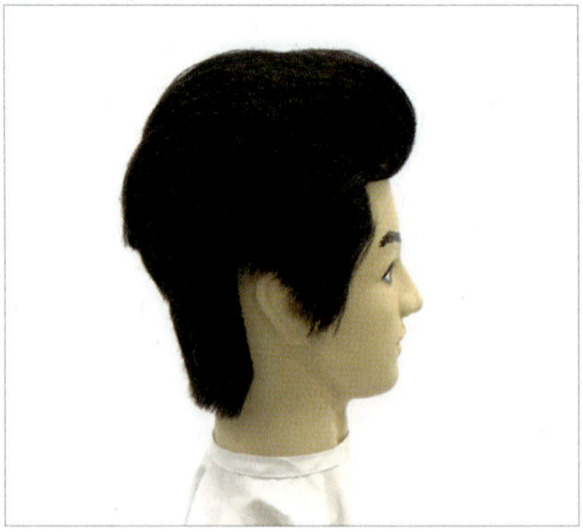

스타일링 3

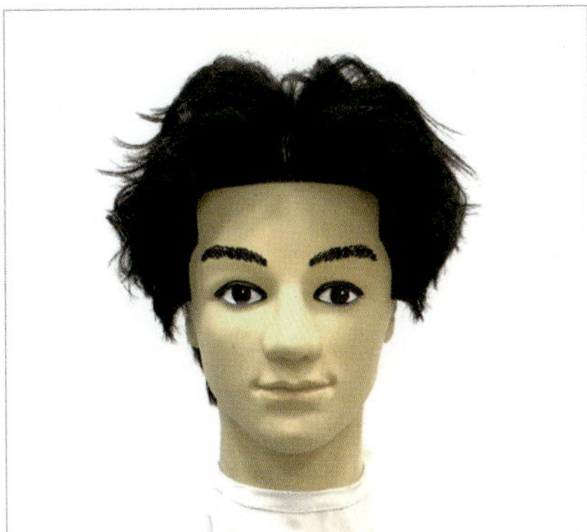

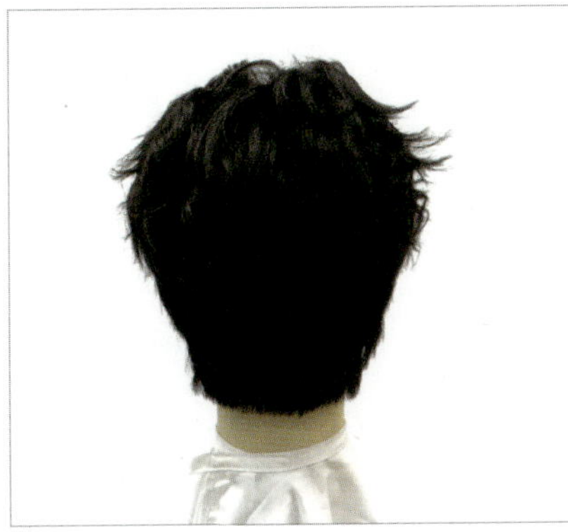

Key point

1. 위와 아래에 그래쥬에이션 형태 두 개를 시술하는 디자인으로 아래 그래쥬에이션의 볼륨이 위의 커트된 모발을 받쳐 주어 볼륨감이 극대화될 수 있도록 위 · 아래 그래쥬에이션의 길이 차를 두고 디자인한다.

2. 홀슈 섹션을 나눌 때 좌우의 높이가 같지 않으면 밸런스와 조화를 맞출 수 없으므로 좌 · 우의 높이가 같게 프런트 사이드에서 출발해서 골든 포인트(G.P)에서 2cm 내려온 지점까지 두상의 곡면을 따라 홀슈 섹션을 탄다.

Notes

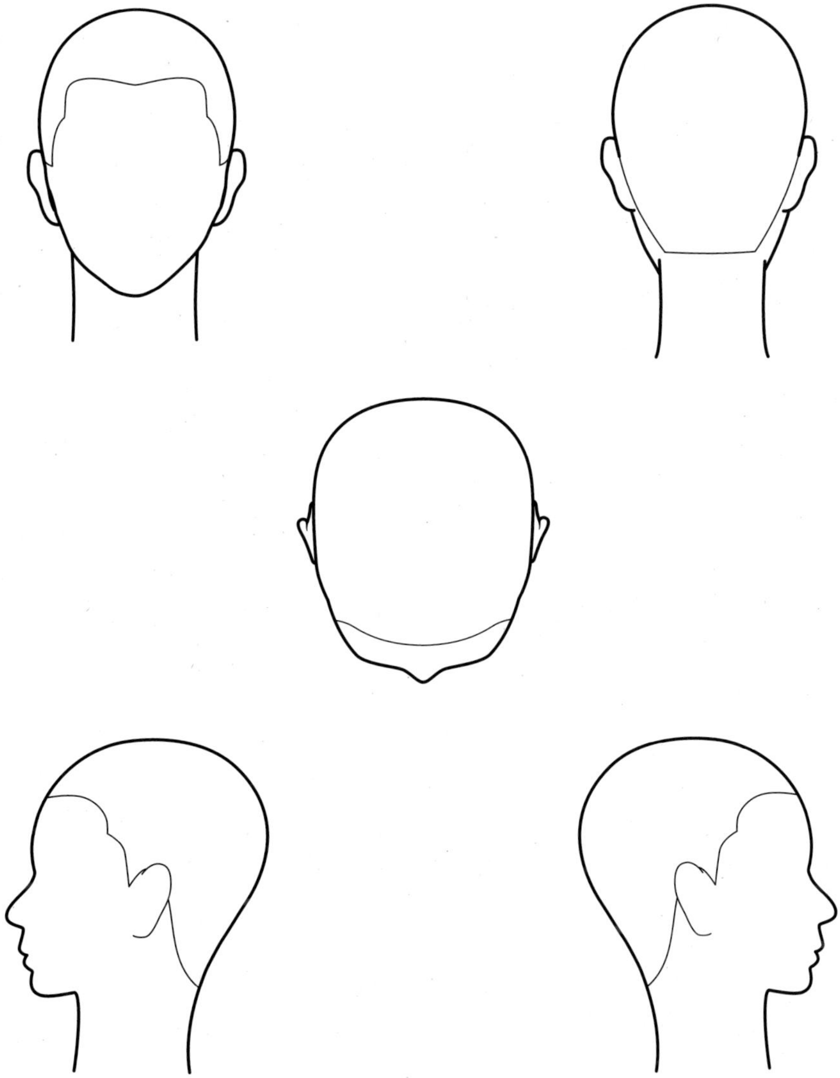

2. 맨즈 레이저 디스커넥션(Men's Razor Disconnection)

레이저를 이용하여 모발의 커트선이 가볍고 자유로운 느낌의 커트 스타일로 인테리어와 엑스테리어가 이어지지 않는 디스커넥션 컷이다. 트라이앵글 블록과 하트 블록의 길이 설정에 따라 다른 느낌을 만들 수 있으며, 좌·우 파팅의 변화에 따라 좌·우의 길이가 다르게 보이는 변화가 가능하게 연출할 수 있는 스타일로 세련미를 느낄 수 있다.

1) 구조

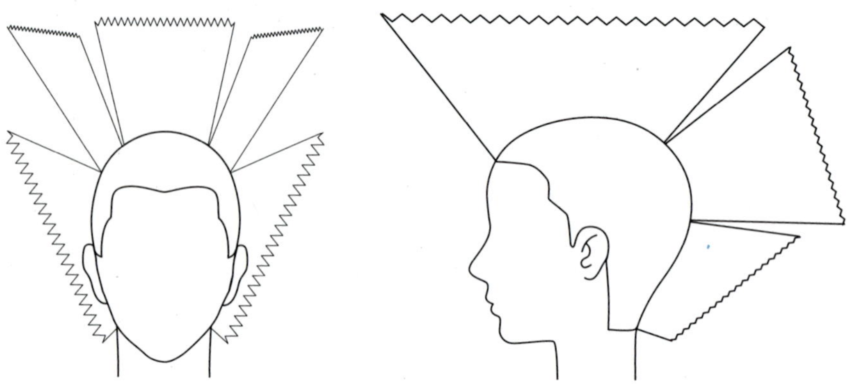

2) 섹션

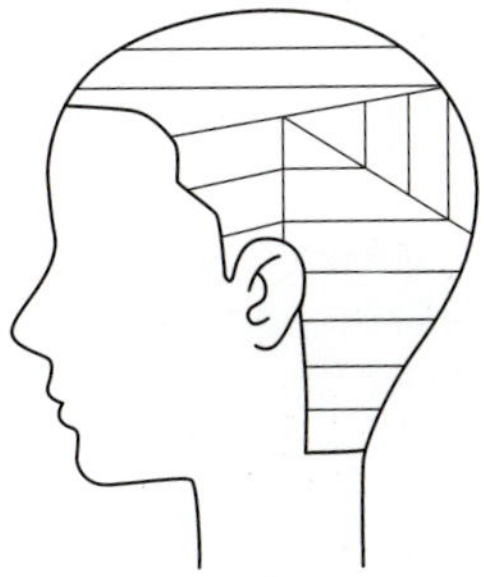

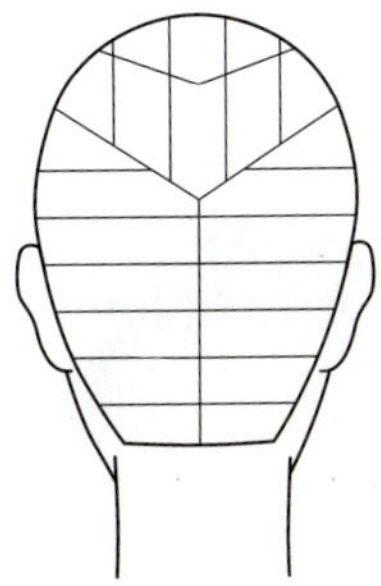

3) 테크닉

(1) 삼각 블로킹 아래(Below triangle blocking)

❶ 파팅 & 섹션(Partings & sections) : 홀슈(Horseshoe)

❷ 빗질(Distribution) : 45°

❸ 시술각(Elevation) : 45°

❹ 커트(Cut) : 레이저 그래쥬에이션(Razor graduation)

(2) 하트 블로킹(Heart blocking)

❶ 파팅 & 섹션(Partings & Sections) : 수직(Vertical)

❷ 빗질(Distribution) : 90° - 오버다이렉션(Over directed)

❸ 시술각(Elevation) : 90° 이상 - 오버다이렉션(Over directed)

❹ 커트(Cut) : 레이저 레이어(Razor layer)

4) 시술 과정

시술 전

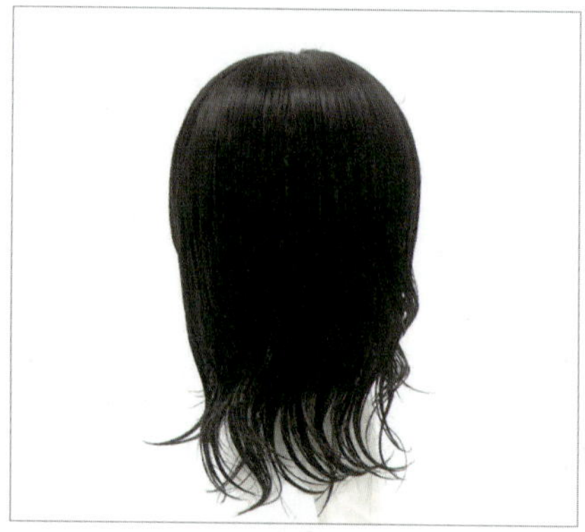
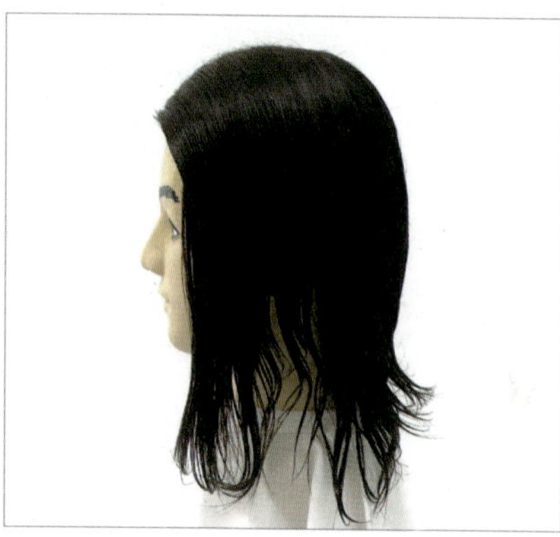
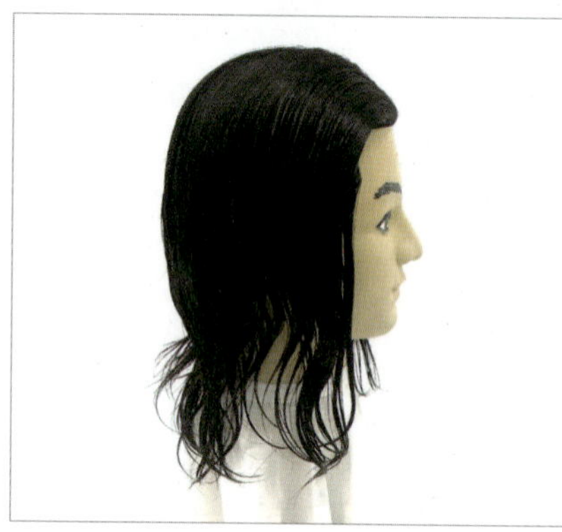

1. 양쪽 프런트 사이드 포인트(F.S.P)에서 골든 포인트(G.P)까지 첫 번째 삼각형의 블로킹을 나눈 후 삼각형의 옆면에서 백 포인트(B.P)까지 하트 모양의 블로킹을 탄다.

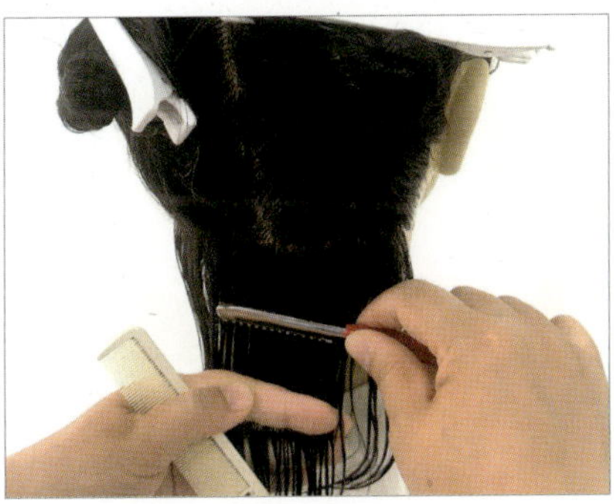

2. 후두부에 볼륨감 있는 그래쥬에이션을 만들기 위해 네이프에서 호리존탈 섹션을 타고 레이저 날을 15~45° 기울인 상태로 평행하게 커트한다. 가이드 라인을 만들 때는 아웃 라인의 형태를 위하여 패널의 각도를 들지 않고 커트한다.

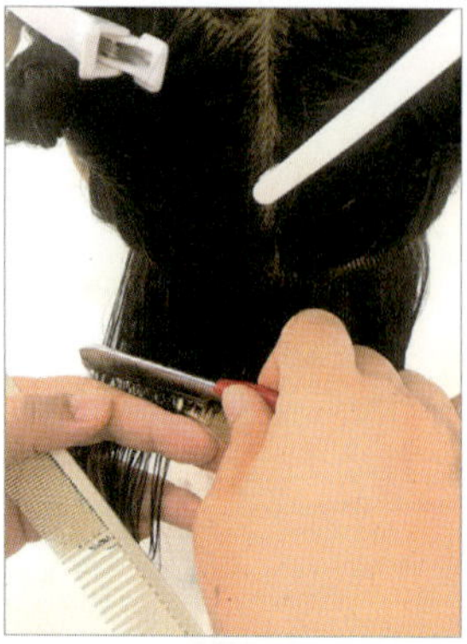

3. 계속해서 호리존탈 섹션을 타고 패널을 45°로 들어 볼륨감이 형성될 수 있도록 커트하여 올라가면서 모발이 많이 뭉친 부분에서는 레이저 날을 세로로 세워 양감을 없앤다.

4. 목 옆선의 커트선이 길이지지 않도록 라인을 정리한다.

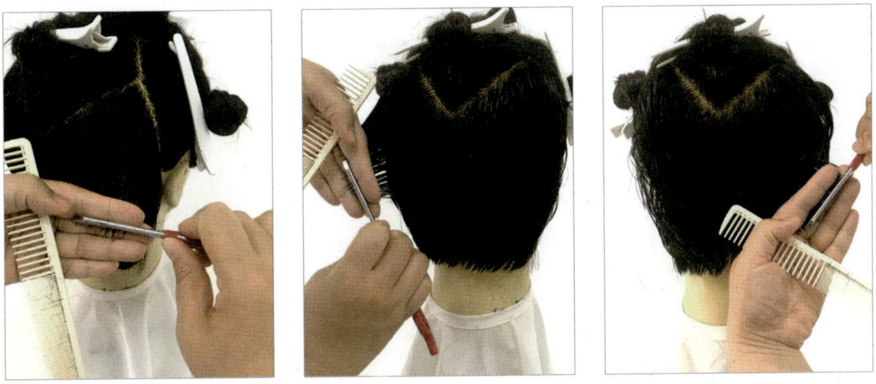

5. 하트 블로킹까지 커트 후 버티컬과 다이아고날 섹션을 이용하여 크로스 체크한다.

6. 사이드에 다이아고날 포워드 섹션을 나누고 이어 백 포인트(E.B.P)에서 사이로 레이저를 조작하면서 사이드의 모발이 길어지도록 커트하고 목 옆선과 라인과 자연스럽게 연결되도록 라인을 정리한다.

7. 위쪽으로 올라가면서 패널을 45°로 들고 커트하며 모발의 양감이 많은 부분은 레이저 날을 세워 커트하고 페이스 라인을 정리한다.

8. 반대편도 같은 방법으로 커트하고 모발 끝선의 길이가 길면 레이저 날 위에 모발을 얹어 끊어자르기로 길이를 없앤다.

9. 하트 블로킹에 버티컬 섹션을 타고 인테리어 모발의 길이와 이어지지 않게 길이를 설정하여 레이어 라인으로 가이드 라인을 만든다. 양쪽 패널이 중앙으로 모아질 수 있도록 양쪽 측면에서 중앙으로 레이저 날을 대각선으로 잡고 커트를 진행한다.

10. 전두부의 트라이앵글의 모발이 사이드 모발을 덮어 디스커넥션 형태가 되도록 가장 길게 모발 길이를 설정하여 패널의 각도를 45°로 들고 커트하면서 레이저 날을 세워 양감을 없애면서 올라간다.

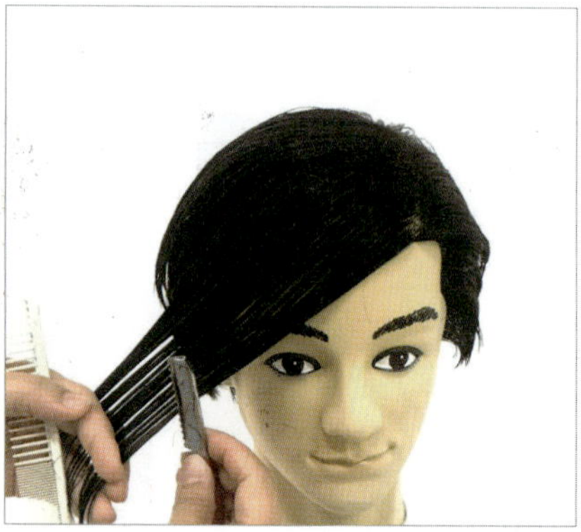

11. 얼굴을 감싸는 길이의 커트가 완성되고 나면 페이스 라인을 정리하여 완성한다.

완성작

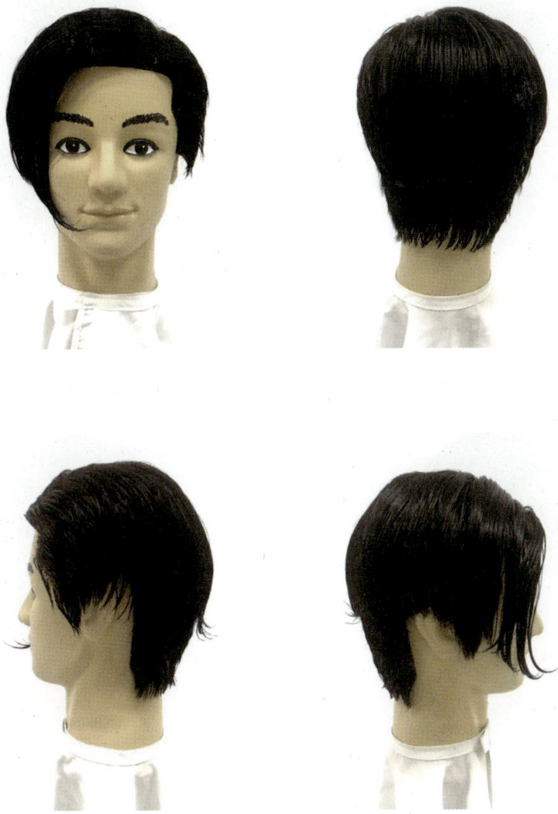

스타일링 1

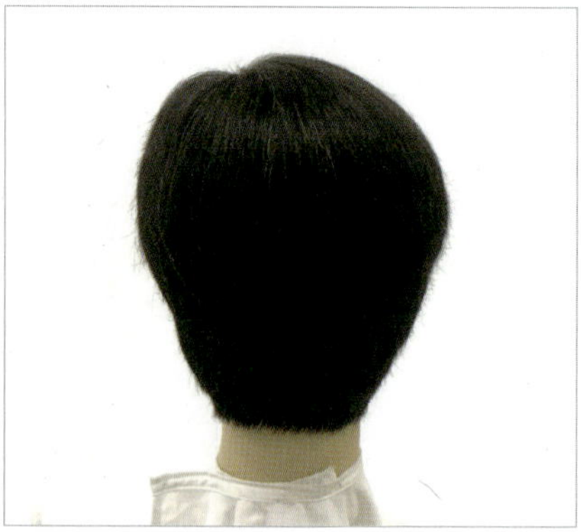
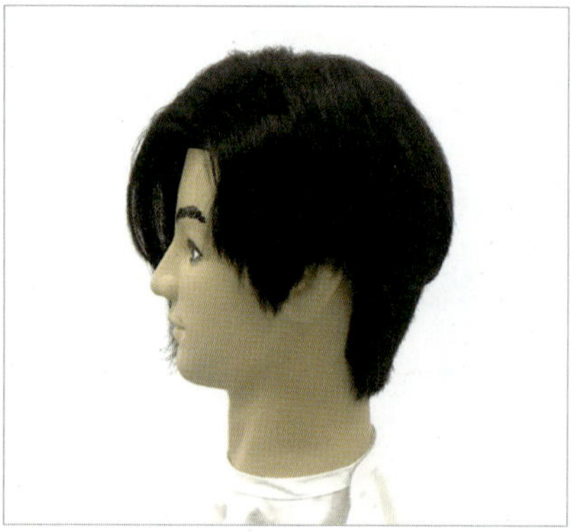

스타일링 2

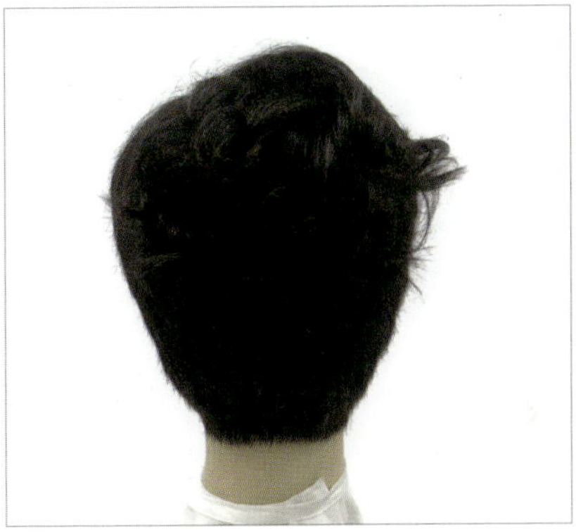

스타일링 3

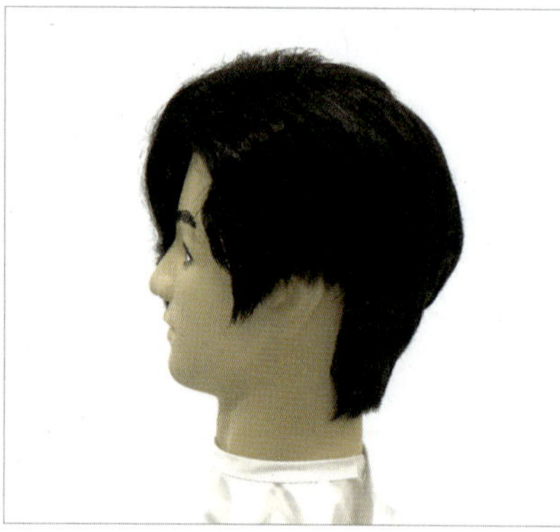

Key point

1. 삼각형 블로킹의 크기와 위치에 따라 하트 모양의 블로킹이 시작되는 위치가 달라져 헤어 컷 형태에 영향을 미치므로 얼굴형과 디자인의 의도에 따라 두 개의 블로킹의 크기와 위치를 설정한다.

2. 레이저는 패널과의 각도에 따라 모발의 단면이 다르게 잘리므로 후두부에 볼륨감 있는 그래쥬에이션을 만들기 위해 네이프에서 호리존탈 섹션을 타고 레이저 날을 15~45° 기울인 상태로 평행하게 커트한다.

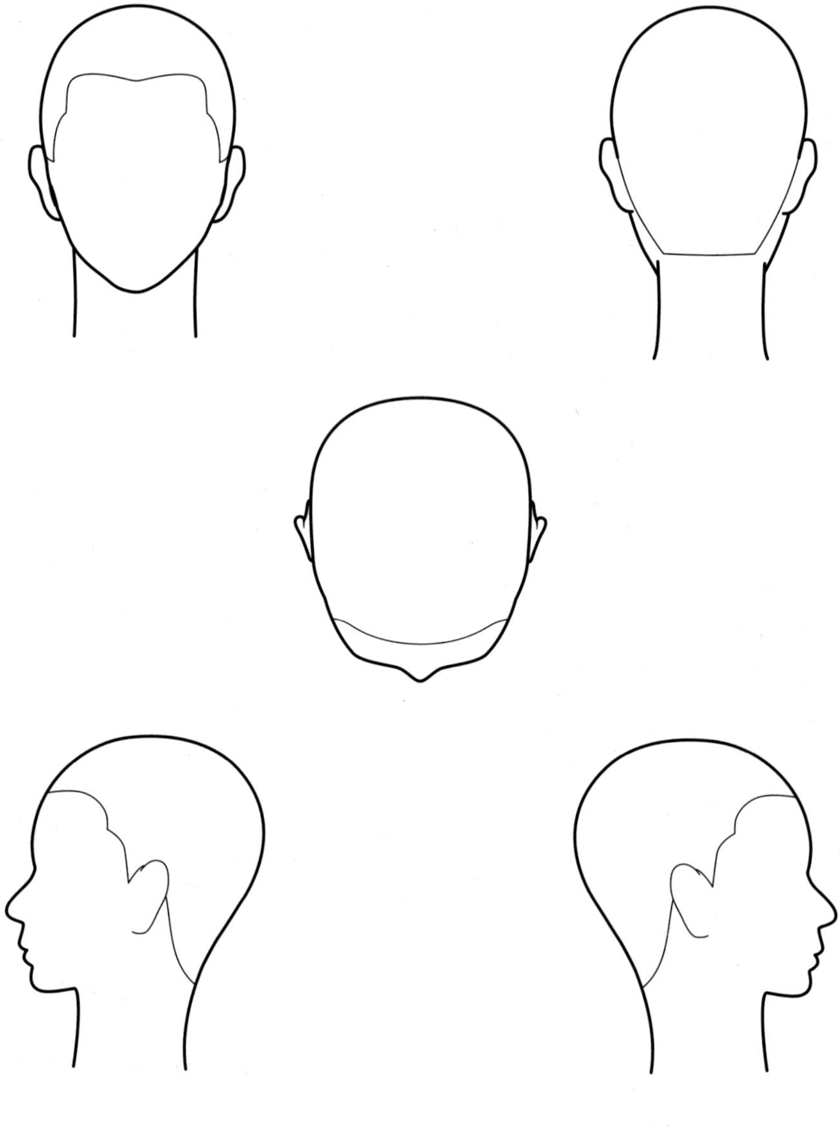

Notes

3. 투 블록 바이어스(Two Block Bias)

투 블록 커트에서 나타나는 다른 질감과 이미지가 결합된 커트 디자인으로 남성적이고 강한 이미지의 디자인이다. 두 개의 블록 중 아래쪽 블록은 클리퍼를 이용하여 아주 짧게 커트하고 위쪽은 바이어스 기법을 이용한 그래쥬에이션으로 볼륨감을 연출한다.

1) 구조

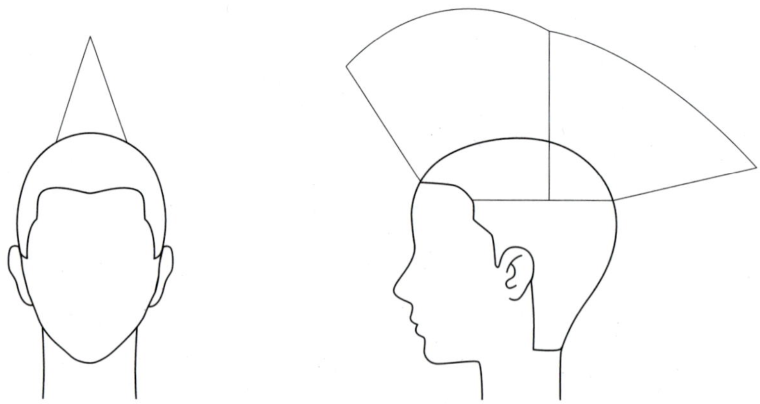

2) 섹션

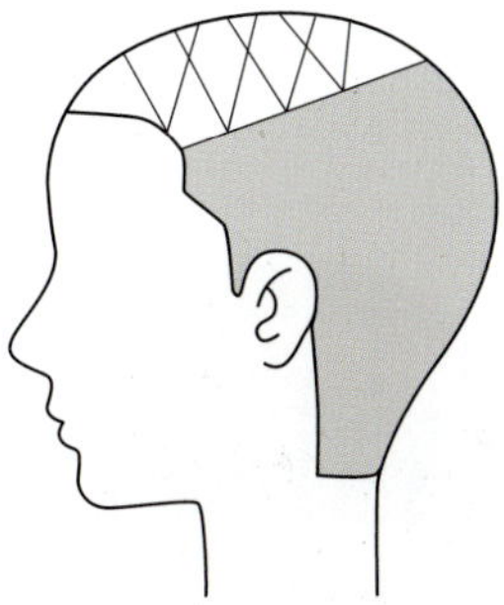

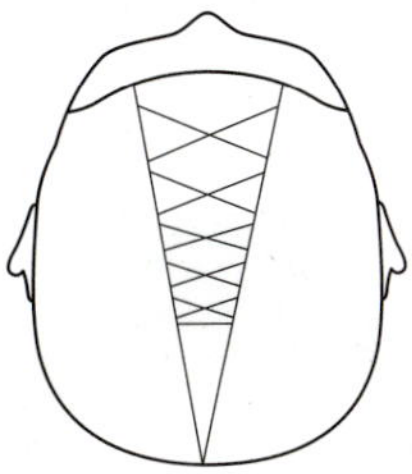

3) 테크닉

(1) 홀슈 섹션 아래(Below horseshoe section)

❶ 커트(Cut) : 클리퍼 커트(Clipper cut)

(2) 홀슈 섹션 위(Above horseshoe section)

❶ 파팅 & 섹션(Partings & sections) : 다이아고날 백(Diagonal back) - 다이아고날 포워드(Diagonal forward)

❷ 빗질(Distribution) : 90°

❸ 시술각(Elevation) : 90°

❹ 커트(Cut) : 양쪽 방향으로 대각선 커트(Cut to bias)

4) 시술 과정

시술 전

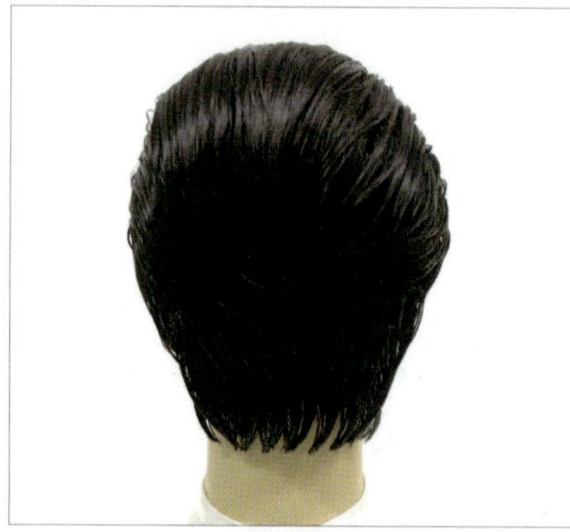

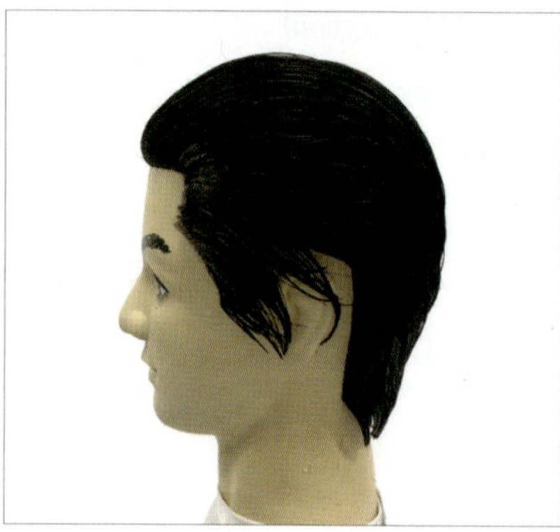

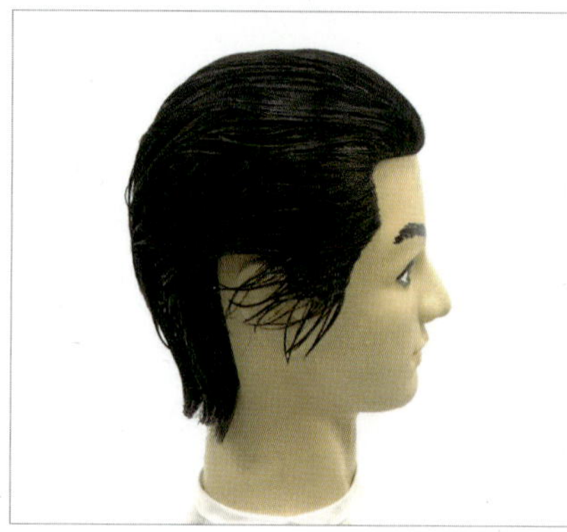

1. 구상된 디자인 이미지에 맞게 왼쪽은 사이드 포인트(S.P)와 프런트 사이드 포인트(F.S.P) 사이의 중간, 오른쪽은 프런트 사이드 포인트(F.S.P)에서 백까지 연결되는 삼각형의 언밸런스 블록을 설정한다.

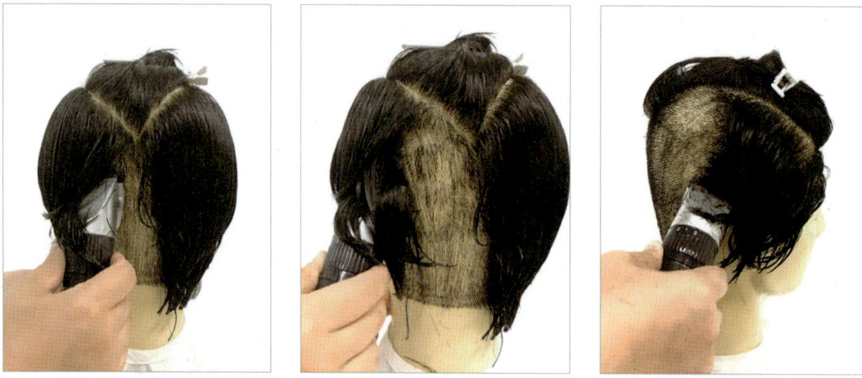

2. 아래쪽 블록을 3mm 클리퍼 날을 이용하여 전체적으로 밀어준다.

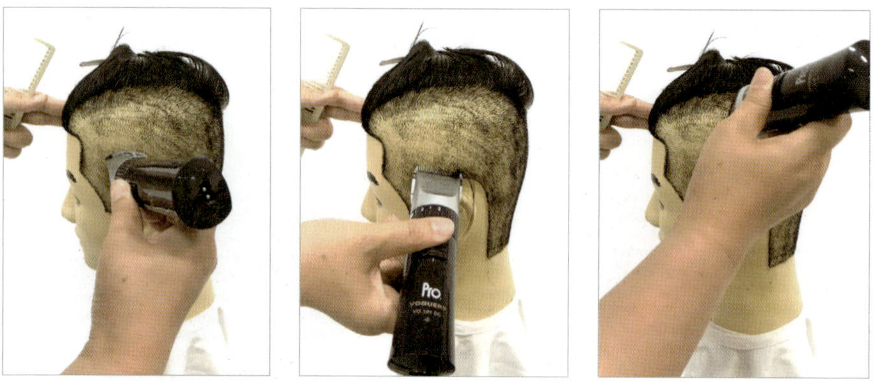

3. 클리퍼로 모발을 밀 때는 모류의 방향과 반대 방향, 대각선 방향, 수평 방향을 병행하여 밀어줘야 모근에 눌려 있는 모발이 깨끗하게 잘 밀린다.

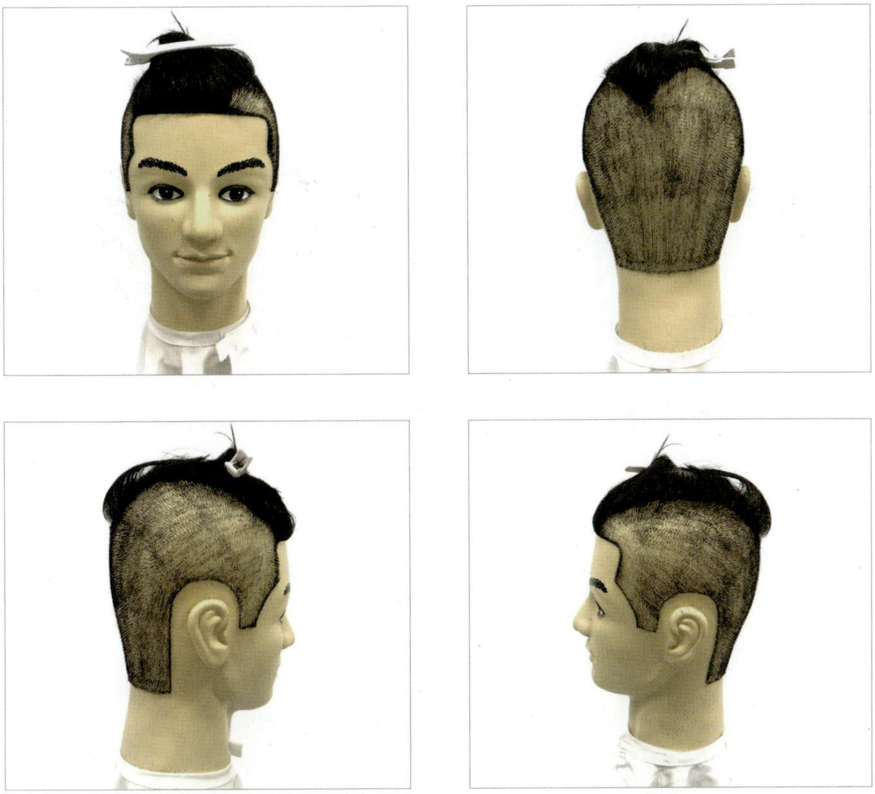

4. 아래 블록을 밀고 나서 커트해야 할 모발의 범위와 클리퍼를 처리할 구역을 파악한다.

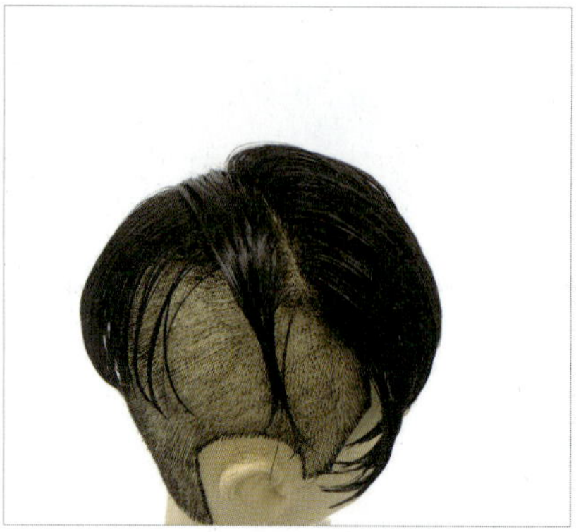

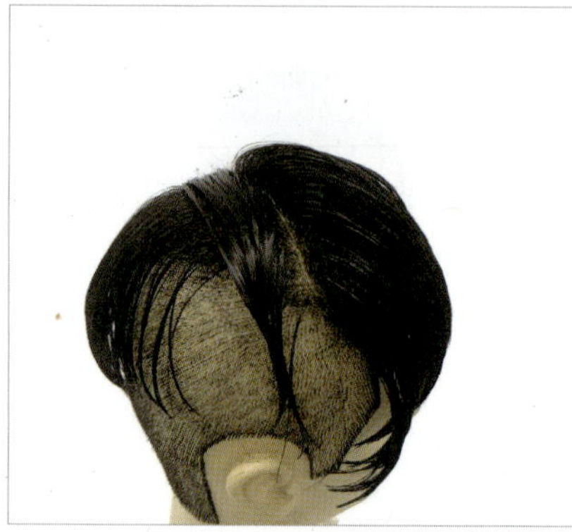

5. 위쪽 블록의 커트를 위하여 모발을 내리고 탑 부분을 왼쪽에서 오른쪽으로 다이아고날 백 섹션을 이용하여 섹션을 나눈다.

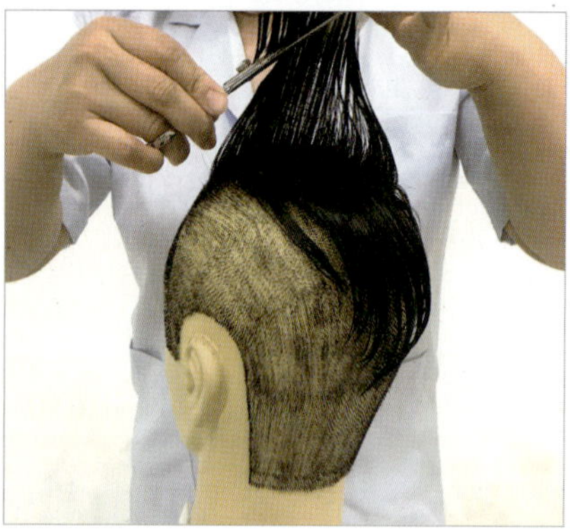

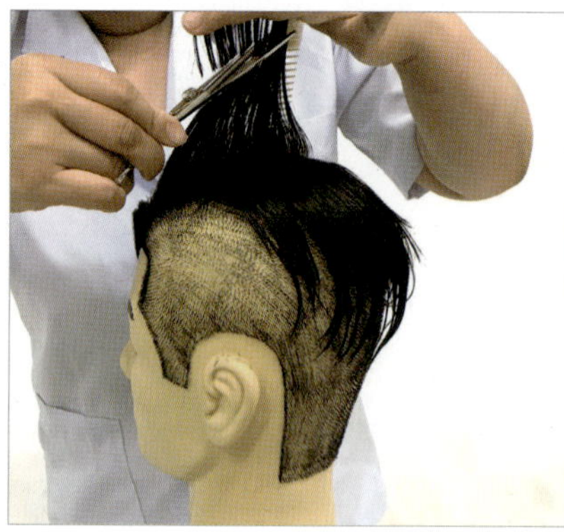

6. 나누어진 다이아고날 백 섹션을 90°로 들고 왼쪽에서 오른쪽으로 비스듬히 밀면서 대각선 아웃 라인이 나오도록 커트한다.

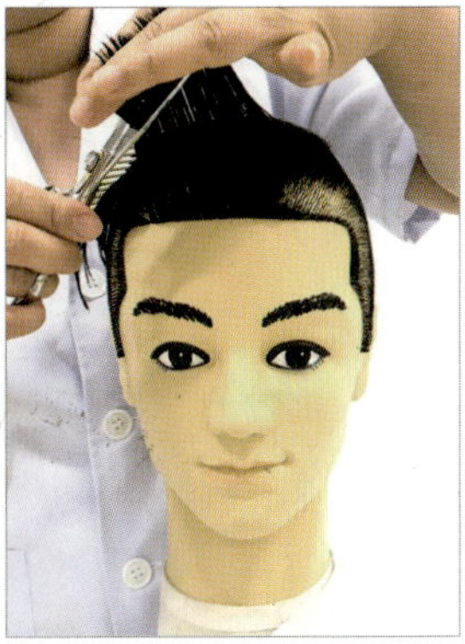

7. 잘린 탑 부분 모발을 다시 오른쪽에서 왼쪽으로 다이아고날 백 섹션을 이용하여 섹션을 나눈 후 오른쪽에서 왼쪽으로 밀면서 이미 잘린 부분과 합쳐져 중앙의 센터 파트 모발이 가장 길어질 수 있도록 대각선으로 커트한다.

8. 탑 부분 커트 후 양쪽이 짧고 중앙이 길어졌는지 커트 라인을 확인한다.

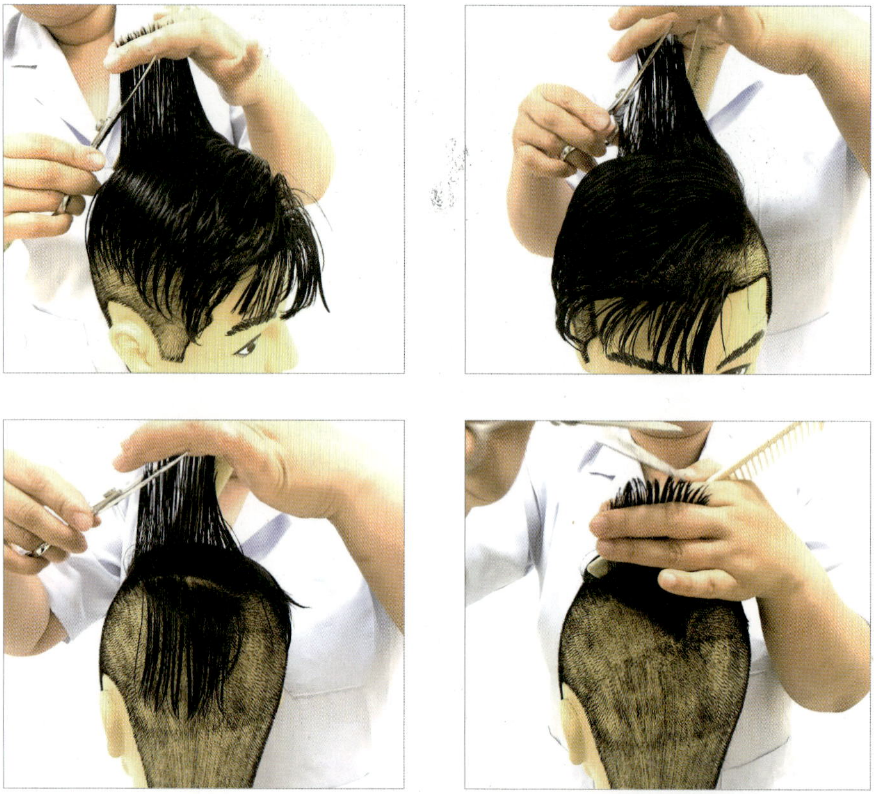

9. 백의 모발도 같은 방법으로 다이아고날 백 섹션을 이용하여 왼쪽으로 한 번, 오른쪽으로 한 번 대각선으로 커트한다.

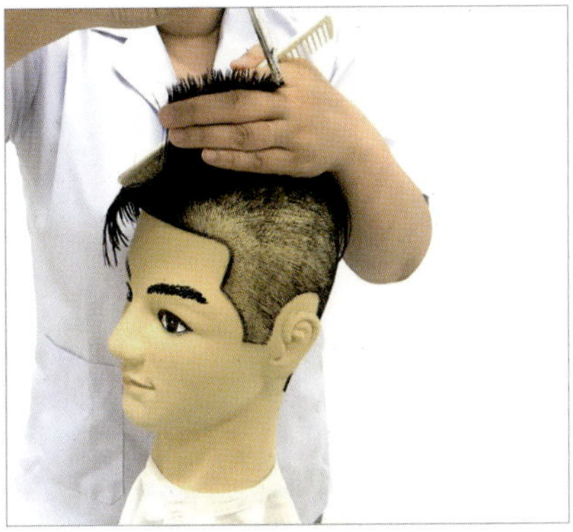

10. 후두부의 커트 라인을 확인하고 전체를 크로스 체크한다.

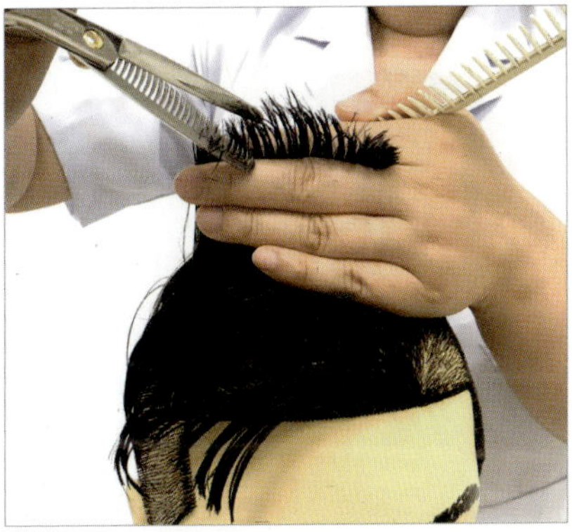

11. 틴닝 자국이 나지 않도록 가위를 세워 아웃 라인이 가벼워지도록 엔드 틴닝하여 마무리한다.

완성작

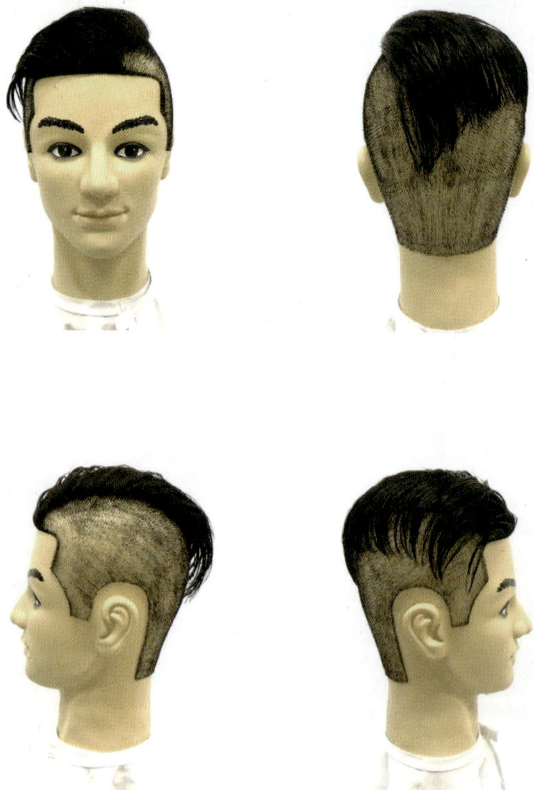

스타일링 1

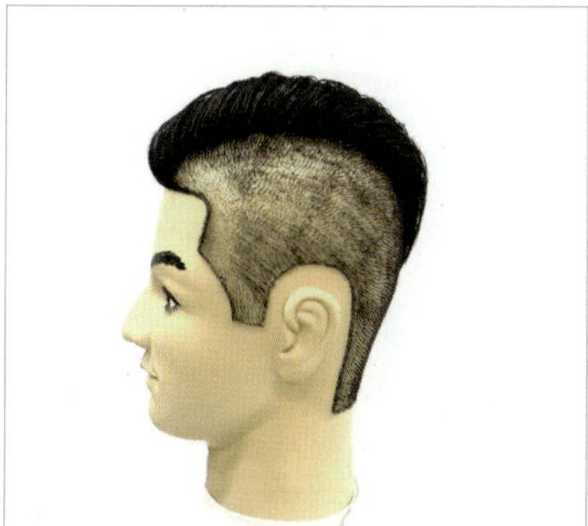

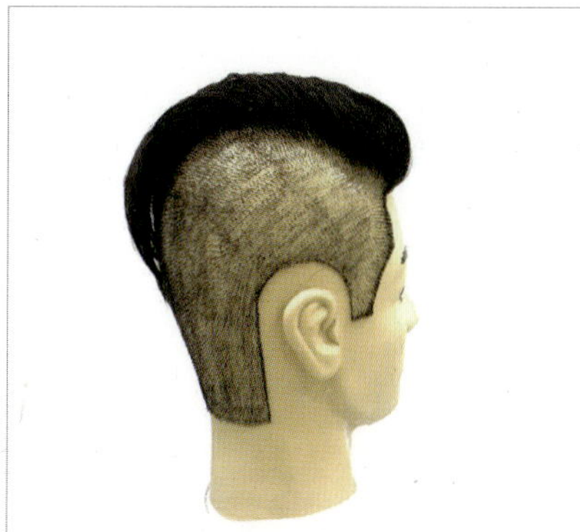

스타일링 2

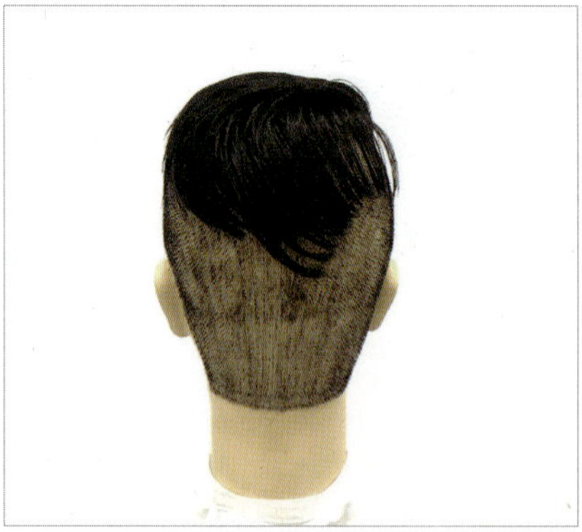

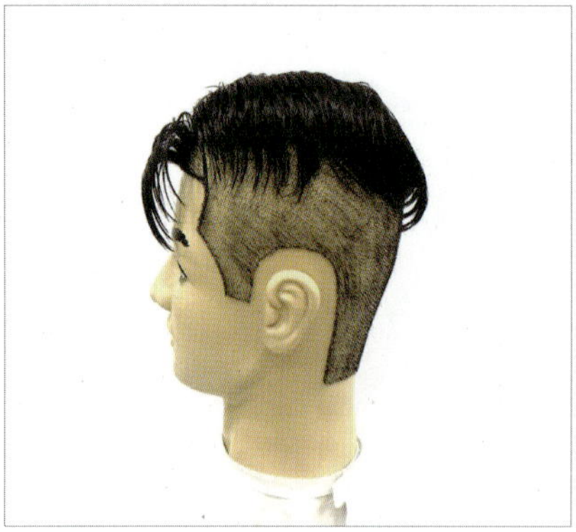

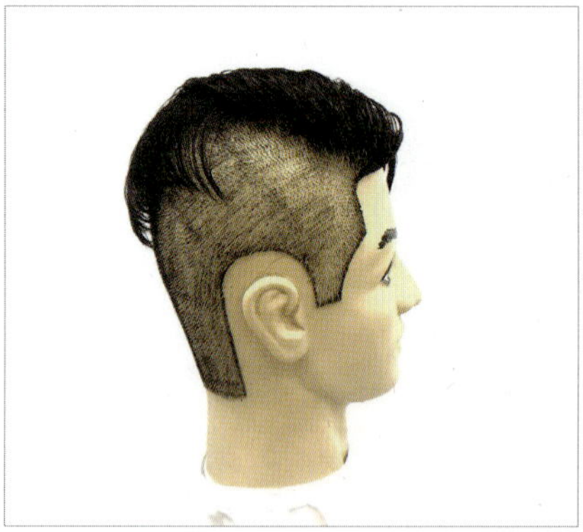

스타일링 3

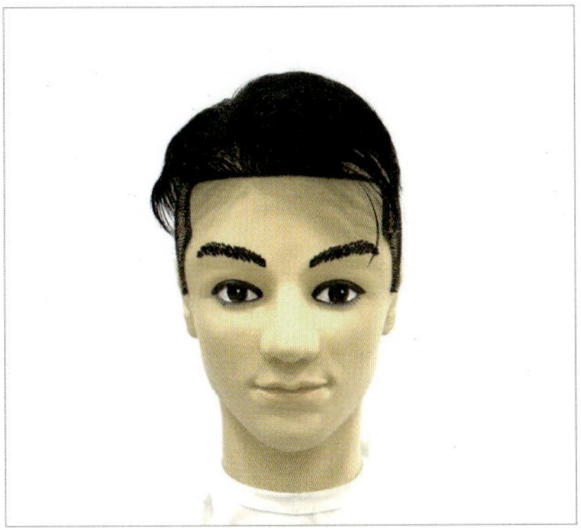

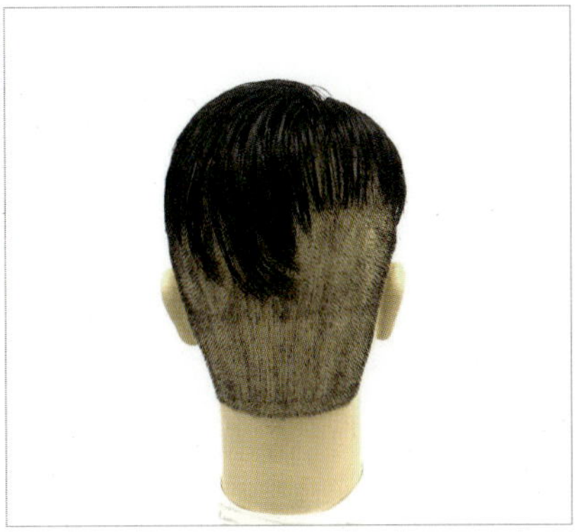

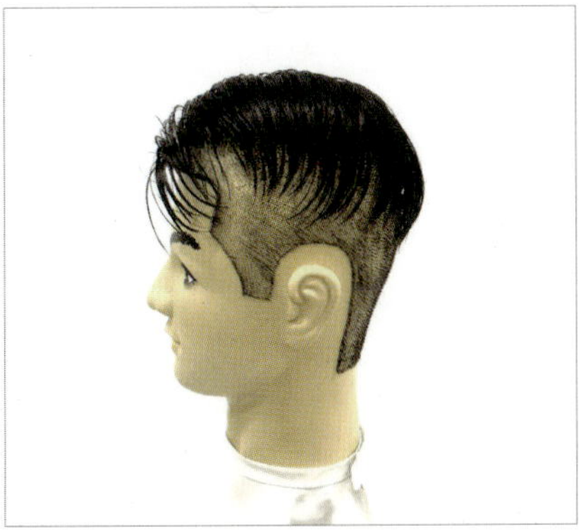

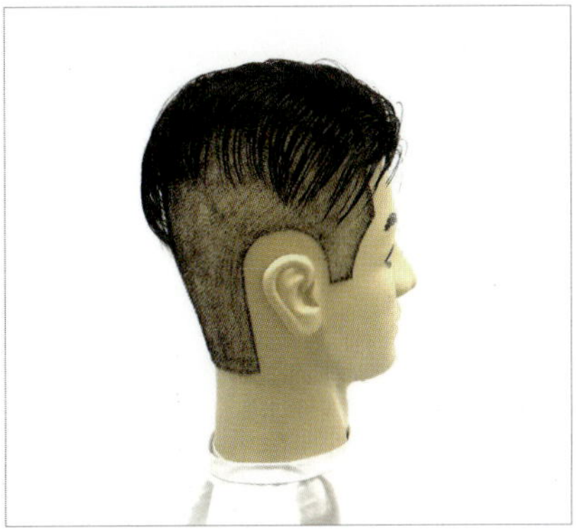

Key point

1. 투 블록 커트에서 나타나는 다른 질감과 이미지가 결합된 커트 디자인이다. 아래쪽 블록은 클리퍼를 이용하여 아주 짧게 커트하고 위쪽은 가위를 이용하여 그래쥬에이션 형태를 만드는 커트 기법을 사용하며, 사용하는 도구의 특성을 살려 창의적 이미지를 만든다.

2. 클리퍼로 모발을 밀 때는 모류의 방향과 반대 방향, 대각선 방향, 수평 방향을 병행하여 밀어줘야 모근에 눌려있는 모발이 깨끗하게 잘 밀린다.

Notes

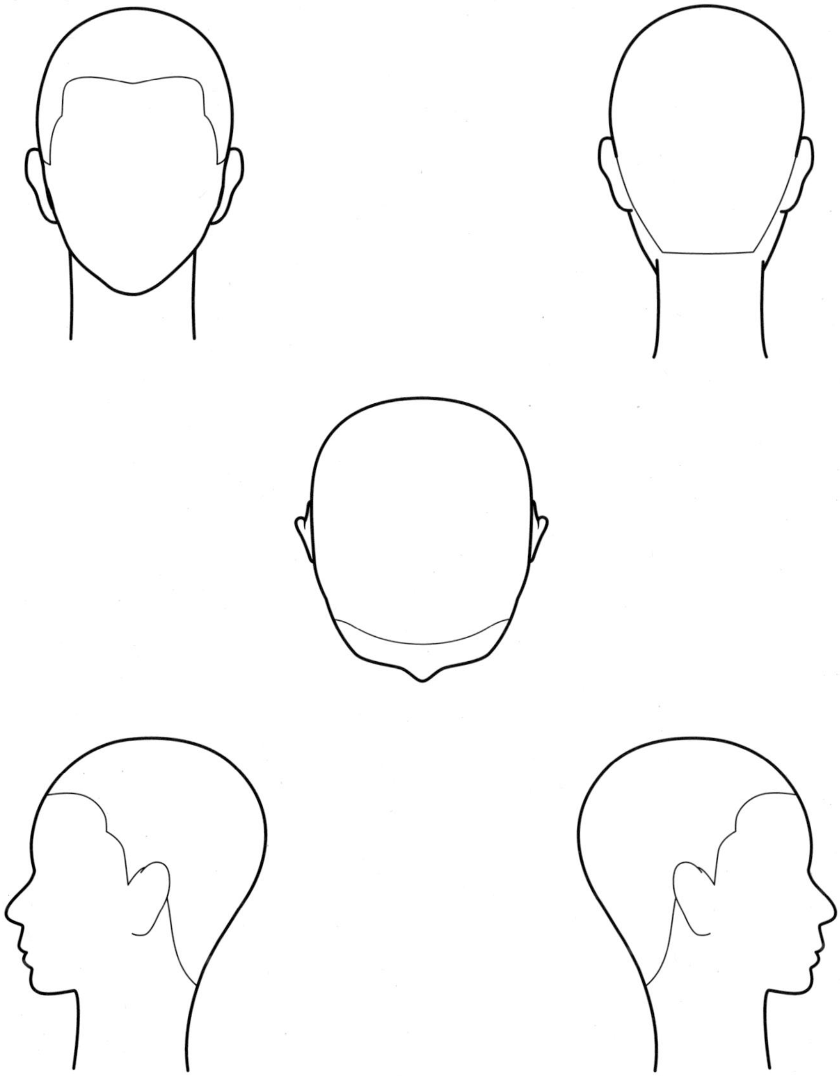

4. 투 블록 클리퍼(Two Block Clipper)

투 블록 클리퍼 커트로 디자인한 블록과 존이 서로 이어지지 않는 길이로 커트된 디자인으로 역동적이고 엑티브한 감성을 느낄 수 있다. 홀슈 섹션 아래는 클리퍼를 이용하여 브로스 스타일로 깨끗하게 처리하여 남성적인 이미지를 만들고 나머지는 미디움 길이의 그래쥬에이션 커트하여 볼륨과 부드러운 이미지를 만들어 서로 상반되는 이미지가 하나의 디자인에 녹아들 수 있도록 연출한 스타일이다.

1) 구조

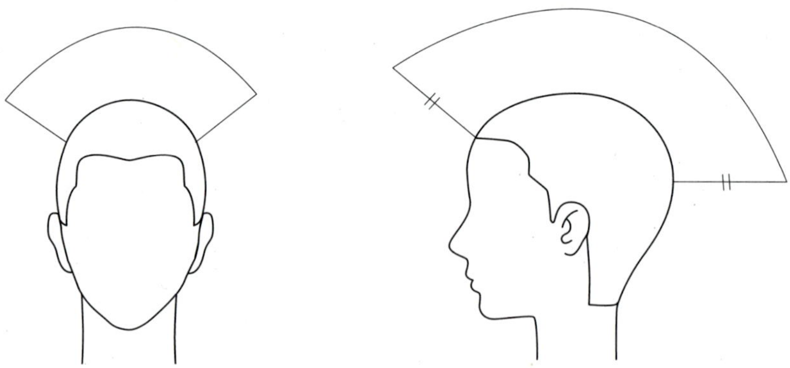

2) 섹션

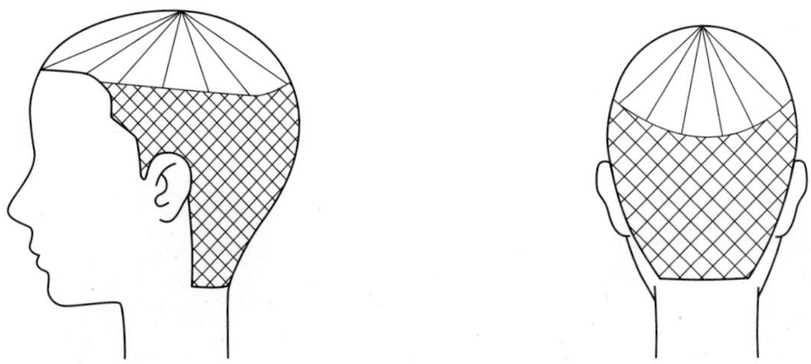

3) 테크닉

(1) 홀슈 섹션 아래(Below horseshoe section)

❶ 커트(Cut) : 클리퍼 커트(Clipper cut)

(2) 홀슈 섹션 위(Above horseshoe section)

❶ 파팅 & 섹션(Partings & Sections) : 피봇 라디얼(Pivot radial)

❷ 빗질(Distribution) : 90°

❸ 시술각(Elevation) : 90°

❹ 커트(Cut) : 두상의 형태를 따라 커트(Parallel to the head)

4) 시술 과정

시술 전

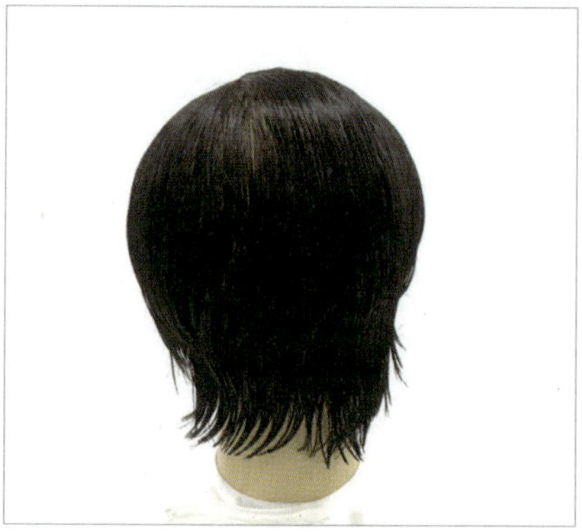

1. 디자인 라인(diagonal line)을 정하고 바이어스 기법을 적용하기 위해 밸런스가 맞게 홀슈 섹션을 나눈다.

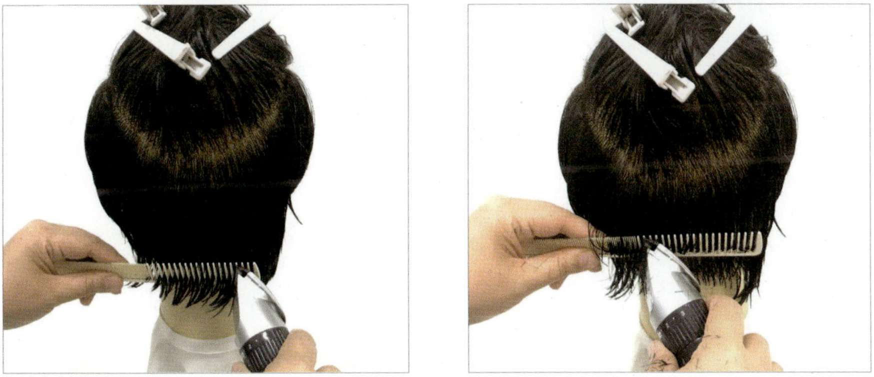

2. 커트 후 남아 있는 모발의 그러데이션을 위해서 네이프에서부터 위로 클리퍼를 이용하여 브로스 형태가 되도록 짧게 커트한다.

3. 백 사이드와 사이드를 홀슈 섹션을 비켜가면서 빗의 각도를 70°로 세워 길이를 짧게 브로스 스타일로 커트한다.

4. 반대편 백 사이드와 사이드를 백과 연결하여 왼쪽과 같이 자른다.

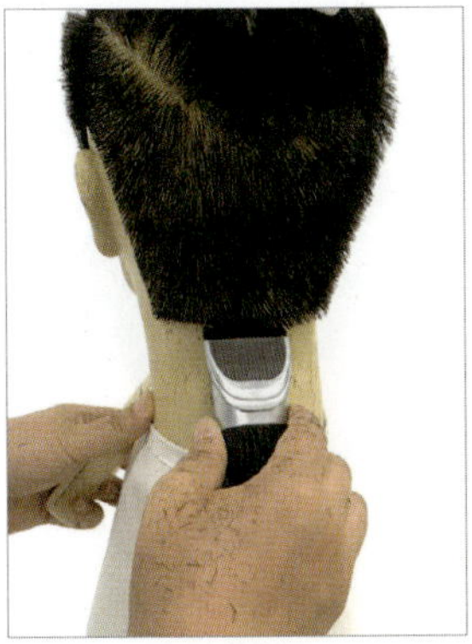

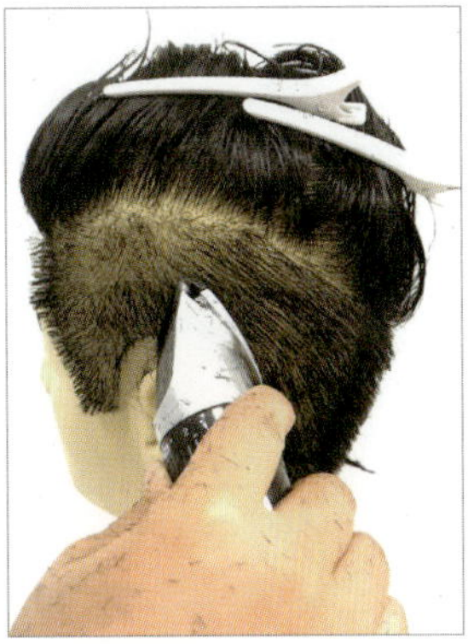

5. 전체의 라인을 정리하면서 형태를 잡아준다.

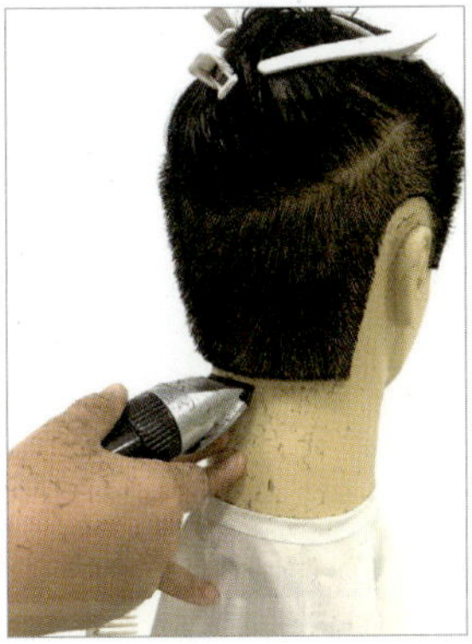
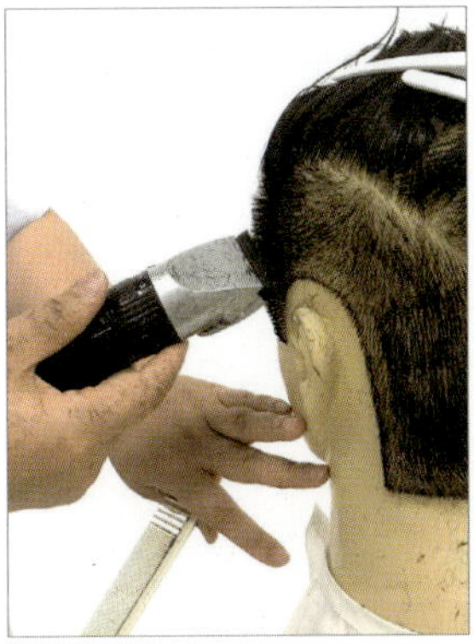
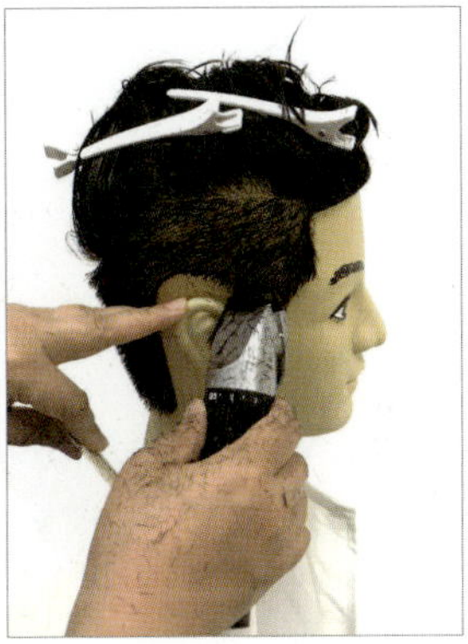

6. 길이 설정이 끝나고 나면 네이프와 목 옆선 귀 위를 3mm 클리퍼 날을 이용하여 빗으로 커트한 길이와 연결될 수 있도록 깔끔하게 올려 커트한다.

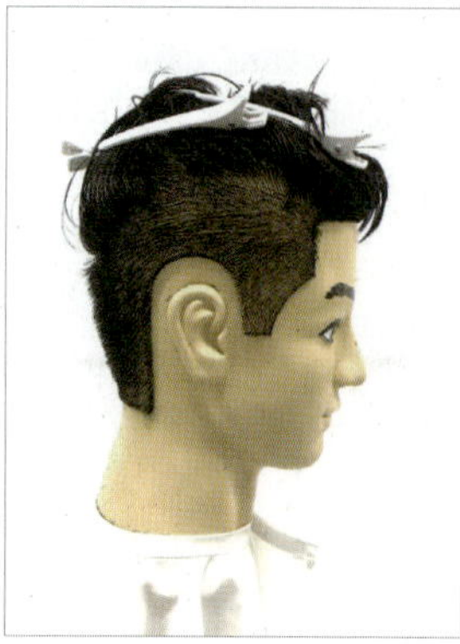

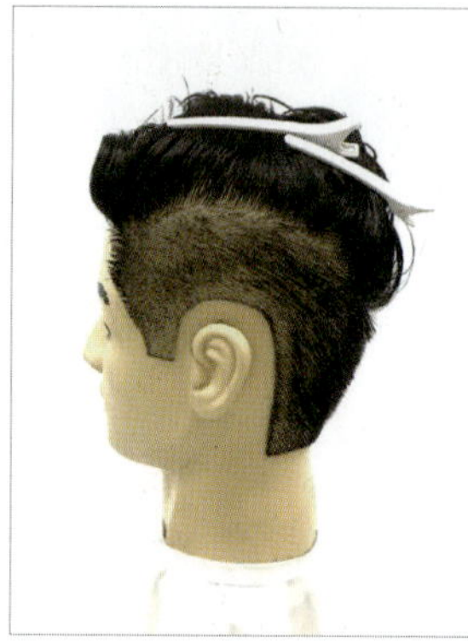

7. 홀슈 섹션 아래를 커트하고 형태와 라인을 확인한다.

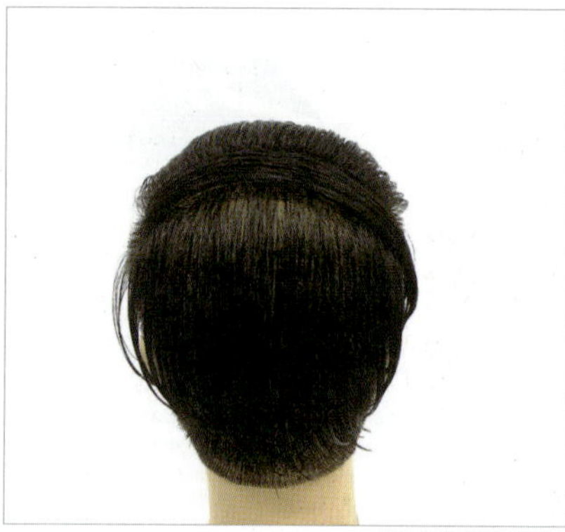

8. 홀슈 섹션 위를 커트하기 위해 모발을 내리고 골든 포인트(G.P) 앞에서 호리존탈 섹션을 나눈다.

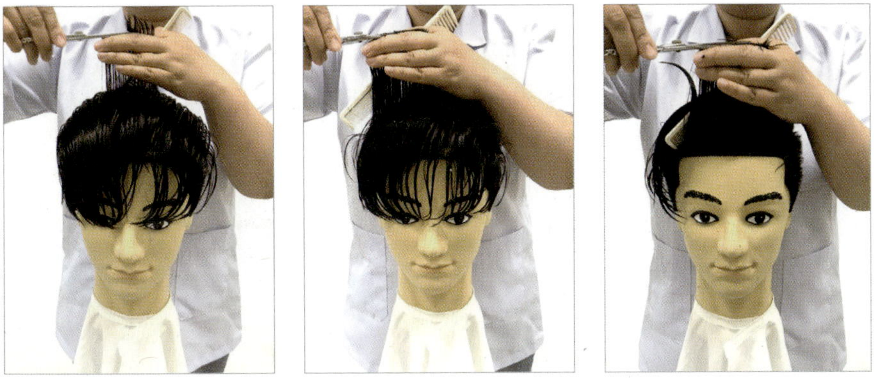

9. 하모발 길이를 설정하고 수평선이 되도록 커트한다.

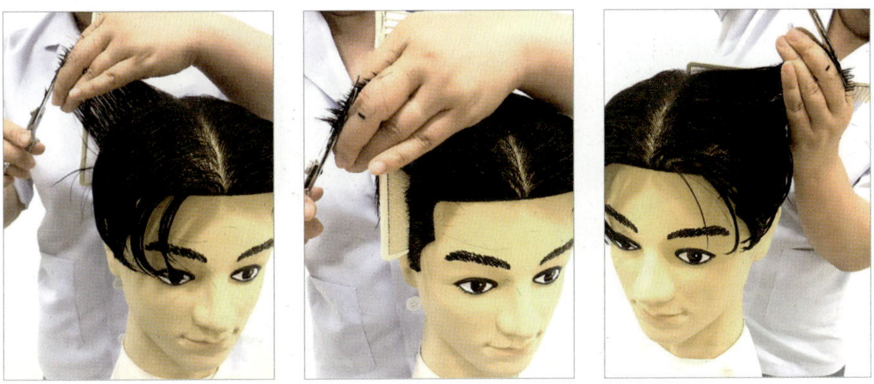

10. 센터 파트를 나눈 후 디스커넥션된 아래 모발과 만나는 선의 길이가 너무 길어지지 않게 모발을 들고 코너의 길이를 자르면서 커트선이 그래쥬에이션 라인이 되도록 양쪽을 시술한다.

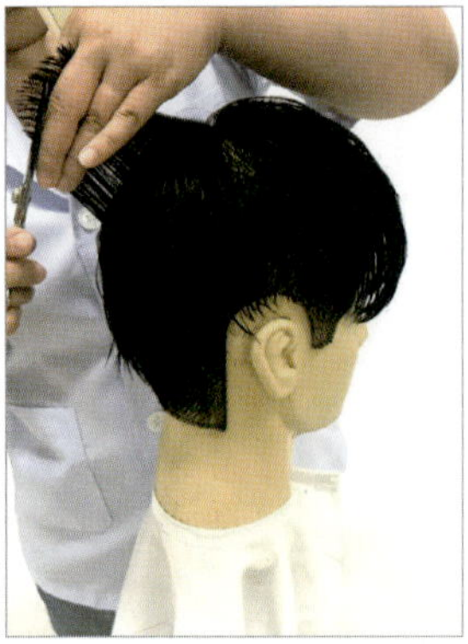

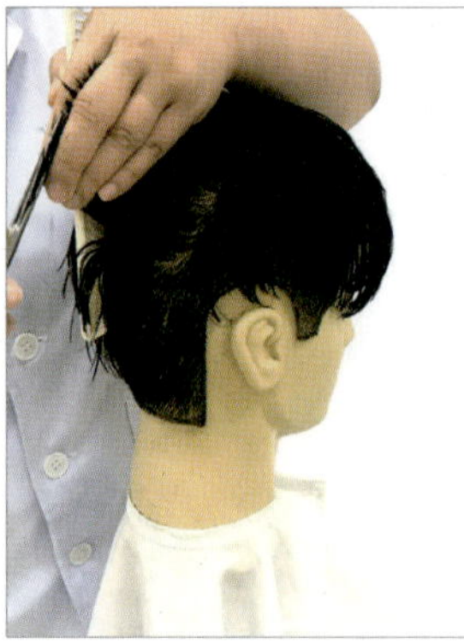

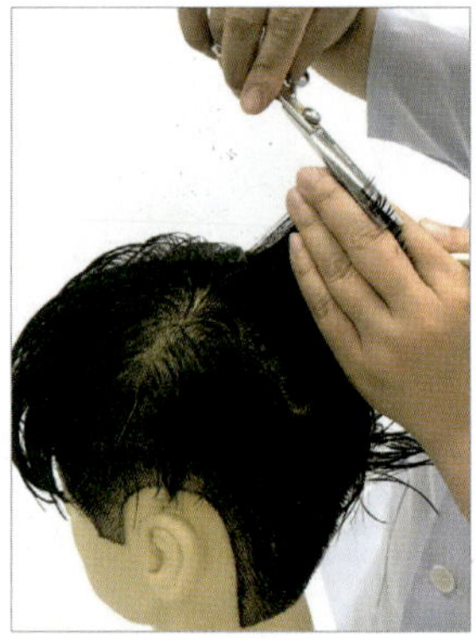

11. 백에서 모발을 90°로 들고 골든 포인트(G.P) 앞의 커트된 길이를 가이드로 온 베이스(on base)로 그래쥬에이션 라인(graduation line)이 되도록 백을 커트한다.

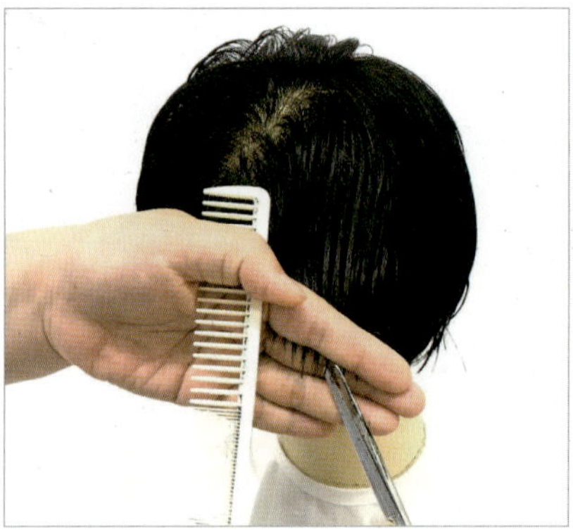

12. 백을 호리존탈 섹션으로 들고 둥근 커트 라인을 나칭 커트로 체크하고 정리한다.

13. 페이스 라인 정리를 위하여 모발을 앞쪽으로 빗어 프런트 사이드 부분의 연결이 자연스럽게 정리한다.

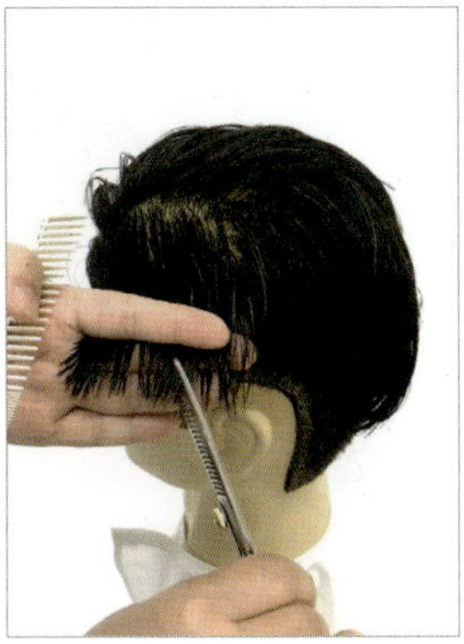

14. 전체적인 모량을 체크한다. 홀슈 섹션 아래는 디스커넥션으로 브로스 스타일의 짧은 길이가 있어 홀슈 섹션의 길이와 이어지지 않으므로 아웃 라인의 선이 부자연스럽지 않도록 포인트 커트 기법으로 틴닝 처리한다.

완성작

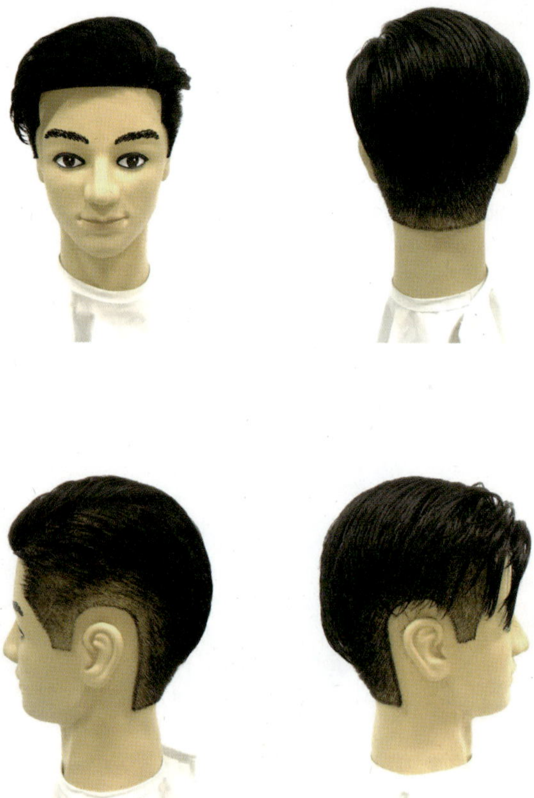

스타일링 1

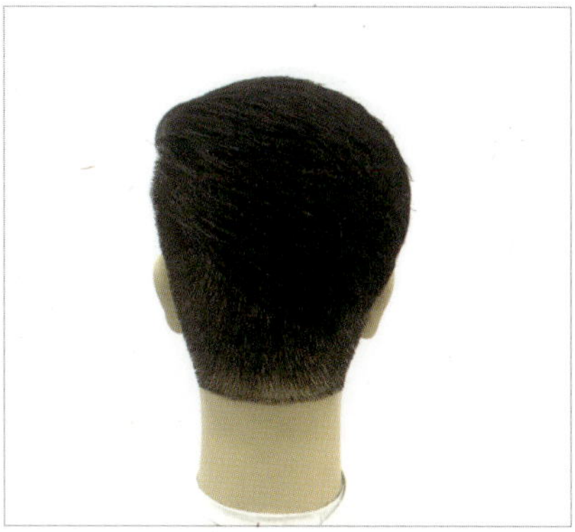

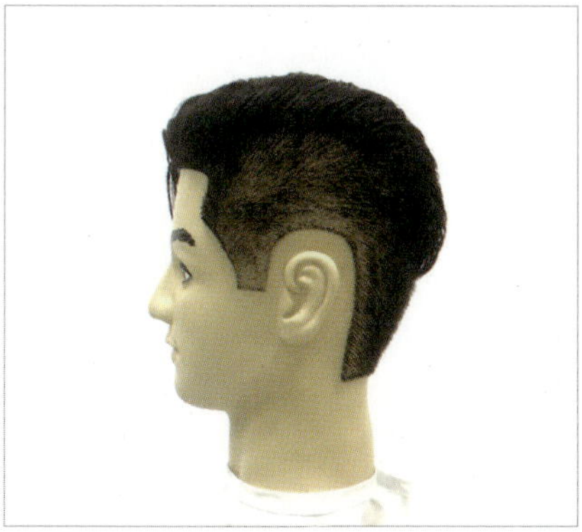

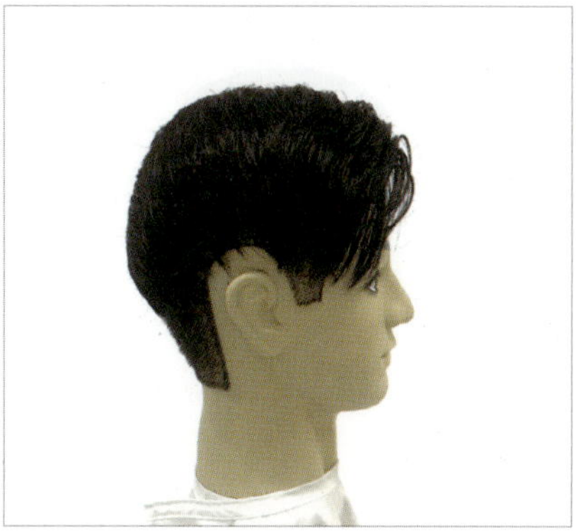

스타일링 2

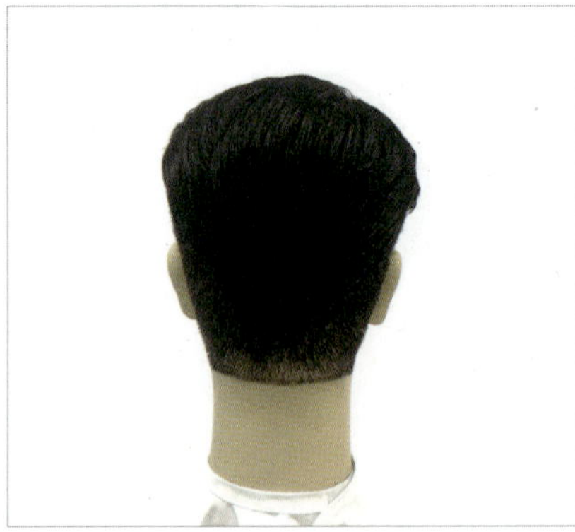
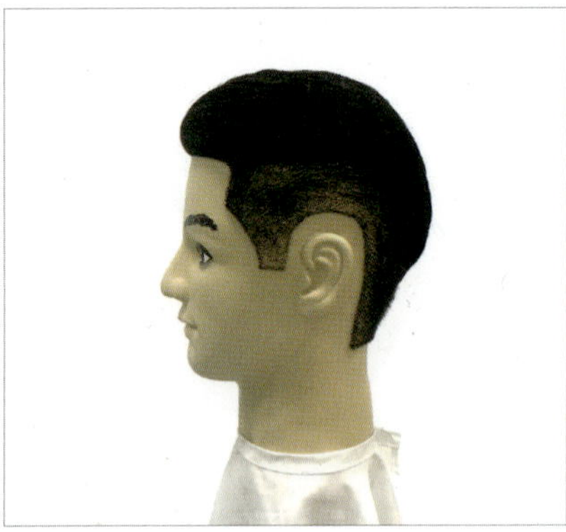
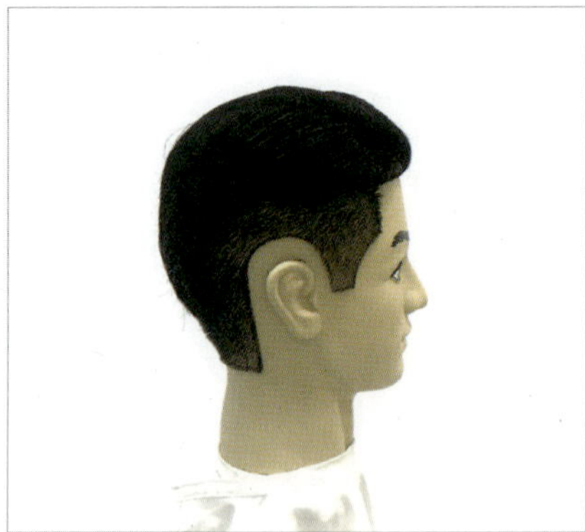

스타일링 3

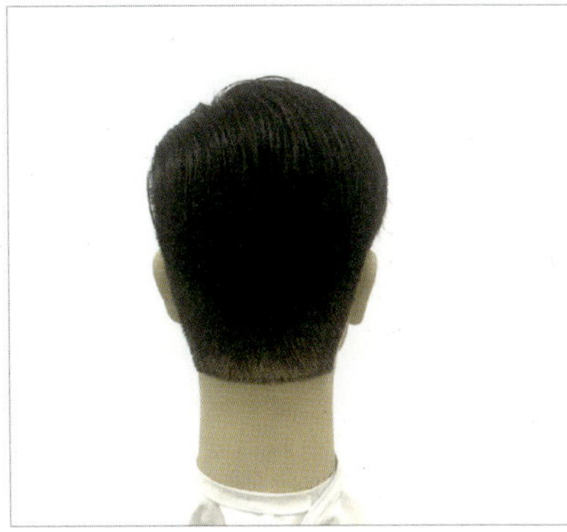

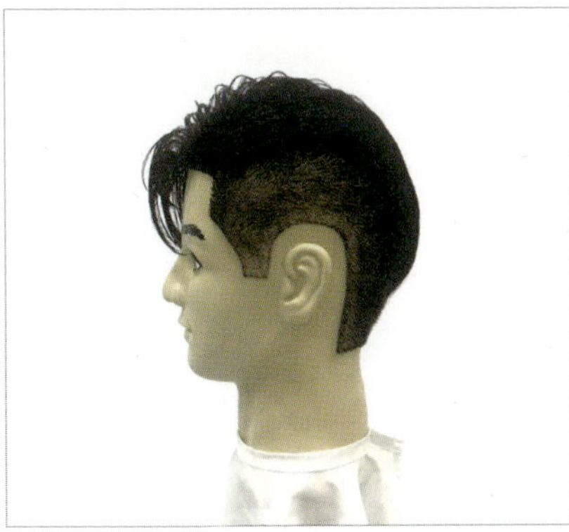

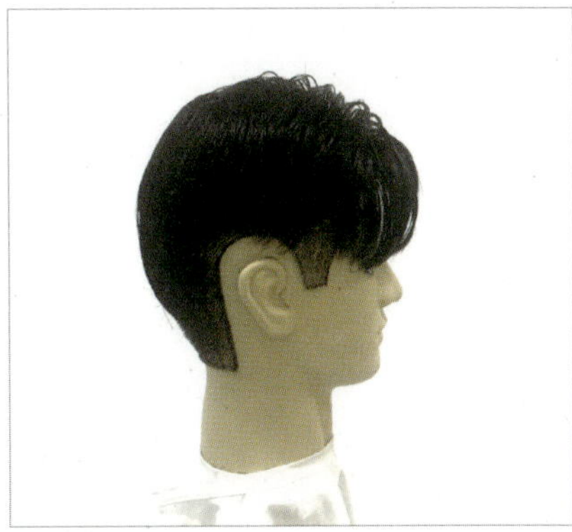

Key point

1. 센터 파트를 나눈 후 디스커넥션된 아래 모발과 만나는 선의 길이가 너무 길어지지 않게 모발을 90°로 들고 코너의 길이를 자르면서 아래로 내려올수록 길이가 짧아지도록 양쪽을 시술한다.

2. 투 블록의 길이 차이가 많이 나기 때문에 프런트 사이드의 코너 모발이 길어질 수 있으므로 페이스 라인 모발을 앞으로 내려 프런트 사이드 부분의 연결이 자연스럽게 라인을 정리한다.

Notes

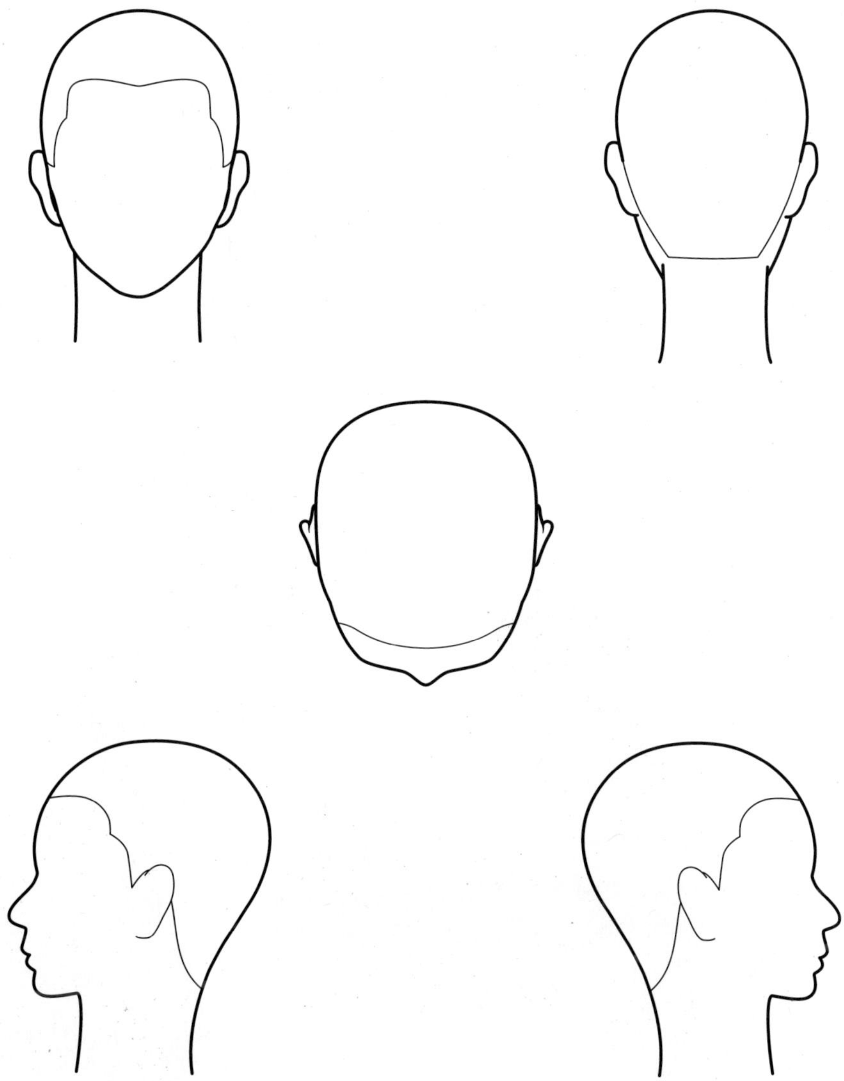

Appendix

부록

이용사 국가기술자격 실기 커트

1. 단발형 이발(하상고)
2. 단발형 이발(중상고)
3. 짧은 단발형(둥근형)

1. 단발형 이발(하상고)

1) 구조

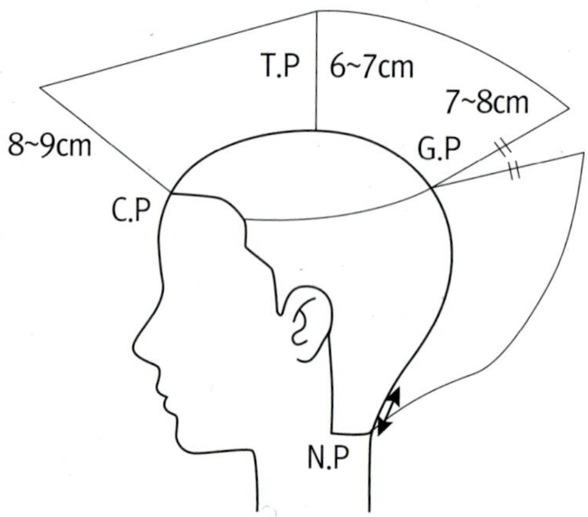

2) 지간 자르기

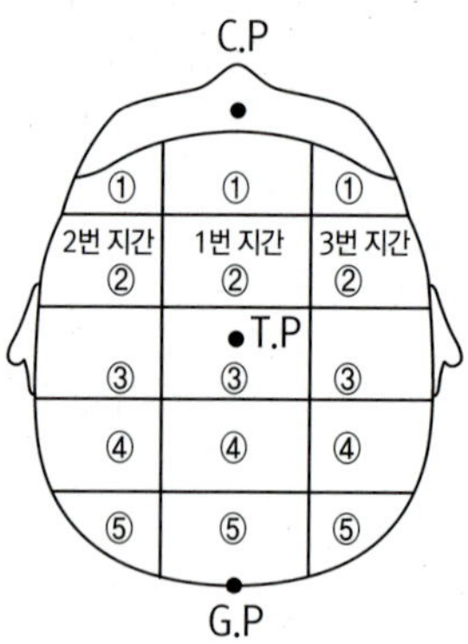

지간잡고 자르기

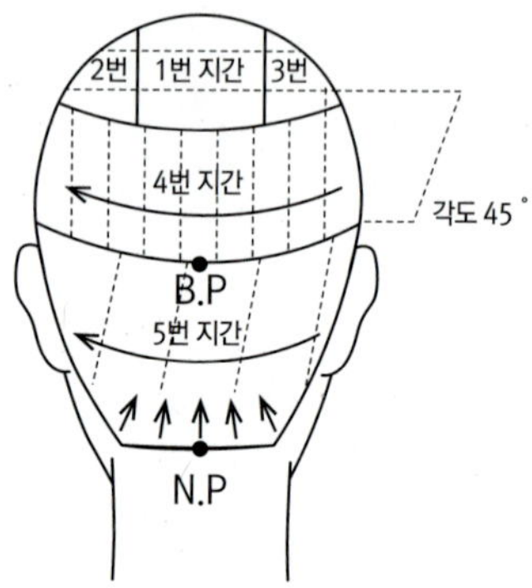

3) 사이드 시저 오버 콤

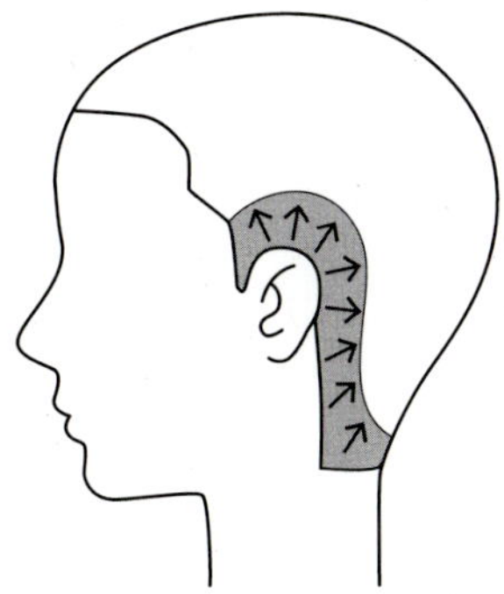

4) 단발형 이발(하상고)의 작업 길이

과제명	C.P	T.P	G.P	B.P
단발형 이발(하상고)	8~9cm	6~7cm	7~8cm	4~5cm

5) 시술 과정

시술 전

(1) 시술 준비

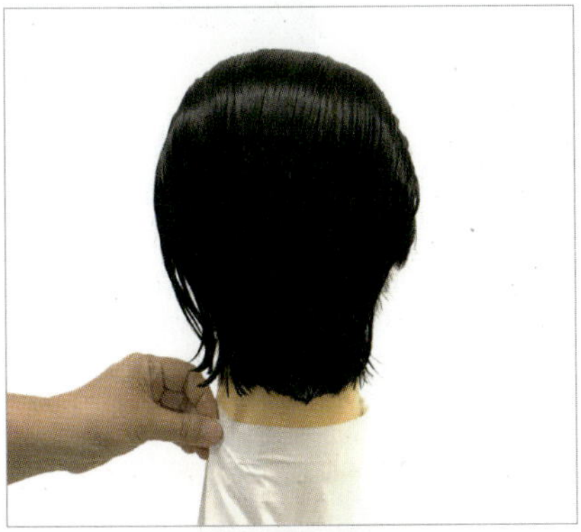

1. 목지를 마네킹의 목 아래 부분에 두른다.

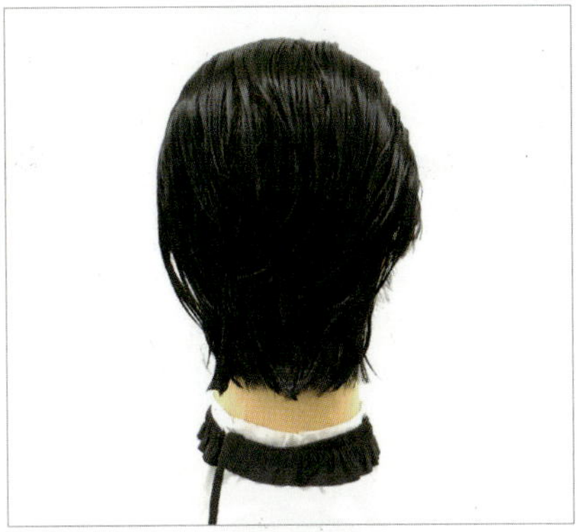

2. 목지가 보이도록 커트보로 커트 앞장치기를 한다.

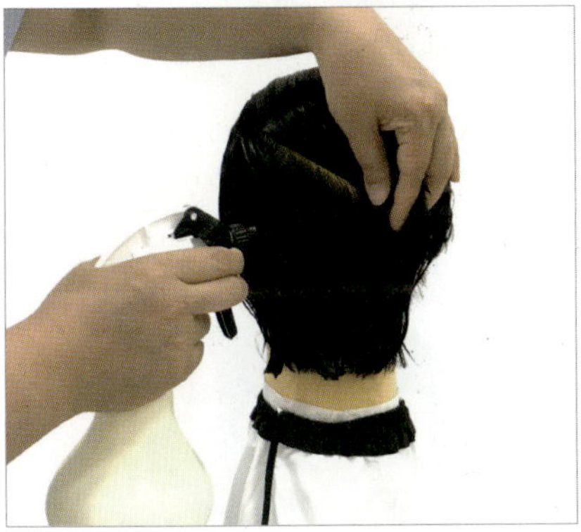

3. 모발의 뿌리에서부터 물 분무기를 이용하여 커트가 용이하도록 물을 분무한다.

(2) 지간깎기

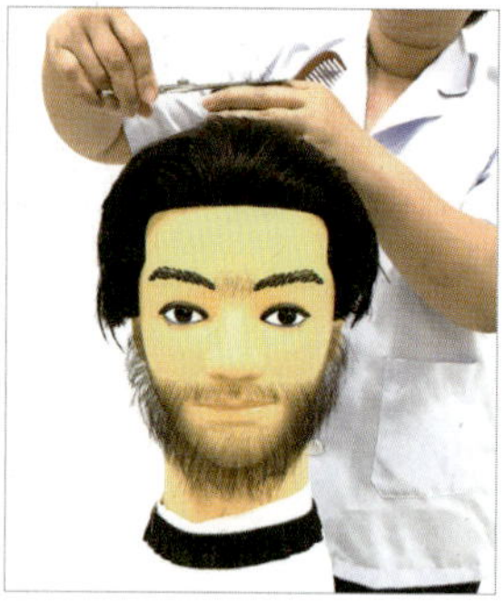

1. U 라인 커트를 위하여 호리존탈 섹션을 타고 센터에서 8~9cm 길이를 설정하여 커트선이 수평이 되도록 커트하여 뒤쪽으로 이동한다. 골든 포인트(G.P)에서는 6~7cm 길이를 설정하고 센터에서 골든 포인트(G.P)까지가 수평이 될 수 있도록 모발을 들어 올려 커트한다.

2. 4번 지간깎기를 위해 센터의 길이를 가이드로 사이드와 연결될 수 있도록 오른쪽 사이드에서 왼쪽 사이드까지 돌려 깎기한다.

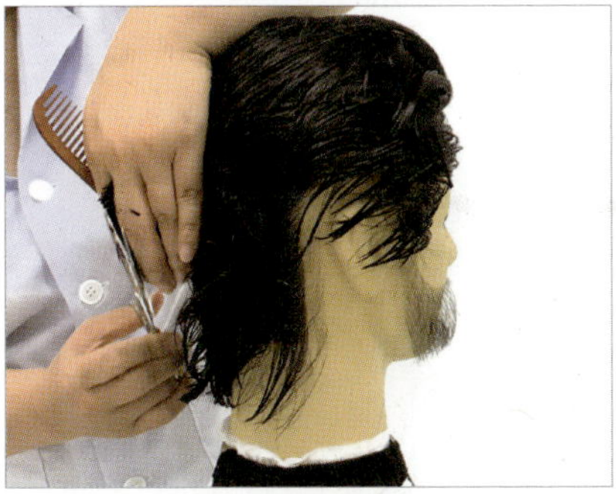 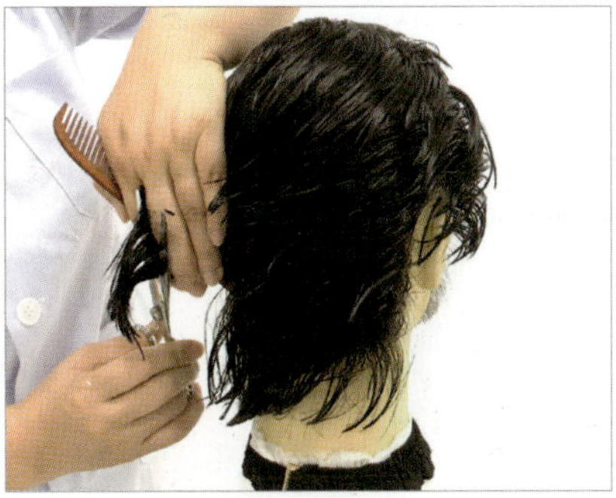

3. 네이프에서 버티컬 섹션을 이용하여 백의 길이가 4~5cm가 되도록 지간자르기를 한다.

(3) 하단부 떠내깎기

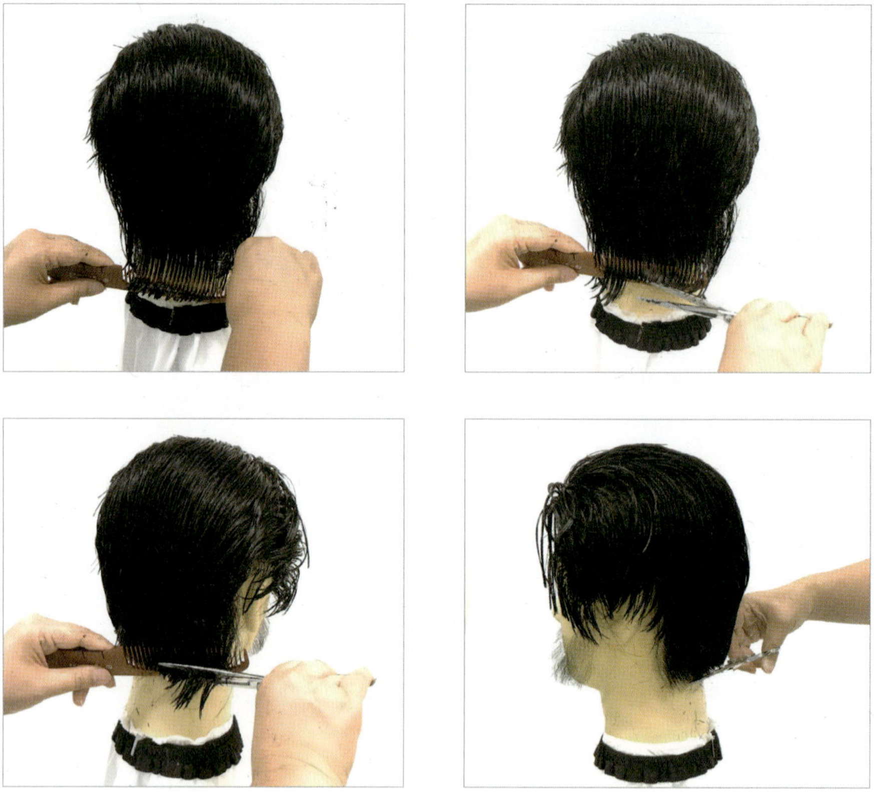

하단부의 길이를 떠내깎기로 클리퍼 작업이 용이하도록 긴 모발의 길이를 제거한다.

(4) 숱 고르기

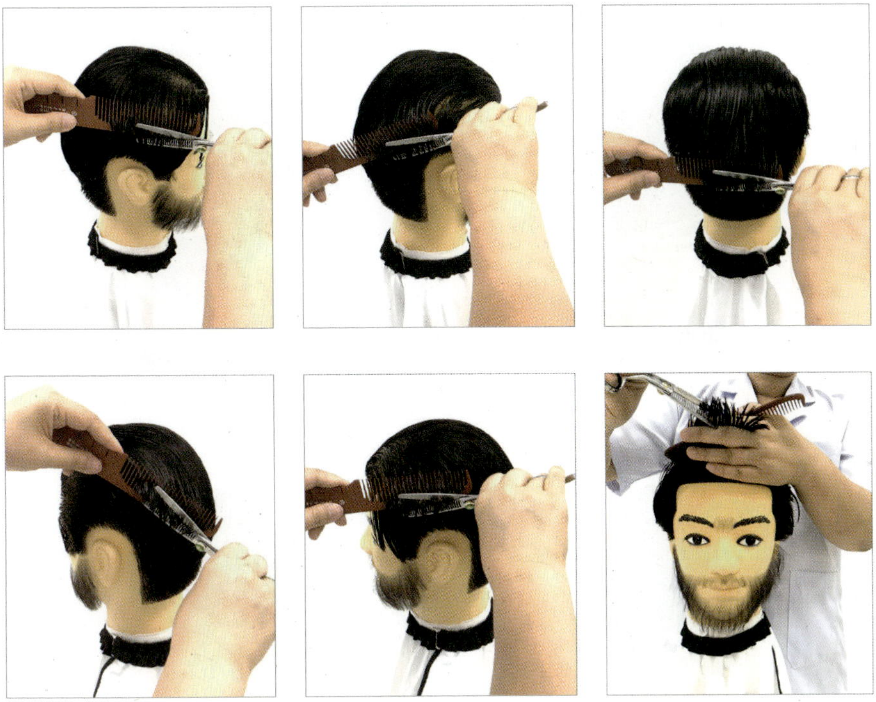

1. 오른쪽 사이드에서부터 백과 왼쪽 사이드로 돌아가면서 질감 처리를 한다.

2. 틴닝가위로 두상 전체에 숱고르기를 하여 양감을 없앤다.

(5) 싱글링 커트하기

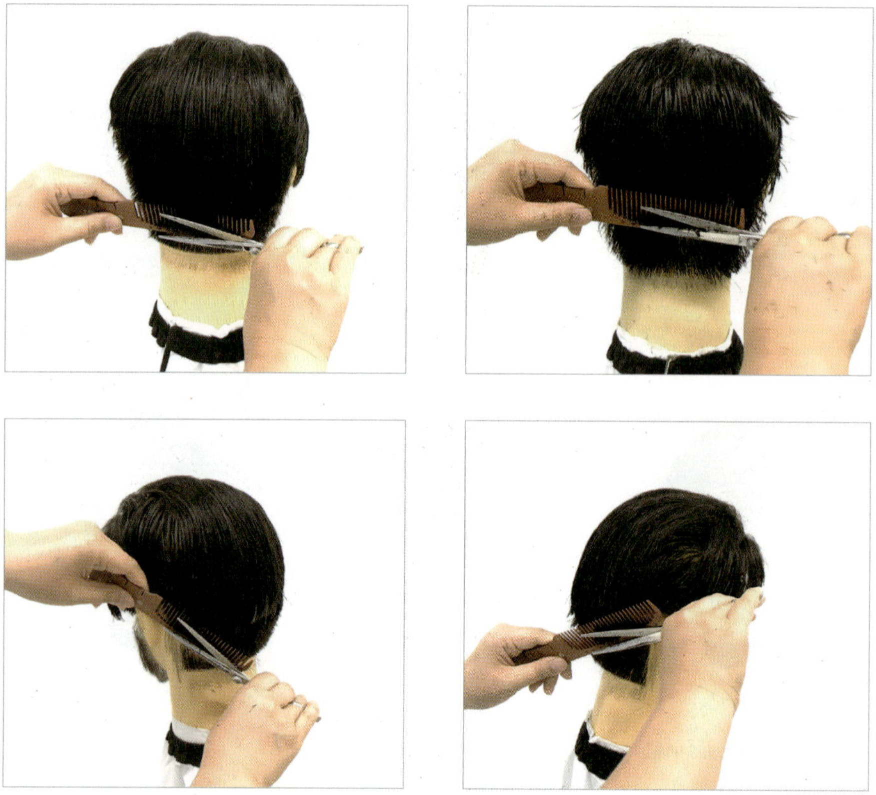

1. 자른 모발이 자연스럽게 층으로 연결될 수 있도록 장가위를 이용하여 연속깎기로 싱글링한다. 이때 네이프의 모양이 두상을 따라 둥글어질 수 있도록 백에서는 빗을 수평, 백 사이드에서는 후대각이 되게 설정하고 빗의 각도를 45°로 기울여 올라간다.

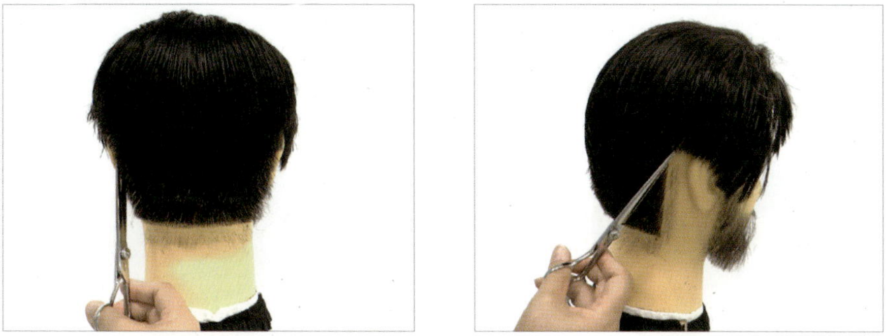

2. 양 목 옆선의 라인을 정리한다.

3. 네이프 디자인에 맞추어 이어 라인 발제선을 연속깎기로 싱글링하고 가위를 세워 귓바퀴를 따라 라인을 정리한다.

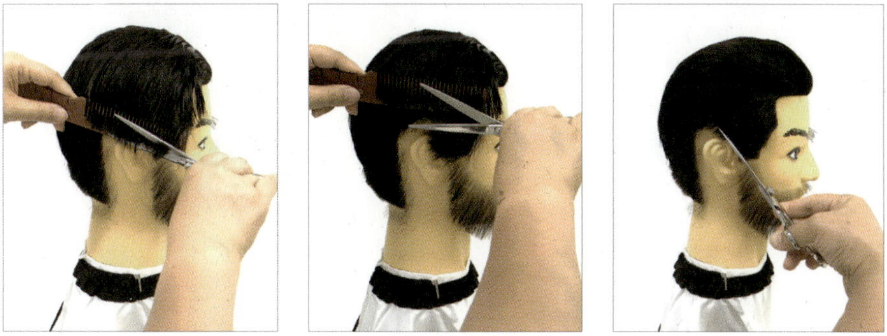

4. 반대편 사이드도 같은 방법으로 싱글링 커트한다.

(6) 앞머리 커트

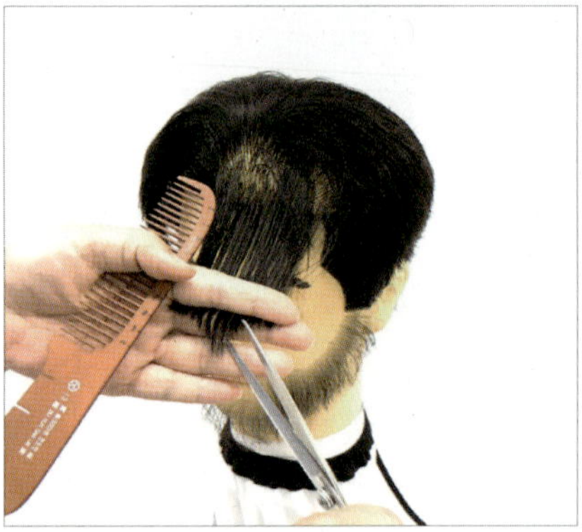

센터의 모발이 각이 지지 않도록 코너를 정리하고 사이드와 자연스럽게 이어질 수 있도록 정리한다.

(7) 천가분 칠하기

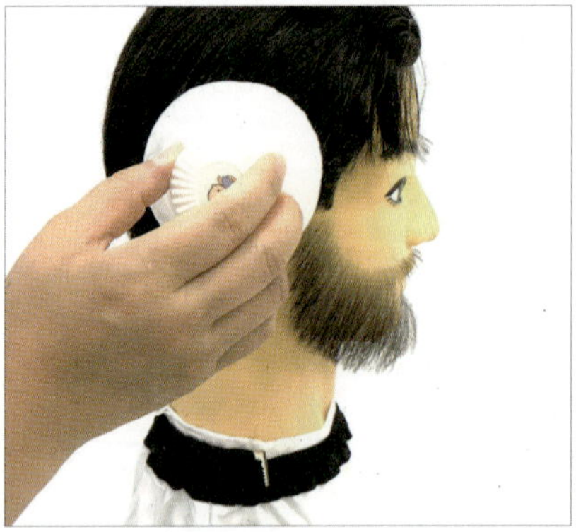

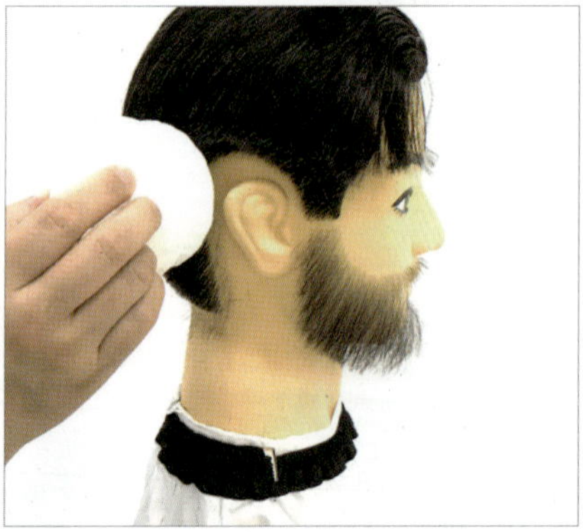

팩트를 가볍게 쥐고 오른쪽부터 왼쪽까지 커트 디자인의 층이 형성된 부분에 천가분을 바른다.

(8) 수정커트

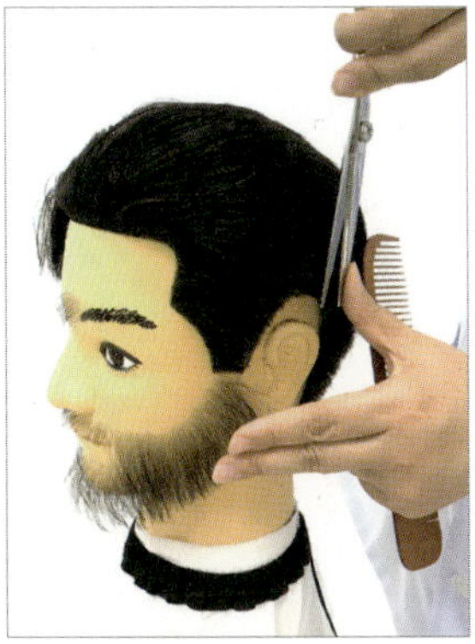

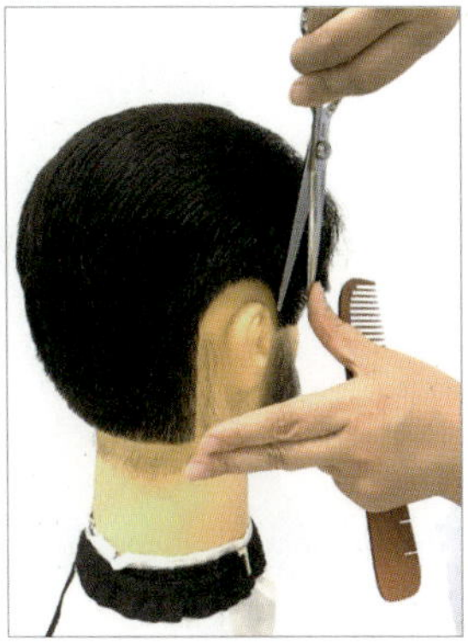

1. 옆선 및 뒷선에 가위를 세워 밀어깎기와 당겨깎기를 이용하여 튀어나온 모발과 층의 접합부 코너를 수정깎기하여 옆선 및 뒷선을 정리한다.

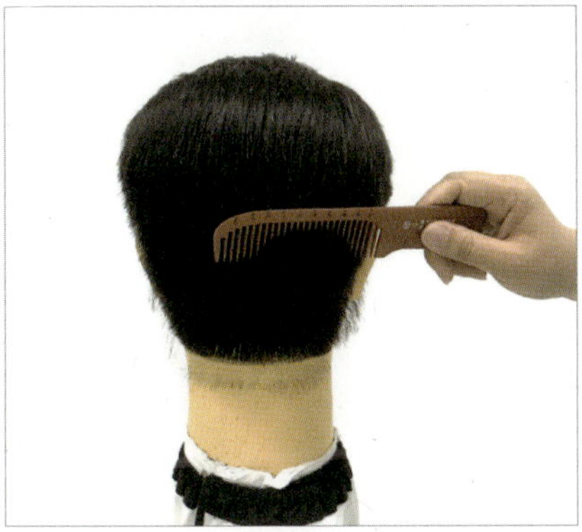
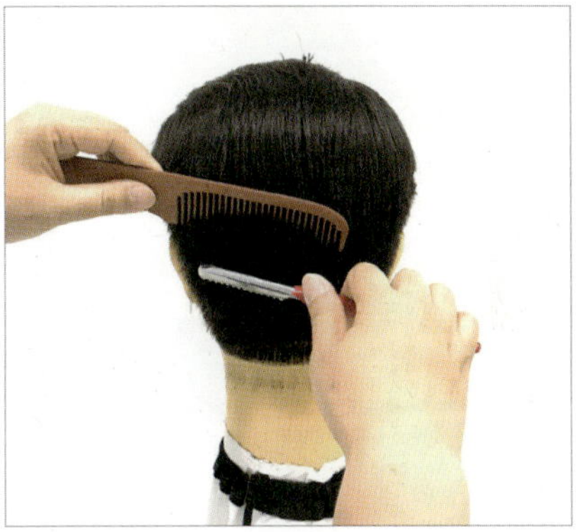

2. 커트 면을 빗질하고 튀어나온 모발을 레이저 로테이션 기법으로 수정하여 정리한다.

(9) 머리카락 털기 및 커트보 정리하기

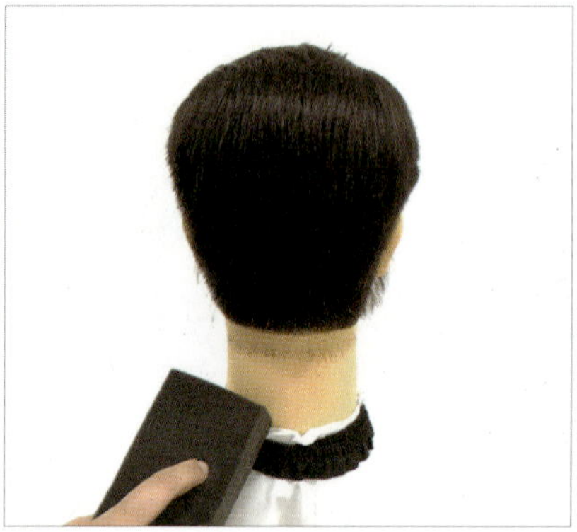

(10) 뒷면도하기

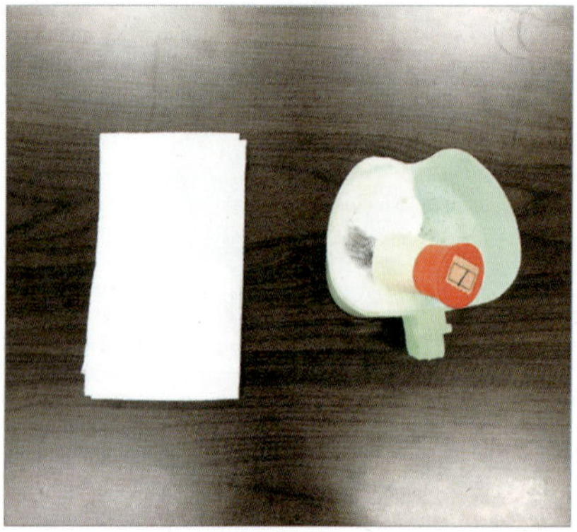

1. 목에 둘렀던 목띠를 풀어 놓고 면체용 크림을 준비한다. 풀어 놓은 목띠는 면도 중 면도기에 묻은 이물질을 닦아내는 용도로 사용한다.

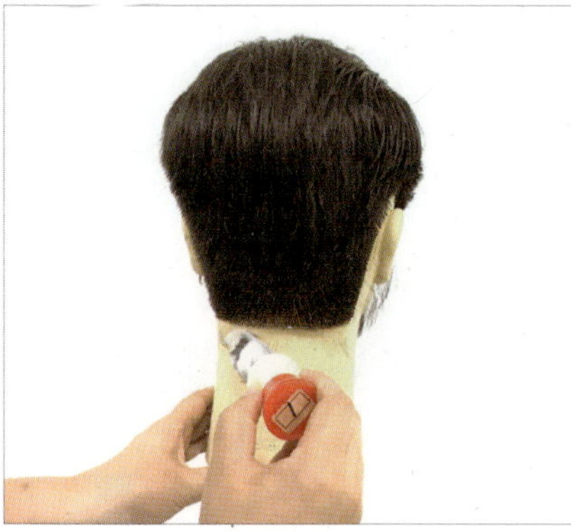

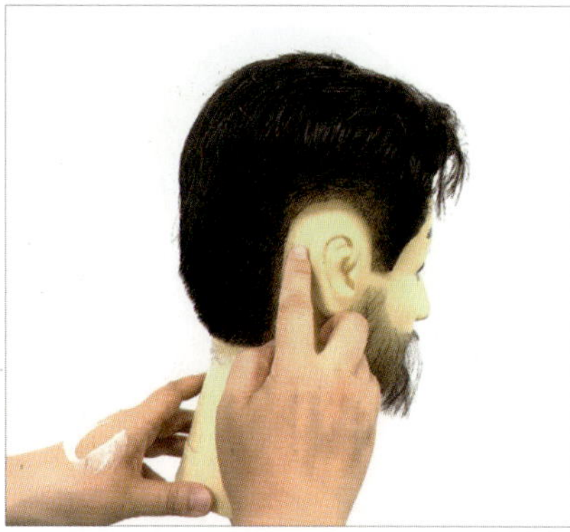

2. 면체를 위하여 면도로션을 발제선에 바른다. 목 옆선과 같이 좁은 면적에는 로션을 덜어 놓고 손으로 덜어 바른다.

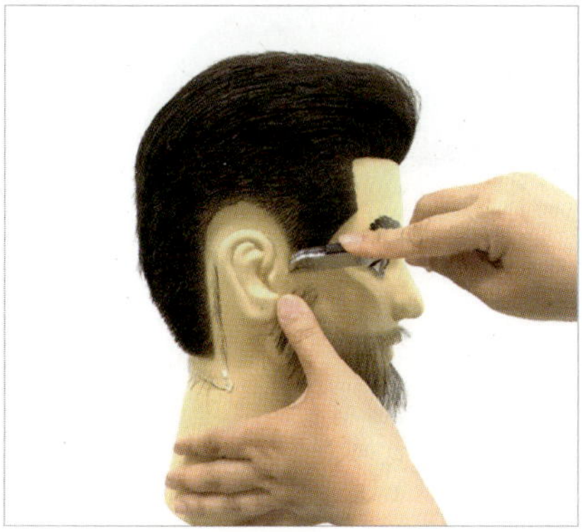

3. 구레나룻 기준선에 면도기를 대고 피부를 당기면서 면도하고 목 옆선에서 귀를 접고 면도한다.

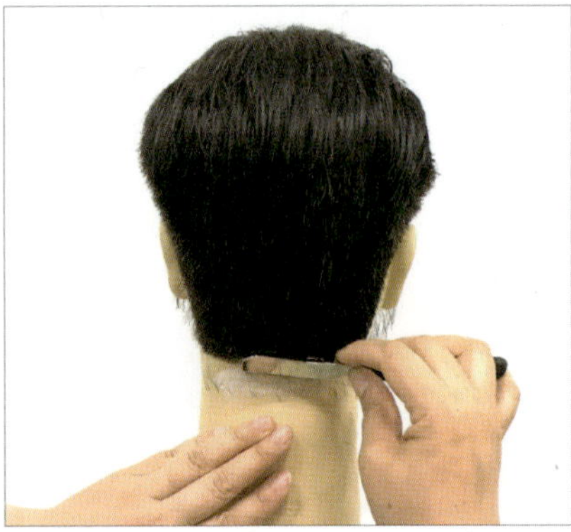
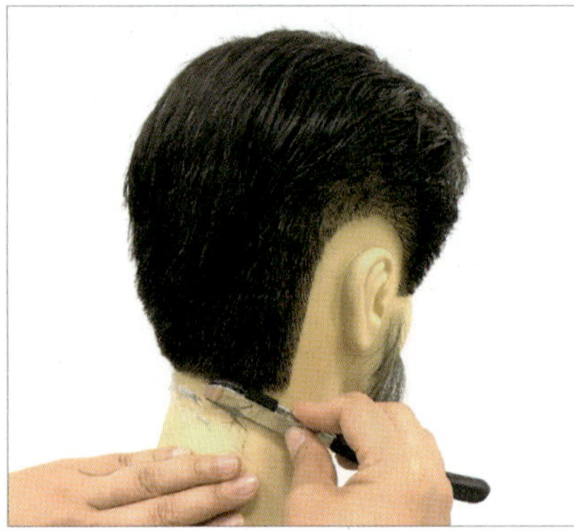

4. 면도기를 15° 각도로 높인 상태에서 네이프 발제선을 따라 피부를 당기면서 면도한다.

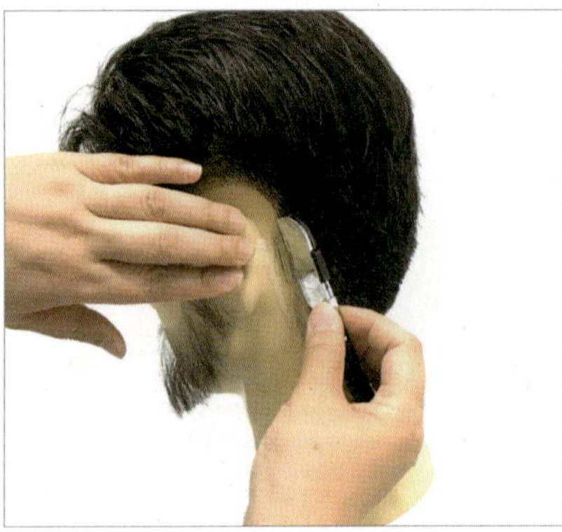
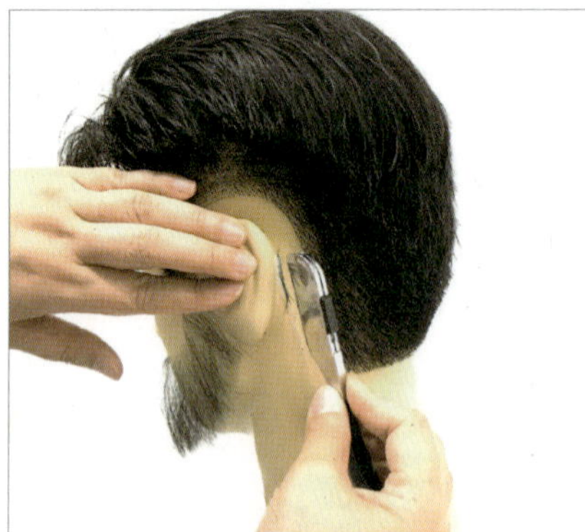

5. 프리핸드로 목 옆선을 면도한다.

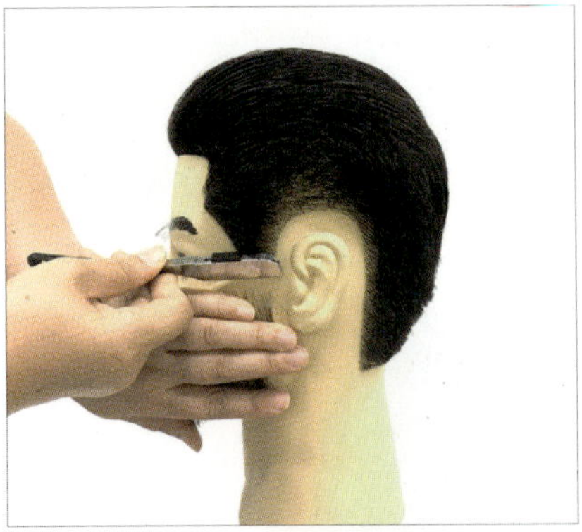

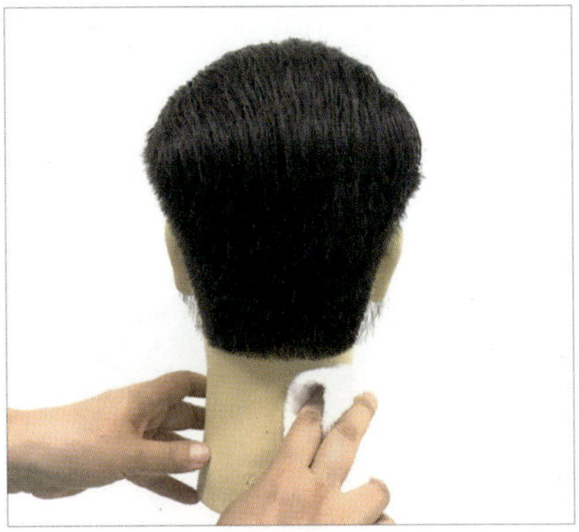

6. 백 핸드 기법을 이용하여 왼쪽 구레나룻 기준선에 면도기를 대고 면도한 후 잔여물을 닦아 스킨을 바르고 정리한다.

완성작

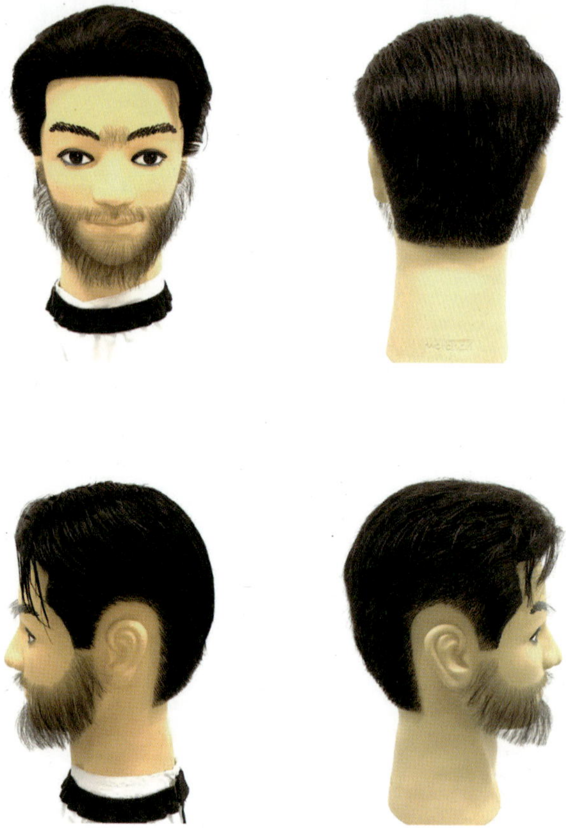

2. 단발형 이발(중상고)

1) 구조

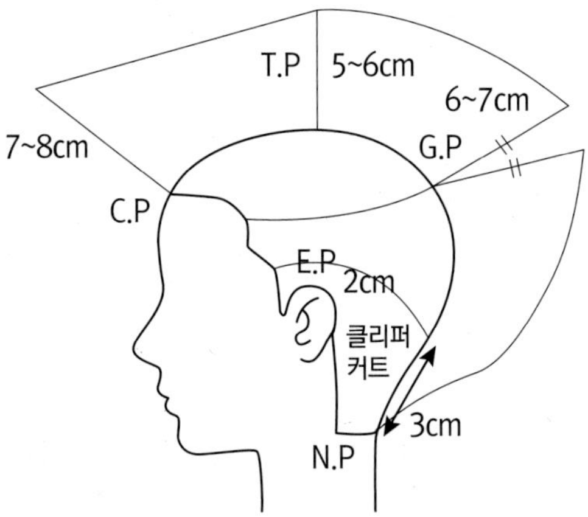

2) 지간 자르기

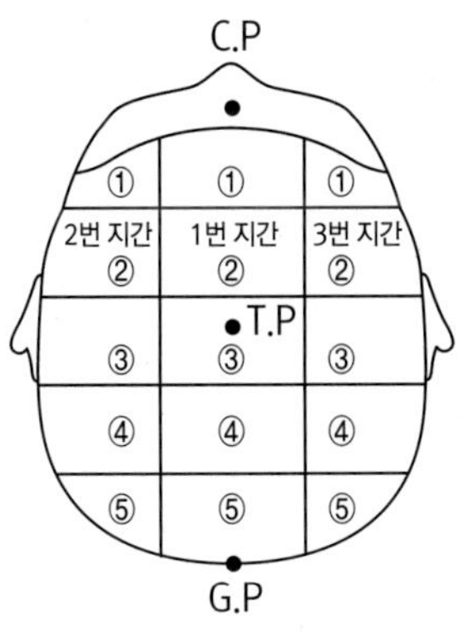

지간잡고 자르기

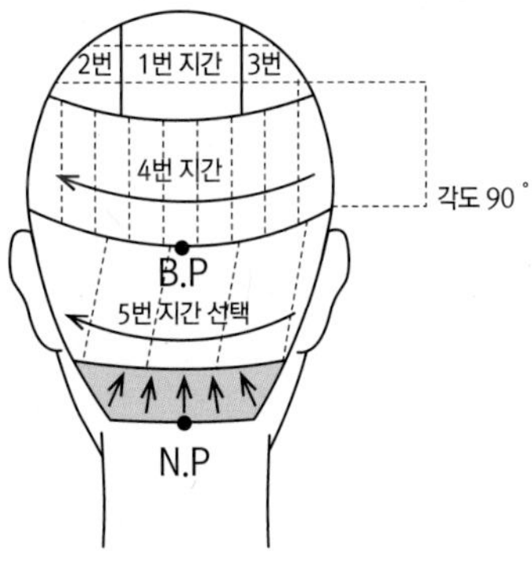

클리퍼 3cm 이하 올려치기

3) 사이드의 클리퍼 처리

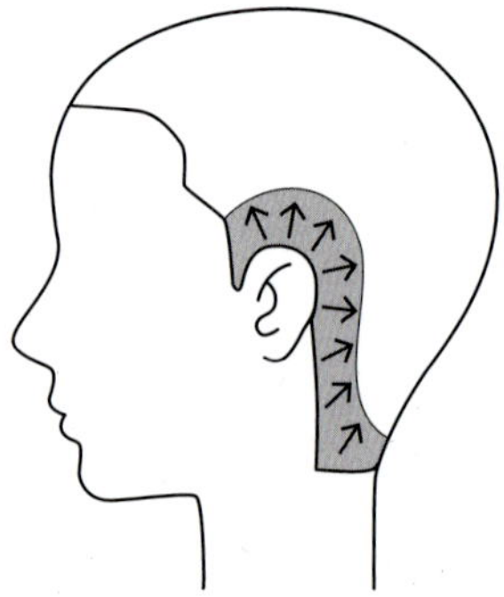

사이드 부분 싱글링 진행

4) 상고머리형의 작업 길이

과제명	C.P	T.P	G.P	B.P	클리퍼 작업구간
장교머리형	7~8cm	5~6cm	6~7cm	3~4cm	N.P 3cm E.P 2cm

5) 시술 과정

시술 전

(1) 시술 준비

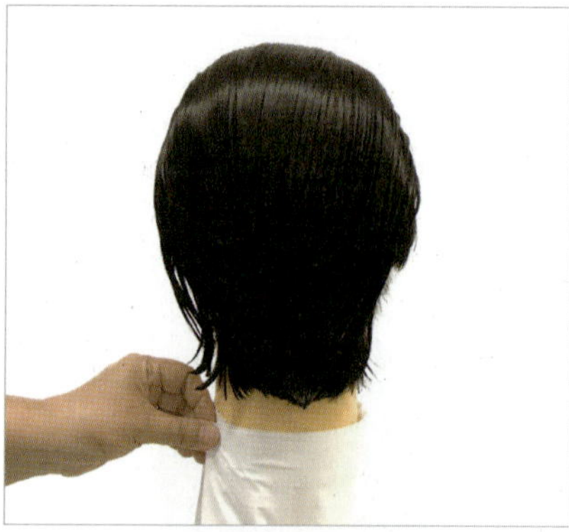

1. 목지를 마네킹의 목 아래 부분에 두른다.

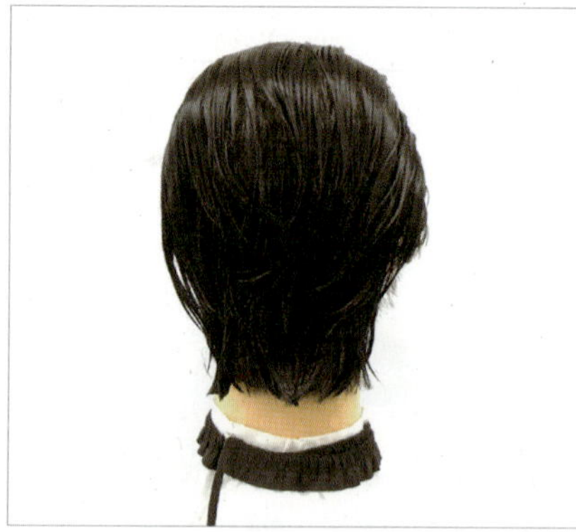

2. 목지가 보이도록 커트보로 커트 앞장치기를 한다.

3. 커트가 용이하도록 물 분무기를 이용하여 모발의 뿌리에서부터 물을 분무한다.

(2) 지간깎기

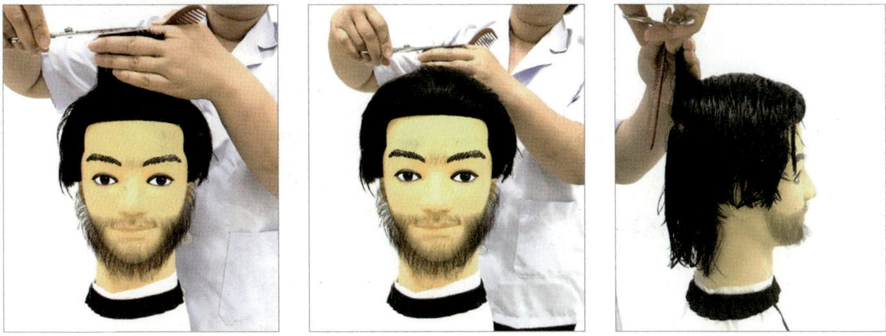

1. U 라인 커트를 위하여 호리존탈 섹션을 타고 센터에서 7~8cm 길이를 설정하여 커트선이 수평이 되도록 커트하여 뒤쪽으로 이동한다. 골든 포인트(G.P)에서는 5~6cm 길이를 설정하고 센터에서 골든 포인트(G.P)까지가 수평이 될 수 있도록 모발을 들어 올려 커트한다.

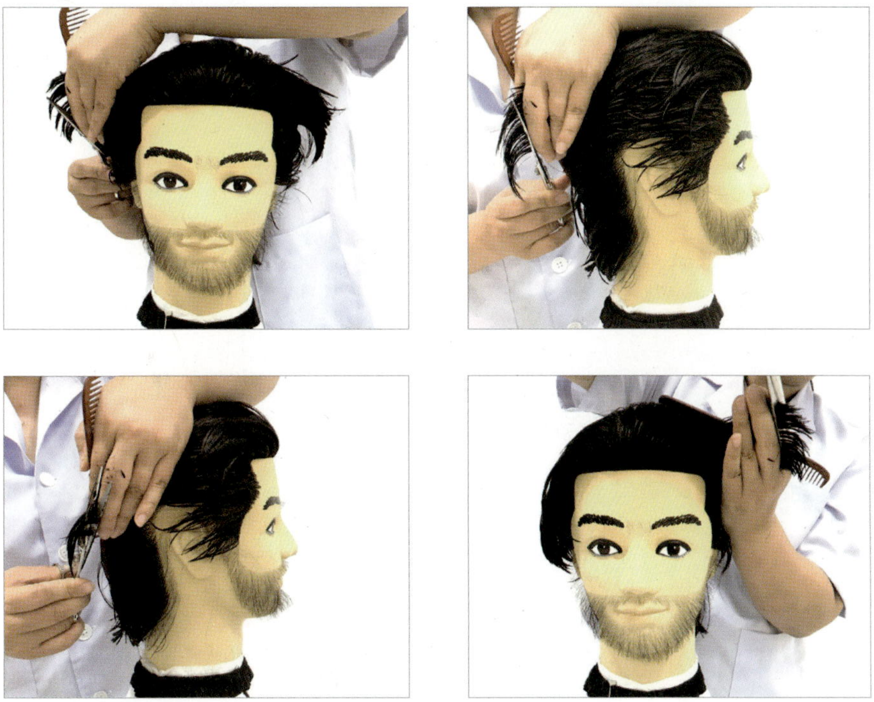

2. 4번 지간깎기를 위해 센터의 길이를 가이드로 사이드와 연결될 수 있도록 오른쪽 사이드에서 왼쪽 사이드까지 돌려 깎기한다.

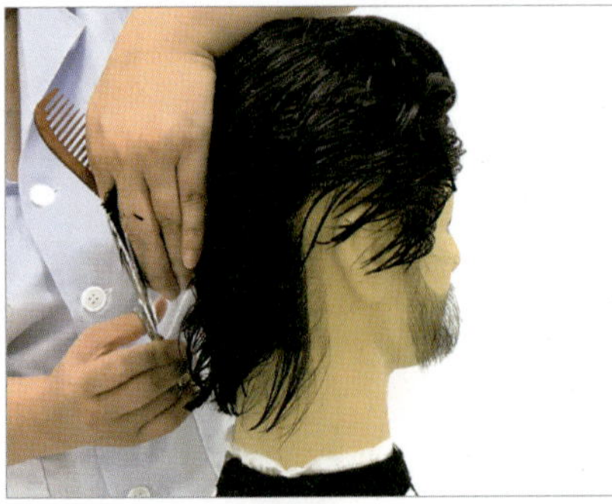

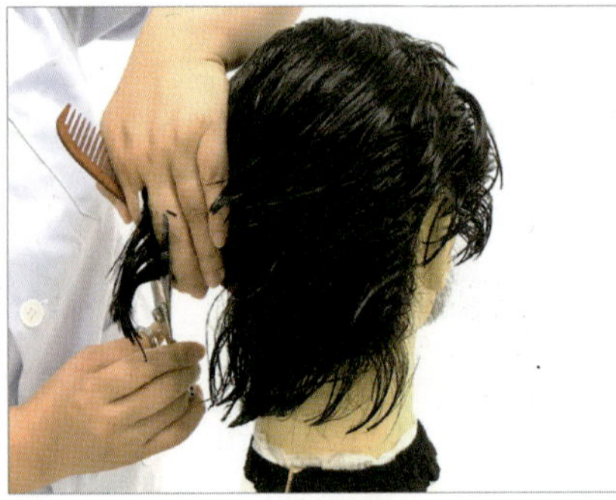

3. 네이프에서 버티컬 섹션을 이용하여 백의 길이가 3~4cm가 되도록 지간자르기를 한다.

(3) 하단부 떠내깎기

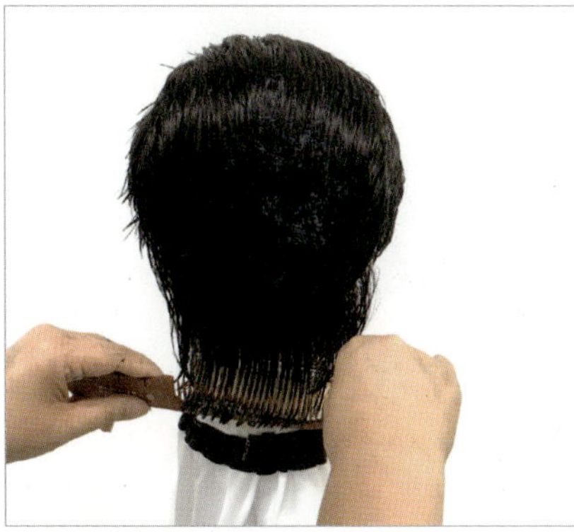
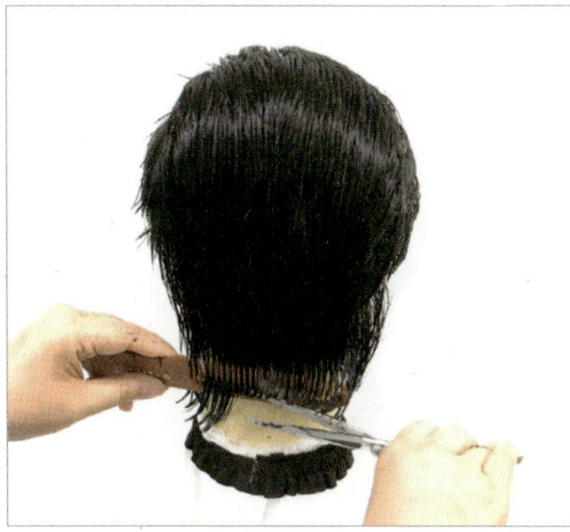

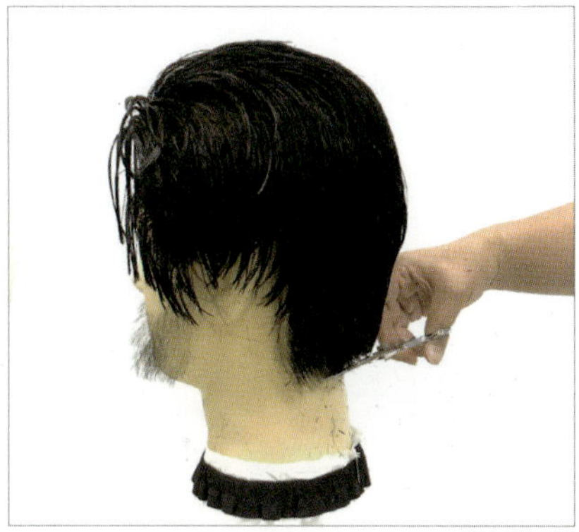

클리퍼 작업이 용이하도록 떠내깎기로 하단부의 긴 모발의 길이를 제거한다.

(4) 숱 고르기

틴닝가위로 두상 전체에 숱고르기를 하여 양감을 없앤다.

(5) 클리퍼 조발하기

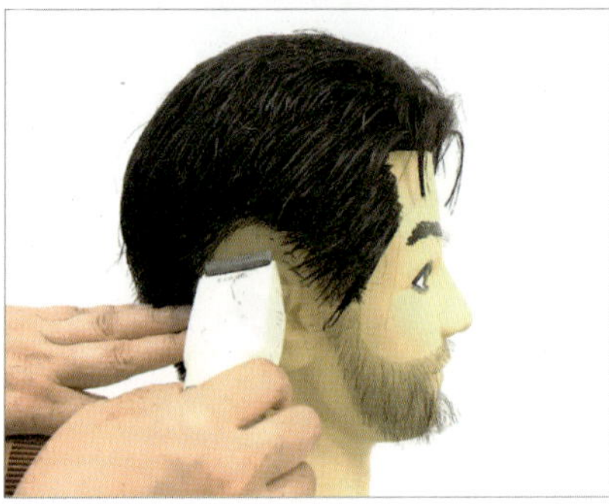
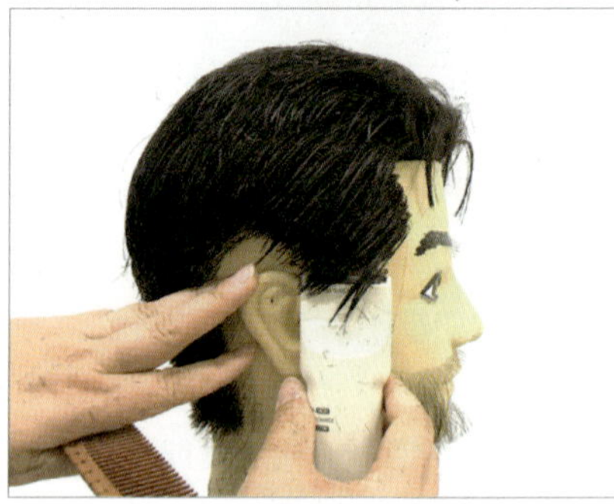

클리퍼로 사이드 라인을 2cm 이하로 올려 치고 클리퍼를 세워 귓바퀴 발제선을 짧게 정리한다.

(6) 싱글링 커트하기

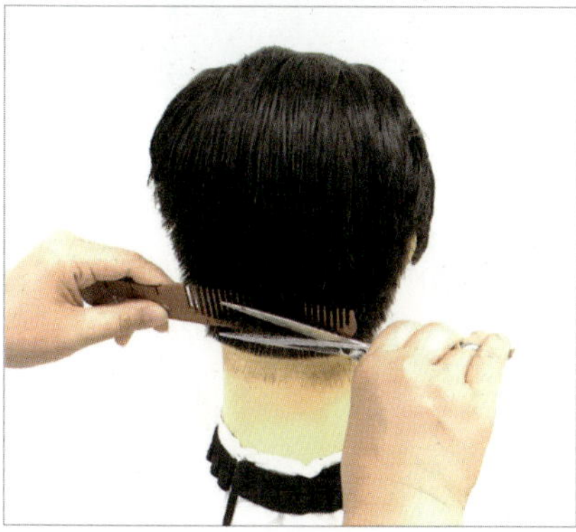

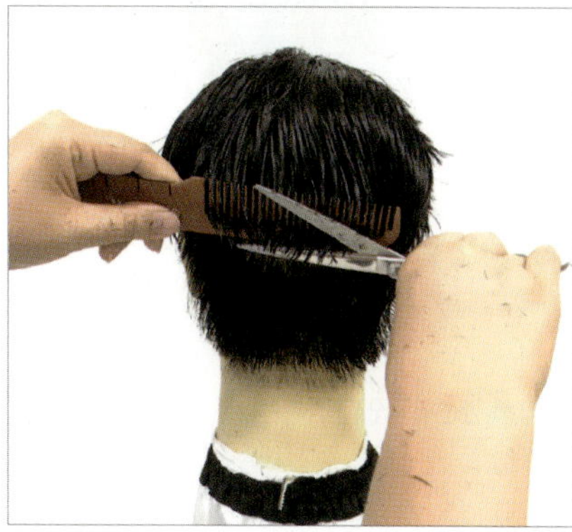

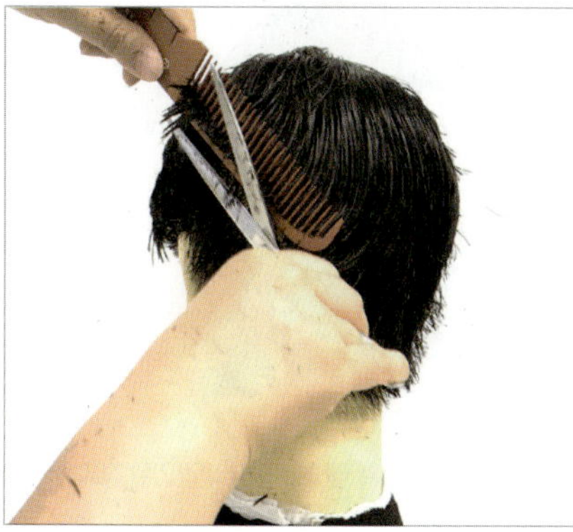

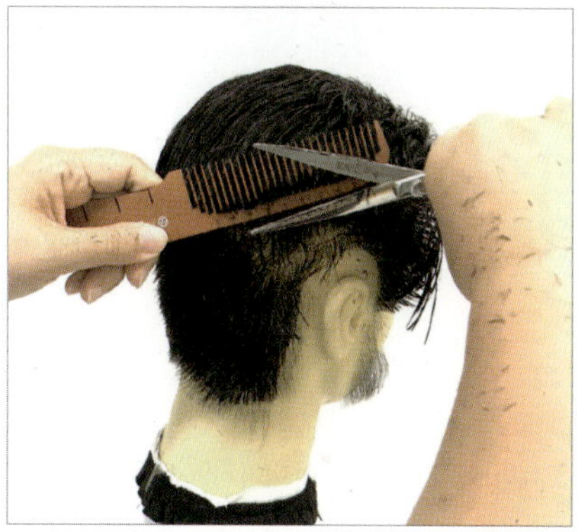

1. 클리퍼로 올려치기한 모발과 떠깎기에서 자른 모발이 자연스럽게 층으로 연결될 수 있도록 장가위를 이용하여 연속 깎기로 싱글링한다. 이때 네이프의 모양이 두상을 따라 둥글어질 수 있도록 백에서는 빗을 수평, 백 사이드에서는 후대각이 되게 설정하고 빗의 각도를 조절하며 커트한다. 보통 머리보다 볼륨이 위로 형성되고 길이가 짧으므로 싱글링하는 높이를 높게 올려친다.

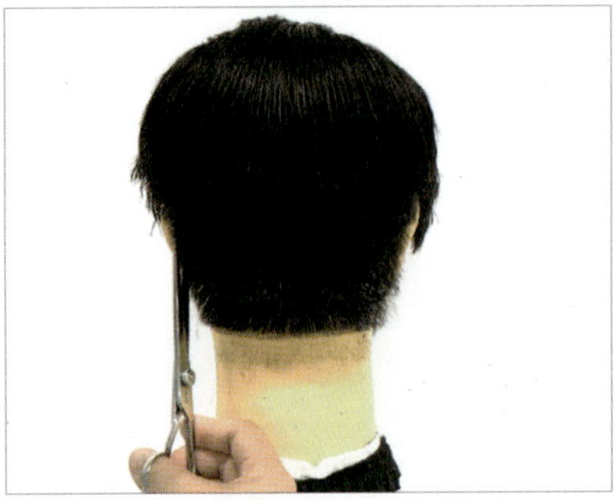

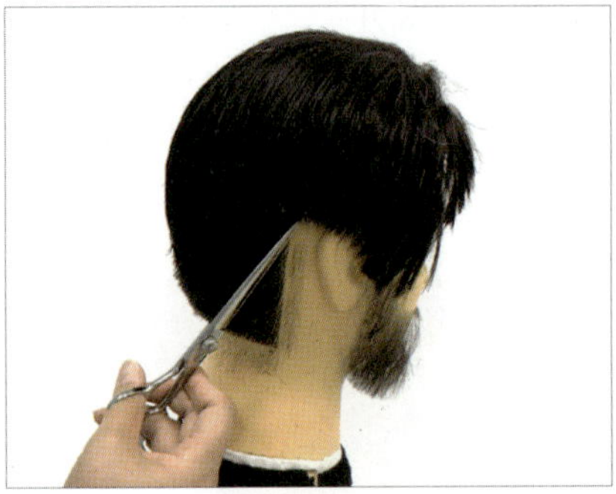

2. 양 목 옆선의 라인을 정리한다.

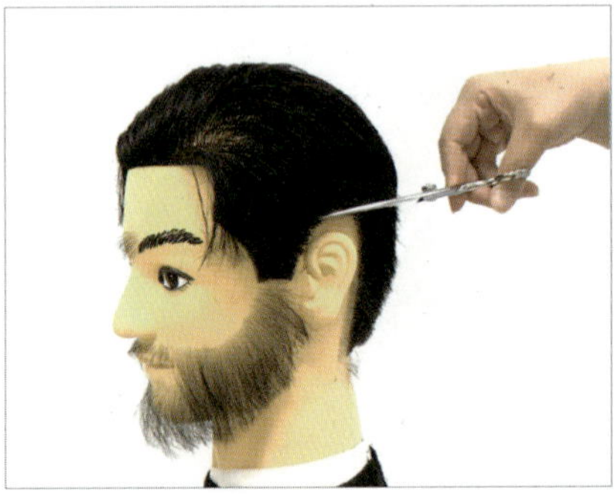

3. 네이프 디자인에 맞추어 이어 라인 발제선을 연속깎기로 싱글링하고 가위를 세워 귓바퀴를 따라 라인을 정리한다.

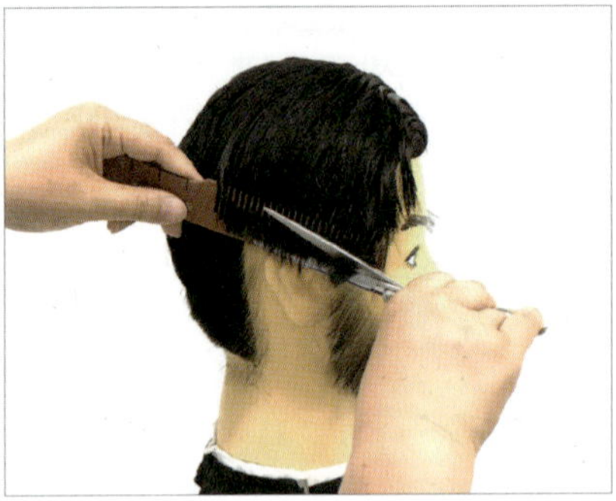

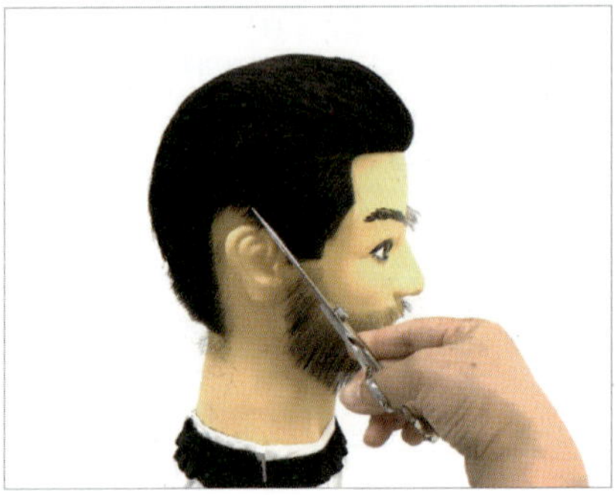

4. 반대편 사이드도 같은 방법으로 싱글링 커트한다.

(7) 앞머리 커트

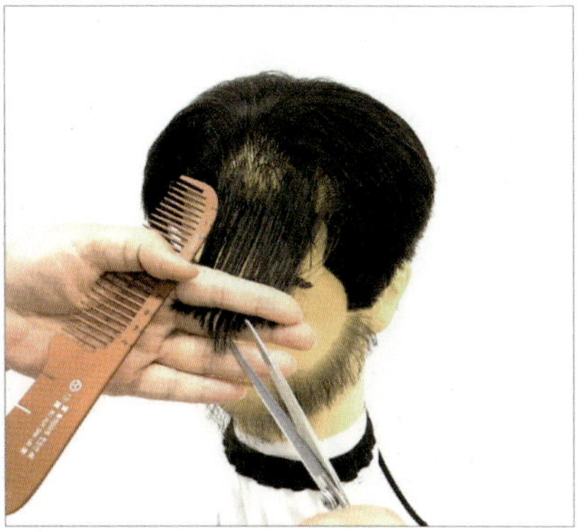

센터의 모발이 각이 지지 않도록 코너를 정리하고 사이드와 자연스럽게 이어질 수 있도록 정리한다.

(8) 천가분 칠하기

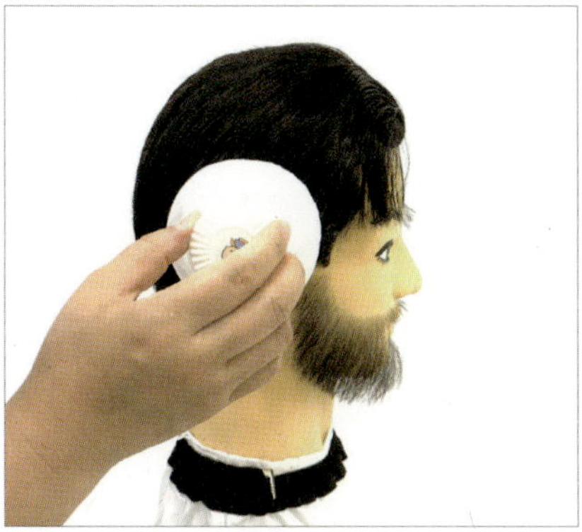

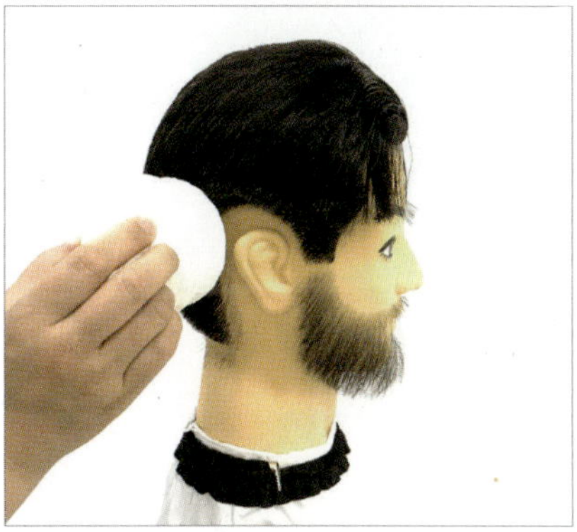

팩트를 가볍게 쥐고 오른쪽부터 왼쪽까지 커트 디자인의 층이 형성된 부분에 천가분을 바른다.

(9) 수정커트

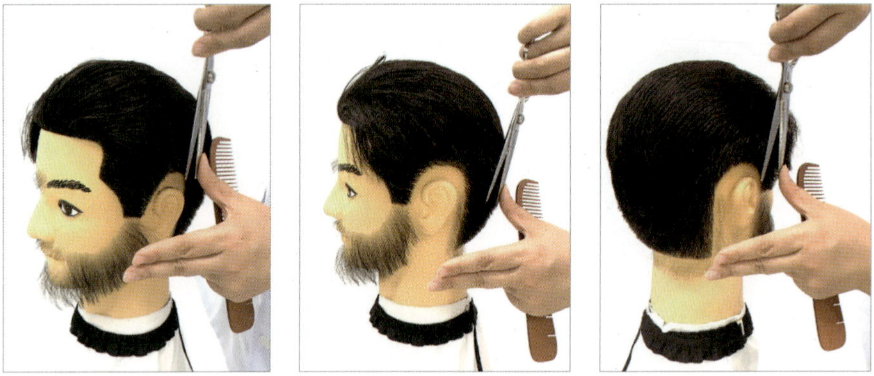

1. 옆선 및 뒷선에 가위를 세워 밀어깎기와 당겨깎기를 이용하여 튀어나온 모발과 층의 접합부 코너를 수정깎기하여 옆선 및 뒷선을 정리한다.

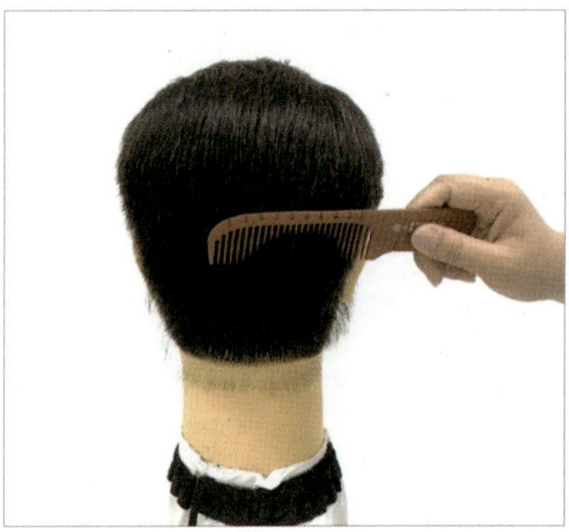

2. 커트 면을 빗질하고 튀어나온 모발을 수정하여 정리한다.

(10) 머리카락 털기 및 커트보 정리하기

(11) 뒷면도하기

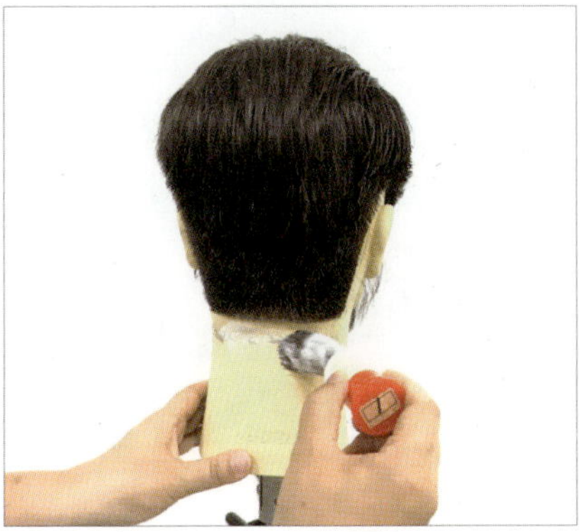

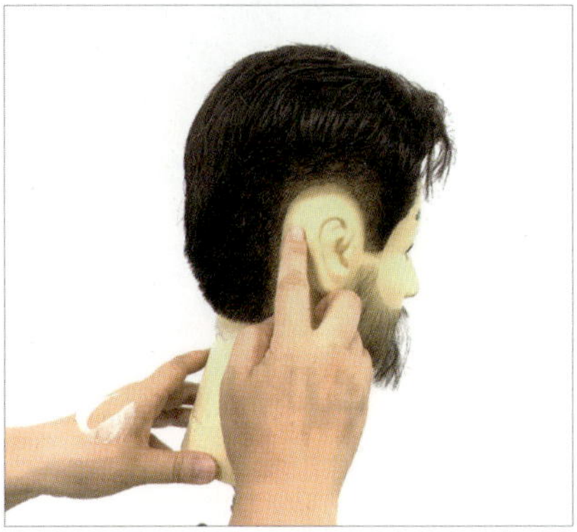

1. 면체를 위하여 면도로션을 발제선에 바른다. 목 옆선과 같이 좁은 면적에는 로션을 덜어 놓고 손으로 덜어 바른다.

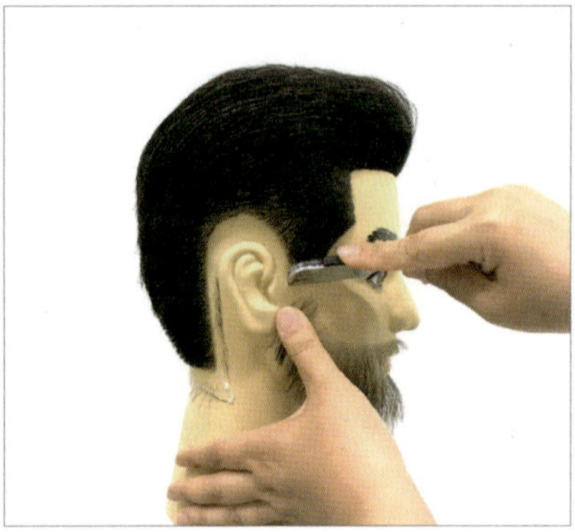

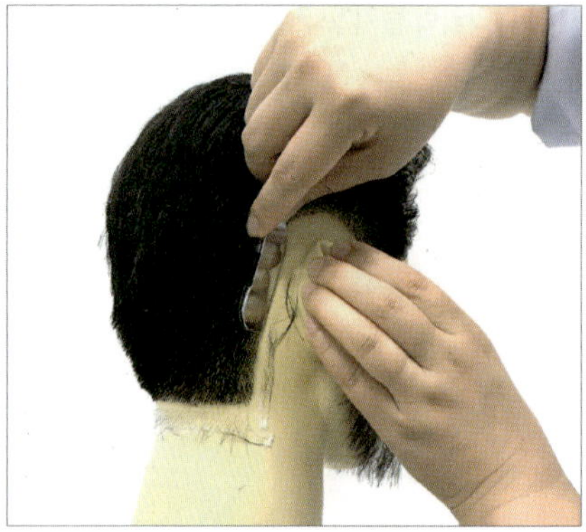

2. 구레나룻 기준선에 면도기를 대고 피부를 당기면서 면도하고 목 옆선에서 귀를 접고 면도한다.

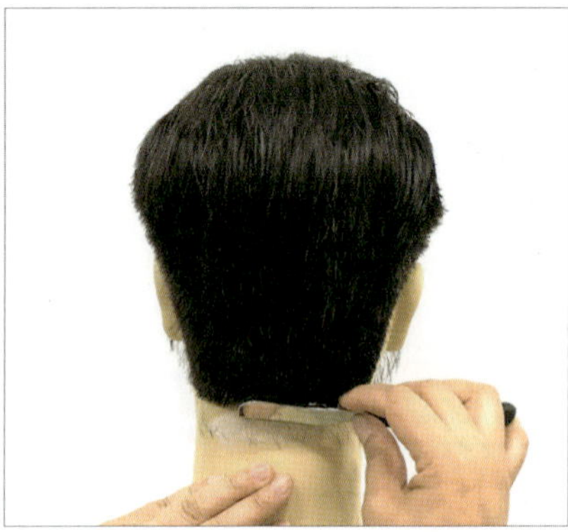

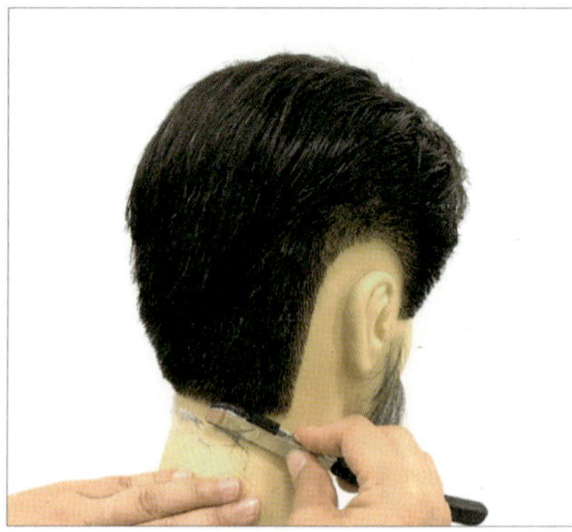

3. 면도기를 15° 각도로 높인 상태에서 네이프 발제선을 따라 피부를 당기면서 면도한다.

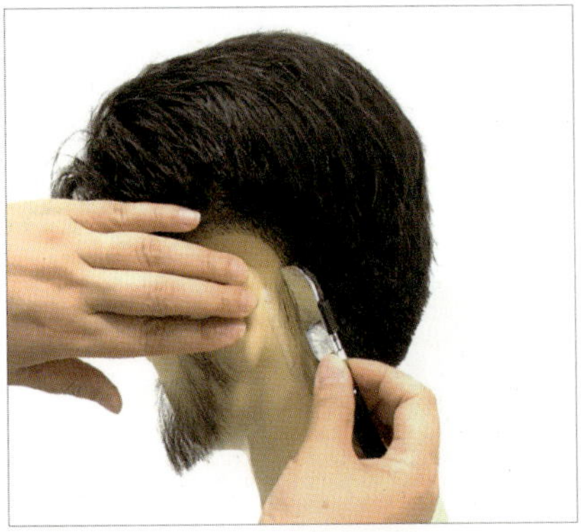

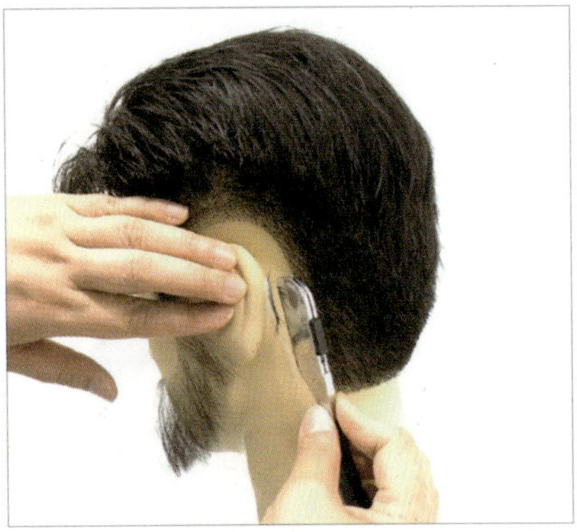

4. 프리핸드로 목 옆선을 면도한다.

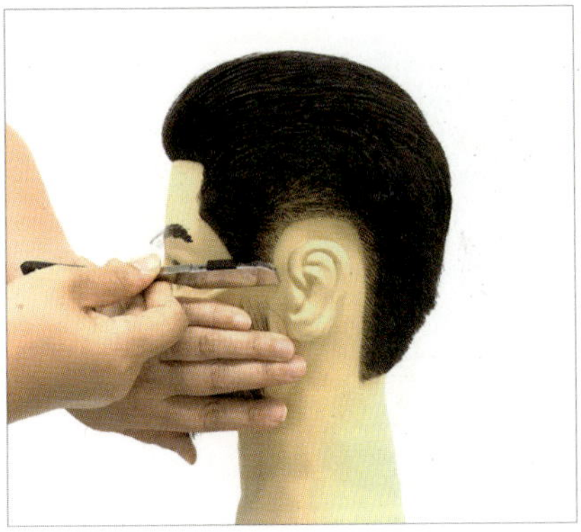

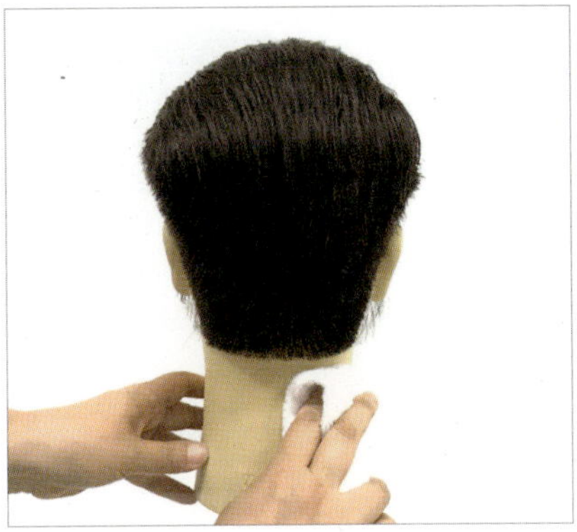

5. 백 핸드 기법을 이용하여 왼쪽 구레나룻 기준선에 면도기를 대고 면도한 후 잔여물을 닦아 스킨을 바르고 정리한다.

완성작

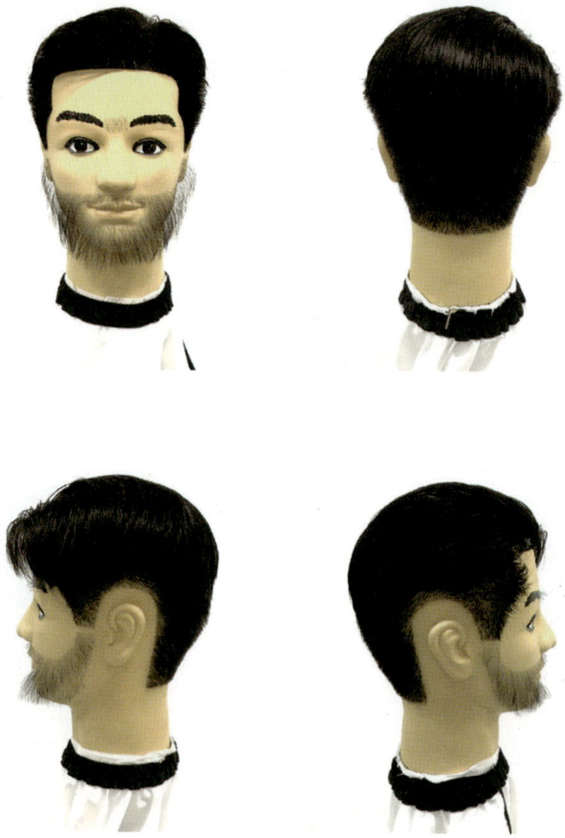

3. 짧은 단발형(둥근형)

1) 구조

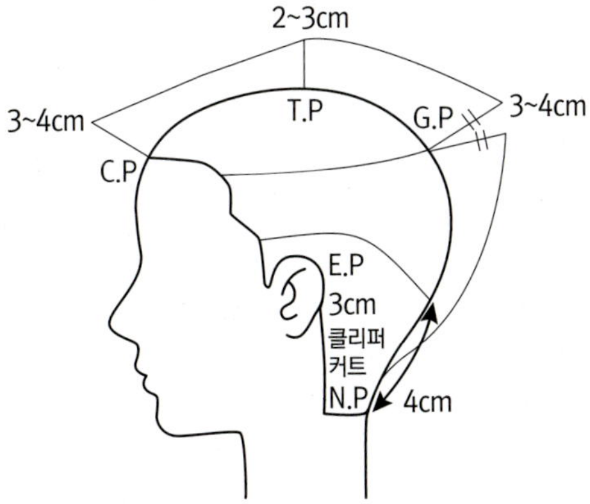

2) 지간 자르기와 클리퍼 처리

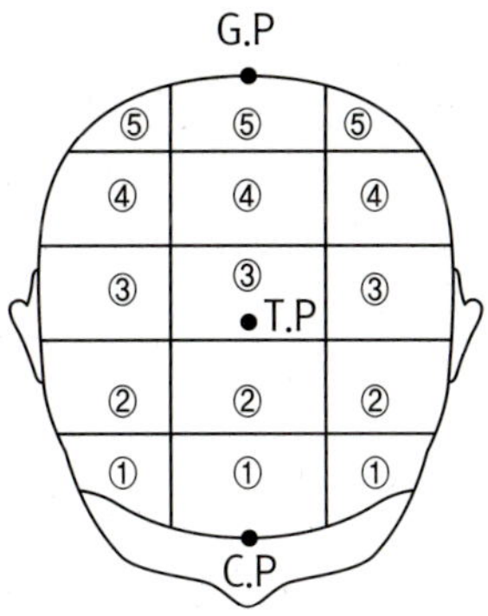

앞에서 떠서 깎기

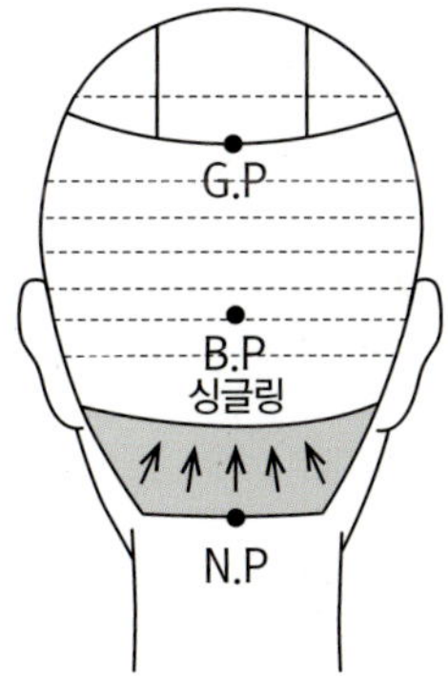

클리퍼 4cm 이하 올려치기

3) 사이드의 클리퍼 처리

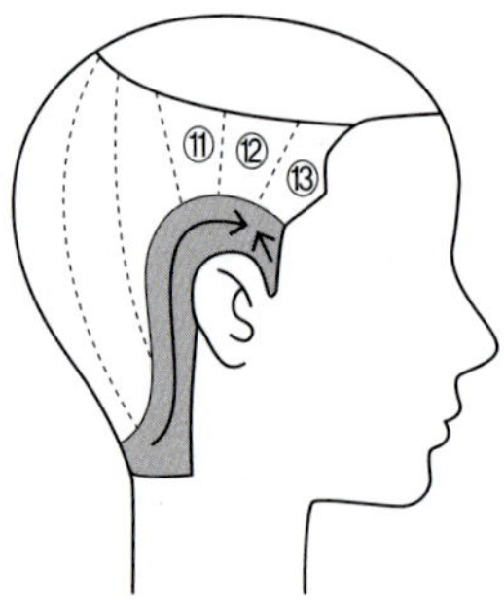

양쪽 사이드 라인 3cm이하 클리퍼로 올려깎기

4) 둥근 스포츠형의 작업 길이

과제명	C.P	T.P	G.P	B.P	클리퍼 작업구간
둥근 스포츠형	4~5cm	2~3cm	3~4cm	1~1.5cm	N.P 4cm E.P 3cm

5) 시술 과정

시술 전

커트 앞장치기

(1) 머리 물 분무하기

목지를 두른 후 커트보를 치고 물을 분무한다.

(2) 클리퍼 조발하기

1. 클리퍼를 이용하여 전두부에서 후두부 상단, 양측두부, 후두부 순으로 1차로 모발 길이를 거칠게 자르기 한다. 후두부 상단에서는 골든 포인트의 길이가 너무 짧아지지 않도록 모발을 끌어올려 시술한다. 세로 섹션을 이용하여 크로스체크하면서 길이를 정리한다.

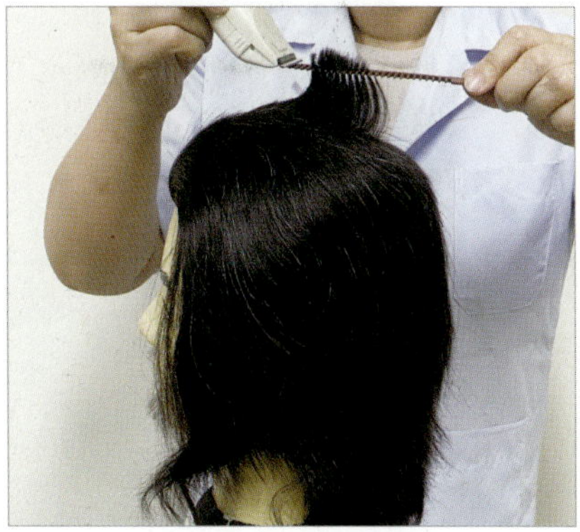

전부두와 후두부 상단

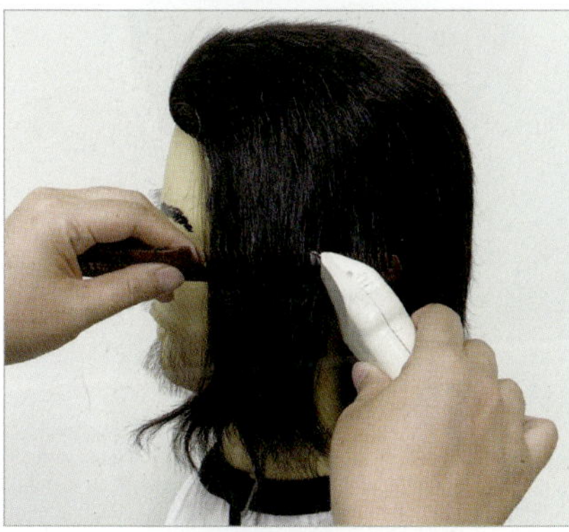
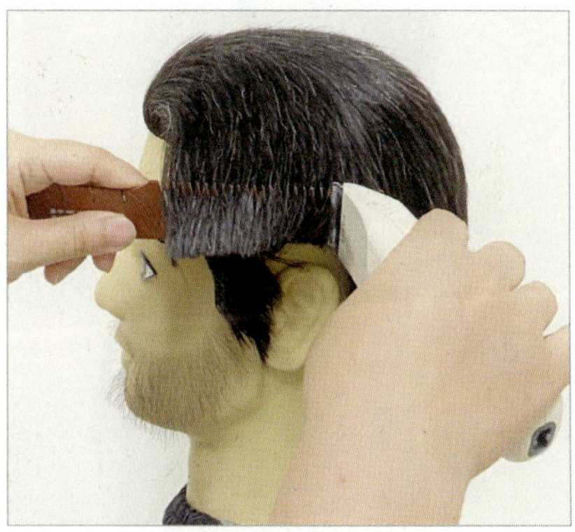

양측두부

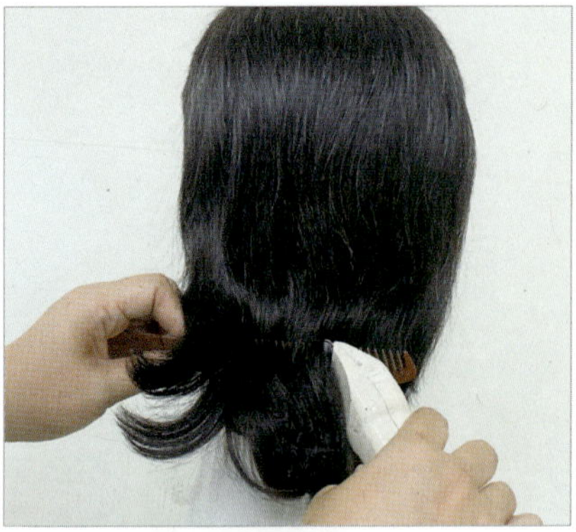

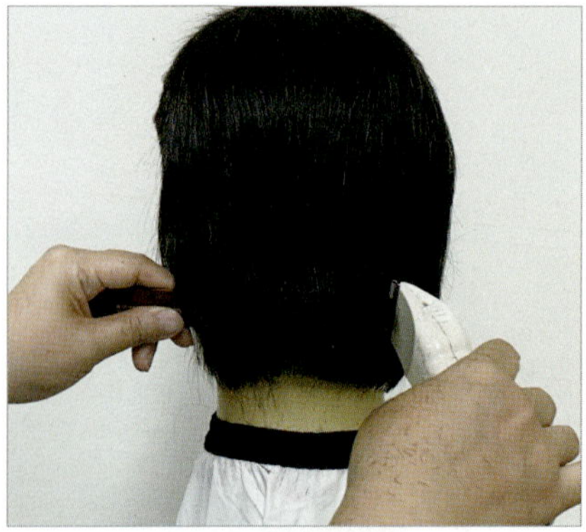

후두부

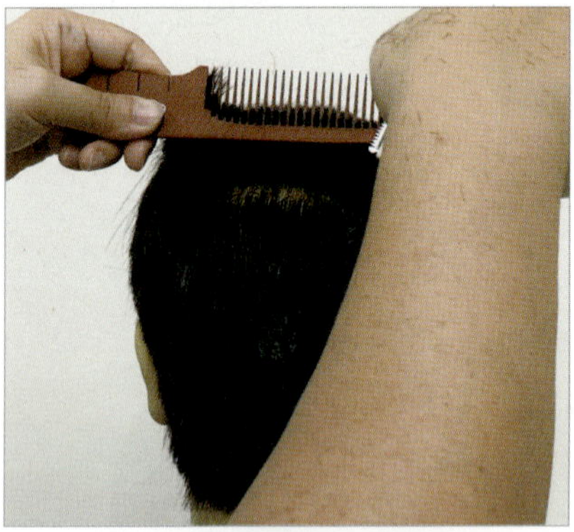

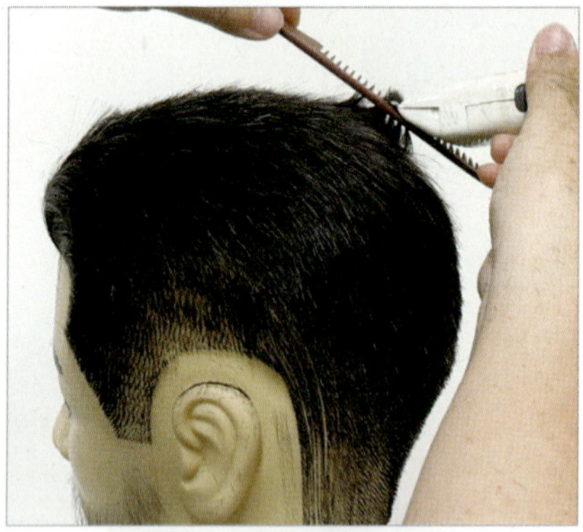

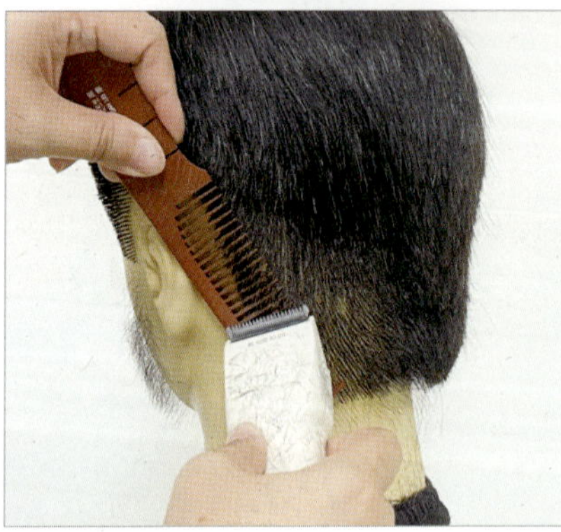

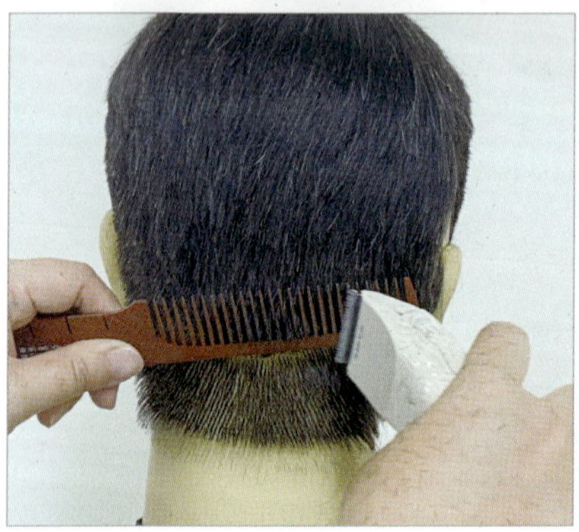

2. 2차로 짧은 단발형 커트를 위해 모발의 길이 제거를 세밀하게 진행한다. 이 작업은 올려깎기의 전 단계로 올려치는 짧은 모발과 자연스러운 연결이 될 수 있도록 두상의 모양을 보며 형태를 만든다. 클리퍼를 이용하여 전두부에서 후두부 상단으로 이동하면서 센터 포인트 3-4cm, 탑 포인트 2-3cm, 골든 포인트 3-4cm 길이로 커트하고 양측두부는 모발을 빗으로 들어올려 사이드 코너 포인트에서 프런트로 올라갈수록 측두부가 둥근 모양이 될 수 있도록 정리한다. 전두부에서 커트한 길이와 측두부의 모발이 만날 수 있도록 프런트 사이드 포인트 위로 길이를 과도하게 자르지 않도록 유의하며 사이드 코너 포인트 아래에서 위쪽으로 클리퍼를 올리면서 층이 생기지 않도록 매끄럽게 정리한다.

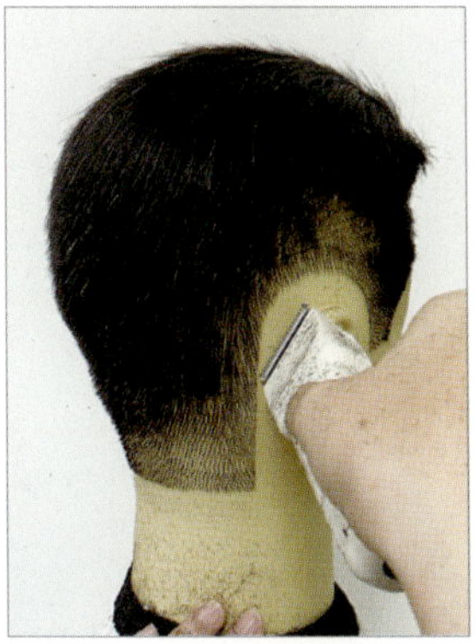
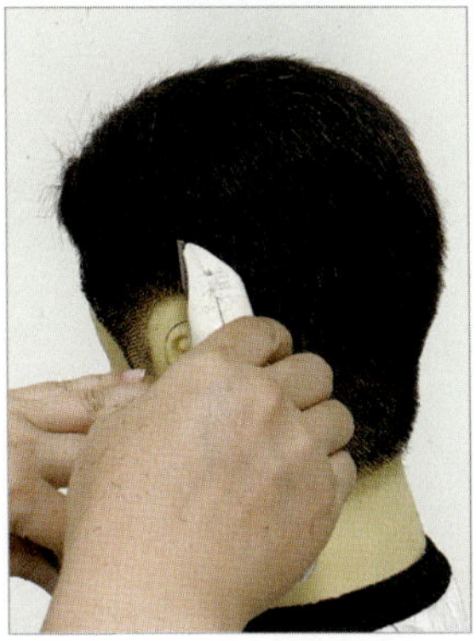
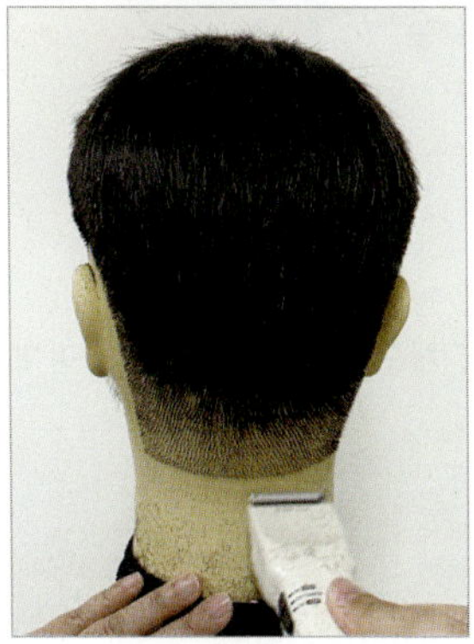

3. 넥라인(목 뒷부분) 4cm 이하, 양측두부 라인 3cm 이하의 범위로만 사용하여 올려깎기한다. 양쪽 측두부는 클리퍼 처리 부분의 높이가 밸런스를 이룰 수 있도록 프런트 사이드 포인트에서의 길이와 올려깎기한 모발의 각도를 거울을 보며 체크한다. 올려깎기의 자연스러운 처리를 위해 클리퍼에 스냅을 주면서 깨끗하게 쳐올려 주고 귓바퀴가 있는 귀 옆은 클리퍼를 세워서 처리하여 후두부와 사이드가 자연스럽게 이어지도록 두상 형태를 따라 라운드 모양으로 처리한다.

(3) 숱 고르기

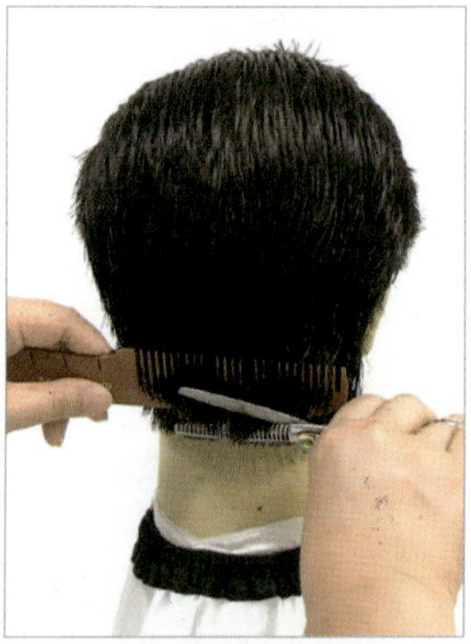

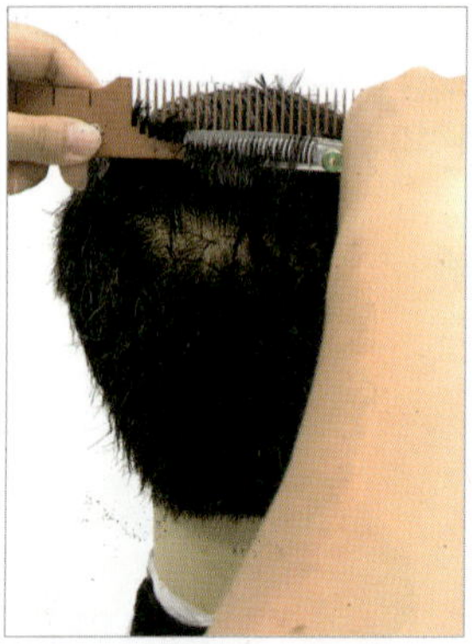

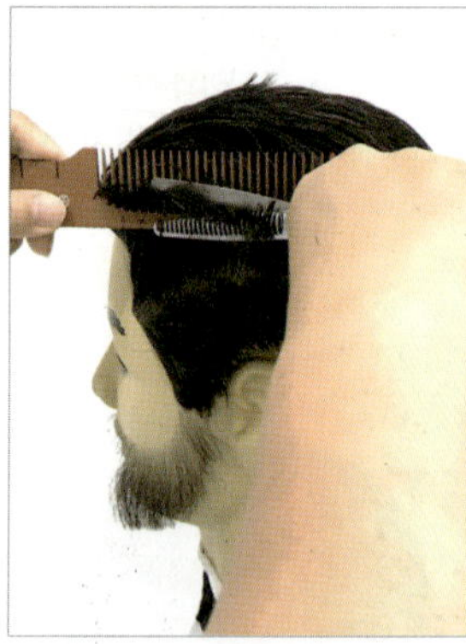

전체 모발에 틴닝가위를 이용하여 머리숱을 없앤다.

(4) 천가분 칠하기

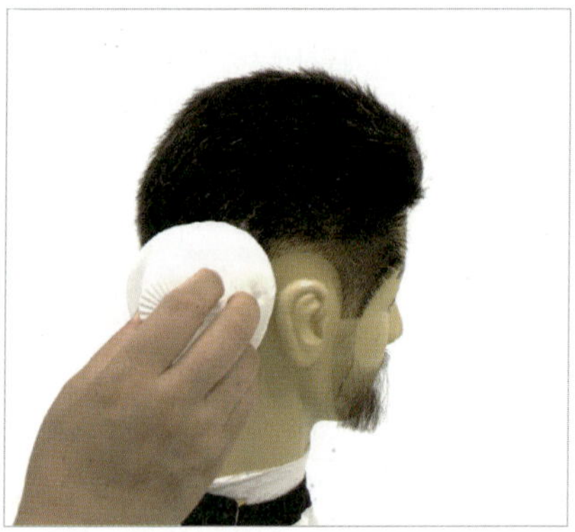

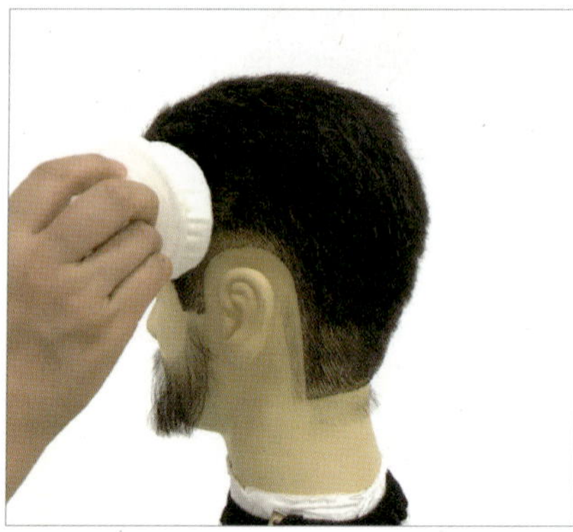

1. 천가분 팩트에 파우더를 묻혀 사이드와 네이프의 커트선에 천가분을 바른다.

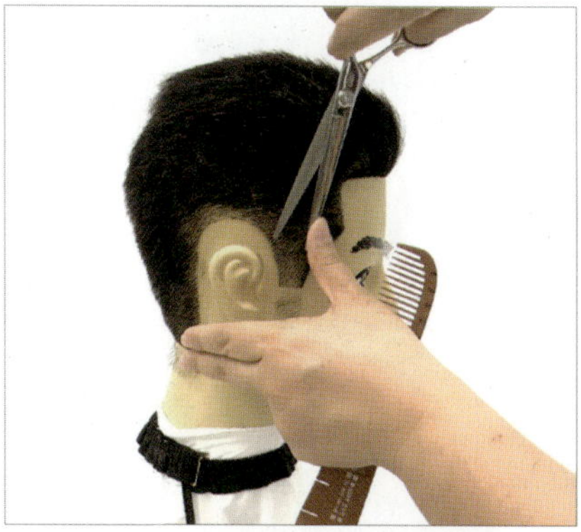
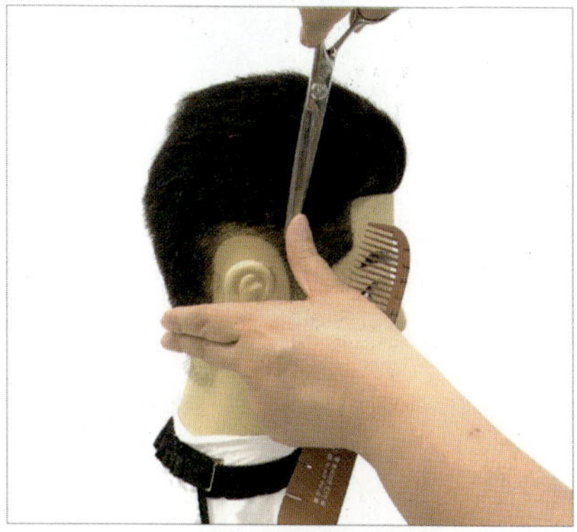

2. 가위를 세우고 왼손의 엄지손가락을 지지대로 삼아 가위를 개폐하면서 사이드에 튀어나온 모발이나 요철이 생긴 부위를 밀어깎기한다.

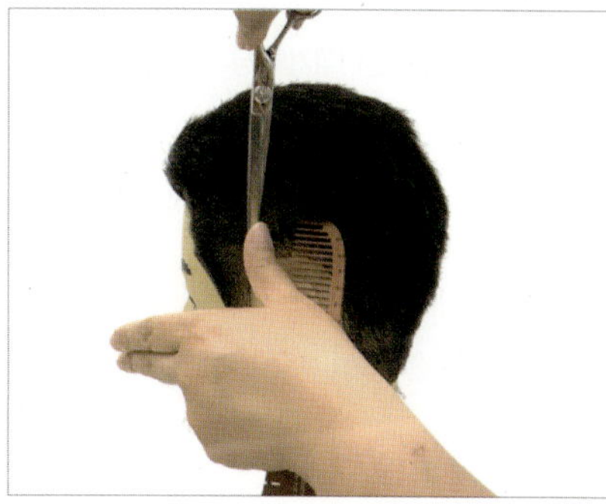

3. 반대편 사이드도 가위를 세워 수정깎기한다.

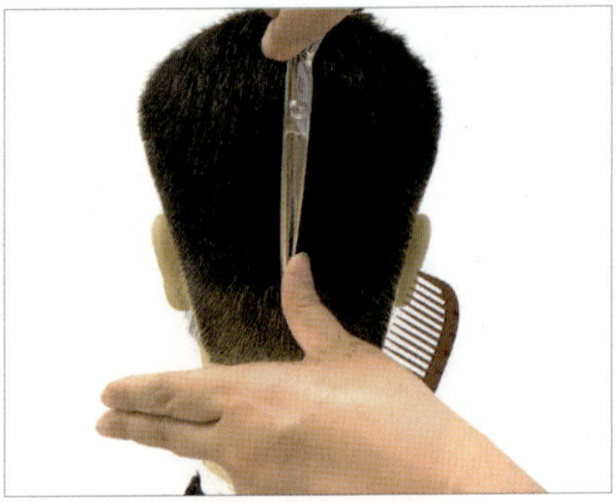

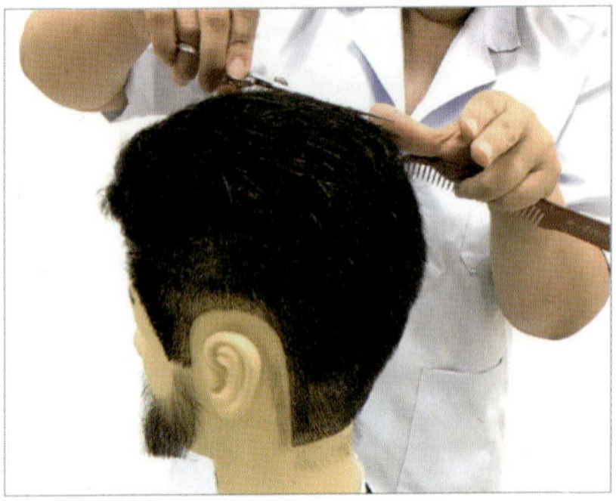
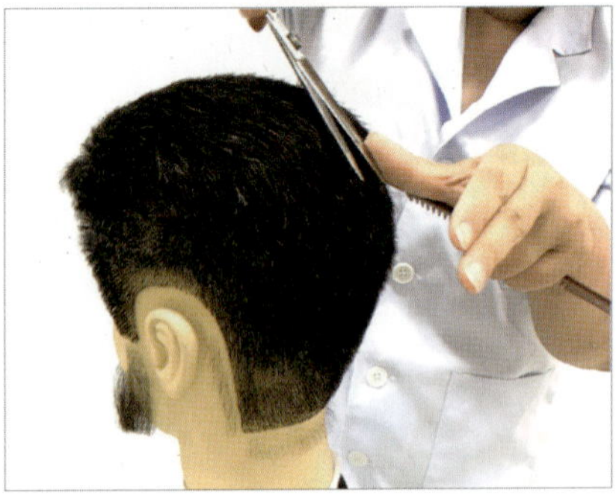

4. 백과 크라운에서 밀어깎기와 당겨깎기를 반복하여 커트 면을 정리하고 두정부에는 가위를 눕혀 튀어 나온 모발을 정리한다.

(5) 뒷면도하기

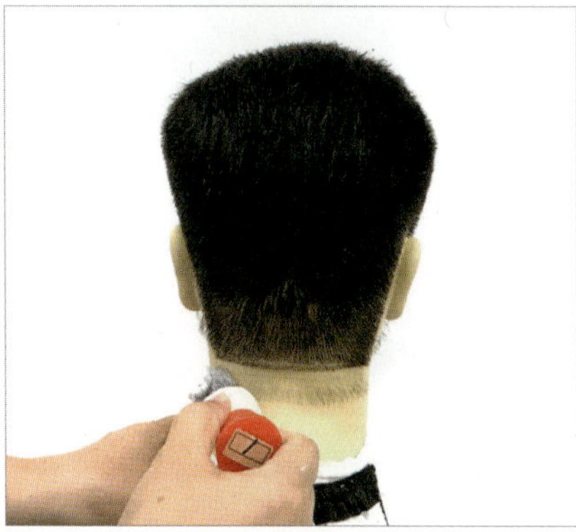

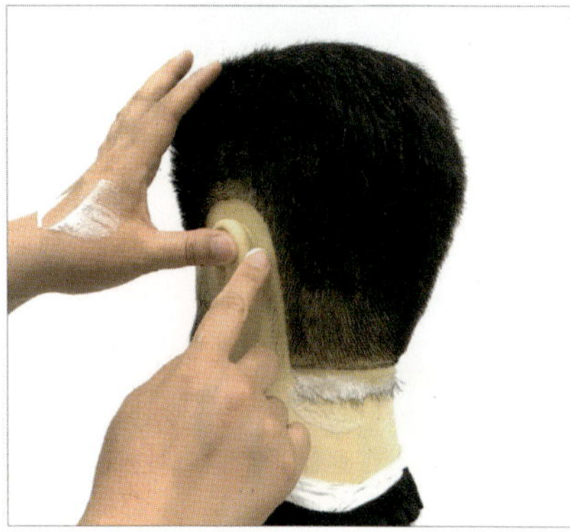

1. 면체를 위하여 면도 로션을 발제선에 바른다. 목 옆선과 같이 좁은 면적에는 로션을 덜어 놓고 손으로 덜어 바른다.

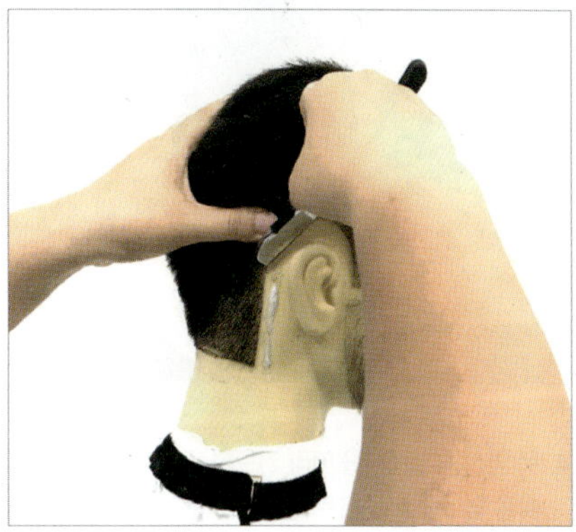

2. 구레나룻 기준선에 면도기를 대고 피부를 당기면서 면도하고 목 옆선에서 피부를 당기면서 면도한다.

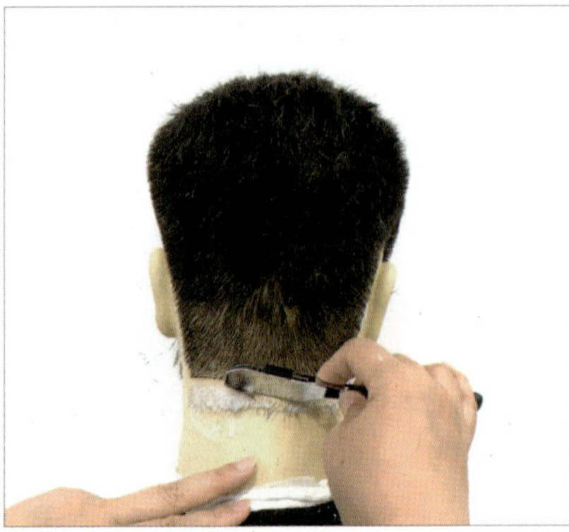

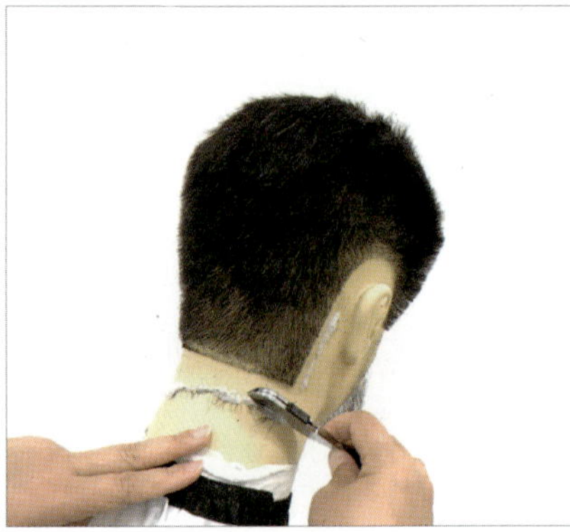

3. 면도기를 15° 각도로 높인 상태에서 네이프 발제선을 따라 피부를 당기면서 면도한다.

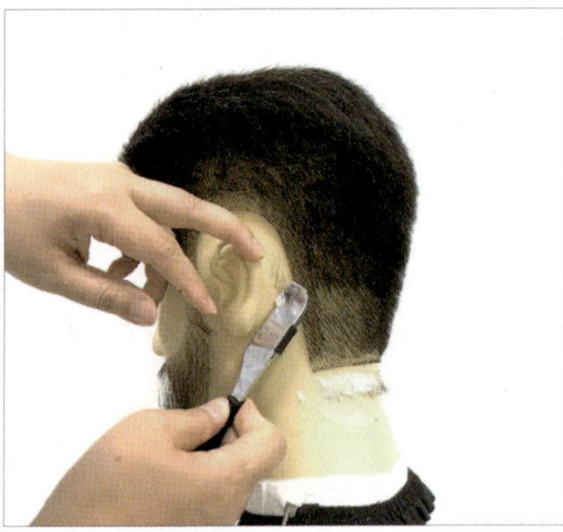

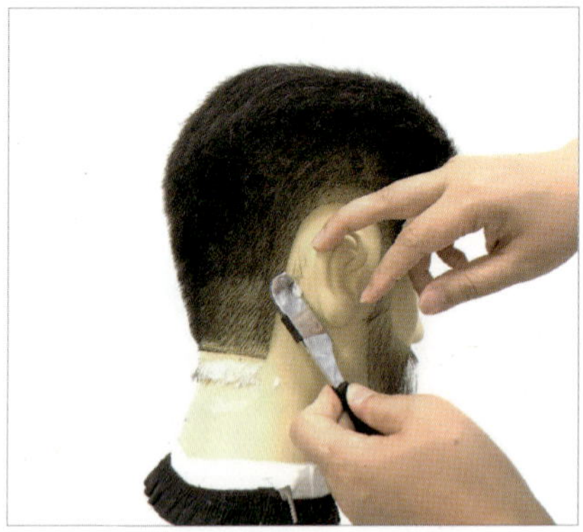

4. 목 옆선을 발제선을 따라 커트하고 백 핸드 기법을 이용하여 왼쪽 구레나룻 기준선에 면도기를 대고 면도하고 잔여물을 닦아 스킨을 바르고 정리한다.

완성작

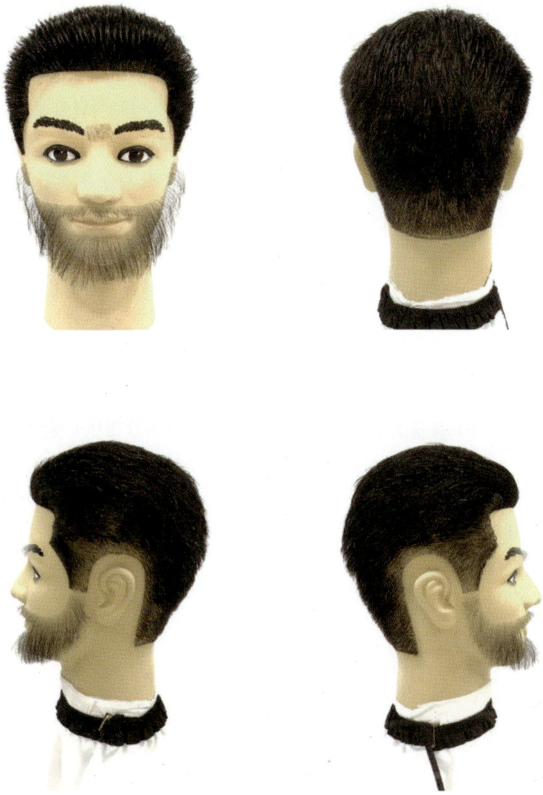

용어 정의

A

A-line : 다이아고날 포워드 섹션을 이용하여 사이드가 길어지게 커트하는 형태

angle : 두피에서부터 모발을 들어 올리는 각도

area : 구역, 부위

asymmetric : 비대칭, 불균형

all back : 전체 모발을 뒤로 빗어넘겨 심플하고 깨끗한 남성 헤어스타일

B

back : 뒷면, 후방, 백 포인트(B·P)를 중심으로 한 두상의 뒷면

backward : 앞에서 뒤로

base : 커트할 양만큼 뜬 바탕 모발

basic layer : 유니폼 레이어와 같은 뜻으로 전체 모발의 길이와 각도가 같은 디자인

balance : 균형

barber clipper : 클리퍼의 날이 고정되어 있는 커트용 전동기기

brick cut : 패널을 지그재그로 집어 숱을 제거하는 기법

blent cut : 가위로 모발의 단면을 수평으로 자르는 컷

blocking : 헤어 시술을 위하여 두상을 큰 구획으로 나누는 것

blow dry : 헤어 컷 시술 후 형태를 알 수 있게 모발을 말리는 것

brosse : 지간자르기와 클리퍼로 짧게 자른 스포츠형의 남성 헤어스타일

bulid up the weight : 무게감을 쌓는 것으로 그래쥬에이션 시술을 할 때 볼륨을 쌓아 나가는 것

C

center point : 페이스 라인에서 두상으로 이어지는 가장 중심점

channeling : 컷 테크닉의 하나로 모발 속으로 가위를 넣어 많은 모량을 제거하는 기법

check cut : 컷 시술 후 작업의 완성도를 높이기 위하여 재커트하여 컷을 점검하는 것

clip : 커트 시 모발을 구분하고 고정할 때 사용하는 기구

clipper : 두 날의 교차로 커트하는 전동기기

comb : 빗

comb out : 빗으로 모발을 빗는 것

concave : 볼록한 형태로 중앙보다 앞쪽 머리가 긴 형태

convex : 오목한 형태로 중앙이 사이드보다 긴 형태

crest : 두상의 둘레가 가장 넓은 부분

crown : 두상의 최정상 부분으로 왕관을 쓰는 부위

curve : 곡선

D

deep pointing cut : 모량을 제거하는 기법으로 모발 속으로 가위를 깊숙이 넣는 컷

diagonal section : 사선, 평면에 대해서 사선을 이루는 선

diagonal forward section : 전대각, 대각선 앞쪽으로 기울어지는 사선

diagonal backward section : 후대각, 대각선 뒤쪽으로 기울어지는 사선

disconnection : 선이 연결되지 않는 상태

E

elevation : 각도를 들어 올리는 것으로 헤어 컷 시술 시 층을 주는 기법

ending cut : 모발의 바깥 단면을 제거하는 기법으로 바깥말음의 효과가 있다.

F

face line : 얼굴선

flat : 납작한, 평평한

forward : 앞쪽, 앞방향

free hand cut : 빗과 손을 사용하지 않고 가위로 커트하는 것

front : 전면, 두상의 전면

form : 형태

G

geometric : 기하학적인

golden point : 탑 포인트와 백 포인트의 중간 부분으로 두상에서 오목히 들어간 부분

graduation : 볼륨이 있고 네이프의 길이가 짧으며 탑의 길이가 길어지는 헤어 컷 형태

guide line : 헤어 커트 시 기준이 되는 선, 가장 먼저 커트하는 라인

H

hair line : 이마와 경계되며 머리가 자라고 있는 시작 선

horizontal : 평면에 대해 수평인 선

horseshoes section : 말발굽 모양의 U 블록 섹션

I

in cut : 가위를 안으로 넣음

internal : 모발의 안쪽을 이용하여 볼륨을 줄 때 사용

isadora : 사이드에서 백으로 갈수록 길이가 길어져 라운드 라인이 되는 원랭스 형태

L

layer : 헤어 커트의 형태 중 층이 많고 네이프의 길이가 길며 탑의 길이가 짧은 형태

layering : 섹션을 들어 층을 만드는 것

N

nape : 목덜미

nape line : 모발이 나기 시작하는 선= hem line

natural : 자연스러운

natural falling : 모발이 자연스럽게 중력 방향으로 떨어지는 상태

notching cut : 가위를 45°로 세워 커트된 단면이 불규칙하게 커트하는 것

O

occipital bone : 후두골, 백 포인트(B·P) 밑에 튀어나온 뼈

off base : 컷의 접점이 베이스에서 벗어난 것

on base : 컷의 접점이 베이스의 정중앙에 온 것

one length cut : 컷의 라인이 층이 없이 하나의 선에서 모이는 컷 형태

out cut : 가위를 밖으로 뺌

out line : 컷 형태의 가장 바깥 라인

over direction : 베이스의 정중앙을 벗어난 각도로 각을 좌·우로 옮기는 것

P

panel : 직사각형의 모발로 한 장의 판과 같이 떠낸 머리 다발

parallel : 섹션과 컷 라인이 동일하게 평행을 이룸

pivot radial section : 한 점을 중심으로 방사선으로 뻗어나가는 섹션

pointing cut : 가위 끝을 이용하여 무거운 부위의 모량을 제거하는 기법

pro clipper : 날의 길이를 조절할 수 있는 살롱용 클리퍼

R

razor : 커트용 가위

refine : 블로우 드라이 후 아웃 라인을 정리하는 것

remove weight : 모발의 무게감을 없애는 것

recession area : 두상의 폭이 가장 넓은 부위

round brosse : 탑과 사이드의 연결선이 둥글게 처리된 스포츠형 스타일

S

scissors : 가위

scissor over comb : 빗으로 모발을 들어 올린 후 빗 바깥으로 튀어나온 모발을 커트하는 것

section : 블로킹된 모발을 커트하기 용이하게 더 작은 부분으로 나눈 것

sculpture clipper : 세밀한 작업이나 헤어 타투와 같이 글씨나 모양을 새기는 작업

shape : 모양, 형상

shingling : 빗 밖으로 나온 모발을 가위로 목 부분이나 사이드를 매우 짧게 자르는 것

side : 측면, 옆면

side base : 컷의 접점이 양쪽 사이드 중 한 곳에 위치하는 것

slice : 일면, 일정량의 모발을 얇게 뜬 것

slide cut : 가위를 개폐하면서 C-커버를 그리면서 커트하는 테크닉

spray : 분무기

starting point base : 기점을 정해 놓고 모발을 기점에 모두 당겨 커트하는 베이스

straight out : 베이스의 중심에서 그대로 앞으로 당기는 것

strock : 모발 끝이 가늘어지게 커트하는 기법

spaniel : 사이드가 길어지는 원랭스 형태

solid : 아웃 라인이 무겁고 하나의 선에서 모든 모발이 만나는 원랭스 형태의 다른 이름

square cut : 전체 컷 라인이 네모 형태를 띠는 것

square brosse : 탑과 사이드가 네모 모양인 스포츠형 스타일

symmetric : 대칭, 균형, 무게감이나 길이 볼륨 등이 균형을 이루는 것

T

tapering : 붓 끝처럼 모발 끝으로 갈수록 점차 가늘게 커트하는 방법
temple area : 관자놀이 부위의 움푹 들어간 부분
tension : 모발을 당기는 정도
texture : 질감, 모발의 느낌
thinning : 모발 숱을 제거하여 모량을 줄이는 것
top : 정점, 두부에서 가장 높은 부분
trimming : 모발 끝을 정리하고 다듬는 것
trimming clipper : 염모를 제거하는 목적의 클리퍼
twist base : 서로 다른 베이스를 연결할 때 틀어서 잡는 베이스
twist cut : 일정량의 모발을 꼬아 한쪽 단면을 군데군데 자르는 질감 처리 기법

U

U-line : 프런트 사이드 포인트에서 골든 포인트, 반대편 프런트 사이드 포인트를 잇는 둥근 선
uniform layer : 모발의 길이와 각도가 같은 머리 형태

V

V-line : 다이아고날 백워드 섹션을 이용하여 백의 길이가 길어지는 형태
vertical : 평면에 대해 수직인 라인
vertical section : 세로 섹션
visual check : 형태를 눈으로 확인하는 것

W

weight : 무게
weight line : 무게선감을 나타내는 선
weight out : 레이어 컷에서 무게감을 제거하는 것

Z

zone : 커트 시 디자인에 맞게 두상을 구획하여 나눈 것

참고문헌

Classic Cut 2, 2001, Tony & Guy in UK

C.C.C 응용커트 & 남성커트, 2005, 청구문화사, 강영숙 외 29인

Men's Cut, 2015, 구민사, 공복례 외 2인

Men's Style Cut, 2014, 훈민사, 김선희 외 2인

남성커트, 2007, 도서출판 청람, 김희숙 외 4인

헤어커트 디자인, 교육부, NCS 학습모듈